D1739009

***Biblioteca Mexicana***
Director: ENRIQUE FLORESCANO

SERIE SOCIOLOGÍA

*Los estudios culturales en México*

# LOS ESTUDIOS CULTURALES EN MÉXICO

JOSÉ MANUEL VALENZUELA ARCE
*(coordinador)*

CONSEJO NACIONAL PARA LA CULTURA Y LAS ARTES

FONDO DE CULTURA ECONÓMICA
MÉXICO

Primera edición, 2003

Valenzuela Arce, José Manuel (coord.)
Los estudios culturales en México / coord. de José Manuel Valenzuela Arce — México : FCE, CONACULTA, 2003
464 p. ; 23 × 15 cm — (Colec. Biblioteca Mexicana)
ISBN 968-16-7081-7

1. Antropología — México 2. México — Cultura I. Ser II. t

LC HM101 Dewey 306 V125e



Comentarios y sugerencias: editor@fce.com.mx
Conozca nuestro catálogo: www.fondodeculturaeconomica.com



ISBN 968-16-7081-7

Impreso en México • *Printed in Mexico*

# *Notas sobre los autores*

*Raúl Fuentes Navarro* es licenciado y maestro en comunicación y doctor en ciencias sociales. Miembro del Sistema Nacional de Investigadores (SNI), es profesor-investigador del Departamento de Estudios Socioculturales del Instituto Tecnológico y de Estudios Superiores de Occidente (ITESO, Guadalajara). Ha ocupado diversos puestos directivos en el Consejo Nacional para la Enseñanza y la Investigación de las Ciencias de la Comunicación (Coneicc), la Asociación Mexicana de Investigadores de la Comunicación (AMIC), la Federación Latinoamericana de Facultades de Comunicación Social (Felafacs) y la Asociación Latinoamericana de Investigadores de la Comunicación (ALAIC). Entre sus libros publicados recientemente se encuentran *La emergencia de un campo académico: continuidad utópica y estructuración científica de la investigación de la comunicación en México* (1998), *Pensar las ciencias sociales hoy: reflexiones desde la cultura* (coordinado con Rossana Reguillo, 1999), *Educación y telemática* (2000), *Comunicación, utopía y aprendizaje* (2001), *Comunicación: campo y objeto de estudio. Perspectivas reflexivas latinoamericanas* (coordinado con Maria Immacolata Vassallo de Lopes, 2001).

*Néstor García Canclini* es doctor en filosofía por las universidades de París y La Plata. Ha sido profesor de la UNAM y la ENAH y colaborador de *Plural, Sábado, La Jornada* y *Excélsior.* Es autor de *Cortázar. Una antropología poética, Arte popular y sociedad en América Latina, La producción simbólica. Teoría y método en sociología del arte, Epistemología e historia: la dialéctica entre sujeto y estructura en Merleau-Ponty, Las culturas populares en el capitalismo, Tijuana: la casa de toda la gente, Culturas híbridas. Estrategias para entrar y salir de la modernidad* y *El consumo cultural en México.* Es coautor de *Máscaras, danzas y fiestas en Michoacán, Políticas culturales en América Latina, Públicos de arte y política cultural, La educación y la cultura ante el*

*Tratado de Libre Comercio* y *Cultura y comunicación en la ciudad de México*.

*Gilberto Giménez* es doctor en sociología por la Universidad de la Sorbona, París III. Investigador titular C de tiempo completo en el Instituto de Investigaciones Sociales de la UNAM, es profesor de asignatura en la División de Estudios de Posgrado de la Facultad de Filosofía y Letras y en la Facultad de Ciencias Políticas y Sociales de la misma universidad. Es miembro de la International Communication Association (ICA), del Sistema Nacional de Investigadores (SNI, nivel 3), y miembro de número de la Asociación Mexicana de Semiótica. Ha publicado numerosos artículos en revistas especializadas y en volúmenes colectivos. Es autor de los libros *Cultura popular y religión en el Anáhuac* (1978), *La teoría y el análisis de la cultura* (1987) e *Identidades religiosas y sociales en México* (1996). Junto con Ricardo Pozas editó el volumen *Modernización e identidades sociales* (1994). Tiene estudios de licenciatura en ciencias sociales (Instituto de Scienze Sociali, Roma) y en filosofía (Universidad de Comillas, España). Ha investigado sobre los efectos de la modernidad en las culturas campesinas tradicionales en el centro de México (estudio regional bajo el ángulo de la cultura y de los procesos identitarios). Actualmente desarrolla la investigación "La narrativa latinoamericana: estudios sociocríticos".

*Jorge A. González* es miembro del Sistema Nacional de Investigadores desde 1987. Fundó y coordinó durante 16 años el Programa Cultura en la Universidad de Colima. Es cofundador y participante de la Red de Investigación y Comunicación Compleja (RICC), y coordina el Laboratorio de Comunicación Compleja en la Universidad Iberoamericana, en la ciudad de México. Es director de Estudios sobre las Culturas Contemporáneas desde 1985 y forma parte del comité ejecutivo de la Asociación Internacional de Sociología desde 1994. En 1998 publicó *La cofradía de las emociones (in)terminables. Miradas a las telenovelas en México*, y a finales de 2000, "Cultural Fronts: Towards a Dialogical Understanding of Contemporary Cultures", en James Lull (ed.), *Culture in the Communication Age*. Actualmente trabaja en proyectos de investigación y desarrollo (I+D) de cibercultura desde las ecologías simbólicas de

México y América Latina. En 2002 recibió la *Tinker Professorship* en la Universidad de Texas en Austin.

*Esteban Krotz* es doctor en filosofía *(Hochschule für Philosophie,* Munich) y maestro en antropología social (Universidad Iberoamericana, México). Profesor-investigador titular en la Unidad de Ciencias Sociales de la Universidad Autónoma de Yucatán y docente en la Facultad de Ciencias Antropológicas de la Universidad Autónoma de Yucatán y en el Departamento de Antropología de la Universidad Autónoma Metropolitana-Iztapalapa. Ha publicado recientemente *La otredad cultural entre la ciencia y la utopía* (2002). Ha editado el *Inventario antropológico: anuario de la antropología mexicana* (1995), *El estudio de la cultura política en México: perspectivas disciplinarias y actores políticos* (1996) y *Antropología jurídica: perspectivas socioculturales en el estudio del derecho* (2002).

*Marta Lamas* es una antropóloga con formación psicoanalítica, que participa desde 1971 en el movimiento feminista. Pasante de la maestría de etnología de la Escuela Nacional de Antropología e Historia (ENAH), actualmente es profesora de género y política en el Instituto Tecnológico Autónomo de México (ITAM). Además, se dedica al periodismo. Es fundadora de la revista *Fem* (1976), del suplemento *Doblejornada* (1987) y de la revista *Debate Feminista,* (1990) de la cual es directora. Es editorialista en *La Jornada.* En 1992 fundó el Grupo de Información en Reproducción Elegida (GIRE), que ella dirige, para formular una nueva perspectiva de análisis, defensa y promoción de los derechos sexuales y reproductivos en México. Pertenece al Consejo Directivo de la Sociedad Mexicana Pro-Derechos de la Mujer, A. C., SEMILLAS, una asociación filantrópica que financia proyectos a grupos de mujeres organizadas. Es directora-fundadora del Instituto de Liderazgo Simone de Beauvoir. Sus libros más recientes son: *Política y reproducción* (2001) y *Cuerpo: diferencia sexual y género* (2002).

*Carlos Monsiváis* es periodista y escritor. Estudió letras y economía en la UNAM. Dirigió la colección de discos Voz Viva de México de la UNAM. Escribió para *México en la Cultura, El Gallo Ilustrado, Política* y *Excélsior.* Cofundador y colaborador de *Proceso, Unomásuno, Nexos* y *La Jornada,* en la actualidad escribe en *El Universal,*

*Proceso, Milenio, Letras Libres,* entre otros. Cofundador y director de *La Cultura en México,* ha publicado los volúmenes *Principados y potestades, Días de guardar, Amor perdido, A ustedes les consta, Nuevo catecismo para indios remisos, Entrada libre, Escenas de pudor y liviandad, Salvador Novo. Lo marginal en el centro, Aires de familia,* entre otros. Fue becario del Centro Mexicano de Escritores, de la Universidad de Harvard y de la John Simon Guggenheim Memorial Foundation. Emérito del Sistema Nacional de Creadores de Arte, ha ganado los premios Nacional de Periodismo, Manuel Buendía, Mazatlán de Literatura, Xavier Villaurrutia, Príncipe Klaus de Holanda, entre muchos otros. Es doctor *honoris causa* por la Universidad Autónoma de Sinaloa y la Universidad Autónoma Metropolitana.

*Maya Lorena Pérez Ruiz* es investigadora de la Dirección de Etnología y Antropología Social del INAH. Doctora en ciencias antropológicas, es miembro del SNI y ha trabajado con indígenas de Chiapas, Yucatán, Sonora, Chihuahua y la ciudad de México. Sus temas de interés son la cultura, las identidades, la organización social, los movimientos sociales y el patrimonio cultural. Algunas de sus publicaciones recientes son: *EZLN, la utopía armada. Una visión plural del movimiento zapatista* (en coordinación con Marcelo Quezada, 1998) y *El sentido de las cosas. La cultura popular en los museos contemporáneos* (1999). También ha publicado artículos en revistas especializadas y volúmenes colectivos.

*Rossana Reguillo* es doctora en ciencias sociales con especialidad en antropología social por el Centro de Investigaciones y Estudios Superiores en Antropología Social y la Universidad de Guadalajara. Es profesora-investigadora del Departamento de Estudios Socioculturales del Instituto Tecnológico y de Estudios Superiores de Occidente (ITESO), donde coordina el Programa de Investigación y dirige la línea "Comunicación y culturas urbanas". Es autora de varios libros, entre los que destacan: *Estrategias del desencanto. Emergencia de culturas juveniles* (2001), *Ciudadano N. Crónicas de la diversidad* (2000) y *La construcción simbólica de la ciudad* (1996). Ha colaborado en varias obras colectivas y ha publicado en numerosas revistas latinoamericanas y europeas. Su trabajo de investigación gira en torno a las identidades, los movimientos sociales y la cultura urbana. Su trabajo más reciente aborda la construcción social del miedo en algunas ciudades latinoamericanas.

*Héctor Rosales* es sociólogo por la Escuela Nacional de Estudios Profesionales Acatlán, con la tesis *Tepito Arte Acá: una interpretación desde la sociología de la cultura*. Tiene la maestría en arquitectura, investigación y docencia (urbanismo) por la Facultad de Arquitectura de la UNAM, donde desarrolló la tesis *Culturas, sociedad civil y territorialidad en la zona metropolitana de la ciudad de México*. Es doctorando en estudios latinoamericanos en la Facultad de Ciencias Políticas y Sociales de la misma universidad, con la tesis *Que circule la palabra. Teatro, pensamiento y* performance *en América Latina*. Actualmente es responsable del programa Instituciones, Política y Diversidad Cultural del Centro Regional de Investigaciones Multidisciplinarias de la UNAM, y desarrolla tres proyectos: "Diversidad, cultura y creatividad", "Teatro, sociedad y conocimiento" y "La identidad nacional mexicana como problema político y cultural". Es responsable de la página *web* www.crim.unam.mx/culturas. Ha sido becario del Crefal, de la DGAPA de la UNAM, del Icetex y el gobierno de Colombia, y del Fonca.

*José Manuel Valenzuela Arce* es director del Departamento de Estudios Culturales de El Colegio de la Frontera Norte. Es doctor en ciencias sociales con especialidad en sociología por El Colegio de México. Sus disciplinas de investigación son la cultura y la identidad, los movimientos sociales, la sociología urbana y la sociología de la cultura. Es miembro del Sistema Nacional de Investigadores, del Comité Directivo del Seminario de Estudios de la Cultura, de la Asociación Mexicana de Sociología adscrita a la UNESCO y de la Academia Mexicana de Ciencias. Ha publicado *Empapados de sereno. El movimiento urbano popular de 1928-1988* (1991), *El umbral de la filera* (1993), *En muchos lugares y todos los días. Vírgenes, santos y niños Dios. Mística y religiosidad popular en Xochimilco* (1997), *A la brava, ése. Identidades juveniles en México: cholos, punks y chavos banda* (1997), *Vida de barro duro: cultura popular juvenil en Brasil* (1997), *Nuestros piensos. Las culturas populares en la frontera México-Estados Unidos* (1998), *El color de las sombras: chicanos, identidad y racismo* (1998), *Impecable y Diamantina. La deconstrucción del discurso nacional* (1999).

# *Presentación*

UNO DE LOS GRANDES REPOSICIONAMIENTOS en los ejes de discusión en las ciencias sociales contemporáneas se ubica en la importancia que han adquirido los aspectos culturales. Los acercamientos para comprender los procesos intersubjetivos y simbólicos cobran fuerza como elementos que hacen posible una mejor comprensión de la acción social, la conducta humana, los procesos identitarios o el surgimiento de nuevos actores sociales. Al mismo tiempo, los estudios interpretativos acerca de las fronteras culturales ganan espacios en los enfoques de género y en las investigaciones sobre cuestiones étnicas, culturas juveniles, así como en las múltiples formas de articulación entre lo local y lo nacional con los procesos globales.

Esta situación se inscribe en procesos intensos de cambio social y en transformaciones del propio campo académico, donde destaca la creciente porosidad de las significaciones académicas y la construcción de preguntas construidas desde los umbrales disciplinarios, o que atienden a la comprensión de los intersticios socioculturales.

Poco sabemos sobre la conformación y la transformación del campo de los estudios culturales, por lo cual hemos realizado un esfuerzo colectivo para entender cómo han influido en la producción de conocimiento sobre la sociedad mexicana.*

En este trabajo nos interesa problematizar la producción de saberes en el campo cultural e identificar el papel de los estudios culturales en las nuevas discusiones dentro de las ciencias sociales. No pretendemos entablar una discusión exhaustiva, sino

* El Seminario de Estudios de la Cultura (SEC) fue fundado por Guillermo Bonfil Batalla en 1994 con el objetivo de comprender los procesos socioculturales de nuestro país, para lo cual se apoyaron proyectos y se organizaron diversos coloquios y seminarios, producto de los cuales fueron varios los libros publicados dentro de la colección Pensar la Cultura, de Conaculta.

reconstruir el papel de los estudios culturales desde puntos de vista que nos permitan interpretar algunos de los principales procesos socioculturales de México. A pesar de que muchos de estos trabajos se han realizado desde diversas perspectivas disciplinarias (especialmente la sociología, la antropología, la filosofía y la psicología), existe una rica tradición de crónica, ensayo y literatura que antecede a las miradas académicas disciplinarias que han legado importantes descripciones sobre nuestra vida cultural.

Considerando los elementos señalados, hemos recreado críticas de ciertas tradiciones intelectuales de los campos académicos, revisando algunas de sus principales aportaciones. Nos interesa la construcción de conocimiento a partir de los estudios culturales en nuestro país, pero también discutir convergencias y divergencias con algunas de las perspectivas centrales de los debates contemporáneos, tales como las teorías multiculturalistas, poscoloniales, posmodernas y de los estudios culturales.

Como se apreciará en los trabajos de este libro, en México y en América Latina existe una rica tradición de estudios culturales que no forma parte de la discusión académica, ni corresponde a la perspectiva de los llamados *cultural studies.*

Comenzaremos con un primer acercamiento a algunos de los ejes teóricos que han conformado esta discusión y presentaremos un marco general sobre estos debates fuera de México, con la finalidad de ofrecer un marco referencial donde se ubiquen de manera esquemática algunas de las perspectivas más relevantes en los estudios culturales recientes y que han influido en diversos estudios de la cultura en México.

# *Introducción. Crónica y estudios culturales en México. Teorías de la cultura*

## El multiculturalismo

Desde el campo de los estudios culturales se cuestionan las perspectivas asimilacionistas como formas lineales, unívocas e inevitables que consideran la inminente desaparición de culturas e identidades sociales tradicionales o subalternas frente al desarrollo de las culturas "modernas" o dominantes. Aunque el análisis de los textos y discursos son componentes fundamentales para comprender las culturas, los estudios culturales subrayan la interpretación de las transformaciones en la producción (y difusión) histórico-social de los discursos.

En lo que sigue se presenta un marco referencial de algunos enfoques teóricos que han tenido relevancia en estudios culturales. En otro trabajo he analizado con más detalle algunos de ellos, por lo cual aquí sólo presento un esbozo que permita identificar algunas preocupaciones y ejes analíticos, sin pretender establecer su correspondencia con los estudios que se realizan en México. En primer término debe destacarse la diferencia en el uso del multiculturalismo en nuestro país, Europa y los Estados Unidos.

Las características que definen los ejes conceptuales del multiculturalismo presentan un fuerte cuestionamiento a la pretendida condición de homogeneidad y superioridad de las culturas dominantes. Este enfoque se interesa en la semantización de las fronteras culturales y en la definición de umbrales a partir de los cuales se contruyen las diferencias.

El multiculturalismo pone el acento en el análisis de los procesos de estructuración de las identidades colectivas, especialmente en lo que se refiere a la conformación de umbrales de adscripción y diferencia, y busca un replanteamiento profundo de la condición de las minorías en la sociedad y en las culturas nacionales.

Desde las perspectivas multiculturalistas se asigna mayor acento a la disputa cultural dentro del análisis de la acción social, incorporando de manera abigarrada la condición cultural de los procesos sociopolíticos y la condición sociopolítica de los procesos culturales.

Las perspectivas multiculturalistas cuestionan la lógica desde la cual se conforman los metarrelatos dominantes tales como el eurocentrismo, el racismo o el sexismo. Desde esta posición, se subraya la condición multicultural de nuestras sociedades y se cuestiona la lógica desde la cual se valida el monoculturalismo dominante.

Como ha señalado Charles Taylor, desde el punto de vista multiculturalista, el eje central de la disputa social y cultural es la lucha por el reconocimiento; de manera paralela al cuestionamiento de los discursos monoculturales, se critica a los supuestos "valores universales".

El cuestionamiento de las perspectivas multicuturalistas no se circunscribe al análisis de los elementos desde los cuales se constituyen los umbrales de identificación y diferencia, sino que también incorpora la crítica a las perspectivas homogeneizantes.

Desde esta lógica, los posicionamientos multiculturalistas devienen perspectivas de resistencia y de cambio frente al orden social dominante. Las sociedades son campos de disputa por las representaciones y los significados; por ello, el multiculturalismo participa en esa lucha a partir del cuestionamiento de las formas de dominación que se reproducen en los discursos dominantes, y la lucha por el reconocimiento es un elemento importante de los movimientos y las políticas del multiculturalismo.

De acuerdo con MacLoren, el multiculturalismo crítico expresa una crítica radical a las relaciones de poder, asumiendo que la historia cultural misma es una historia de poder y que el análisis de las identidades requiere comprender la construcción social de las diferencias.

A partir de una posición que cuestiona las perspectivas culturales homogeneizante y excluyente, el multiculturalismo se reconoce como una propuesta policéntrica; condición que permite desconstruir los discursos homogeneizantes entre los cuales se encuentran los discursos nacionales, sexistas y racistas.

El multiculturalismo busca la desconstrucción de los centros de poder colonial y la destrucción de los discursos racistas y excluyentes, subrayando que los enemigos de la conformación de sociedades más justas y democráticas no son las diferencias culturales, sino las desigualdades sociales.

Se han hecho diversas críticas a las perspectivas multiculturalistas, especialmente por su falta de atención a las condiciones estructurantes de las relaciones sociales, la débil incorporación de anclajes sociales y su perspectiva autorreferida que prevalece a pesar de sus discursos antieurocéntricos.

Slavoj Zizek ha puesto de relieve las paradojas derivadas de ese enfoque caracterizado por la ausencia de estructuraciones sociales, donde un cibermundo globalizado parecería borrar la particularidad de la posición social de los participantes, pues no sólo se difuminan los espacios, sino que se construyen situaciones paradójicas de relaciones coloniales donde supuestamente sólo hay colonias, pero no países colonizadores, al mismo tiempo que se considera que el poder colonizador no proviene más del Estado-nación, sino que surge directamente de las empresas globales.[1]

Zizek define al multiculturalismo como la forma ideal de la ideología del capitalismo global, pues "desde una posición global vacía trata a cada cultura local como el colonizador trata al pueblo colonizado: como 'nativos' cuya mayoría debe ser estudiada y 'respetada cuidadosamente'..."; y concluye que "la relación entre el colonialismo imperialista tradicional y la autocolonización capitalista global es exactamente la misma que la relación entre el imperialismo cultural occidental y el multiculturalismo".[2] Desde esta perspectiva, el multiculturalismo, más allá de sus propios discursos, se conforma como una posición eurocentrista frente a las culturas locales, lo cual, de acuerdo con Zizek, lo convierte en "una forma de racismo negado, invertido, autorreferencial, un 'racismo con distancia': 'respeta' la identidad del Otro, concibiendo a éste como una 'comunidad auténtica', cerrada,

[1] "Multiculturalismo o la lógica cultural del capitalismo multiciberespacio (World Wide Web)", en Fredric Jameson, Slavoj Zizek, *Estudios culturales. Reflexiones sobre el multiculturalismo*, Paidós, Barcelona, 1998, p. 154.

[2] *Ibid.*, p. 172.

hacia la cual él, el multiculturalista, mantiene una distancia que se hace posible gracias a su posición universal privilegiada".[3]

## Posmodernismo

Los posmodernismos surgen cuestionando el "continuismo" y los mapas cognitivos de la modernidad, al mismo tiempo que impugnan sus perspectivas de progreso y desarrollo como elementos que constituyen y definen al futuro.

Los posmodernismos construyen sus discursos acentuando los elementos de crisis y desencanto de la modernidad. Sin homogeneidad en los planteamientos y cuestionando las posibilidades mismas de homogeneización cultural, los posmodernismos incluyen perspectivas tanto progresistas como conservadoras que permean los campos artísticos y académicos, pero también estilos arquitectónicos y diversos posicionamientos socioculturales. La posmodernidad se presenta como un discurso de ruptura con las certezas de la modernidad y sus promesas de continuidad, desarrollo, perspectiva histórica, sujetos del cambio social, vanguardias artísticas y sociedades estructuradas.

Los posmodernismos son construcciones polisémicas entre las cuales podemos identificar cuatro grandes perspectivas:

*1.* La posmodernidad considerada como modernidad inconclusa, o incompleta, donde prevalece la idea de sociedad estructurada y se subrayan diversos mecanismos de articulación y jerarquización social, entre los cuales poseen relevancia diversas perspectivas críticas a la posmodernidad, como las de Jürgen Habermas, Fredric Jameson, Perry Anderson, Alain Touraine, Marshall Berman y Antony Giddens, entre muchos otros.[4] En esta perspectiva (heterogénea) destacan posicionamientos críticos a enfoques particularistas que cobran fuerza en los discursos posmodernos.

2. La posmodernidad considerada como fragmentación y particularismo social y cultural, donde se difuminan los ejes articula-

[3] Slavoj Zizek, "Multiculturalismo o la lógica cultural...", en *op. cit.*, p. 172

[4] Véase José Manuel Valenzuela Arce, *El color de las sombras*.

dores de la sociedades, se cuestionan las ideas de sociedad estructurada, así como los metarrelatos, las perspectivas teleológicas de la historia, la idea de progreso y desarrollo, la muerte de las vanguardias, además de la sustitución de la idea de sociedad por la de tribus y comunidades emocionales (donde podríamos ubicar los trabajos de Jean François Lyotard, Daniel Bell o Michel Maffesoli).

*3.* Un tercer acercamiento define a la posmodernidad como hibridación o sincretismo cultural, donde se subraya la articulación de elementos sociales y culturales que provienen de espacios, tiempos y matrices culturales diferentes, en que destaca la propuesta de Néstor García Canclini.

*4.* Finalmente, se encuentran las perspectivas que construyen su crítica a la modernidad desde compromisos que tratan de evitar sus efectos devastadores en lo ecológico, social y cultural y, en ocasiones, pretenden reconstruir o regresar a situaciones no alteradas por el paso de la modernización.

Algunos teóricos de la posmodernidad han acentuado su incredulidad frente a los metarrelatos y su decadencia como expresión de la propia crisis de la filosofía metafísica y las transformaciones del saber en las sociedades posindustriales y en la cultura posmoderna.[5]

Para autores como Lyotard, el principio de consenso no es solvente como criterio de validación del saber y éste no es la ciencia, sino una clase más de discurso en conflicto con el saber narrativo. El eje central de esta posición se refiere a la transformación de los campos de legitimación del saber y la pérdida de credibilidad de los grandes relatos, mientras que la "invención imaginativa" y la ciencia recurrirían al "pequeño relato".

Si el consenso es un horizonte inalcanzable que deja de funcionar como elemento de validación del conocimiento, se opta por buscar el disenso, y por ello la paralogía es la opción que incorpora la sistemática abierta a la localidad y el antimétodo. La legitimidad de los saberes se conforma desde la búsqueda de la generación de ideas y de nuevos enunciados. Por lo tanto, si el

[5] Jean François Lyotard, *La condición posmoderna. Informe sobre el saber*, Cátedra, Madrid, 1987, p. 13.

consenso no es un fin, sino "un estado de las discusiones", el verdadero fin propuesto por la posmodernidad es la paralogía, lo cual incluye el reconocimiento del "heteromorfismo de los juegos de lenguaje".[6]

## Poscolonialismo

Desde las perspectivas poscoloniales, se considera a los fenómenos culturales no únicamente como el proceso que inicia con la independencia de los países colonizados, sino también como la totalidad de prácticas que caracterizan a las sociedades del mundo poscolonial, desde el momento de la colonización hasta ahora.[7] Para los poscolonialistas, el colonialismo no termina con el acto de independencia política de los países colonizados, pues en muchos de éstos prevalecen relaciones neocoloniales.

Considero necesario realizar un esfuerzo interpretativo similar al que hizo el palestino Edward Said, cuando analizó la construcción del orientalismo *como lo otro*[8] y participar en la elaboración crítica de nuestras propias interpretaciones frente a los latinoamericanismos o tercermundismos con que se nos define desde las perspectivas de los países desarrollados, subrayando que Latinoamérica o México no están simplemente "allí", sino que son realidades, ideas e imaginarios "que poseen una historia, una tradición de pensamiento, imágenes y un vocabulario que les han dado realidad y presencia...", como ha destacado Said en relación con el orientalismo. También requerimos descubrir los múltiples reflejos interactivos con las formas como se nos ve desde los países desarrollados y las formas en que nos vemos nosotros mismos (y los vemos a ellos). Para ello se precisa reconocer que tanto el orientalismo como el latinoamericanismo o lo mexicano son sistemas de conocimientos mediados por elementos simbólicos, políticos y de poder.

La tesis que guía el trabajo poscolonialista es que la investigación humanística debe identificar la naturaleza de la relación entre conocimiento y política o cuestiones políticas y culturales en

[6] J. F. Lyotard, *La condición posmoderna...*, p. 13.

[7] Bill Ashcroft, Gareth Griffiths y Helen Tiffin (eds.), *The Post-Colonial Studies Reader*, Routledge, Londres y Nueva York, 1995.

[8] Edward W. Said, *Orientalismo*, Libertarias, Madrid, 1990.

los contextos específicos de su estudio, de sus temas y de su circunstancia histórica, entendiendo que en el discurso cultural y en el intercambio dentro de una cultura lo que comúnmente circula no son "las verdades" sino sus representaciones.

Construir un diálogo crítico entre las representaciones externas sobre nuestras realidades y nuestras propias representaciones es todavía una asignatura pendiente. Por ello, es importante sistematizar esas representaciones y conocer cómo se están formando los conocimientos y los imaginarios de nuestras realidades, además de avanzar en el entendimiento de cómo producimos el conocimiento sobre lo que somos y sobre las formas como nos representamos.

La historia intelectual de la teoría poscolonial se encuentra marcada por la dialéctica entre marxismo y posestructuralismo por un lado, y posmodernismo por el otro. Desde este campo interpretativo se subrayan los debates sobre nacionalismo e internacionalismo; esencialismo estratégico e hibridación, solidaridad y dispersión, las políticas de estructura/totalidad y las políticas de lo particular y lo fragmentario. Desde las teorías poscoloniales se reconoce la importancia analítica y social de las relaciones entre raza y clase y se cuestiona la ceguera de la academia occidental.[9]

Desde la publicación de *Can the Subaltern Speak?* (1985), de Gayatri Spivac, considerado uno de los textos fundamentales de los estudios poscoloniales, éstos subrayaron las condiciones que reproducen relaciones de dominación/subalternidad abrevando en la impronta gramsciana. Con el impulso de Spivac se avanzó de manera importante en los estudios sobre la subalternidad tanto en los campos disciplinarios como en el de las representaciones sociales, problematizando la propia participación de los investigadores.[10]

Más allá de las limitaciones formales del poscolonialismo como concepto, se coincide en que en todas las sociedades poscoloniales de alguna manera prevalecen elementos que las mantienen sujetas a diversas formas de dominación.

En nuestro país y en América Latina algunos de los principales elementos del dominio colonial que prevalecen como prácticas

[9] Leela Gandhi, *Postcolonial Theory: A Critical Introduction,* Columbia University Press, Nueva York, 1998.

[10] *Idem.*

sociales neocoloniales son la división sociocultural de oportunidades, diversas estructuraciones racistas o divisiones raciales, lingüísticas o religiosas, que reproducen un trato desigual, como ocurre con los pueblos indios. De esta manera, el poscolonialismo se expresa como un proceso continuo y complejo de resistencia y reconstrucción.[11]

El poscolonialismo permite representar los continuos procesos de supresión imperial e intercambio a través de diversas clasificaciones que prevalecen en las sociedades y, por lo tanto, en sus instituciones y en sus prácticas discursivas. El proceso imperial trabaja desde y sobre individuos y sociedades, por lo cual las teorías poscolonialistas rechazan la clasificación de *primer* y *tercer* mundo, así como la idea de que poscolonial sea sinónimo de subdesarrollo económico.

El poscolonialismo no sólo se refiere a una suerte de oposición y resistencia automática e inmodificable frente a los poderes coloniales, sino a una serie de vínculos y articulaciones económicas, sociales y culturales sin los cuales los procesos no pueden ser comprendidos adecuadamente, pues son procesos complejos y ambivalentes que se incorporan a las prácticas sociales.

Los poscolonialistas subrayan los temas centrales que definen su campo de preocupaciones, donde destacan el esclavismo, la migración, la supresión de los otros y de las otras, la resistencia a la colonización, las formas de construcción y las representaciones de las diferencias, la raza, las relaciones de género o las respuestas a las influencias de los grandes discursos de la Europa imperial.[12]

## Estudios culturales

A partir de las aportaciones de la Escuela de Estudios Culturales de Birmingham, el campo de los estudios culturales incorporó nuevos acercamientos interpretativos, considerando las articulaciones entre lo dominante, lo residual, lo arcaico, lo emergente y lo cotidiano (Raymond Williams). Asimismo, cuestionaron las perspectivas lineales que consideraban la superioridad de lo moderno frente a lo tradicional o de lo dominante sobre lo subalterno.

[11] Leela Gandhi, *Postcolonial Theory, op. cit.*
[12] *Idem.*

Las perspectivas culturales que cuestionan los discursos dominantes construyen puentes desde los cuales la multiculturalidad no sólo es considerada un campo de adscripción social (de pertenencia o de referencia), sino también se ponderan sus relaciones con las identidades políticas. En la medida en que se busca trabajar desde los contextos intra y extrainstitucionales, los estudios culturales no se disocian de la intervención social y política.

Los estudios culturales analizan las formas explícitas o difusas de persistencia cultural a partir de la investigación de las tradiciones orales y las culturas locales frente a una supuesta cultura común o una cultura sin rostro, como llamaba Hogart a la cultura de masas.

La discusión cultural se comprometió con perspectivas de deconstrucción de los discursos de la dominación y desde los estudios culturales se reconstruyeron las historias de los procesos sociopolíticos y las confrontaciones de clase. Para ellos, como argumenta E. P. Thompson, el concepto de clase social no sólo obedece a una situación que se define por el papel ocupado dentro del proceso productivo y las formas de relación con los medios de producción masiva, sino que también corresponde a una categoría sociohistórica. En este proceso, las relaciones entre las clases sociales producen instituciones, cultura y mutaciones que les otorgan especificidades, pero también permiten la realización de comparaciones transnacionales.

Los estudios culturales ponderaron algunos temas como ámbitos de expresión y de articulación de los nuevos procesos sociales, entre los cuales destacan los de cultura, ideología, lenguaje, lo simbólico y el poder. De esta manera, más que temas para el análisis, desde las perspectivas de los estudios culturales se busca construir teorías generales que articulen críticamente diferentes dominios de la vida. Por lo tanto, se debe analizar a la sociedad desde las articulaciones entre teoría, política, aspectos económicos e ideológicos y prácticas sociopolíticas.

A diferencia de los enfoques particularizantes y fragmentarios, los estudios culturales buscan una visión global de la cultura, considerada como una perspectiva totalizadora que comprende la vida material, intelectual y espiritual, además de las expresiones simbólicas.

También se presenta un claro interés por analizar las articulaciones socioculturales como campo de conexiones donde elementos diversos conforman "unidades" en contextos específicos. Como señala Stuart Hall, las articulaciones aluden a la producción de unidades a partir de elementos fragmentados mediante prácticas significadas por las identificaciones colectivas. Desde esta perspectiva, interesa avanzar en el análisis de los procesos producidos por la articulación de diferencias culturales.

El enfoque de los estudios culturales no sólo se construye desde perspectivas disciplinarias, sino que se asume como una perspectiva transdisciplinaria y, en muchas ocasiones, antidisciplinaria.

Otro elemento importante definido desde los estudios culturales es el interés por comprender los procesos histórico-sociales, no sólo de condiciones sedentarias, sino de situaciones nomádicas que dan cuenta de los procesos que definen las diásporas y migraciones contemporáneas, además de que implican descolocaciones, desplazamientos e hibridismo cultural.

Desde otra perspectiva, la condición de frontera cultural adquiere nuevos significados o por lo menos nuevos acentos. La frontera, más que simbolizar la ruptura de espacios de contención, expresa campos donde inicia algo; un más allá que sigue incorporando al otro lado de la frontera, tanto como punto de inicio, como elemento que lo constituye y lo complementa.

Desde el punto de vista de los estudios culturales, es importante trabajar con nuevos ámbitos identitarios, donde adquieren relevancia los intersticios *(in between)* que permiten elaborar estrategias particulares y comunitarias de identificación y de pertenencia, pues desde ellos se definen nuevos ámbitos identitarios y nuevos procesos de producción de lo social.

Los estudios culturales consideran aspectos como la *diversidad*, que es una categoría sociocultural de comparación (además de sistema de reconocimiento de contenidos culturales y costumbres propias de un grupo social), y la *diferencia* (entendida como proceso de enunciación de una cultura, con lo cual ésta deviene conocible y adecuada a la creación de sistemas de identificación cultural), pero también la conformación de sistemas de significación, mediante los cuales se atribuyen sentidos y significados, acción que también incluye la (re)producción de prejuicios y estereotipos.

Por ello, como destaca Bhabha, más allá de la diferencia de actitudes inscritas en los sistemas simbólicos de las diversas matrices culturales, importa analizar la estructura misma de la representación simbólica, y más que el contenido del símbolo y su función social es importante conocer la estructura de la simbolización.

Algunas de las críticas más sugerentes al camino seguido por muchos de los continuadores de la tradición de la escuela de Birmingham (que no a sus fundadores), quienes se han dejado atrapar por una cierta condición autocontenida de los textos, olvidando sus articulaciones con los contextos sociales, provienen de Fredric Jameson, quien parte de la necesidad de recuperar la teoría crítica de la cultura que viene de Marx, Freud, la Escuela de Francfort, Lukács, Sartre y el marxismo complejo. En suma, propone replantear los estudios culturales como marxismo culturalista y como crítica del capitalismo. Para ello, los estudios culturales deben considerar las formaciones económico-políticas y sociales y destacar la importancia de las clases sociales.[13]

Estos planteamientos cobran relevancia frente a las perspectivas multiculturalistas que no consideran al sistema como una totalidad articulada. Esta dimensión de totalidad articulada se debe recuperar en ámbitos más amplios, pues el capitalismo posee una condición global "desde arriba", especialmente en los sectores financiero, informático y comunicacional, lo cual constituye un reto apremiante para quienes no forman parte de esos circuitos de poder y sólo padecen los efectos de sus políticas globalizadas. Subrayando la estructuración de los elementos culturales como prácticas materiales, los estudios culturales nos ayudan a considerar las prácticas ideológicas y culturales como parte de las relaciones materiales en su forma discursiva determinada y no como condición fija ni inamovible.

Más que acentuar las aristas de un campo disciplinario, los estudios culturales nos ayudan a reposicionarnos en los diferentes intersticios desde los cuales es posible agudizar las miradas críticas sobre nuestras sociedades y, junto con Jameson, considerarlas como una nueva trama de códigos que nos permiten interpretar los fenómenos sociales, destacando el papel de la cultura y de las representaciones colectivas en las relaciones sociales, condición

[13] Fredric Jameson, Slavoj Zizek, *Estudios culturales. Reflexiones sobre el multiculturalismo*, Paidós, Barcelona, 1998.

anticipada por Raymond Williams, para quien los estudios culturales son una forma de materialismo cultural, que refieren más a una particular forma de inserción en las cuestiones sociológicas generales que a un área especializada. Por ello, los estudios culturales más que buscar la formación de un campo disciplinario, representan un enfoque que articula perspectivas transdisciplinarias desde las cuales se conforman nuevas comunidades interpretativas y nuevas formas de significación.

## Crónica y estudios culturales en México

Sin una perspectiva disciplinaria ni académica, la crónica, el ensayo y la literatura fueron de gran relevancia para comprender los procesos sociales, políticos y culturales de nuestro país, siendo los discursos legitimados hasta las postrimerías decimonónicas cuando se consolidaron los campos disciplinarios que ganaron legitimidad en la producción de saberes y conocimientos, proceso que se fue consolidando a lo largo del siglo xx.

En México existen intentos tempranos por narrar las conductas y los imaginarios de *los otros,* como registro y catálogo que exhibe diferencias y demarca desigualdades. La construcción/interpretación de las diferencias y desigualdades socioculturales empezó con las crónicas prístinas que describieron encuentros y desencuentros entre los españoles conquistadores y los pueblos indios, entre las que se ubican el *Itinerario,* de Grijalba, la *Relación,* de Andrés Tapia, las *Cartas de relación,* de Hernán Cortés, y la *Historia verdadera de la conquista de la Nueva España* de Bernal Díaz del Castillo. Situando la relevancia de estos trabajos, Manuel Gamio considera que desde el siglo xvi iniciaron en México las investigaciones en etnografía, arqueología, lingüística, folclor y otros conocimientos antropológicos, ejemplificados con fray Bernardino de Sahagún, Fernando de Alva Ixtlilxóchitl y Bernal Díaz del Castillo.

Más allá del registro, estas descripciones desbordaban los límites del recuento y servían como parámetros de cuestionamiento moral y mecanismo de reafirmación de la superioridad cultural. En algunos casos, la descripción adquirió compromisos con los pueblos conquistados y denunció las injusticias, como ocurrió con las voces que cuestionaron la supuesta condición prehumana de los indígenas; también combatieron las situaciones infrahumanas a las que se les reducía y, en algunos casos, se comprometieron con los afanes de libertad de los indios del llamado nuevo continente.[14]

Los trabajos de estos autores no iniciaron la descripción de costumbres ni el registro cultural, lo cual ya hacían los propios nativos americanos, pero con ellos comenzó un recuento en que se ponderaban las fronteras y diferencias entre españoles e indios. Dentro de estos nuevos inventarios, la "documentación" contribuía a demarcar diferencias y, en la mayoría de los casos, fue un recurso para justificar la desigualdad.

Autores y textos que marcaron el pensamiento europeo tenían una influencia considerable sobre los españoles peninsulares y criollos. Las tesis escolásticas y renacentistas participaban en la justificación de la supuesta condición natural de la servidumbre y el sometimiento indígena. En ellos tuvo particular presencia el reciclaje de las tesis aristotélicas sobre la condición natural de la servidumbre como producto de las diferencias en el uso de la razón.

De igual forma, las teorías deterministas consideraron que el suelo y el cielo americano eran los elementos que generaban la inferioridad de sus habitantes. Con la asignación de características deterministas al sitio de nacimiento, cobró fuerza la posición de Georges-Louis Leclerc, conde de Buffon, como insumo legitimador de las perspectivas naturalistas y su justificación de la subordinación social de los grupos y pueblos dominados. Al mismo tiempo, frente a estas perspectivas que justificaban la esclavitud indígena surgieron voces divergentes con posiciones críticas a los discursos que justificaban la esclavitud y el sometimiento indígena.

En el siglo XVII destacaron textos crónico-epistolares como *La grandeza mexicana* de Bernardo de Balbuena. Por otro lado, los historiadores jesuitas defendieron la existencia de la Virgen de Guadalupe y su aparición al indio Juan Diego y denunciaron las injusticias cometidas en contra de los indios, como en la *Historia*

[14] Entre los protagonistas de estas posiciones en América Latina destacan los *Comentarios reales de los incas,* de Garcilaso de la Vega; *Crónica moralizada,* de Antonio de la Calancha; la *Brevísima relación de la destrucción de las Indias,* de fray Bartolomé de las Casas, y *La monarquía indiana,* de fray Juan de Torquemada.

*antigua de México*, de Francisco Javier Clavijero. Junto a él la propuesta humanista cuestionaba las posiciones naturalistas y de determinismo ecológico, como hicieron Francisco Xavier Alegre, Andrés Diego Fuentes y Vicente López (véase Alfonso Méndez Plancarte, *Humanistas del siglo XVIII*).

El liberalismo europeo y el enciclopedismo también marcaron el pensamiento de intelectuales mexicanos como José María Luis Mora, Mariano Otero, Lorenzo Zavala y Valentín Gómez Farías, para quienes la libertad y la educación eran la base del progreso nacional. Además de las tesis de Rousseau sobre la voluntad general, las influencias de la teoría económica de Smith y Ricardo sirvieron de pilares del liberalismo económico mexicano.

Recuperando los postulados de la Ilustración, el liberalismo enfrentó los poderes dinásticos apostando a un proyecto laico y secular, pero también antiindígena. Los pensadores mexicanos no eran ajenos a las discusiones europeas y conocían los trabajos de Montesquieu, Newton, Bentham, Condillac y Locke. Durante ese periodo, los liberales mexicanos, al mismo tiempo que confrontaron los poderes de la Iglesia y el orden religioso, mantuvieron las tesis del supuesto envilecimiento de los pueblos indios.

La necesidad de legitimar un proyecto nacional requería discursos integradores, por lo menos en el plano formal; así, junto a las crónicas de Guillermo Prieto, Manuel Payno, Ignacio Manuel Altamirano y Francisco Zarco, aparecieron obras importantes en el campo de la literatura y de la historia que presentaron una perspectiva de nación, constituida como narración de una biografía colectiva, de un pasado común y de un proyecto compartido.

Los pensadores liberales y conservadores recurrieron a la literatura para construir un sentido de historia nacional e interpretar las costumbres del pueblo mexicano, así como a la elaboración de obras globalizadoras que esbozaban los elementos de una direccionalidad nacional y pretendían dar cuenta de una historia común al estilo de *México y sus revoluciones*, de José María Luis Mora, o la *Historia de México desde los primeros movimientos que prepararon su independencia en el año 1800 hasta la época presente (1808)*, de Lucas Alamán, y la *Evolución política del pueblo mexicano*, de Justo Sierra. Junto a ellos también destacaron las reconstrucciones históricas de Joaquín García Icazbalceta, y la *Historia antigua de la conquista*, de Manuel Orozco y Berra.

Con la guerra México-Estados Unidos, diversos autores trataron de incidir en la comprensión de lo que estaba ocurriendo y en las postrimerías decimonónicas se abrieron nuevos espacios para los discursos colectivos y la transformación de grupos que discutían los aspectos sociales y culturales del país, como hizo la Academia de Letrán (1836-1856), formada por José María Lacunza, Antonio Quintana Roo, Guillermo Prieto, Francisco Ortega, Manuel Carpio e Ignacio Ramírez, quienes participaron con entusiasmo en la definición de los sentidos de la cultura nacional y se afanaron en "nacionalizar las letras".

En 1851 se fundó el Liceo Hidalgo, con el apoyo de Francisco Zarco, el autor de *Los bandidos de Río Frío*, e Ignacio Manuel Altamirano, creador de *Clemencia*, *Navidad en las montañas* y *El zarco*. El Liceo Hidalgo mantuvo especial interés por definir lo mexicano desde las letras, al mismo tiempo que participaba en la vida política nacional. De manera similar el Ateneo de la Juventud se interesó por los aspectos culturales y morales del país y algunos de sus representantes dieron especial atención al conocimiento artístico, teniendo importante ascendencia en la vida social y política del país.

El camino estaba preparado para el crecimiento del pensamiento positivista. Así destacaron autores como Emilio Rabasa, Justo Sierra, Ignacio Ramírez e Ignacio Manuel Altamirano. Además de Comte, el positivismo mexicano fue influido por el naturalismo social de Spencer y Darwin y por el biologicismo de Haeckel. Con perspectivas conservadoras y fuertes vínculos con el poder porfirista, los positivistas se caracterizaron por su desdén por el pasado indígena y por los indios a quienes consideraron serviles e hipócritas. Cientificistas y antirreligiosos, los positivistas apostaron a la ciencia como el vehículo del progreso e impulsaron la educación laica, gratuita y obligatoria.

Como parte del impulso educativo de un país que arribaba al siglo XX envuelto en fuertes conflictos sociales, se fundó la Universidad Nacional Autónoma de México y se crearon obras comprensivas sobre la situación socioeconómica del país, entre las cuales destaca *Los grandes problemas nacionales* (1909), de Andrés Molina Enríquez.

El positivismo mantuvo una fuerte presencia en la definición de los rasgos constituyentes del proyecto nacional y apoyó a los grupos dominantes. Por ello, en 1909 surgió el Ateneo de la Juventud con un posicionamiento antipositivista. Los ateneístas estaban más preocupados por la dimensión moral y cultural de la sociedad al estilo de Durkheim para quien la educación era un elemento de reconstrucción del orden moral. También reivindicaron al pensamiento metafísico y algunos de ellos, como José Vasconcelos y Alfonso Caso, ponderaron el pensamiento artístico sobre el científico. Desde esta perspectiva se construyeron propuestas como la vasconcelista que prodigó un gran apoyo a la traducción y publicación de libros y a la edificación de bibliotecas, así como a la alfabetización y a las artes. La pléyade de ateneístas compuesta por José Vasconcelos, Alfonso Caso, Alfonso Reyes, Pedro Henríquez Ureña, Martín Luis Guzmán y Julio Torri se mantuvo en contacto con la literatura y la filosofía europea y estadunidense y estuvo familiarizada con los textos y autores proscritos por el positivismo.

En los albores del siglo XX y en un país convulso por la Revolución se difundieron ideas, textos y autores libertarios, especialmente de perspectivas anarquistas y marxistas, al mismo tiempo que se fortaleció el interés por comprender el carácter o la "esencia" del mexicano, a partir de obras fundamentales como *La raza cósmica* (1924), de José Vasconcelos, o *El perfil del hombre y la cultura en México* (1934), de Samuel Ramos —texto que influyó en la reflexión sobre México y lo mexicano de Jorge Cuesta, así como en el trabajo de Leopoldo Zea y en *El laberinto de la soledad*, de Octavio Paz— y la *Visión de Anáhuac*, de Alfonso Reyes, quien analizó el ser del hombre en México y la identidad de los mexicanos.[15]

Siguiendo el ejemplo ateneísta, el grupo de los Siete Sabios (1916), formado por Antonio Castro Real, Vicente Lombardo Toledano, Alfonso Caso, Alberto Vázquez del Mercado, Manuel Gómez Morín, Teófilo Olea y Leyva y Jesús Morín Baca, continuó con la reflexión literaria y social, y algunos de ellos, como Vicente

[15] Con la Revolución la novela adquirió nuevo significado como recurso para narrar y recrear acontecimientos. En el género destacaron *Los de abajo*, de Mariano Azuela, y *La sombra del caudillo*, de Martín Luis Guzmán, al mismo tiempo que el corrido cantaba las historias y los sucesos trascendentes para "el pueblo". De esta manera, la novela y el corrido se unieron a la tarea de registro y comunicación de experiencias sociales realizadas por la crónica, la novela y la recreación histórica.

Lombardo Toledano, tuvieron especial relevancia en la discusión política y educativa del país.

Por otro lado, grupos como los Contemporáneos, formado por Jorge Cuesta, Bernardo Ortiz de Montellano, Jaime Torres Bodet, Salvador Novo, Gilberto Owen, Enrique González Rojo, Xavier Villaurrutia, Carlos Pellicer, José Gorostiza y Octavio G. Barreda, fortalecían el campo de las letras. A su estilo, los Contemporáneos también participaron en la discusión sobre lo mexicano, buscando las formas de serlo sin perder la universalidad a la que aspiraban. En algunos trabajos como *La nueva grandeza mexicana,* de Salvador Novo, se cuestionan las tesis de Ramos y se apuesta a nuevos signos de la modernidad mexicana de mediados del siglo XX.

La segunda mitad del siglo vivió una explosión en muchos campos de la vida artística, y en el análisis cultural se completaron perspectivas profundas sobre la vida nacional, como las de Octavio Paz, José Revueltas, Carlos Fuentes, Carlos Monsiváis, Fernando Benítez y José Emilio Pacheco. Por otro lado, surgieron perspectivas filosóficas al estilo del Grupo Hiperión como las presentadas en *Análisis del ser mexicano*, de Emilio Uranga; *Los grandes momentos del indigenismo en México*, de Luis Villoro, y *Fenomenología del relajo*, de Jorge Portilla.

El pensamiento marxista influyó más en la comprensión e interpretación de los procesos socioeconómicos del país que en la dimensión cultural; sin embargo, también se produjeron importantes trabajos interpretativos de la cultura nacional como los de José Revueltas. Por otro lado, vía Franz Fanon y las tesis del colonialismo interno, se desarrollaron obras importantes como la de Pablo González Casanova, *Sociología de la explotación*, en la sociología, y la de Rodolfo Stavenhagen, *Las clases sociales en las sociedades agrarias*, en la antropología.

Desde el campo de la psicología social se avanzaba en los intentos por interpretar la psicología de los mexicanos. Rogelio Díaz Guerrero, en *Psicología del mexicano* (1967), analizó el carácter de los mexicanos a partir de algunas "premisas socioculturales" desde una visión comparativa con otras culturas. Santiago Ramírez, quien mantenía algunas de las viejas tesis de Samuel Ramos en *El perfil del hombre y la cultura en México*, continuó en el estado central del mexicano, mientras que Juana Armanda Alegría, en *Psicología de las mexicanas*, realizó un acercamiento al tema de la psicología de los mexicanos y las mexicanas interpretando algunos de sus elementos constitutivos como el machismo y otros aspectos considerados como sus rasgos culturales definitorios.

Sin lugar a dudas, la conformación del campo disciplinario de la antropología ha sido el terreno más fértil en la investigación sistemática de las culturas de nuestro país. Desde los trabajos pioneros que contribuyeron a una comprensión amplia de los grupos sociales en la definición del proyecto nacional, como *Forjando patria*, de Manuel Gamio, *Regiones de refugio: el desarrollo de la comunidad y el proceso dominical mesoamericano*, de Gonzalo Aguirre Beltrán, y *El México profundo* de Guillermo Bonfil.[16] Junto a éstos, proliferó una gran cantidad de trabajos etnográficos que mostraron la inmensa riqueza cultural de los pueblos indios de México; no obstante, había pocas obras sobre los cambios culturales en los contextos urbanos.

Por su parte, la sociología también ofrecía nuevos elementos para entender la realidad sociocultural mexicana, con autores como Pablo González Casanova y los historiadores que generaron obras fundamentales para comprender al país, como *El pueblo del sol*, de Alfonso Caso; *Visión de los vencidos* y *Tlacaelel*, de Miguel León-Portilla; *La invención de América*, de Edmundo O'Gorman; *Pueblo en vilo*, de Luis González y González; *Memoria mexicana*, de Enrique Florescano, y muchos otros entre quienes se encuentran Josefina Zoraida Vázquez, Silvio Zavala, Alfredo López Austin y Adolfo Gilly.

Durante los últimos años han cobrado relevancia diversas investigaciones desarrolladas en el campo de la comunicación y ganaron espacio los estudios de género, obligando a redefinir muchas de las certezas homogeneizantes de las ciencias sociales y humanísticas.

Las ciencias sociales en México han desarrollado aproximaciones interpretativas que se alejan de los esquemas del positivismo lógico aún influyentes y atrincherados en muchas instituciones académicas del país, frente a los cuales se trabaja a partir de pers-

[16] Junto a estas obras, la antropología mexicana produjo una gran cantidad de trabajos que dieron testimonio de las culturas de los pueblos indios, las culturas regionales y locales, procesos socioculturales en las zonas rurales, trabajos arqueológicos, etcétera.

pectivas definidas desde la centralidad de los procesos culturales en la definición de la vida social y con perspectivas de triangulación. En este campo pueden destacarse los trabajos de Gilberto Giménez, Néstor García Canclini, Marta Lamas, Vania Salles, Lourdes Arizpe, Esteban Krotz, Rossana Reguillo, entre otros. Con ellos se ha avanzado en la conformación de perspectivas que incorporan propuestas inter y transdisciplinarias más que en la intención de formar una nueva disciplina en estudios culturales. Sin pretender ocultar diferencias importantes entre estos autores y autoras, considero que ha habido progreso en el desarrollo del campo de los estudios culturales, entendido como una comunidad interpretativa a partir de la cual se reposicionan la discusión y el ámbito de las ciencias sociales y humanísticas en México.

# *Antropología y estudios culturales: una agenda de fin de siglo*

Néstor García Canclini

Los propósitos comparativos anunciados por este título pueden generar lo mismo expectativas que escepticismo. Más aún si también se pretende confrontar, como intentaremos aquí, las maneras en que se han desarrollado estas tendencias en los Estados Unidos y en América Latina.

Es posible encontrar coincidencias entre las diversas concepciones de la antropología y los estudios culturales. En ambas regiones esas dos corrientes coinciden en la preocupación por extender el concepto de cultura para abarcar no sólo los procesos simbólicos especializados (artes, artesanías, medios masivos) sino también los de la vida cotidiana. Asimismo, un buen número de antropólogos y representantes de los estudios culturales coinciden al criticar a la vez los saberes académicos y los saberes ordinarios desde una reflexión sobre la alteridad. También se aproximan ambas líneas de investigación al reformular el lugar y el sentido de lo popular pasando del análisis económico de las clases a las reivindicaciones socioculturales de las minorías, excluidas de la simbólica de élite o del *mainstream*, e interrogarse por lo que estas diferencias significan en las políticas de identidad y representación.

Pero tales acercamientos se vuelven problemáticos cuando advertimos las diferencias disciplinarias y de estilos de trabajo entre quienes hacemos estudios culturales en los Estados Unidos y en América Latina. Un alto número de especialistas de esta tendencia en la academia estadunidense proviene de las humanidades, en particular de la literatura, como lo revela su predominio en la "enciclopedia" *Cultural Studies*, editada por Grossberg, Nelson y Treichler; mientras que en los países latinoamericanos los estudios culturales se desarrollan sobre todo en las ciencias sociales y comunicacionales (por ejemplo, Roger Bartra, José Joaquín Brunner, Jesús Martín Barbero, Renato Ortiz), lo cual aproxima más el perfil de estos autores a los temas y enfoques de los *cultural studies* ingleses que a los estadunidenses. Esa fuerte relación con las ciencias sociales se percibe aun en representantes latinoamericanos de los estudios culturales formados en la literatura y el arte (Heloisa Buarque de Hollanda, Aníbal Ford, Nelly Richard, Beatriz Sarlo).

Se ha interpretado esta diferencia, y la mayor versatilidad de los estudios latinoamericanos para atravesar las fronteras disciplinarias, como una consecuencia del endeble carácter del sistema universitario en estos países y de sus bajos recursos económicos.[1] Agregaré que conviene tomar en cuenta también que los investigadores de América Latina combinamos más frecuentemente nuestra pertenencia universitaria con el periodismo, la militancia política y social, o la participación en organismos públicos, todo lo cual posibilita relaciones más móviles entre los campos del saber y de la acción. En parte, a esto se deben otras diferencias notables en los estudios culturales de ambas regiones: la conceptualización del Estado-nación, de la multiculturalidad y la ciudadanía, a las que me referiré más adelante.

Tales discrepancias podrían hacernos dudar de la utilidad de comparar antropología y estudios culturales en las dos regiones. Sin embargo, tres hechos me animan a profundizar en esta confrontación: *a)* la intensificación de intercambios entre especialistas en ambas tendencias, e incluso la redefinición de identidades profesionales, por la cual a menudo autores importantes pueden ser considerados antropólogos y representantes de estudios culturales, tanto en los Estados Unidos como en América Latina; *b)* la circulación frecuente de profesores, estudiantes y textos entre las dos regiones, en forma menos asimétrica que en el pasado, desde que varias obras antropológicas y de estudios culturales latinoamericanos fueron traducidas al inglés, y *c)* la incipiente formación de una agenda de investigaciones compartida (explícita en algunos programas y simposios comunes, implícita en otros diálogos) que estimula a pensar teóricamente la convergencia.

[1] Yúdice, 1993b. [Sin referencias. Nota del coordinador.]

Para dar una idea de la magnitud de lo que está cambiando, señalo algunas diferencias con situaciones pasadas. No estamos ahora en una etapa semejante a la de la relación entre grandes maestros metropolitanos y discípulos periféricos que se mimetizaban con ellos, como ocurrió cuando Franz Boas, el proyecto Harvard en Chiapas o el estructuralismo levistraussiano lograban resonancias tardías en las playas o las mesetas latinoamericanas. Tampoco se reducen los vínculos —como en los años ochenta— a la admiración o el rechazo académico ante las novedosas reconstrucciones discursivas de la disciplina antropológica y de las humanidades, lo cual hizo sospechar a algunos latinoamericanos que las polémicas en los Estados Unidos no tenían que ver tanto con la renovación de las investigaciones y la inserción social de las disciplinas como con disputas en "un mercado de trabajo altamente saturado para profesionales de antropología y donde la universidad es la única opción" (Richard Sena).

Del lado latinoamericano, la disposición a vincularse más creativamente con los académicos estadunidenses ha mejorado por varias razones. Entre ellas destaco cierto ascenso de la profesionalización universitaria y la creatividad teórica endógena, la declinación de "paradigmas" marxistas y populistas, y las condiciones sociales, institucionales y textuales que intervienen en la producción de conocimientos. Cabe señalar, también, las semejanzas de las transformaciones culturales de las metrópolis y de las sociedades periféricas: crisis de las etnias y las naciones, recomposición de los vínculos entre lo local y lo global.

Fredric Jameson hablaba del "deseo llamado estudios culturales" más como el proyecto de grupos académicos de aliarse en "un bloque histórico" que como "una disciplina novedosa". Si también la antropología es vista hoy por muchos de sus practicantes (Augé, Clifford Geertz, Rosaldo, Bartra, Ortiz) no como una ciencia cerrada, autosuficiente y estable, sino como un conjunto de estrategias de conocimiento para tratar con procesos abiertos, interconectados y en recomposición, es posible concebir las relaciones entre ambos tipos de estudios con estas tres últimas características.

### De cómo un argentino hace trabajo de campo sobre México en Edimburgo

La posibilidad de relaciones más fluidas entre las disciplinas es estimulada, en parte, por el desdibujamiento de las fronteras entre las culturas. Sobre este tema nos invitó a hablar el Centro de Estudios Latinoamericanos de la Universidad de Stirling a varios especialistas de América Latina, europeos y estadunidenses. ¿Dónde están las fronteras interculturales?, me preguntaba al contrastar este interés creciente por América Latina en el mundo angloparlante con el escaso diálogo que tenemos con países latinos de Europa, como Francia e Italia, que han aportado grandes contingentes migratorios y tuvieron vigorosa influencia en nuestro continente. Se me ocurrió que este desplazamiento se manifestaba en el hecho de que los tres conferencistas latinoamericanos invitados, Jesús Martín Barbero, Renato Ortiz y yo, habíamos hecho nuestras tesis en francés, pero nuestros libros no estaban traducidos a esa lengua ni al italiano, pero sí al inglés.

Pensaba en estas "paradojas" mientras cenaba en un restaurante italiano de Edimburgo cuando, después de ser obligado a hablar en mi inglés de emergencia por un mesero locuaz, descubrí que él era mexicano. Ahí comenzó una de esas experiencias no previstas de trabajo de campo: él me contó que le resultaba difícil decir de qué parte de México era, pues su padre —funcionario de gobierno— había sido enviado un tiempo a dirigir obras en Querétaro, luego en San Miguel de Allende, en el Distrito Federal y en otras ciudades. En los intervalos de sus recorridos de una mesa a otra, me relató que había estudiado ingeniería en Querétaro y que tuvo una beca para trabajar "en cuestiones de biología marina" en Guaymas, pero prefirió irse a Los Ángeles siguiendo a un amigo. "Me interesaba conocer a gente de otros países más que a los mismos de siempre." También había vivido en San Francisco, Canadá y París, y había ido combinando lo que escuchó en esas sociedades heterogéneas con visiones propias sobre la multiculturalidad. Me dijo que en Los Ángeles "son cosmopolitas, pero no tanto porque muchos grupos sólo se ven entre ellos. Se encuentran en los lugares de trabajo, pero luego cada uno regresa a su casa, a su barrio". Y concluía que "el capitalismo trae segregación". A cada rato decía que "los judíos son los más poderosos de los Estados Unidos". De "los negros" afirmaba que "creen mucho en sus héroes, pero los debilita ser tan discriminados. Son fuertes sólo en la música". "Y a los mexicanos lo que nos pierde es que para hacer negocios necesitamos tomar." Sus juicios mostraban que la simple acumulación multicultural de experiencias no genera automáticamente hibridación y comprensión democrática de la diferencia.

Al cerrar el restaurante fuimos a tomar un trago a mi hotel y allí me explicó que "las cosas funcionan mejor en los Estados Unidos que en el Reino Unido. Los escoceses tienen orgullo, pero pasivo. Los americanos lo tienen activo: se identifican en todo el mundo, se hacen notar en los negocios y porque nunca quieren perder". Hablaba con tal admiración de su vida en Los Ángeles que le pregunté por qué había dejado esa ciudad. "Porque cuando entiendo algo y me doy cuenta cómo se hace, es como cambiar un video, y entonces me aburro." Su ductilidad multicultural se apreciaba, asimismo, cuando hablaba italiano casi tan bien como inglés, pese a no haber visitado nunca Italia, a fuerza de interactuar con los demás meseros y representar cada día la italianidad entre *agnolotis, carpaccios* y vinos Chianti.

Cuando quise saber cómo había decidido ir a vivir a Edimburgo, me dijo que su esposa era escocesa, y me sorprendió —él, que había transitado por muchas partes de México los Estados Unidos y Canadá— al afirmar que le gustaban los escoceses porque "no son cosmopolitas. Son gente conservadora, que cree en la familia y están orgullosos de lo que tienen. Viajan como turistas, pero están tranquilos y se sienten contentos con la seguridad que hay en esta ciudad de 400 000 habitantes".

Al final me dijo que quería poner un restaurante mexicano de calidad, pero no le gustaban las tortillas que llegan a Edimburgo para venderse en los restaurantes *tex-mex* porque las traen de Dinamarca. (Me hizo recordar las fiestas del 15 de septiembre en la embajada de México en Buenos Aires para celebrar la independencia mexicana, cuando se reúnen los pocos mexicanos que viven en esa ciudad con centenares de argentinos que estuvieron exiliados en México, y el embajador contrata al único grupo de mariachis que puede conseguirse en Argentina, formado por paraguayos que residen ahí.)

Entonces, el mesero mexicano en Edimburgo me pidió que al volver a México le mandara la receta de las tortillas. Me lo pidió a mí, que soy argentino, llegué hace 25 años a México como filósofo exiliado y me quedé porque aprendí antropología y me dejé fascinar por muchas costumbres mexicanas, aunque una de mis dificultades para adaptarme tiene que ver con el picante, y por eso cuando necesito elegir un restaurante prefiero los italianos. Esta inclinación procede de que ese sistema precario que se llama la comida argentina se formó con la enérgica presencia de los migrantes italianos, que se mezclaron con españoles, judíos y gauchos para formar una nacionalidad. Pertenecer a una identidad híbrida, de desplazados, ayudó a este filósofo convertido en antropólogo a representar la identidad mexicana ante un mexicano casado con escocesa, que representa la italianidad en un restaurante de Edimburgo.

Sé que entre los millones de mexicanos residentes en los Estados Unidos, o que han pasado por este país, pueden encontrarse historias semejantes que vuelven problemático entender quiénes y cómo representan hoy la nacionalidad. No sólo los que habitan el territorio de la nación. No era el lugar de residencia lo que definía nuestras pertenencias en esa noche de Edimburgo. Tampoco la lengua, ni la comida, constituían sistemas de referencia identitarios que nos inscribieran rígidamente en una sola nacionalidad. Él y yo habíamos tomado de varios repertorios hábitos y pensamientos, marcas heterogéneas de identidad, que nos permitían desempeñar papeles diversos y hasta fuera de contexto.

Ya no es posible entender estas paradojas con una antropología para la cual el objeto de estudio son las culturas locales, tradicionales y estables. El futuro de los antropólogos depende de que resumamos esa otra parte de la disciplina que nos ha entrenado para examinar la alteridad y la multiculturalidad, las tensiones entre lo local y lo global. O sea, el diálogo con los estudios culturales.

## Los antropólogos como especialistas en la modernidad

¿Hay algo que diferencie a la antropología de otras ciencias sociales cuando estudia las tradiciones subsistentes en relación con los procesos de comunicación y reorganización social transnacionales, modernos y aun posmodernos? Una buena parte de los antropólogos latinoamericanos y de los metropolitanos ha sido hechizada por nuestras tradiciones de la modernización y la globalización: el antropólogo sería una especie de defensor "científico" del realismo mágico, de quienes creen hallar en el macondismo nuestro modo peculiar de lograr algo en las competencias internacionales.

Esta estrategia de asombrar a los centros académicos, fundaciones y museos metropolitanos con nuestros largos siglos de esplendor tuvo relativo éxito hasta los años ochenta del siglo XX. Pero comenzó a declinar desde que la caída del muro de Berlín hizo girar las miradas de los Estados Unidos y Europa a los países del Este. También porque las conmemoraciones de 1992 gastaron la novedad de nuestro exotismo mágico. Liberados de la tarea de embalsamar y hacer propaganda de los esplendores, los antropólogos podemos examinar ahora los desajustes entre nuestro exuberante *modernismo,* o sea los proyectos culturales de situarnos en el mundo contemporáneo, y nuestra deficiente y contradictoria *modernización.* O, para decirlo con el neologismo aportado por Roger Bartra (1993) al lenguaje posmoderno, nuestro *dismothernism,* en vista del *desmadre* con el que nos colocan y nos colocamos entre las contradicciones de la modernidad.

Las investigaciones empíricas ofrecen datos sobre los dramas actuales de las migraciones masivas, el gigantismo urbano, el desempleo y la ingobernabilidad de las sociedades latinoamericanas, como para que la antropología encuentre su vocación, una vez más, siendo una crítica de la modernidad. Pero no una crítica reactiva desde la idealización de lo premoderno, sino partiendo de que la modernidad es la condición de base de las actuales sociedades latinoamericanas y reconociendo los beneficios (no sólo las pérdidas y las amenazas) que este proceso ha traído a lo largo de cinco siglos al mejorar la duración y las condiciones de vida, salud y trabajo, educación, conocimiento y comunicación en nuestras sociedades y entre ellas. Por eso, los antropólogos —que nos hemos complacido en encapsular y exaltar las tradiciones que representan resistencias a la modernización— vemos la necesidad de investigar en los últimos 20 años por qué tantos grupos indígenas adoptan formas de producción modernas, asimilan con gusto los bienes de consumo y la simbólica difundidos por los medios de comunicación masiva. Se han incrementado los estudios que tratan de entender cómo los campesinos usan los créditos bancarios, los artesanos se relacionan con el imaginario turístico y televisivo, los migrantes reformulan sus tradiciones para que coexistan con las relaciones industriales y el espacio urbano, los jóvenes populares combinan las viejas melodías regionales con las música transnacional (Arizpe, Carvalho, García Canclini, Good Eshelman, Ortiz, Silva).

Así se ha ido reubicando nuestro objeto de estudio como parte de la modernidad. Pero cuando descubrimos que esta modernidad no sólo se configura por la inercia y renovación de tradiciones aisladas, sino por su interrelación con nuevos procesos de industrialización de la cultura, interacción masificada con otras sociedades y reformación de las identidades "propias" en medio de la globalización, nos encontramos con los estudios culturales. O sea, con esa corriente nacida en el marxismo inglés, transformada bajo el debate posmoderno en los Estados Unidos, que ofrece la posibilidad de analizar la cultura como una escena en la que varias disciplinas pueden tener competencia, como dice Tony Bennet, "a gravitational field in wich a number of intellectual traditions have found a provisional *rendez-vous*". Los estudios culturales no como una nueva disciplina sino como un lugar donde se gestiona el libre comercio entre las disciplinas.

En el mismo sentido puede hablarse también de estudios culturales en América Latina, con antecedentes en este estilo de trabajo que tienen por lo menos medio siglo. Desde los textos en que Fernando Ortiz trabajó la "transculturación" y Antonio Cándido los vínculos entre literatura y sociedad —por citar sólo dos ejemplos—, hallamos un conjunto de investigaciones efectuadas por sociólogos, antropólogos, comunicólogos e historiadores de arte y literatura que, trascendiendo sus tabiques disciplinarios, están redefiniendo la cultura como procesos sociales de producción, circulación y recepción de las significaciones. De acuerdo con esta definición sociosemiótica, la cultura no puede ser abarcada con los conceptos y las destrezas adquiridos en una sola disciplina. Sin embargo, la heterogeneidad de los saberes ha servido para repensar la heterogeneidad sociocultural, problematizar las crisis de las identidades tradicionales y encontrar en las recomposiciones culturales algunas claves de los cambios sociopolíticos: en tal sentido, esta organización del conocimiento retoma preocupaciones clásicas de la antropología.

## Hacia una agenda comparativa de investigación

Enunciaré, con el laconismo a que obliga el tiempo de esta conferencia, algunos puntos nodales de la perspectiva teórica que hoy está haciendo posible el diálogo —coincidencias y discrepancias— entre antropólogos y estudios culturales, entre los Estados Unidos y América Latina.

1. *Se está desplazando el objeto de estudio de la identidad a la heterogeneidad y la hibridación multiculturales.* Ya no basta con decir que no hay identidades caracterizables por esencias autocontenidas y ahistóricas, e intentar entenderlas como las maneras en que las comunidades se imaginan y construyen relatos sobre su origen y desarrollo. En un mundo tan fluidamente interconectado, las sedimentaciones identitarias organizadas en conjuntos históricos más o menos estables (etnias, naciones, clases) se restructuran en medio de conjuntos interétnicos, transclasistas y transnacionales. Las diversas maneras en que los miembros de cada etnia, clase y nación se apropian de los repertorios heterogéneos de bienes y mensajes disponibles en los circuitos transnacionales genera nuevas formas de segmentación. Estudiar procesos culturales es, por esto, más que afirmar una identidad autosuficiente, conocer formas de situarse en medio de la heterogeneidad y entender cómo se producen las hibridaciones.

Si bien aquí me interesa destacar el argumento teórico, quiero recordar la tesis desarrollada por David Theo Goldberg acerca de que "la historia del monoculturalismo" muestra cómo los pensamientos centrados en la identidad y la diferencia conducen a menudo a políticas de homogeneización fundamentalista. Por lo tanto, convertir en concepto eje la heterogeneidad no es sólo un requisito de adecuación teórica al carácter multicultural de los procesos contemporáneos, sino una operación necesaria para desarrollar políticas multiculturales democráticas y plurales, capaces de reconocer la crítica, la polisemia y la heteroglosia.

2. Muchas veces la heterogeneidad ha sido tratada por las cien-

cias sociales como una característica de las sociedades latinoamericanas, pero las investigaciones deben encarar ahora la *heterogeneidad multitemporal*. Reconocer la coexistencia de tradiciones procedentes de épocas distintas, por ejemplo artesanales e industriales, en las sociedades contemporáneas, no implica que algunos sectores estarían fuera de la modernidad como lo interpretó Renato Rosaldo en la introducción a la versión en inglés de *Culturas híbridas*. Los artesanos y otros grupos tradicionales reelaboran sus herencias culturales a fin de participar en la modernidad, que es la condición epocal dominante en la cual se halla inserto el continente latinoamericano. Pero debemos considerar que los dispositivos históricos de exclusión social, económica y cultural engendraron procesos de dualización y preservan circuitos o bolsones marginales, "tradicionalistas", en los que precisamente se apoyan los fundamentalismos. Si bien las hibridaciones generadas por la modernización alcanzan aun a pueblos campesinos e indígenas, a través de la mercantilización de sus economías y de la llegada de industrias culturales y otros movimientos que los ligan al desarrollo contemporáneo, es necesario estudiar la escasa integración (no aislamiento) de sectores tradicionalistas respecto del conjunto social para entender las bases socioeconómicas y culturales de movimientos neomexicanistas, neoincaicos y otros indigenismos que pretenden restituir como utopías antimodernas tradiciones idealizadas. Comparto con Rosaldo la opinión de que estas utopías deben examinarse como parte de la modernidad, pero también necesitamos estudiarlas en conexión con las condiciones estructurales que las marginan para comprender su persistencia.

3. A mi manera de ver *la diferencia más importante entre los procesos culturales latinoamericanos y los de los Estados Unidos no se encuentra en los modos de concebir los vínculos entre tradición y modernidad, sino en las maneras de entender la hibridación respecto de diferentes visiones de la multiculturalidad*. Quizá la discrepancia clave entre la multiculturalidad estadunidense y lo que en América Latina más bien se ha llamado pluralismo o heterogeneidad cultural resida en que, como explican varios autores, en los Estados Unidos "multiculturalismo significa separatismo" (Hughes, Taylor, Walzer). Sabemos que, según Peter McLaren, conviene distinguir entre un multiculturalismo conservador, otro liberal y otro liberal

de izquierda. Para el primero, el separatismo entre las etnias se halla subordinado a la hegemonía de los blancos, anglosajones y protestantes (Withe, Anglo-Saxon, Protestant, WASP) y su canon que estipula lo que se debe leer y aprender para ser culturalmente correcto. El multiculturalismo liberal postula la igualdad natural y la equivalencia cognitiva entre razas, en tanto el de izquierda explica las violaciones de esa igualdad por el acceso inequitativo a los bienes. Pero sólo unos pocos autores, entre ellos McLaren, sostienen la necesidad de "legitimar múltiples tradiciones de conocimiento" a la vez, y hacer predominar las construcciones solidarias sobre las reivindicaciones de cada grupo. Por eso, pensadores como Michael Walzer expresan su preocupación porque "el conflicto agudo hoy en la vida norteamericana no opone el multiculturalismo a alguna hegemonía o singularidad", a "una identidad norteamericana vigorosa e independiente", sino "la multitud de grupos a la multitud de individuos..." "Todas las voces son fuertes, las entonaciones son variadas y el resultado no es una música armoniosa —contrariamente a la antigua imagen del pluralismo como sinfonía en la cual cada grupo toca su parte (pero ¿quién escribió la música?)—, sino una cacofonía."[2]

En América Latina, las relaciones entre cultura hegemónica y heterogeneidad se desenvolvieron de otro modo. Lo que podría llamarse el canon en las culturas latinoamericanas debe históricamente más a Europa que a los Estados Unidos y a nuestras culturas autóctonas, pero a lo largo del siglo XX combina influencias de diferentes países europeos y las vincula de un modo heterodoxo formando tradiciones nacionales. Autores como Jorge Luis Borges y Carlos Fuentes dan cita en sus obras a las tradiciones de sus sociedades de origen junto a expresionistas alemanes, surrealistas franceses, novelistas checos, italianos, irlandeses, autores que se desconocen entre sí, pero que escritores de países periféricos, como decía Borges, "podemos manejar" "sin supersticiones", con "irreverencia". Si bien Borges y Fuentes podrían ser casos extremos, encuentro en los especialistas en humanidades y ciencias sociales, y en general en la producción cultural de nuestro continente, una apropiación híbrida de los cánones metropolitanos y una utilización crítica en relación con variadas necesidades nacio-

[2] Michael Walzer, pp. 105 y 109. [Sin referencias. Nota del coordinador.]

nales. De un modo diferente pero análogo puede hablarse de la ductilidad hibridadora de los migrantes, y en general de las culturas populares latinoamericanas. Además, las sociedades de América Latina no se formaron con el modelo de las pertenencias étnico-comunitarias, porque las voluminosas migraciones extranjeras en muchos países se fusionaron en las nuevas naciones. El paradigma de estas integraciones fue la idea laica de república, pero a la vez con una apertura simultánea a las modulaciones que ese modelo francés fue adquiriendo en otras culturas europeas y en la constitución estadunidense.

Esta historia diferente de los Estados Unidos y de América Latina hace que no predomine en la segunda la tendencia a resolver los conflictos multiculturales mediante políticas de acción afirmativa. Las desigualdades en los procesos de integración nacional engendraron en América Latina fundamentalismos nacionalistas y etnicistas, que también promueven autoafirmaciones excluyentes —absolutizan un solo patrimonio cultural, que ilusoriamente se cree puro— para resistir la hibridación. Hay analogías entre el énfasis separatista, basado en la autoestima como clave para la reivindicación de los derechos de las minorías en los Estados Unidos, y algunos movimientos indígenas y nacionalistas latinoamericanos que interpretan maniqueamente la historia colocando todas las virtudes del propio lado y atribuyendo los déficit de desarrollo a los demás. Sin embargo, no fue la tendencia prevaleciente en nuestra historia política. Menos aún en este tiempo de globalización que hace más evidente la constitución híbrida de las identidades étnicas y nacionales, la interdependencia asimétrica, desigual, pero insoslayable, en medio de la cual deben defenderse los derechos de cada grupo. Por eso, movimientos que surgen de demandas étnicas y regionales, como el zapatismo en Chiapas, sitúan su problemática particular en un debate sobre la nación y sobre cómo reubicarla en los conflictos internacionales. O sea, en una crítica general sobre la modernidad (Zermeño). Difunden sus reivindicaciones por los medios de comunicación masiva, por internet, y disputan así esos espacios en vista de una inserción más justa en la sociedad civil nacional e internacional.

Las injusticias en las políticas de representación que recorren las historias latinoamericanas colocan en posición prioritaria la reforma del Estado-nación, y en tanto las reivindicaciones de los ofendidos se canalizan de este modo muestran sus propósitos de hacer conmensurable la heterogeneidad y volverla productiva.

## Antropología, sociología y estudios culturales

*4.* Me gustaría explicar dos riesgos que encuentro en el estado actual de los estudios culturales, adjudicando cada uno de estos peligros a un énfasis disciplinario particular. Voy a hablar de un dilema que denominaré *la opción entre una narrativa antropológica y una narrativa sociológica de la cultura.*

Esquematizando, puedo decir que la tradición prevaleciente en la antropología ha sido considerar el mundo, y cada sociedad compleja, como un conjunto heterogéneo y no jerarquizado de culturas. El multiculturalismo estadunidense, sobre todo en sus corrientes críticas, es afín a esta visión antropológica, en tanto concibe la sociedad como una multiplicidad de etnias y la vida del conjunto de la sociedad regulada por la pertenencia a esas comunidades. Esta perspectiva compartimentada, sobre todo cuando engendra comportamientos separatistas, conduce por lo menos a estas tres dificultades: *a)* cómo combinar varias pertenencias a comunidades que reclaman derechos diferentes y son valoradas de modo desigual (ser mujer, chicana y lesbiana, por ejemplo); *b)* cómo plantear desde esta visión multifocal y parcelada los problemas generales del Estado-nación y las cuestiones transversales, o sea los procesos que no pueden adscribirse a una identidad particular sino que afectan a todas: las políticas de comunicación masiva, la representación del interés público en cuestiones que trascienden a cada grupo; *c)* cómo encarar los problemas interculturales de la globalización, que implican una esfera pública y una ciudadanía supranacionales (ser ciudadano europeo), o al menos asumir desempeños identitarios múltiples en la vida cotidiana (ser mexicano-estadunidense, argentino-mexicano o mexicano-italiano en un restaurante de Nueva York o de Escocia).

La narrativa que llamaré sociológica, exacerbando lo que es una tendencia fuerte de esta disciplina, se caracteriza —a la inversa— por privilegiar la organización macrosocial y los intereses comunes. En cambio, presta poca atención a las diferencias étnico-culturales, de género, etc., y tiende a subordinarlas a las grandes oposiciones constituidas en la modernidad: enfrentamientos entre naciones, entre clases y últimamente entre regiones dentro de la globalización. Las diferencias étnico-culturales son simplificadas, y a menudo homogeneizadas, bajo oposiciones binarias: metrópolis/periferias, dominadores/dominados, hegemónicos/subalternos.

¿Cómo salir de esta oposición entre un pensamiento "antropologizante" que dispersa lo social en una atomización separatista, y, por otro lado, una visión sociologizante que reduce la complejidad a oposiciones binarias? Ambas concepciones corresponden también a modos diversos de representarse el poder: en el primer caso, se imagina su actuación en forma diseminada y creando múltiples víctimas (aunque cada grupo tiende a ver sólo su propia historia de injusticias); en el segundo, suele pensarse el poder como la oposición extrema entre fuerzas dominadoras (o hegemónicas, en una versión *light)* y subalternos sometidos (o resistentes, en la versión esperanzada).

## Hibridación con contradicciones

5. El debate estadunidense sobre estos dilemas (Beverly, Goldberg, Mignolo, Rosaldo, Taylor) tiene más interés para los latinoamericanos que los pocos diálogos publicados hasta ahora. Algunas reuniones, como las de la Red Interamericana de Estudios Culturales en 1991 en México, y en 1995 en Rio de Janeiro, han demostrado, por ejemplo, la utilidad que podría tener para las investigaciones latinoamericanas prestar más atención a cuestiones de género y sexualidad. Pero en una perspectiva más general diré que uno de los principales desafíos de estos diálogos es la necesidad de elaborar conjuntamente una perspectiva multifocal y a la vez jerarquizada de las identidades en situaciones de heterogeneidad, que compagine la diferencia y la desigualdad. Para ello es clave la noción de *hibridación.*

Quiero reconsiderar las propuestas realizadas en esta dirección en mi libro *Culturas híbridas* a la luz de comentarios críticos a ese texto respecto del carácter teórico y epistemológico del concepto de hibridación. ¿Es una noción descriptiva o explicativa? me pregunta el antropólogo español Francisco Cruces. John Beverly, por su parte, sostiene que

> [...] la categoría de hibridez implica una superación dialéctica *(Aufhebung)* de un estado de contradicción o disonancia inicial en la formación de un sujeto o práctica social de nuevo tipo. Pero ¿qué pasa si ponemos el énfasis en la contradicción en vez de en la superación? ¿Se puede hablar todavía de hibridez, o se trata más bien de un estado de cosas más parecido a lo que Antonio Cornejo Polar entiende por "totalidad contradictoria" en la cultura andina? Aunque tienden a ser confundidas, creo que las categorías de heterogeneidad e hibridez no son exactamente conmesurables.

Mi intento de construir la noción de hibridación como un concepto social, distante de su origen biológico, es ante todo un recurso para describir diversas mezclas interculturales. Le encuentro más capacidad que a otros términos usados por la antropología, como mestizaje, limitado a lo que ocurre entre razas, o *sincretismos,* fórmula referida casi siempre a fusiones religiosas o de movimientos simbólicos tradicionales. Pensé que necesitábamos una palabra más versátil para dar cuenta tanto de esas mezclas "clásicas" como de los entrelazamientos entre lo tradicional y lo moderno, y entre lo culto, lo popular y lo masivo. Una característica de nuestro siglo, que complica la búsqueda de un concepto más incluyente, es que todas esas clases de fusión multicultural se entremezclan y se potencian entre sí.

Este aporte *descriptivo* de la noción de hibridación puede adquirir poder *explicativo* si la situamos en relaciones estructurales de causalidad, y también puede operar como recurso *hermenéutico* cuando más bien alude a relaciones de sentido. Para cumplir estas dos últimas funciones es necesario articular hibridaciones con otros conceptos: modernidad-modernización-modernismo, diferencia-desigualdad, heterogeneidad multitemporal, reconversión. Este último término, tomado de la economía, me permitió proponer una visión conjunta de las *estrategias* de hibridación de las clases cultas y las populares.

La hibridación sociocultural no es una simple mezcla de estructuras o prácticas sociales discretas, puras, que existían en forma separada, y, al combinarse, generan nuevas estructuras y nuevas prácticas. A veces esto ocurre de modo no planeado o es el resultado imprevisto de procesos migratorios, turísticos o de intercambio económico o comunicacional. Pero con frecuencia la hibridación surge del intento de reconvertir un patrimonio (una fábrica, una capacitación profesional, un conjunto de saberes y técnicas) para reinsertarlo en nuevas condiciones de producción y mercado: así utiliza Pierre Bordieu esta expresión para explicar las estrategias mediante las cuales un pintor se convierte en diseñador, o las burguesías nacionales adquieren los idiomas y otras competencias necesarias para reinvertir sus capitales económicos y simbólicos en circuitos transnacionales.[3] Pero, como analicé en el libro *Culturas híbridas,* también se encuentran estrategias de reconversión económica y simbólica en sectores populares: los migrantes campesinos que adaptan sus saberes para trabajar y consumir en la ciudad, y sus artesanías para interesar a compradores urbanos; los obreros que reformulan su cultura laboral ante las nuevas tecnologías productivas; los movimientos indígenas que reinsertan sus demandas en la política transnacional o en un discurso ecológico, y aprenden a comunicarlas por radio y televisión. En fin, por tales razones, para mí el objeto de estudio no es la hibridez, sino los procesos de hibridación. El análisis empírico de estos procesos, articulados a estrategias de *reconversión,* muestra que la hibridación interesa tanto a los sectores hegemónicos como a los populares que quieren apropiarse los beneficios de la modernidad.

Nada de esto ocurre sin contradicciones ni conflictos. Las culturas no coexisten con la serenidad con que las experimentamos en un museo al pasar de una sala a otra. Para entender esta compleja, y a menudo dolorosa interacción, es necesario construir en la investigación una tipología que reconozca las diversas experiencias de hibridación como parte de los conflictos de la modernidad latinoamericana. Hay, por ejemplo, hibridaciones que incorporan elementos de los diferentes sistemas culturales fusionados; en otros procesos el grupo hegemónico homogeneiza a las culturas subordinadas, y en un tercer caso —estudiado por Claudio Lomnitz en México— los grupos que él llama "mestizados" sufren tal subordinación de su cultura originaria a la dominante, que quita a los subordinados las condiciones para reproducirse con cierta independencia.

[3] Pierre Bordieu, *La distinction,* Minuit, París, 1979, pp. 155, 175 y 354.

Intenté en *Culturas híbridas* entender la trayectoria sinuosa de estas interacciones desechando la tesis de una simple imposición de la modernidad, como si se tratara de una fuerza ajena. La historia de cómo se articuló nuestro exuberante modernismo con la deficiente modernización socioeconómica es el relato de cómo se han ingeniado las élites, y en muchos casos los sectores populares, para hibridar lo moderno deseado y lo tradicional de lo que no quieren desprenderse, para hacerse cargo de nuestra heterogeneidad multitemporal y volverla productiva.

*6.* A fin de precisar cómo se articulan hibridaciones y contradicciones, voy a referirme por último a la necesidad de superar las filosofías binarias y polares de la historia. Ante la proliferación y complejidad de las múltiples formas de heterogeneidad, observa Mary Louise Pratt, muchos teóricos sienten pánico y pretenden reducir las diferencias a la oposición "uno u otro": "¿son regresivos o progresistas?" Los estudios sobre fronteras e intercambios interculturales revelan la inconsistencia del binarismo y de las "teorías" manipuladoras del poder. Como afirma Stuart Hall, para entender las formas actuales de poder económico y cultural hay que trabajar esta aparente paradoja: vivimos en un mundo "multinacional pero descentrado". Si bien la *global mass culture* permanece centrada en Occidente, "it speaks English as an international language". "It speaks a variety of broken forms of English." Su expansión se logra mediante una homogeneización "enormously absorptive" de las particularidades locales y regionales, "and it does not work for completeness". "It is not attempting to produce little mini-versions of Englishness everywhere, or little versions of Americanness. It is wanting to recognize and absorb those differences within the larger, overaching framework of what is essentially an American conception of the world." En una referencia específica a los vínculos de los Estados Unidos con América Latina, Stuart Hall dice que la hegemonía estadunidense no es comprensible sólo como eliminación de lo diferente; lo que se observa son, más bien, múltiples caminos a través de los cuales la cultura latinoamericana puede ser "repenetrated, absorbed, reshaped, negotiated, without absolutely destroying what is specific and particular to them".[4]

[4] Stuart Hall, "The Local and the Global: Globalization and New Ethnicities",

El agravamiento de la desigualdad centenaria por los últimos cambios de las sociedades latinoamericanas hace que las confrontaciones tengan a veces el aspecto de simple oposición. El acento en la subalternidad de las clases populares puesto por algunos especialistas en estudios culturales (Beverly, Mignolo) son particularmente pertinentes en situaciones en que se exasperan las desigualdades al punto de que las clases y las etnias actúan como si todo se redujera a enfrentamientos. O cuando se producen hibridaciones entre "lo propio" y "lo ajeno" porque no hay más remedio que aceptarlas. En estos casos es útil distinguir entre hibridaciones dominadas e hibridaciones de resistencia, al modo en que lo hace Homi K. Bhabha. Es apreciable la contribución de este autor para construir la noción de hibridación como un objeto lingüístico, más allá de la biología, definiéndola como "una metonimia de la presencia"[5] y situándola en medio de relaciones de poder, no como si la hibridación entre dos culturas fuera sólo un asunto de relativismo intercultural. Pero encuentro inapropiada para América Latina la constante polaridad que establece entre lo colonial y lo resistente, porque nuestros países dejaron de ser colonias hace casi dos siglos y la cultura no puede ser analizada hoy entre nosotros "as a colonial space of intervention", sino como escena de disputa por el sentido de la modernidad. Las categorías del pensamiento poscolonial parecen útiles para estudios sobre el periodo posterior a la conquista[6] o el que se vivió inmediatamente después de la independencia. Pero en el contexto de la modernidad-mundo actual aun los amplios sectores perjudicados por la reciente restructuración neoconservadora interactúan hibridando lo hegemónico y lo popular, lo local, lo nacional y lo transnacional. Entre estas entidades se desarrolla "an intersticial intimacy", expresión que Bhabha emplea para desafiar las "binary divisions"[7] entre lo privado y lo público, el pasado y el presente, lo psíquico y lo social, y reconocer los complejos entrelazamientos que ocurren al estar-entre ("in between"), en las

en Anthony D. King (ed.), *Culture, Globalization and World-System*, University of New York at Binghamton, Binghamton, 1991, pp. 28-29.

[5] Homi K. Bhabha, *The Location of Culture*, Routledge, Londres y Nueva York, 1994, p. 115.

[6] Walter Mignolo, *The Darker Side of the Renaissence*, The University of Michigan Press, 1995.

[7] Homi K. Bhabha, *op. cit.*, p. 13.

fronteras porosas de los cruces. Bhabha no aplica esta sutil comprensión a las relaciones entre hegemónicos y subalternos, posiblemente por la subordinación de lo cultural al enfrentamiento político que rige su pensamiento. Pero en América Latina —como lo analicé con más detalle en otro texto—[8] esta perspectiva es indispensable por la autonomía parcial alcanzada por los campos culturales en la modernidad, así como por la importancia de las transacciones y la negociación en el desenvolvimiento de las identidades hegemónicas y populares.

## La incertidumbre como virtud antropológica

He tratado de establecer algunos puntos críticos en la actual investigación que podrían interesar —conjuntamente— a las diversas disciplinas ocupadas en la cultura. No pienso que la antropología pueda prescindir de los estudios culturales para entender, por ejemplo, a los mexicanos que migran a los Estados Unidos y vuelven a México, o acaban en Escocia representando la italianidad de un restaurante, imaginan adoptar el *american way of life* en un McDonalds o se apropian del cine-mundo al hacer *zapping* en su televisor. Ni tampoco entiendo por qué los estudios culturales deberían sustituir a la antropología como trabajo sobre los otros y lo híbrido.

Un riesgo de la antropología, los estudios culturales y cualquier disciplina es convertirse en una ortodoxia autosuficiente. Los estudios culturales no demuestran la capacidad de superar las incertidumbres de las disciplinas que se han venido ocupando de la cultura, ni resuelven mediante un superparadigma transdisciplinario los problemas epistemológicos que plantea la articulación de saberes de distintas ciencias. Pero en estas debilidades puede residir su fecundidad: la precariedad de los estudios culturales los ha hecho más dúctiles y creativos que las disciplinas tradicionales para comprender a las culturas en el momento en que ninguna de ellas, ni la convergencia de muchas, puede ya pretender organizar sistemas de respuestas ni prácticas de vida que funcionen como representaciones satisfactorias de mundo. Recono-

[8] *Vid.* Néstor García Canclini, *Consumidores y ciudadanos. Conflictos multiculturales de la globalización*, Grijalbo, México, 1995, cap. 9.

cer esta incapacidad ha permitido desentrañar las peripecias diversificadas y complejas de una multiculturalidad que no se deja reducir a los programas voluntaristas de los "humanismos" políticos dominadores o reconciliadores. Cuando los estudios culturales y la antropología, en los Estados Unidos o en América Latina, se limitan a fundamentar las acciones afirmativas de distintas minorías pueden ayudar al autorreconocimiento y a reivindicar patrimonios "propios", pero en tanto no situamos estos repertorios rotos, desgarrados, en contextos multiculturales globalizadores corremos el riesgo de contribuir a las tendencias fundamentalistas que los reducen a ortodoxias marginales.

En un tiempo en que todos los saberes han perdido la capacidad de producir representaciones completas del mundo, las tareas científicas no pueden tener por fin construir una Verdad multicultural en la que se disuelvan los prejuicios, sino problematizar racionalmente las condiciones de convivencia entre los diferentes y los desiguales. El diálogo entre antropología y estudios culturales no es tanto un intento de alcanzar una síntesis entre dos saberes, sino una conversación sobre lo que quiere decir saber. Y sobre la incertidumbre que genera no poder conocer nunca plenamente a los otros, esa incertidumbre cuyo reconocimiento es indispensable para que exista la pluralidad democrática.

A veces, después de una larga marcha por el mundo, los individuos podemos sentirnos confortados en una sociedad porque no es cosmopolita. Del mismo modo, los antropólogos y los especialistas en estudios culturales experimentamos, en ocasiones, la fascinación de conocer una cultura desatendida o agobiada y contribuir a su exaltación. Pero tal vez la tarea más ardua y estimulante de este tiempo, a la vez globalizado y exasperado de fundamentalismo, no sea ocuparnos de la diferencia para afirmar una identidad irreductible sino como la ocasión para vivir en la heterogeneidad, actuar con el otro y tal vez llegar a re-presentarlo.

## BIBLIOGRAFÍA

Arizpe, Lourdes (ed.), *The Cultural Dimensions of Global Change,* Culture and Development Series, UNESCO, París, 1996.

Augé, Marc, *Hacia una antropología de los mundos contemporáneos*, Gedisa, Barcelona, 1995.

Bartra, Roger, *La jaula de la melancolía*, Grijalbo, México, 1987.

———, *Oficio mexicano*, Grijalbo, México, 1993.

Bennet, Tonny, "Putting Policy into Cultural Studies", en Lawrence Grossberg *et al.*, *Cultural Studies*, Routledge, Nueva York y Londres, 1992.

Beverly, John, "Estudios culturales y vocación política", *Revista Crítica Cultural*, núm. 12, Santiago de Chile, julio de 1996.

Bhabha, Homi K., *The Location of Culture*, Routledge, Londres y Nueva York, 1994.

Blundell, Valda, John Shepherd y Ian Tylos (eds.), *Relocating Cultural Studies*, Routledge, Londres y Nueva York, 1993.

Bordieu, Pierre, *La distinction*, Minuit, París, 1979.

Borges, Jorge Luis, *Discusión*, Emecé, Buenos Aires, 1957.

Carvalho, José Jorge de, "Hacia una etnografía de la sensibilidad musical contemporánea", *Serie Antroplogía*, Departamento de Antropología, Universidad de Brasilia, Brasilia, 1995.

Clifford, James, *The Predicament of Culture*, Harvard University Press, 1988.

Cruces Villalobos, Francisco, "Dos ventanas etnográficas a Latinoamérica", ponencia presentada en el seminario Fronteras culturales: identidad y comunicación en América Latina, de la Universidad de Stirling, Escocia, 16-18 de octubre de 1996.

García Canclini, Néstor, *Culturas híbridas. Estrategias para entrar y salir de la modernidad*, Grijalbo, México, 1990. (La edición en inglés fue realizada por University of Minnesota Press, 1995.)

———, *Transforming Modernity. Popular Culture in Mexico*, University of Texas, Austin, 1992.

———, *Consumidores y ciudadanos. Conflictos multiculturales de la globalización*, Grijalbo, México, 1995 (Forthcoming University of Minnesota Press).

——— (coord.), *Culturas en globalización. América Latina-Europa-Estados Unidos: libre comercio e integración*, Nueva Sociedad, Caracas, 1996.

Geertz, Clifford, *Local Knowledge*, Basic Books, Nueva York, 1983.

Goldberg, David Theo, *Multiculturalism: A Critical Reader*, Cambridge, Blackwell, 1994.

Good Eshelman, Catherine, *Haciendo la lucha. Arte y comercio nahuas en Guerrero*, Fondo de Cultura Económica, México, 1988.

Grossberg, Lawrence, Cary Nelson y Paula Treichler (eds.), *Cultural Studies*, Routledge, Nueva York y Londres, 1992.

Hall, Stuart, "The Local and the Global: Globalization and New Ethnicities", en Anthony D. King (ed.), *Culture, Globalization and World-System*, University of New York at Binghamton, Binghamton, 1991.

Hughes, Robert, *Culture of Complaint. The Fraying of America,* Oxford University Press, Nueva York, 1993.

Jameson, Fredric, "On Cultural Studies", *Social Text,* 34, 1992.

Lomnitz-Adler, Claudio, *Exits from the Labyrint. Culture and Ideology in the Mexican National Space,* University of California Press, Berkeley/Los Ángeles/Oxford, 1992.

Martín Barbero, Jesús, *De los medios a las mediaciones,* Gustavo Gili, México, 1987.

McLaren, Peter, "White Terror and Oppositional Agency: Towards a Critical Multiculturalism", en David Theo Goldberg, *Multiculturalism: A Critical Reader,* Cambridge, Blackwell, 1994.

Mignolo, Walter, *The Darker Side of the Renaissance,* The University of Michigan Press, Michigan, 1995.

Ortiz, Renato, *Mundialiçaçao e cultura,* Brasiliense, São Paulo, 1994.

Pratt, Mary Louise, "La heterogeneidad y el pánico de la teoría", *Revista de Crítica Literaria Latinoamericana,* año XXI, 42, Lima/Berkeley, 1995.

Richard, Nelly, "Signos culturales y mediaciones académicas", en Beatriz González Stephan, *Cultura y Tercer Mundo,* Nueva Sociedad, Caracas, 1996.

Rosaldo, Renato, "Foreword", en Néstor García Canclini, *Hybrid Cultures. Strategies for Entering and Leaving Modernity,* University of Minnesota Press, Minneapolis, 1995.

———, "Whose Cultural Studies?", *American Anthropologist,* vol. 96, núm. 3, septiembre de 1994.

# *La investigación cultural en México. Una aproximación*

GILBERTO GIMÉNEZ[1]

## PARÁMETROS DE ANÁLISIS

Para poder hablar con cierto orden y método acerca de la investigación cultural en México, necesitamos reconocer primero el ámbito que recubre el concepto de cultura en su sentido más amplio, y a la vez mantener como punto de referencia, al menos implícito, el nivel alcanzado por las investigaciones culturales en otros países donde supuestamente las ciencias sociales han logrado mayor desarrollo.

En cuanto al primer punto, comenzaré distinguiendo con Jean-Claude Passeron[2] tres sentidos básicos de la cultura: como estilo de vida, como comportamiento declarativo y como *corpus* de obras valorizadas.

En cuanto *estilo de vida,* la cultura implica el conjunto de modelos de representación y de acción que de algún modo orientan y regularizan el uso de tecnologías materiales, la organización de la vida social y las formas de pensamiento de un grupo. En este sentido, el concepto abarca desde la llamada "cultura material" y las técnicas corporales, hasta las categorías mentales más abstractas que organizan el lenguaje, el juicio, los gustos y la acción socialmente orientada. Consecuentemente, cabría introducir en este mismo apartado una subdivisión (metodológicamente muy importante) entre *formas objetivadas* y *formas subjetivadas* de la cultura

[1] Investigador del Instituto de Investigaciones Sociales, UNAM.

[2] Jean-Claude Passeron, *Le raisonnement sociologique,* Nathan, París, 1991, pp. 314 y ss.

o, como dice Bordieu,[3] entre "símbolos objetivados" y "formas simbólicas interiorizadas".

Éste sería el sentido primordial y originario de la cultura que, en cuanto tal, abarcaría la mayor parte del simbolismo social y representaría el aspecto más perdurable de la vida simbólica de un grupo o de una sociedad. Los demás sentidos —de los que nos ocuparemos de inmediato— serían, en cambio, derivados y tendrían por base precisamente al primero.

En cuanto *comportamiento declarativo,* la cultura sería la autodefinición o la "teoría" (espontánea o elaborada) que un grupo ofrece de su vida simbólica. En efecto, todo grupo, además de practicar su cultura, tiene también la capacidad de interpretarla y de expresarla en términos discursivos (como mito, ideología, religión o filosofía). Recordemos, por ejemplo, la intensa producción discursiva en México sobre la cultura nacional desde Samuel Ramos hasta Octavio Paz, pasando por Leopoldo Zea, Carlos Fuentes, Carlos Monsiváis y otros más.

Este aspecto de la cultura se considera el más visible y, por lo mismo, el más accesible a los historiadores, a los analistas del discurso y de las ideologías y a los investigadores en general. Sería también el que evoluciona con mayor celeridad.

Pero no debe olvidarse que hay que presumir siempre un desfase entre la cultura efectivamente practicada y la *cultura dicha,* por lo que sería ingenuo pretender inferir la primera de la última.

Por último, los miembros de todo grupo o de toda sociedad reservan siempre un tratamiento privilegiado a un pequeño sector de sus mensajes y comportamientos culturales, contraponiéndolo a todo el resto, un poco como "lo sagrado" (o lo "consagrado") se contrapone a lo "profano" y lo banal en Durkheim. Tal sería, por ejemplo, el estatuto de los *valores artísticos* en nuestra sociedad, que funcionan como emblemas o simbolizadores privilegiados de la cultura. Según Norbert Elias,[4] en la sociedad cortesana europea de la época de las monarquías absolutas, este papel privilegiado lo desempeñaba no el arte sino el "código de maneras". Hablaremos de *cultura patrimonial* o de *cultura consagrada* para referirnos a este tercer sentido del término en cuestión.

[3] Pierre Bordieu, R. Chartier y Robert Darnton, "Dialogue à propos de l'histoire culturelle", *Actes de Recherche en Sciences Sociales,* núm. 59, 1985, p. 91.

[4] Norbert Elias, *La civilisation des moeurs,* Colman-Lévy, París, 1973.

También necesitaremos recurrir a algunas clasificaciones básicas de la cultura en cualquiera de los sentidos antes señalados, con fines puramente analíticos y descriptivos. Por ejemplo, si introducimos el criterio del análisis de clase, obtendremos la trilogía bordieusiana *cultura legítima* (o consagrada), *cultura media* (o pretensiosa) y *culturas populares,* en correspondencia con la posición ocupada por los actores en el espacio social.[5]

Si introducimos, en cambio, el criterio de la evolución social a largo plazo, obtendremos la distinción entre *culturas tradicionales* (propias de las sociedades étnicas o agrarias preindustriales) y *cultura moderna* (entendida como la conjunción específica entre cultura de masas y cultura científica en un contexto urbano).

Asimismo resultará útil introducir los ejes *sincronía/diacronía* —de ascendencia saussuriana— para incorporar a nuestro análisis la perspectiva histórica de algunos estudios culturales.

Por último, la posible relación de la cultura con las demás instancias de la sociedad como la política, la económica y la jurídica, puede ofrecernos un esquema adicional para indagar si se han realizado estudios bajo esta perspectiva.

## Los grandes ejes de la investigación cultural en México

Si tomamos todos estos parámetros como esquemas de clasificación y análisis, estaremos en condiciones de preguntarnos en líneas muy generales cuáles han sido hasta ahora los ámbitos más frecuentados por las investigaciones culturales en México.

Notemos, ante todo, que el interés por el estudio de la cultura *como objeto de una disciplina específica* y bajo una perspectiva teórico-metodológica también específica es muy reciente en México y no se remonta a más de 20 años.[6] Podemos afirmar que dicho interés nace muy vinculado con el descubrimiento de las obras de Anto-

[5] Se trata de la trilogía clásica introducida por Pierre Bordieu en su obra *La distinción,* Taurus, Madrid, 1991.

[6] Nótese que por razones de espacio y de restricción temática, nuestra reseña se limita sólo a las investigaciones culturales en el ámbito académico, dejando de lado otros aspectos importantes como, por ejemplo, sus repercusiones en el plano de las políticas culturales del Estado mexicano, tema que requeriría por sí solo otro artículo tan amplio como éste.

nio Gramsci en los años setenta, obras que se tradujeron y difundieron rápidamente en nuestro país debido a la atmósfera marxista que impregnaba entonces el campo de las ciencias sociales. Pero la figura de Gramsci nos llega filtrada, en gran parte, a través de la demología italiana, cuyo jefe de fila, Alberto M. Cirese,[7] fue indiscutiblemente el impulsor y catalizador inicial de los estudios culturales en nuestro país en el sentido antes indicado. Su primer seminario sobre culturas populares en el CIESAS, en julio de 1979, bajo el patrocinio de su entonces director Guillermo Bonfil, y el seminario subsiguiente que impartió sobre el mismo tema en la UAM-Xochimilco, en agosto de 1981, pueden considerarse como hitos importantes en el desarrollo de los estudios culturales en México. Pero debe añadirse de inmediato que el estímulo gramsciano así mediado no operó en un completo vacío. Por una parte, ya existían antecedentes importantes en cuanto a investigaciones culturales como lo demuestran los trabajos de George M. Foster sobre "cultura de conquista" y culturas tradicionales en México;[8] y los de Vicente T. Mendoza sobre el cancionero popular mexicano.[9] Por otra parte, ya existía un terreno abonado por la tradición antropológica indigenista y campesinista mexicana que desde tiempo atrás había logrado sensibilizar no sólo a la academia, sino también a los sectores dirigentes del país respecto de la problemática cultural de las clases subalternas.[10] Incluso podríamos señalar algunos otros estudios antropológicos que de hecho abordaron múltiples aspectos de la cultura y contribuyeron acumulativamente a construir o reforzar algunas dimensiones de la cultura nacional —como la del nacionalismo, por

[7] Su obra más conocida se titula *Cultura egemonica e culture subalterne,* Palumbo Editore, Palermo, 1976, y algunos de sus capítulos más importantes fueron traducidos al español y publicados por el Centro de Investigaciones Superiores del INAH con el título de *Ensayos sobre las culturas subalternas,* México, 1979. (Cuadernos de la Casa Chata, 24.)

[8] Véase, de este autor (quien también fue catedrático de la Escuela Nacional de Antropología e Historia), *Cultura y conquista,* Universidad Veracruzana, México, 1962, y *Las culturas tradicionales y los cambios técnicos,* FCE, México, 1964.

[9] Vicente T. Mendoza, *El corrido mexicano,* FCE, México, 1954, y *La canción mexicana,* FCE, México, 1982.

[10] Así, ya en 1975 se realiza en Zacatecas un importante coloquio internacional sobre arte culto y arte popular, organizado por el Instituto de Investigaciones Estéticas de la UNAM. Las ponencias de este coloquio fueron publicadas posteriormente en un volumen titulado *La dicotomía entre arte culto y arte popular,* UNAM, México, 1979.

ejemplo—, aunque no hayan tematizado explícitamente la cultura como objeto de indagación ni hayan exhibido preocupaciones teórico-metodológicas específicas a este respecto.[11] La simbiosis entre Guillermo Bonfil y Alberto Cirese me parece emblemática e ilustrativa de esta especie de intersección entre la tradición antropológica mexicana y la demología italiana.

No debe extrañarnos entonces que el terreno inicialmente más cultivado y frecuentado por la investigación cultural en nuestro país haya sido el de las *culturas populares.*

Hoy día contamos con una muy buena sistematización de los ciclos de fiestas populares (patronales, carnavalescos, etc.) en todo el país,[12] con excelentes estudios sobre las danzas populares,[13] sobre danzas de conquista,[14] sobre artesanías y artes populares,[15] sobre cultura obrera,[16] sobre creencias populares en comu-

[11] Dicho de otro modo: la antropología cultural en sentido americano, cuya genealogía se remonta a Taylor y culmina con la antropología interpretativa de los años setenta, ha tenido escasa repercusión en México.

[12] Cabe mencionar a este respecto el excelente trabajo realizado por Saúl Millán, de la Escuela Nacional de Antropología e Historia, bajo el patrocinio del INI. Véase, entre otros trabajos, *La ceremonia perpetua: ciclos festivos y organización ceremonial en el sur de Oaxaca,* Instituto Nacional Indigenista/Secretaría de Desarrollo Social, México, 1993.

[13] Son figuras importantes, bajo este aspecto, Amparo Sevilla, Hilda Rodríguez y Elizabeth Camara, *Danzas y bailes tradicionales del estado de Tlaxcala,* Premiá Editora, México, 1983, y Jesús Jáuregui, *Música y danzas mestizas de la Huasteca hidalguense,* ENAH, México, 1984 (mecanografiado).

[14] La investigación más importante realizada sobre este tópico es sin duda alguna la que ha sido recogida en el reciente volumen colectivo publicado bajo la dirección de Jesús Jáuregui y Carlo Bonfiglioli, *Las danzas de la Conquista,* FCE, México, 1996.

[15] Recordemos, a este respecto, las contribuciones de Néstor García Canclini, *Las culturas populares en el capitalismo,* Nueva Imagen, México, 1989a, y de Victoria Novelo (comp.), quien ha publicado recientemente en España un importante trabajo sobre artes populares: *Artesanos, artesanías y arte popular en México; una historia ilustrada,* Editorial Agualarga/DGCP/Universidad de Colima/Instituto Nacional Indigenista, México y España, 1996b. Véase también los trabajos precedentes de esta autora sobre el mismo tema "Las artesanías en México", en Enrique Florescano (comp.), *El patrimonio cultural de México,* FCE, México, 1993, pp. 219-246.

[16] Aquí la figura dominante sigue siendo hasta hoy la de Victoria Novelo, "La cultura obrera, una contrapropuesta cultural", *Nueva Antropología,* núm. 23, 1984, pp. 45-56; "Los trabajadores mexicanos en el siglo XIX, ¿obreros o artesanos?", en *Comunidad, cultura y vida social: ensayos sobre la formación de la clase obrera,* Seminario del Movimiento Obrero y Revolución Mexicana, INAH, México, 1991, pp. 15-51; "Cultura obrera en México, la cara sindical", en Esteban Krotz (coord.), *El estudio de la cultura política en México,* México, CNCA/CIESAS, 1996a, pp. 361-387. Véase también, a este respecto, María Eugenia de la O, Enrique de la Garza y Javier Mel-

nidades pueblerinas,[17] sobre el discurso popular,[18] sobre religión popular y religión de los santuarios,[19] sobre las sectas como nuevas formas de religión popular,[20] sobre cultura urbana barrial y chavos banda;[21] y, en fin, con significativos avances en el estudio del cancionero popular, que entre otras cosas han contribuido al redescubrimiento del corrido y a su reinterpretación histórico-sociológica.[22]

goza (coords.), *Los estudios sobre la cultura obrera en México,* Consejo Nacional para la Cultura y las Artes, México, 1997.

[17] Para ilustrar este filón nada mejor que el trabajo de Lourdes Arizpe titulado *Cultura y desarrollo,* El Colegio de México, México, 1989. Se inscribe en este mismo rubro un trabajo muy reciente de María Ana Portal y Vania Salles, "La tradición oral y la construcción de una figura del mundo: una investigación en el sur del D. F.", *Alteridades,* año 8, núm. 15, UAM-Iztapalapa, México, 1998, pp. 56-65, donde se analizan los reempleos y resignificaciones de ciertos mitos y creencias en las zonas populares del sur de México.

[18] Las contribuciones reunidas por Andrew Roth Seneff y José Lameiras (eds.), en *El verbo popular,* El Colegio de Michoacán/ITESO, México, 1995.

[19] Con respecto a la religión de los santuarios, véase Gilberto Giménez, *Cultura popular y religión en el Anáhuac,* Centro de Estudios Ecuménicos, México, 1978, y José Velasco Toro, *Santuario y religión. Imágenes del Cristo negro de Otatitlán,* Instituto de Investigaciones Histórico-Sociales/Universidad Veracruzana, México, 1997. En cuanto a la religiosidad popular suburbana, cabe mencionar una contribución reciente sobre mística y religiosidad popular en Xochimilco, de Vania Salles y José M. Valenzuela, *En muchos lugares y todos los días. Mística y religiosidad popular en Xochimilco,* El Colegio de México, México, 1997.

[20] El primer esfuerzo importante realizado bajo esta óptica ha sido el proyecto de investigación "Religión y sociedad en el Sureste", coordinado por Guillermo Bonfil y Gilberto Giménez, cuyos resultados fueron recogidos en una serie de monografías publicadas en siete volúmenes por el CIESAS del Sureste entre 1988 y 1989. Para una visión más precisa sobre el estado actual de las investigaciones en materia religiosa en México, véase Gilberto Giménez (coord.), *Identidades religiosas y sociales en México,* Instituto de Investigaciones Sociales/Instituto Francés de América Latina, México, 1996. El trabajo de Renée de la Torre, *Los hijos de la Luz. Discurso, identidad y poder en La Luz del Mundo,* CIESAS/ITESO/Universidad de Guadalajara, México, 1995, constituye una monografía ejemplar a este respecto.

[21] En este terreno se ha distinguido la investigadora tapatía Rossana Reguillo, *En la calle otra vez. Las bandas: identidad urbana y usos de la comunicación,* ITESO, Guadalajara, 1991, recientemente galardonada por el INAH con el premio nacional a la mejor investigación sociológica. Merecen también especial mención los trabajos de Héctor Castillo Berthier, "Popular Culture among Mexican Teenagers", *Urban Age,* vol. I, núm. 4, Banco Mundial, Washington, 1993, pp. 12-24, y *Juventud, cultura y política social,* tesis de doctorado presentada en la Facultad de Ciencias Políticas y Sociales de la UNAM, febrero de 1998. En relación con las subculturas juveniles en la franja fronteriza con los Estados Unidos, los de José Manuel Valenzuela, *¡A la brava ése!,* El Colegio de la Frontera Norte, México, 1988.

[22] Descuella en este renglón Catalina Hèau de Giménez, cuyo libro *Así cantaban*

No se puede hablar de cultura popular en México sin mencionar la vasta obra de Carlos Monsiváis, quien puede ser considerado con toda justicia como testigo y cronista privilegiado de las más variadas manifestaciones de la vida cotidiana y festiva de los estratos populares principalmente urbanos. Merecen destacarse principalmente sus estudios sobre el cine mexicano,[23] sobre intérpretes y compositores de música popular (boleros, danzones, Agustín Lara, Juan Gabriel, Luis Miguel...), y sobre una gran variedad de creencias, rituales y gustos de los sectores populares urbanos.[24] Su obra también abarca la crónica de la vida cotidiana y de otros sucesos urbanos,[25] estudios sobre el género epistolar[26] e incursiones en el campo de las tiras cómicas y de la caricatura política mexicana.

Pero las culturas populares han sido abordadas en México, por lo general, como si fueran autónomas y autosuficientes, al margen de toda referencia al sistema cultural global del país y, particularmente, sin referencia a su contraparte, la "cultura legítima" o "consagrada" y, en menor medida, a la cultura de las capas medias urbanas. Lo que quiere decir que han sido abordadas bajo un ángulo preponderantemente "populista", es decir, como una alternativa valorizada frente a la "cultura burguesa" y no como un "simbolismo dominado" que lleva en sus propias entrañas las marcas de la dominación. Ahora bien, como dice Claude Grignon,[27] "el sociólogo no puede escamotear en la descripción de las diferentes culturas de grupo o de clase las relaciones sociales que las asocian entre sí en la desigualdad de fuerzas y la jerarquía de

*la Revolución*, Grijalbo, México, 1990, se está convirtiendo en un clásico a menos de 10 años de su publicación.

[23] Carlos Monsiváis, *Rostros del cine mexicano*, Vips, México, 1993, y *A través del espejo (El cine mexicano y su público)*, Ediciones El Milagro, México, 1994a.

[24] Carlos Monsiváis, *Los mil y un velorios*, Alianza Editorial-Conaculta, México, 1994b, y *Los rituales del caos*, Procuraduría Federal del Consumidor, México, 1995.

[25] Carlos Monsiváis, *A ustedes les consta. Antología de la crónica en México*, Era, México, 1978; *Crónica de la sociedad que se organiza*, Era, México, 1988, y *Luneta y galería (Atmósferas de la capital, 1920-1959)*, Departamento del Distrito Federal, México, 1994c.

[26] Victoria Novelo, "Los trabajadores mexicanos en el siglo XIX, ¿obreros o artesanos?", en *Comunidad, cultura y vida social: ensayos sobre la formación de la clase obrera*, Seminario del Movimiento Obrero y Revolución Mexicana, INAH, México, 1991, pp. 15-51.

[27] Claude Grignon y J.-C. Passeron, *Le savant et le populaire*, Gallimard/Le Seuil, París, 1989, p. 35.

posiciones, ya que los efectos de tales relaciones se hallan inscritos en la significación misma del objeto a ser descrito".

Quizás por eso mismo, salvo tímidos intentos inspirados en el paradigma elitista de François-Xavier Guerra, la cultura dominante no ha suscitado gran interés entre los sociólogos y los antropólogos. Actualmente sabemos muy poco sobre las modalidades y la diversificación de los comportamientos culturales de la clase cultivada en México. Lo mismo puede decirse de las clases medias urbanas[28] y, todavía con mayor razón, de la "cultura juvenil" que ha sido muy estudiada en Europa y que en los países industrializados tiende a autonomizarse en términos transclasistas configurando un universo cultural propio centrado en la música, en la espectacularización de los símbolos, en la valorización del cuerpo y la puesta en evidencia del poder simbólico del gesto.[29]

Si recurrimos ahora a la dicotomía *culturas tradicionales/cultura moderna* como esquema de clasificación, nuevamente observamos el predominio masivo de la primera alternativa. En México se ha estudiado muchísimo a las culturas tradicionales bajo dos figuras principales: las culturas étnicas y las culturas campesinas. De las primeras se ha ocupado preferentemente la llamada antropología indigenista, que nos ha legado obras de gran calidad heurística y analítica —como el *México profundo* de Guillermo Bonfil,[30] algunas contribuciones de Lourdes Arizpe[31] y la serie de monografías de Miguel Alberto Bartolomé y Alicia Mabel Barabás[32] sobre las culturas indígenas de Oaxaca—. De las segundas se han ocupado los llamados "campesinólogos", una corriente antropológica impulsada en los años setenta por Ángel Palerm, y una de cuyas figuras fue, en su momento, el hoy ex secretario de la Reforma Agraria, Arturo Warman. No olvidemos que este autor fue el primero en sistematizar el paradigma de cargos para todo México, y

[28] Los trabajos que aparecen en el libro colectivo coordinado por Néstor García Canclini, *El consumo cultural en México*, CNCA, México, 1993, representan un esfuerzo por llenar este hueco.

[29] Olivier, Donnat, *Les français face à la culture*, Éditions La Découverte, París, 1994, 359 y ss.

[30] Guillermo Bonfil Batalla, *México profundo. Una civilización negada*, SEP/CIESAS, México, 1987.

[31] Lourdes Arizpe, *Cultura y desarrollo*, El Colegio de México, México, 1989.

[32] Miguel Alberto Bartolomé y Alicia Mabel Barabás, *La pluralidad en peligro*, INI, México, 1996 (Col. Regiones de México), y de Miguel Alberto Bartolomé, *Gente de costumbre y gente de razón*, Siglo XXI/INI, México, 1997.

también el primero en abordar las danzas y bailes tradicionales como objeto de interés antropológico.[33]

Por lo que toca a la cultura moderna en México, cultura que es urbana por definición, existen importantes contribuciones a propósito de algunos de sus componentes aislados. El hecho de que algunos investigadores interesados en la problemática cultural fueran comunicólogos —como fue el caso de Jorge González y Jesús Galindo en Colima— propició que se desarrollara una serie de importantes investigaciones sobre la televisión que, como sabemos, constituye un factor determinante de la llamada "cultura de masas" en México. En efecto, vale la pena mencionar que en la Universidad de Colima surge, por un lado, uno de los paradigmas más elaborados y completos para el análisis de los programas televisivos; y, por otro, los mejores análisis de las telenovelas y de otras series televisivas, abordadas no sólo desde el punto de vista de las ciencias de la comunicación, sino también de la antropología y la sociología.[34]

En otro aspecto, la formación filosófica de algunos investigadores, como Néstor García Canclini,[35] contribuyó a la introducción del tópico de la "posmodernidad" como objeto de preocupación dentro de los estudios culturales, por lo menos en términos ensayísticos, aunque con fundamentos empíricos. Este mismo autor, que suele caracterizarse por un gran sentido de previsión y anticipación respecto al cambio cultural, se ha esforzado últimamente por orientar la atención de los investigadores y estudiosos de la cultura hacia los posibles efectos culturales de la globalización económica en México, a raíz del Tratado de Libre Comercio. Desde esta perspectiva ha logrado sensibilizarnos hacia un tema candente en el debate actual sobre la cultura en el mundo anglosajón: *la cultura global.*[36] Por lo demás, este autor, que últimamente se ha convertido en una autoridad en el ámbito de los estudios cultura-

[33] Arturo Warman, *La danza de moros y cristianos* (1ª ed., 1962), INAH, México, 1985.

[34] Consúltese la revista *Culturas Contemporáneas,* editada desde 1986 por el Programa Cultura de la Universidad de Colima, particularmente los números 4-5, 7, 10, 11 y 16-17 de su época I, y el número 2 de su época II.

[35] Néstor García Canclini, *Culturas híbridas,* CNCA/Grijalbo, México, 1989b.

[36] Véase Néstor García Canclini (coord.), *Culturas en globalización,* Nueva Sociedad, México, 1996, y *La globalización imaginada,* Paidós, Barcelona, 1999. En cuanto al debate internacional sobre este tópico, véase Mike Featherstone (ed.), *Global Culture,* Sage Publications, Londres, 1992.

les en México y en América Latina, conduce actualmente investigaciones sobre comunicación y cultura con su equipo de investigadores de la UAM-Iztapalapa.

Sin embargo, falta todavía un enfoque sociológico global sobre la cultura moderna en México que contemple la articulación entre "cultura de masa" (turismo de masa, medios de comunicación de masa, deportes de masa, educación de masa, prácticas religiosas de masa...) y "cultura científica" en el sentido moderno del término, es decir, de la ciencia entendida en términos de *performance* y de eficacia, todo ello en el contexto de los nuevos fenómenos urbanos (por ejemplo, el surgimiento de las "regiones metropolitanas") y de la consolidación de la tecnocracia como campeona de la modernización, de la eficacia, de la rentabilidad, de la performatividad y de la competitividad.

> El Estado y las empresas abandonan cada vez más los discursos humanistas e idealistas sobre la ciencia. Actualmente no se invierte en científicos, técnicos e instituciones científicas para saber la verdad, sino para acrecentar el poder (Lyotard). El criterio de performatividad es invocado explícitamente por los administradores para justificar su negativa a habilitar tal o cual centro de investigación. Este principio rige no sólo la investigación científica, sino también la enseñanza universitaria y secundaria.[37]

En México también se ha comenzado a explorar, en forma muy preliminar, la relación entre la cultura y las demás instancias o "campos" del espacio social, como la política, el derecho y la economía, bajo el supuesto de que, después de todo, la cultura no es más que la dimensión simbólica de todas las prácticas sociales. Bajo este aspecto cabe señalar el interés creciente por el estudio de la llamada "cultura política", del que nos ofrece un testimonio el reciente volumen coordinado por Esteban Krotz bajo el título de *El estudio de la cultura política en México*,[38] así como también los trabajos críticos de Roger Bartra orientados a debatir precisamente el tema de la "cultura política" en México.[39] Algunos trabajos

[37] Michel Bassand y François Hainard, *Dynamique socio-culturelle régionale*, Presses Polytechniques Romandes, Lausana, Suiza, 1985, p. 28.

[38] Esteban Krotz (coord.), *El estudio de la cultura política en México*, CNCA/CIESAS, México, 1996.

[39] Roger Bartra, *La democracia ausente*, Grijalbo, México, 1986; "Culture and Poli-

muy recientes han venido a enriquecer últimamente este mismo tópico, como los estudios de Guillermo de la Peña que enfocan la cultura política bajo el ángulo antropológico, y los de Eduardo Nivón que abordan el tema de cultura y democracia.

En cuanto a la relación de la cultura con las otras instancias, el interés parece haber sido mucho menor. Por el momento, sólo puedo recordar el trabajo pionero de Enrique Valencia sobre el mercado La Merced,[40] y las recientes incursiones de María Teresa Sierra en los terrenos de la sociología jurídica para explorar los conflictos entre el derecho consuetudinario indígena y el derecho moderno promulgado por el Estado nacional.[41]

Si además de lo dicho introducimos en este mismo apartado la relación entre cultura y territorialidad, llama la atención la casi total ausencia de estudios regionales abordados bajo el ángulo cultural. De asumir como válido el diagnóstico de Diana Liverman y Altha Cravey,[42] en México los estudios regionales se han desarrollado principal, si no exclusivamente, bajo el ángulo geográfico y económico, y muy raras veces bajo el ángulo cultural, salvo algunos intentos de regionalización histórico-cultural del territorio según el criterio de la ocupación del espacio por las grandes culturas étnicas (por ejemplo, región sur de las "altas culturas" mesoamericanas y región norte de la "baja cultura" de indígenas recolectores y cazadores). Un esfuerzo inicial por llenar esta laguna ha sido el reciente trabajo de Claudio Lomnitz-Adler[43] sobre la cultura regional de Morelos y la de la Huasteca potosina. Otra contribución reciente en este mismo sentido ha sido la serie de

tical Power in Mexico", *Latin American Perspectives,* vol. 16, núm. 2, 1989, pp. 61-99; *Oficio mexicano: miserias y esplendores de la cultura,* Grijalbo, México, 1993; "Method in a Cage: How to Escape from the Hermeneutic Circle?", *Transculture,* vol. 1, núms. 2, 5-16, 1996.

[40] Enrique Valencia, *La Merced. Estudio ecológico y social de una zona de la ciudad de México,* INAH, México, 1965.

[41] María Teresa Sierra, "El lenguaje, prácticas jurídicas y derecho consuetudinario indígena", en Rodolfo Stavenhagen y Diego de Iturralde, *Entre la ley y la costumbre,* Instituto Indigenista Interamericano/Instituto Interamericano de Derechos Humanos, San José de Costa Rica, 1990, y Victoria Chernant y Teresa Sierra (coords.), *Pueblos indígenas ante el derecho,* CIESAS/CENCA, México, 1995.

[42] Diana Liverman y Altha Cravey, "Geographic Perspectives on Mexican Regions", en Eric van Joung (ed.), *Mexico's Regions,* Center for U. S. Mexican Studies, University of California, San Diego, 1992.

[43] Claudio Lomnitz-Adler, *Las salidas del laberinto,* Joaquín Mortiz/Grupo Editorial Planeta, México, 1995.

monografías sobre cultura fronteriza y chicana publicadas por El Colegio de la Frontera Norte bajo la dirección y, frecuentemente, la autoría de José Manuel Valenzuela Arce.[44]

Situémonos ahora sobre el eje de la diacronía para explorar lo que se ha hecho en México en materia de estudios culturales *bajo una perspectiva histórica.* Digamos, de entrada, que si bien se ha trabajado mucho y bien sobre historia del arte (por ejemplo, pintura colonial, historia de la música, historia de la literatura, etc.) en términos de la disciplina histórica entendida en sentido tradicional, en México no existe una *historia cultural* propiamente dicha que, a la manera de Roger Chartier, de Robert Darnton o de Carlo Ginzburg, aborde su objeto a la luz de una teoría de la cultura y desde la perspectiva de una antropología (o sociología) histórica o, lo que es lo mismo, de una historia antropológica (o sociológica).

Lo que entre nosotros más se acerca a la historia cultural son algunas incursiones en la historia de las mentalidades, como las recogidas recientemente en un volumen publicado por El Colegio de México.[45] Y muchos creen que las *historias de vida,* como las que se practican abundantemente en el CIDE y en el Programa Cultura del Centro Universitario de Investigaciones Sociales de la Universidad de Colima, son también una manera de hacer historia cultural, desde el momento en que a primera vista se las puede asociar casi naturalmente con dos categorías centrales de la cultura: la memoria (individual o colectiva) y la identidad. Sin embargo, aquí hay que andar con cuidado. La fascinación por las historias de vida, que en México nos ha llegado un poco tardíamente, se ha transformado hoy en desencanto en todas partes. Actualmente reviste todavía cierto interés como fuente auxiliar de información (que siempre requiere ser controlada por otras vías) y, sobre todo, como material lingüístico y de literatura oral. Pero tanto los sociólogos como los antropólogos coinciden en que nada tienen que ver ni con la identidad ni con la exploración de la memoria. Por lo demás, no hay que confundir historia oral con el *método biográfico,* que tiene una tradición diferente (la Escuela de Chicago) y que sí constituye un instrumento válido para la sociología y la antropología.[46]

[44] José Manuel Valenzuela Arce, *El color de las sombras. Chicanos, identidad y racismo,* El Colegio de la Frontera Norte/Universidad Iberoamericana/Plaza y Valdés, México, 1997.

[45] El Colegio de México, *Lecturas de historia mexicana,* vol. 6, México, 1992.

[46] Jean Peneff, *La méthode biographique,* Armand Colin, París, 1990, pp. 97 y ss.

Si volvemos ahora a los tres sentidos básicos de la cultura, se echa de ver de inmediato que casi la totalidad de las investigaciones culturales en México encajan dentro de lo que hemos llamado *cultura como estilo de vida.* Y dentro de este ámbito se ve que han prevalecido abrumadoramente la descripción y el análisis de las *formas objetivadas* de la cultura, observables desde la perspectiva etnográfica, es decir, desde la perspectiva del observador externo. En nuestro país se ha desarrollado muy poco lo que se ha dado en llamar *antropología de la subjetividad,* que exige la interdisciplinariedad con la psicología social y que es la única que puede tener acceso a las formas internalizadas de la cultura como *habitus* o como identidad social.

Sin embargo, no son nada despreciables las investigaciones que han comenzado a abordar de modo generalmente pertinente los problemas de la identidad social. Mencionemos, por vía de ejemplo, las grandes encuestas realizadas por el equipo de Raúl Béjar y Héctor Manuel Capello sobre la identidad nacional en México, las monografías surgidas de la investigación sobre identidades étnicas e identidad nacional en México bajo el patrocinio del INI y del IISUNAM,[47] y los recientes trabajos de Miguel Alberto Bartolomé y Alicia Mabel Barabas[48] sobre las identidades étnicas en Oaxaca y sus procesos de extinción. También merecen destacarse bajo este ángulo los importantes estudios de Roger Bartra ligados a la "identidad del mexicano", con sus conexiones teóricas y metodológicas.[49] En cuanto a los otros dos sentidos de la cultura, me parece que hay poco que decir.

Salvo los dos capítulos dedicados por Claudio Lomnitz[50] en su último trabajo al análisis de las ideologías sobre cultura nacional en la literatura ensayística y filosófica de México, un curioso estudio sociocrítico de Edmond Cross[51] sobre el discurso de la mexicanidad en Octavio Paz y Carlos Fuentes, y algunas intervencio-

[47] Pertenece a esta serie el importante volumen publicado por Alejandro Figueroa, *Por la tierra y por los santos,* CNCA/Culturas Populares, México, 1994.

[48] Alberto Bartolomé y Alicia Mabel Barabas, *op. cit.*

[49] Roger Bartra, *La jaula de la melancolía,* Grijalbo, México, 1987, y "Method in a Cage...", *op. cit.*

[50] Claudio Lomnitz-Adler, *op. cit.*

[51] Edmond Cross, "Formations ideologiques et formations discursives dans le Mexique contemporain", en *Teorie et pratique sociocritiques,* Éditions Sociales/Montpellier, CERS, París, 1983, pp. 225-278. (Hay edición en español.)

nes sugestivas de Guillermo Bonfil sobre el tema del *mestizo* como figura emblemática de la cultura mexicana,[52] no conozco a muchos sociólogos y antropólogos que se hayan interesado desde el punto de vista de sus respectivas disciplinas en el análisis de lo que hemos llamado *cultura declarativa*, esto es, los fenómenos de autointerpretación cultural en diferentes escalas y sectores de la sociedad mexicana.

Por lo que toca a la "cultura patrimonial" o "cultura consagrada", sólo resta dejar constancia de una ausencia dolorosa: en México se ha trabajado mucho, como queda dicho, en materia de historia del arte, pero simplemente no existe ni se cultiva una *sociología del arte* o del gusto estético que nos recuerde, aunque fuera lejanamente, obras como *La distinción* o *Les régles de l'art* de Bordieu.[53]

## La dimensión epistemológica

Una ponderación más cualitativa de las investigaciones culturales en México tendría que evaluar su profundidad epistemológica, es decir, hasta qué grado se movilizan la teoría y la metodología en los procesos de investigación.

Sabemos que en las ciencias sociales los paradigmas pueden ser descriptivos o explicativos. Nadie que esté en sus cabales puede dudar de la utilidad de los análisis descriptivos. Como en cualquier otro campo de la ciencia, la obtención de datos empíricos y su presentación descriptiva constituyen el punto de partida obligado del análisis sociológico o antropológico de la cultura. Desde este punto de vista constituye un verdadero acontecimiento la publicación de la primera encuesta nacional sobre equipamientos y comportamientos culturales realizada por el Programa Cultura del Centro Universitario de Investigaciones Sociales de la Universidad de Colima.[54]

Pero un análisis puramente descriptivo que no culmine en la

[52] Guillermo Bonfil Batalla, "Sobre la ideología del mestizaje (o cómo Garcilaso anunció, sin saberlo, muchas de nuestras desgracias)", en José Manuel Valenzuela (coord.), *Decadencia y auge de las identidades*, El Colegio de la Frontera Norte, México, 1992, pp. 35-47.

[53] Pierre Bordieu, *Les régles de l'art*, Éditions du Seuil, París, 1992.

[54] Se trata de la primera encuesta que ofrece datos básicos nacionales sobre equipamientos y comportamientos culturales en México. *Vid.* Jorge González y

*explicación* o en la *interpretación teóricamente fundada* de los datos o fenómenos registrados, es un análisis truncado que se queda corto desde el punto de vista científico.

Para entender esto hay que recordar que, según Passeron,[55] es posible diferenciar analíticamente tres tipos de enunciados en todo lenguaje científico: *a)* los *enunciados informativos* que proporcionan información mínima sobre el mundo empírico; *b)* los enunciados que producen *efectos de conocimiento*, resultantes de una primera reconceptualización de la información recopilada y que permiten formular nuevas preguntas sobre la misma, y *c)* los enunciados que producen *efectos de inteligibilidad* mediante la reconstrucción sistemática de los "efectos de conocimiento" en función de una teoría.[56] Para que una investigación alcance este último nivel, se requiere la capacidad de filtrar los datos a través de una interpretación teórica.

Pues bien, lo que se observa en la mayor parte de las investigaciones culturales es el predominio abrumador de la descripción sobre la explicación. La mayoría de los trabajos son *descriptivistas* en sentido etnográfico, aunque últimamente también, y por suerte, en sentido estadístico. La antropología, de modo particular, parece tener una incontenible vocación sociográfica. En México, por ejemplo, existen innumerables monografías antropológicas sobre las fiestas populares y los sistemas de cargo, a veces enmarcadas en impresionantes "marcos teóricos", pero la mayor parte de ellas se limitan a describirlos con minuciosidad etnográfica.

A mi modo de ver, una de las claves de la debilidad teórica y, por lo tanto, metodológica de los estudios sobre la cultura en

María Guadalupe Chávez, *La cultura en México*, CNCA/Universidad de Colima, México, 1996.

[55] Jean-Claude Passeron, *Le raisonnement sociologique*, Nathan, París, 1991, pp. 347 y ss.

[56] Por ejemplo, un directorio telefónico contiene, en primera instancia, una impresionante cantidad de información. Pero en segunda instancia puedo operar sobre esta información de base introduciendo ciertas categorizaciones y relaciones en función de ciertas hipótesis o de un proyecto de tratamiento de datos. Así, puedo obtener efectos de conocimiento sobre la estructura socioprofesional de los abonados, la densidad de los servicios telefónicos en los diferentes sectores urbanos, etc. Por último, puedo subsumir todos los "efectos de conocimiento" obtenidos a la luz de alguna de las teorías disponibles en sociología urbana para obtener "efectos de inteligibilidad", por ejemplo, sobre la distribución diferenciada y clasista de los servicios telefónicos en la ciudad.

México radica en la *poca o nula familiaridad de los sociólogos y antropólogos con la problemática del signo,* de la que forma parte, a su vez, la problemática de los hechos simbólicos. Esta laguna representa un serio *handicap* para el análisis fino de los artefactos y los comportamientos culturales, ya que los signos y los símbolos constituyen, como dicen los culturólogos estadunidenses, los "materiales de construcción de la cultura" ("the building blocks of culture").[57]

Una socióloga inglesa, Wendy Leed-Hurwitz,[58] ha llegado incluso a definir la cultura en términos directamente semióticos. Según ella, *una cultura* sería un "sistema de códigos" ("set of codes"), y un código, a su vez, sería un sistema de símbolos ("set of simbols").

Tenemos que convencernos, entonces, de que la hermenéutica de la cultura pasa también por la semiótica,[59] y que una de nuestras tareas más urgentes es redescubrir la rica veta de reflexiones sobre el papel de "lo simbólico" en la sociedad que encontramos en la tradición de la escuela francesa de sociología (Durkheim, Mauss, Marcel Granet, Marc Bloch, Lévi-Strauss, Marc Augé...), en la llamada "antropología simbólica" (C. Geertz, V. Turner, Sahlins...) y en la semiótica soviética de la cultura (Jurij M. Lotman y la Escuela de Tartu).[60]

## A modo de conclusiones

A lo largo de la exposición han ido apareciendo en filigrana las grandes lagunas, insuficiencias y desequilibrios de la investigación cultural en México. Y también, como en negativo, las tareas que nos esperan y las perspectivas del futuro.

Expresado en términos muy generales, el diagnóstico final puede ser el siguiente: si bien se ha avanzado mucho en pocos años y con escasos recursos, los estudios culturales siguen siendo

[57] Barry Brummet, *Rethoric in Popular Culture,* St. Martin's Press, Nueva York, 1994, p. 6.

[58] Wendy Leed-Hurwitz, *Semiotics and Communication,* Lawrence-Erlbaum Associates, Londres, 1993.

[59] Véase a este respecto la excelente propuesta metodológica de John B. Thompson, *Ideología y cultura moderna,* UAM-Xochimilco, México, 1993, pp. 298 y ss.

[60] Se encontrará una excelente revisión sobre el tratamiento sociológico y antropológico de lo simbólico en Daniel Fabre, "Le symbolique, brève histoire d'un objet", en Jacques Revel y Nathan Wachtel, *Une école pour les sciences sociales,* CERF, París, 1996.

la cenicienta de las ciencias sociales en México, y manifiestan un bajo nivel de innovación científica.[61]

Conviene subrayar que el origen de nuestras debilidades no es exclusivamente interno y que éstas no deben atribuirse demasiado a la ligera a la falta de información o de formación de nuestros investigadores. También hay factores condicionantes externos que explican en parte nuestra situación. Me limitaré a enumerar algunos de ellos sin profundizar en la cuestión.

*1)* El primer factor es ciertamente la *crisis fiscal* del Estado y la casi exclusión de la problemática cultural y humanista del ámbito de prioridades de las políticas estatales sometidas a la presión del neoliberalismo económico.

*2)* Otro factor no desdeñable podría ser el *control burocrático de la investigación* a través de organismos como el SNI, que ha introducido criterios economicistas de productividad y eficientismo individualista, inhibiendo el trabajo en equipo, alterando los ritmos de reflexión y maduración propios de la ciencia y empujando a los jóvenes investigadores a la improvisación o la redundancia, bajo la compulsión de "publicar o morir".

*3)* Habría que señalar, por último, la *crisis institucional* de las ciencias sociales en la universidad, debido en gran parte a la mencionada crisis fiscal y al desinterés del Estado, pero también a la crisis del marxismo en los años ochenta, que provocó primero una gran desorientación teórica y, posteriormente, un desinterés generalizado por todo lo teórico. No olvidemos que, como queda dicho, las primeras investigaciones sobre la cultura en México se desarrollaron bajo la enseña gramsciana.

Las tareas prioritarias que nos esperan derivan en parte de todo lo dicho. Me limitaré a señalar las principales.

Nuestra primera tarea tendría que ser la de conquistar un *espa-*

[61] Entiendo por innovación un progreso que aporta una contribución significativa, no importa que sea mayor o menor, a una determinada disciplina en cualquier nivel del quehacer científico: recolección de información, sistema conceptual, paradigmas, modelos, etc. Según M. Dogan y R. Pahre, *L'innovation dans les sciences sociales*, PUF, París, 1991, la innovación así entendida suele ser un fenómeno acumulativo de masa, es decir, no depende mayoritariamente del "sistema de estrellas" de la disciplina. Pero mi impresión es que en México ocurre precisamente lo contrario: la innovación en el campo de los estudios culturales parece depender mucho más del sistema de estrellas (Bonfil, García Canclini, etc.) que del concurso anónimo del conjunto de investigadores.

*cio institucional* o, por lo menos, un espacio institucionalmente reconocido para el estudio de la cultura dentro del conjunto de las disciplinas sociales institucionalizadas en la universidad. El problema radica en que la compartimentación entre los diferentes departamentos de las ciencias sociales, además de ser rígida, refleja las más de las veces un estadio antiguo y ya superado de la clasificación de las ciencias sociales, y no ofrece un espacio adecuado, salvo en forma residual o como apéndice de otras disciplinas formales (como la antropología), para disciplinas transversales y esencialmente híbridas como es la ciencia de la cultura.[62] En efecto, el espacio de la cultura es un espacio disciplinariamente híbrido que convoca no sólo a la antropología y la sociología, sino también a otras disciplinas como la historia, la psicología social, la ciencia de la educación, la semiótica y hasta la retórica. Más aún, según una investigación reciente,[63] el potencial de innovación de las disciplinas sociales tiende a concentrarse hoy día precisamente en los intersticios híbridos entre disciplinas o fragmentos de disciplinas diferentes aunque afines.

La segunda tarea tendría que ser corregir, dentro de lo posible, el enorme desequilibrio existente en la frecuentación de los diferentes sectores, perspectivas y escalas teóricamente posibles dentro de los estudios culturales. En efecto, hemos visto cómo las investigaciones tienden a concentrarse en algunos polos privilegiados, como las culturas étnicas y populares. Ahora bien, una situación de este tipo puede generar lo que algunos llaman "paradoja de la densidad". Es decir, la multiplicación de las investigaciones en un mismo sector de la disciplina o sobre los mismos tópicos, lejos de generar un progreso proporcional, tiende a sujetarse a la ley de los rendimientos decrecientes y a provocar fenómenos de saturación y repetitividad.

Pero hay más: el predominio del descriptivismo etnográfico ha provocado a su vez el predominio abrumador de lo micro y, frecuentemente, de lo microrregional en forma de estudios de caso

[62] A este respecto sería interesante comparar la estructura de nuestras facultades e institutos de ciencias sociales con la de una institución que ha estimulado en alto grado el desarrollo de los estudios culturales en Francia, como es la Escuela de Altos Estudios en Ciencias Sociales (la famosa VI Sección de la antigua Escuela Práctica de Altos Estudios). *Cf.* Jacques Ravel y Nathan Wachtel, *Une école pour les sciences sociales*, CERF, París, 1996.

[63] M. Dogan y R. Pahre, *op. cit.*

en las investigaciones culturales. Felizmente, una encuesta como la recientemente realizada por el Programa Cultura de la Universidad de Colima puede contribuir a corregir esta situación, ayudándonos a elevar la mirada y a tomar en consideración la escala nacional y regional en la investigación de la cultura.

Finalmente, una tarea obvia, que no por ello deja de seguir siendo la más importante, es el reforzamiento permanente de la formación y de la capacidad de reflexión teórica de nuestros investigadores. Esta tarea es particularmente difícil, porque el ámbito de la cultura se presenta hoy como un campo de batalla cruzado por múltiples debates teóricos.

Para comenzar, está en juego el concepto mismo de cultura, que hoy tiende a ser desechado por la llamada "antropología posmoderna",[64] o también a volver a una acepción patrimonial que predica el retorno a los valores consagrados por oposición al relativismo de las concepciones extensivas de la cultura, acusadas de ser cómplices de los enemigos de la "verdadera cultura".[65]

También está en juego la representación de lo social que sirve de marco a los estudios culturales. Algunos opinan que la sociología de la cultura sigue demasiado aferrada a una visión clasista de la sociedad, inspirada en el marxismo, que ya no tiene vigencia por lo menos en los países desarrollados. Estos autores se apoyan en la tesis de la masificación o clasemedianización generalizada de la sociedad, y consecuentemente proponen abandonar la correlación entre comportamientos culturales y posiciones sociales.[66] Otros, en fin, apoyados en el surgimiento de una "cultura juvenil" a partir de los años setenta, sostienen que los efectos de edad y de generación han relegado a un segundo plano los efectos de la posición social.

[64] J. Clifford y Marcus G. E. (coords.), *Writing Culture. The Poetics and Politics of Ethnography,* University of California Press, Berkeley, 1986.

[65] Citemos los dos libros que suscitaron más debates a este respecto en el ámbito europeo: A. Finkielkraut, *La Défaite de la pensée,* Gallimard, París, 1987, y M. Fumaroli, *L'etat culturel. Essai sur une religion moderne,* Éditions de Fallois, París, 1991.

[66] Una versión particular de esta orientación es la representada por Bernard Cathelat, quien introdujo en Francia un método particular de análisis cultural llamado Socio-Styles-Système. Este método elabora tipologías culturales (llamadas "socioestilos") que pretenden describir "la variedad de los modos de vida y de pensamiento al margen de las clases sociodemográficas y económicas". *Panorama des styles de vie 1960-90,* Les Éditions d'Organization, París, 1991.

Está en juego, finalmente, la realidad y profundidad de la mutación cultural en las sociedades avanzadas. Algunos afirman que nada ha cambiado y que todo sigue igual: no se habría ampliado el círculo de los frecuentadores de la literatura, del teatro y del arte contemporáneo, y persistirían las desigualdades de acceso a la cultura, tanto en términos sociales como geográficos. Otros, en cambio, hablan de una verdadera revolución cultural "posmoderna" que se manifestaría emblemáticamente en la muerte del libro y el triunfo definitivo de lo audiovisual.

Este repertorio de problemas teórico-interpretativos constituye sólo una muestra de los debates en curso en las sociedades avanzadas a propósito de la cultura, a los que tendremos que añadir nuestros propios debates en México y en Latinoamérica.

## BIBLIOGRAFÍA


Arizpe, Lourdes, *Cultura y desarrollo,* El Colegio de México, México, 1989.

Bartolomé, Miguel Alberto, *Gente de costumbre y gente de razón,* Siglo XXI/INI, México, 1997.

———, y Alicia Mabel Barabás, *La pluralidad en peligro,* INI, México, 1996 (Col. Regiones de México).

Bartra, Roger, *La democracia ausente,* Grijalbo, México, 1986.

———, *La jaula de la melancolía,* Grijalbo, México, 1987.

———, "Culture and Political Power in Mexico", *Latin American Perspectives,* vol. 16, núm. 2, 1989, pp. 61-99.

———, *Oficio mexicano: miserias y esplendores de la cultura,* Grijalbo, México, 1993.

———, "Method in a Cage: How to Escape from the Hermeneutic Circle?", *Transculture,* vol. 1, núms. 2, 5-16, 1996.

Bassand, Michel, y François Hainard, *Dynamique socio-culturelle régionale,* Presses Polytechniques Romandes, Lausana, Suiza, 1985.

Bonfil Batalla, Guillermo, *México profundo. Una civilización negada,* SEP/CIESAS, México, 1997.

———, "Sobre la ideología del mestizaje (o cómo Garcilaso anunció, sin saberlo, muchas de nuestras desgracias)", en José Manuel Valenzuela (coord.), *Decadencia y auge de las identidades,* El Colegio de la Frontera Norte, México, 1992, pp. 35-47.

Bordieu, Pierre, *La distinción*, Taurus, Madrid, 1991.

———, *Les régles de l'art*, Éditions du Seuil, París, 1992.

———, R. Chartier y Robert Darnton, "Dialogue à propos de l'histoire culturelle", *Actes de Recherche en Sciences Sociales*, núm. 59, 1985, pp. 86-93.

Brummet, Barry, *Rethoric in Popular Culture*, St. Martin's Press, Nueva York, 1994.

Castillo Berthier, Héctor, "Popular Culture among Mexican Teenagers", *Urban Age*, vol. I, núm. 4, Banco Mundial, Washington, 1993, pp. 12-24.

———, *Juventud, cultura y política social*, tesis de doctorado presentada en la Facultad de Ciencias Políticas y Sociales, UNAM, febrero de 1998.

Cathelat, Bernard, *Panorama des styles de vie 1960-90*, Les Éditions d'Organization, París, 1991.

Chernant, Victoria, y Teresa Sierra (coords.), *Pueblos indígenas ante el derecho*, CIESAS/CENCA, México, 1995.

Cirese, Alberto Mario, *Cultura egemonica e culture subalterne*, Palumbo Editore, Palermo, 1976.

———, *Ensayos sobre las culturas subalternas*, Centro de Investigaciones Superiores del INAH, México, 1979 (Cuadernos de la Casa Chata, 24).

Clifford, J., y Marcus G. E. (coords.), *Writing Culture. The Poetics and Politics of Ethnography*, University of California Press, Berkeley, 1986.

Cross, Edmond, "Formations ideologiques et formations discursives dans le Mexique contemporain", en *Teorie et pratique sociocritiques*, Éditions Sociales/Montpellier, CERS, París, 1983. (Hay edición en español.)

*Culturas Contemporáneas*, revista de investigación y análisis editada por el Programa Cultura del Centro Universitario de Investigaciones Sociales de la Universidad de Colima desde 1986.

Dogan, M., y R. Pahre, *L'innovation dans les sciences sociales*, PUF, París, 1991.

Donnat, Olivier, *Les français face à la culture*, Éditions La Découverte, París, 1994.

El Colegio de México, *Lecturas de historia mexicana*, vol. 6, El Colegio de México, México, 1992.

Elias, Norbert, *La civilisation des moeurs*, Colman-Lévy, París, 1973.

Fabre, Daniel, "Le symbolique, brève histoire d'un objet", en Jacques Revel y Nathan Wachtel, *Une école pour les sciences sociales*, CERF, París, 1996.

Featherstone, Mike (ed.), *Global Culture*, Sage Publications, Londres, 1992.

Figueroa, Alejandro, *Por la tierra y por los santos*, CNCA/Culturas Populares, México, 1994.

Finkielkraut, A., *La Défaite de la pensée*, Gallimard, París, 1987.

Florescano, Enrique (comp.), *El patrimonio cultural de México*, FCE, México, 1993.

Foster, George M., *Cultura y conquista*, Universidad Veracruzana, México, 1962.

———, *Las culturas tradicionales y los cambios técnicos*, FCE, México, 1964.

Fumaroli, M., *L'etat culturel. Essai sur une religion moderne*, Éditions de Fallois, París, 1991.

García Canclini, Néstor, *Las culturas populares en el capitalismo*, Nueva Imagen, México, 1989a.

———, *Culturas híbridas*, CNCA/Grijalbo, México, 1989b.

——— (coord.), *El consumo cultural en México*, CNCA, México, 1993.

——— (coord.), *Culturas en globalización*, Nueva Sociedad, México, 1996.

———, *La globalización imaginada*, Paidós, Barcelona, 1999.

Giménez, Gilberto, *Cultura popular y religión en el Anáhuac*, Centro de Estudios Ecuménicos, México, 1978.

——— (coord.), *Identidades religiosas y sociales en México*, Instituto de Investigaciones Sociales/Instituto Francés de América Latina, México, 1996.

González, Jorge, y María Guadalupe Chávez, *La cultura en México*, CNCA/Universidad de Colima, México, 1996.

Grignon, Claude, y J.-C. Passeron, *Le savant et le populaire*, Gallimard/Le Seuil, París, 1989.

Hèau de Giménez, Catalina, *Así cantaban la Revolución*, Grijalbo, México, 1990.

Jáuregui, Jesús, *Música y danzas mestizas de la Huasteca hidalguense*, ENAH, México, 1984 (mecanografiado).

———, y Carlo Bonfiglioli (coords.), *Las danzas de la Conquista*, FCE, México, 1996.

Krotz, Esteban (coord.), *El estudio de la cultura política en México*, CNCA/CIESAS, México, 1996.

Leed-Hurwitz, Wendy, *Semiotics and Communication*, Lawrence-Erlbaum Associates, Londres, 1993.

Liverman, Diana, y Altha Cravey, "Geographic Perspectives on Mexican Regions", en Eric van Joung (ed.), *Mexico's Regions*, Center for U. S.-Mexican Studies, UCSD, San Diego, 1992.

Lomnitz-Adler, Claudio, *Las salidas del laberinto*, Joaquín Mortiz/Grupo Editorial Planeta, México, 1995.

Mendoza, Vicente T., *El corrido mexicano*, FCE, México, 1954.

———, *La canción mexicana*, FCE, México, 1982.

Millán, Saúl, *La ceremonia perpetua: ciclos festivos y organización ceremonial en el sur de Oaxaca*, INI/Sedesol, México, 1993.

Monsiváis, Carlos, *A ustedes les consta. Antología de la crónica en México*, México, Era, 1978.

Monsiváis, Carlos, *Crónica de la sociedad que se organiza,* Era, México, 1988.

———, *Rostros del cine mexicano,* Vips, México, 1993.

———, *A través del espejo (El cine mexicano y su público),* Ediciones El Milagro, México, 1994a.

———, *Los mil y un velorios,* Alianza Editorial/Conaculta, México, 1994b.

———, *Luneta y galería (Atmósferas de la capital, 1920-1959),* Departamento del Distrito Federal, México, 1994c.

———, *Los rituales del caos,* Procuraduría Federal del Consumidor, México, 1995.

Novelo, Victoria (comp.), "La cultura obrera, una contrapropuesta cultural", *Nueva Antropología,* núm. 23, 1984, pp. 45-56.

———, "Los trabajadores mexicanos en el siglo XIX, ¿obreros o artesanos?", en *Comunidad, cultura y vida social: ensayos sobre la formación de la clase obrera,* Seminario del Movimiento Obrero y Revolución Mexicana, INAH, México, 1991, pp. 15-51.

———, "Las artesanías en México", en Enrique Florescano (comp.), *El patrimonio cultural de México,* FCE, México, 1993, pp. 219-246.

———, "Cultura obrera en México, la cara sindical", en Esteban Krotz (coord.), *El estudio de la cultura política en México,* CNCA/CIESAS, México, 1996a, pp. 361-387.

———, *Artesanos, artesanías y arte popular en México. Una historia ilustrada,* Editorial Agualarga/DGCP/Universidad de Colima/Instituto Nacional Indigenista, México/España, 1996b.

Passeron, Jean-Claude, *Le raisonnement sociologique,* Nathan, París, 1991.

Portal, María Ana, y Vania Salles, "La tradición oral y la construcción de una figura del mundo: una investigación en el sur del D. F.", *Alteridades,* año 8, núm. 15, UAM-Iztapalapa, México, 1998, pp. 56-65.

Peneff, Jean, *La méthode biographique,* Armand Colin, París, 1990.

O, María Eugenia de la, Enrique de la Garza y Javier Melgoza (coords.), *Los estudios sobre la cultura obrera en México,* Consejo Nacional para la Cultura y las Artes, México, 1997.

Ravel, Jacques, y Nathan Wachtel, *Une école pour les sciences sociales,* CERF, París, 1996.

Reguillo, Rossana, *En la calle otra vez. Las bandas: identidad urbana y usos de la comunicación,* ITESO, Guadalajara, 1991.

Roth Seneff, Andrew, y José Lameiras (eds.), *El verbo popular,* El Colegio de Michoacán/ITESO, México, 1995.

Salles, Vania, y José M. Valenzuela, *En muchos lugares y todos los días. Mística y religiosidad popular en Xochimilco,* El Colegio de México, México, 1997.

Sevilla, Amparo, Hilda Rodríguez y Elizabeth Cámara, *Danzas y bailes tradicionales del estado de Tlaxcala,* Premiá Editora, México, 1983.

Sierra, Teresa, "El lenguaje, prácticas jurídicas y derecho consuetudinario indígena", en Rodolfo Stavenhagen y Diego de Iturralde, *Entre la ley y la costumbre,* Instituto Indigenista Interamericano/Instituto Interamericano de Derechos Humanos, San José de Costa Rica, 1990.

Thompson, John B., *Ideología y cultura moderna,* UAM-Xochimilco, México, 1993.

Torre, Renée de la, *Los hijos de la Luz. Discurso, identidad y poder en La Luz del Mundo,* CIESAS/ITESO/Universidad de Guadalajara, México, 1995.

Valencia, Enrique, *La Merced. Estudio ecológico y social de una zona de la ciudad de México,* INAH, México, 1965.

Varios autores, *La dicotomía entre arte culto y arte popular,* UNAM, México, 1979.

Valenzuela, José Manuel, *¡A la brava ése!,* El Colegio de la Frontera Norte, México, 1988.

———, *El color de las sombras. Chicanos, identidad y racismo,* El Colegio de la Frontera Norte/Universidad Iberoamericana/Plaza y Valdés, México, 1997.

Velasco Toro, José, *Santuario y religión. Imágenes del Cristo negro de Otatitlán,* Instituto de Investigaciones Histórico-Sociales, Universidad Veracruzana, México, 1997.

Warman, Arturo, *La danza de moros y cristianos* (1ª ed. 1962), INAH, México, 1985.

# *El estudio de la cultura en la antropología mexicana reciente: una visión panorámica*

ESTEBAN KROTZ[1]

## INTRODUCCIÓN

A pesar de ser conocida, sigue resultando llamativa la paradoja de que la antropología ha sido llamada y se ha identificado a sí misma desde su inicio a fines del siglo XIX como "la ciencia de la cultura", "la ciencia de las culturas" o "culturología", pero que en la comunidad antropológica no ha habido nunca un consenso general sobre el significado de este término. Es más, este vocablo no sólo ha servido para identificar un objeto de estudio sino también para distinguir una perspectiva disciplinaria particular dentro del conjunto de las ciencias sociales y hasta para caracterizar corrientes y especializaciones particulares al interior de la antropología.[2]

Como muchas otras historias de éxito, la de la antropología científica guarda en su interior una serie de tensiones iniciales, que una y otra vez son tematizadas de maneras y en momentos muy diferentes a lo largo de su desarrollo. Esto es cierto también para el término "cultura", ya que es formulado originalmente como parte del esfuerzo cognitivo de comprender *la esfera social propia de la especie humana.* Cultura es lo que distingue a la vida

[1] Universidad Autónoma de Yucatán.

[2] Así, por ejemplo, se ha opuesto la subdisciplina "antropología cultural" a la subdisciplina "antropología biológica", pero también la corriente británica "antropología social" a la corriente estadunidense "antropología cultural" e incluso la "antropología [socio]cultural", como mera expresión ideológica de la clase burguesa, al "marxismo" como ciencia del proletariado.

humana de todas las demás formas de vida en el planeta, pero es algo que no existe como característica de la especie tal cual, sino solamente de modo polimorfo: el *uni*verso de la especie humana es el *multi*verso de las culturas. También por esto, cultura es usada a veces como sinónimo de sociedad humana, y otras, como producto o resultado de la vida social de los seres humanos.

Dos más de estas tensiones son peculiarmente significativas para la discusión actual. Una es la utilización de la idea de cultura en el marco de los esquemas evolucionistas (y, en cierto modo, también los difusionistas), donde por un lado se analizan los *macroprocesos* de la especie humana, pero donde, por el otro, las culturas particulares son vistas siempre como *resultados* de tales procesos y, en consecuencia, como detenidas en el tiempo. Relacionada con esta acronía está la segunda tensión, porque, por una parte, las culturas particulares interesan ante todo como representantes de etapas y de áreas (los llamados "círculos" y "estratos" culturales), constituyen siempre formas en transición hacia otras (más avanzadas) y están llenas de "sobrevivencias" y elementos "intermedios", pero, por otra parte, toda cultura particular es presentada como entidad *integrada* y, por tanto, claramente delimitada, donde sustrato biológico, lengua, adaptación ecológica específica, instituciones e ideas se corresponden.

Sin haberse dado todavía una discusión teórica, conceptual o epistemológica significativa en la antropología mexicana acerca del término cultura, su historia reciente y su actualidad se puede examinar con provecho en relación con el destino de este término. Por ello, la primera parte de este trabajo analiza la desaparición de este vocablo de la discusión hegemónica durante los años sesenta y su paulatina reintroducción como "cultura adjetivada" varios lustros después. En el segundo apartado se ofrece una visión esquemática de los campos culturales estudiados actualmente, mientras que en el tercero se abordan los referentes teóricos fundamentales presentes en esta historia. En el apartado final se discuten algunos elementos de tipo teórico y metateórico que quieren servir, al mismo tiempo, para una mejor comprensión de la situación actual y para impulsar la discusión sobre la antropología mexicana actual.[3]

[3] Este estudio aprovecha varios trabajos previos sobre el tema y otros relacio-

## Desaparición y reaparición del término "cultura" en la antropología mexicana

Uno de los rasgos llamativos de la antropología mexicana de la segunda mitad del siglo xx consiste en que en los aproximadamente tres o cuatro lustros[4] en los que se inició una marcada expansión y consolidación institucional de la antropología (especial, pero no únicamente de su vertiente académica), el vocablo universalmente identificador de la disciplina desapareció de modo general de la cultura antropológica para reaparecer posteriormente de un modo muy diferente.

### *El rechazo del "culturalismo"*

La revisión de escritos y de la tradición oral acerca de eventos, biografías e instituciones, permite reconocer varios factores estrechamente vinculados unos con los otros, como causas de una reorientación profunda de la antropología generada en México que se inició durante la segunda mitad de los sesenta y que duró, con algunas variaciones, casi cuatro lustros.

Ello se debe en primer lugar a la irrupción masiva (ya había estado presente antes, pero de manera aislada y más bien excep-

nados (especialmente Esteban Krotz, "Cultura e ideología: un campo temático en expansión durante los ochentas", en *Estudios sobre las culturas contemporáneas*, vol. 5, núm. 15, 1993a, pp. 59-80, y "El concepto 'cultura' y la antropología mexicana: ¿una tensión permanente?", en E. Krotz (comp.), *La cultura adjetivada: el concepto "cultura" en la antropología mexicana actual a través de sus adjetivaciones*, UAM-Iztapalapa, México, 1993b, pp. 13-31) y los materiales preparados para una sesión sobre el tema en diversas ediciones del diplomado en análisis de la cultura organizado entre 1996 y 1998 por la Coordinación Nacional de Antropología del Instituto Nacional de Antropología e Historia. Se basa en la observación participante, la historia oral y una revisión de la bibliografía y hemerografía especializadas y, con respecto a los años más recientes, de los materiales contenidos en los primeros cinco volúmenes del anuario *Inventario Antropológico.* Aprovecho la oportunidad para agradecer los comentarios hechos a una versión previa por los demás integrantes del "Seminario de estudios de la cultura" del Consejo Nacional para la Cultura y las Artes.

[4] Todas las indicaciones de periodos de tiempo que se hacen aquí son aproximativas y esquemáticas; además, hay que tomar en cuenta que los procesos descritos sucedieron con velocidades desiguales en las diferentes regiones e instituciones de la comunidad antropológica nacional.

cional) de cierto tipo de marxismo en la antropología mexicana y, particularmente, en sus centros de formación académico-profesional. Se trataba de una versión del pensamiento marxista que privilegiaba sobremanera la atención a la estructura, o sea, a la esfera de la producción económica, las características de las clases sociales, las relaciones entre ellas y el desarrollo del sistema capitalista. En segundo lugar hay que recordar que durante este mismo lapso, los estudios campesinos se convirtieron en el foco de atracción principal de las ciencias sociales mexicanas, incluyendo a la antropología. Tales estudios se volvieron el espacio donde se recibieron y desarrollaron con más intensidad los impulsos teóricos provenientes del marxismo mencionado. En consecuencia, el interés antropológico predominante y más dinámico se ocupaba ante todo de "una caracterización de clase del campesinado y de las vías de desarrollo del capitalismo en la agricultura en México" y del "potencial revolucionario del campesinado, con un énfasis sobre su definición como clase a partir de un análisis concreto de sus demandas, luchas y organizaciones".[5] En retrospectiva llama la atención la fuerza de este enfoque que hizo que desaparecieran del campo de visión de muchos antropólogos, al igual que del debate hegemónico en el conjunto de las ciencias sociales mexicanas, incluso aspectos "superestructurales" considerados tradicionalmente muy relevantes para el estudio de la sociedad nacional, tales como la etnicidad: los grupos, pueblos y comunidades indígenas quedaban subsumidos bajo el término de "campesinos pobres" y el tema de las relaciones interétnicas se disipó detrás de la problemática de la articulación de los modos de producción.

En una fase posterior de este proceso, la influencia de cierta combinación entre una antropología de origen levistraussiana y el heterodoxo marxismo althusseriano hizo resurgir cierto interés por la superestructura. Sin embargo, ésta quedaba fuertemente limitada a los fenómenos político-estatales, dejando de lado la esfera propiamente ideológica. A su vez, tal reducción de lo superestructural a lo político y la concepción de ello como algo vinculado necesariamente con el Estado capitalista, se conjuntaron

[5] Luisa Paré, "El debate sobre el problema agrario en los setenta y ochenta", *Nueva Antropología*, vol. XI, núm. 39, 1991, p. 11.

eficazmente con la amplia acepción que tuvieron algunos estudios sobre la enajenante ideología burguesa, que desenmascaraban y denunciaban la diseminación de la misma a través de los medios de difusión masiva y el sistema escolar.[6]

Ambas fases de la misma coyuntura se desarrollaban sobre una matriz de rechazo a los llamados "estudios de comunidad". De lo que se trataba entonces era superar la limitación inherente a los estudios de las poblaciones rurales concebidas como entidades autocontenidas, mediante su análisis como partes de todo un país; este último, a su vez, era visto como parte del mundo latinoamericano dependiente y, en general, del Tercer Mundo.[7]

Esta situación es ilustrada por dos programas de estudio iniciados durante los años setenta. La licenciatura en antropología social de la entonces recién creada Universidad Autónoma Metropolitana-Iztapalapa incluía entre sus seis áreas de concentración iniciales a la etnología, pero se aproximaba a la temática, ante todo, en términos de las relaciones sociales en sociedades complejas; las asignaturas básicas de las áreas de concentración: antropología del desarrollo, antropología rural y antropología urbana, no contenían referencia alguna a la problemática propiamente cultural y sólo entre los cuatro cursos obligatorios del área antropología política estaba incluido uno con el título "Cultura e ideología políticas". El otro ejemplo es uno de los iniciales cuatro talleres de investigación de la maestría en antropología social de la Escuela Nacional de Antropología e Historia, que llevaba originalmente el nombre "Ideología" y que en 1982 fue ampliado a "Cultura e ideología".

Como resultado de esta transformación se volvieron casi invisibles en el debate central en la antropología mexicana muchos ele-

[6] Estudios emblemáticos de este tipo fueron el de Ariel Dorfman y Armand Mattelart, *Para leer el Pato Donald: comunicación de masas y colonialismo,* Siglo XXI Argentina, Buenos Aires, 1972; las críticas de Paulo Freire (*Pedagogía del oprimido,* Siglo XXI Argentina, Buenos Aires, 1972) a la institución escuela y los cuestionamientos radicales de Ivan Illich (*Alternativas,* Joaquín Mortiz, México, 1974).

[7] En 1963, un trabajo pionero resumió esta crítica así: "La importancia que los etnólogos han atribuido a los elementos culturales de las poblaciones indígenas ha disimulado durante mucho tiempo la verdadera naturaleza de las estructuras socioeconómicas", y: "El mundo económico indígena no es un mundo cerrado. Las comunidades indígenas sólo están aisladas en apariencia" (Rodolfo Stavenhagen, "Clases, colonialismo y aculturación", en Miguel Othón de Mendizábal *et al., Las clases sociales en México,* Nuestro Tiempo, México, 1968, pp. 114 y 135).

mentos considerados anteriormente como "típicamente antropológicos" tanto por antropólogos como por colegas de otras disciplinas y personas de ámbitos distintos. Esto vale igualmente para fenómenos socioculturales (por ejemplo, la religión) y para sectores poblacionales (particularmente, la población indígena). Donde se mantuvo o donde posteriormente resurgió de modo limitado un cierto interés por aspectos "ideológicos", éstos se trataron de manera general, dentro un sencillo esquema binario burguesía-proletariado, privilegiando el análisis de los mensajes y asumiendo su efecto directo e inmediato sobre los receptores. Pero como el método característico de los estudios antropológicos seguía siendo el trabajo de campo, donde se interactuaba con los receptores de los mensajes ideológicos, no se pudo aprovechar estos estudios, por lo que no se llegó a generar análisis empíricos sobre fenómenos superestructurales desde esta perspectiva. En consecuencia, cuando se hacía mención de ellos, usualmente ésta se quedaba como simple referencia, no pocas veces de tinte fuertemente doctrinario o meramente denunciatorio.

La situación descrita y sus causas no pueden entenderse adecuadamente si no se toma en cuenta una serie de características del proceso social mexicano de aquellos años que, lejos de quedarle "externas" a la antropología, como lo supone un cuestionable dualismo en la historiografía de las ciencias, operaban como elementos constitutivos.[8] Uno era la influencia generalizada de la teoría de la dependencia, que atravesaba, al igual que la fascinación por el campesinado como posible factor de cambio en los países del Tercer Mundo, los límites disciplinarios e institucionales de las ciencias sociales de aquella época; en este contexto hay que mencionar también la importancia de la teología de la liberación y diversas organizaciones y prácticas inspiradas por ella. Otro era la esperanza, compartida por muchos científicos sociales y estudiantes, de que se estaba acercando rápidamente un cambio profundo de la situación social injusta imperante en el país y todo el continente. Ambos elementos confluyeron en la omnipresente denuncia del imperialismo —estadunidense— como culpable de la situación. Hay que recordar aquí que durante los sesenta

[8] Véase para esta concepción E. Krotz, "Historia e historiografía de las ciencias antropológicas: una problemática teórica", en C. García M. (coord.), *La antropología en México*, vol. 1, INAH, México, 1987, pp. 113-138.

y setenta en México, a diferencia de casi todo el resto de América Latina, no existía régimen militar y la consiguiente restricción de la vida intelectual.[9]

El resultado de todos estos factores internos y externos puede resumirse también de la siguiente manera: el fuerte acento en la esfera tecnoeconómica del marxismo y del neoevolucionismo de la época y el igualmente fuerte acento en lo social, con respecto al cual las corrientes mencionadas coincidían con el estructural-funcionalismo, se combinaron para rechazar la identificación de la antropología como la "ciencia de la cultura". A lo más se estaba dispuesto a reconocer la existencia de una "antropología de la cultura" en el sentido de una antropología parcial en cuanto a ámbito fenoménico y/o en cuanto a perspectiva teórica. En la historia de la disciplina, empero, el lugar de una antropología parcial de este tipo era ocupado precisamente por la antropología estadunidense, denominada usualmente "antropología cultural" y durante décadas casi monopólica en el país.[10] Ésta, llamada posteriormente de modo peyorativo "culturalismo", reunía tres características negativas: era, por principio, sospechosa de ser vehículo del imperialismo cultural; representaba un tipo de antropología cuyo aislamiento metodológico de las comunidades y pueblos bajo estudio ocultaba que tales colectividades siempre estaban inmersas en estructuras de explotación y dominación de alcance mayor; su atención privilegiada a los fenómenos superestructurales había llevado a la folclorización y banalización de la antropología mexicana por ignorar los problemas básicos de la sociedad, que eran de carácter estructural y político.

### *La aparición de "la cultura popular"*

Quedará como una ironía de la historia que el regreso de la noción de cultura a la antropología mexicana se diera precisamente

[9] También hay que recordar que los más importantes centros mexicanos de investigación y docencia en ciencias sociales —todos ubicados en la capital del país— acogieron durante buen tiempo una cantidad significativa de científicos sociales sudamericanos exiliados.

[10] Una idea de esto la da el catálogo de traducciones del Fondo de Cultura Económica de aquella época.

a la sombra de un autor en cuyo vocabulario el término "folclor" ocupa un lugar importante. La intensa difusión de los escritos e ideas de Antonio Gramsci y de los trabajos de algunos antropólogos inspirados en él, empezó a hacerse sentir hacia fines de los setenta; a mediados de los ochenta, tales ideas ya se habían convertido en tema de discusión y punto de referencia obligados. Dos fueron sus principales efectos.

En primer lugar, contribuyó a quitar aspereza al debate teórico y político-ideológico en la antropología mexicana, porque remitió a un segundo plano la utilización de posiciones teóricas para la identificación de posturas políticas. En segundo lugar, eliminó convincentemente cualquier connotación negativa del concepto cultura e indujo a la construcción de numerosas combinaciones teóricas y conceptuales que anteriormente se habrían rechazado por eclécticas.

Empero, resulta obvio que no se trataba aquí de la simple "repatriación" de una concepción de cultura anteriormente desterrada de la antropología mexicana. De hecho, la influencia gramsciana llegó en una coyuntura en la cual la antropología en México ya había empezado a superar su larga atención casi exclusiva a la población rural y a incursionar en el estudio de otros sectores sociales, particularmente los pobres urbanos y los obreros industriales, ocupándose también de sus movilizaciones y de sus representaciones políticas (movimiento urbano popular, sindicatos).[11] El concepto general "cultura popular" fomentó la fructífera conexión del tradicional estudio microsociológico de barrios populares, grupos migrantes campo-ciudad y obreros fabriles con un marco de análisis global de carácter marxista. Así, por una parte, permitía dar cuenta de la segmentación real de las capas mayoritarias de la población mexicana en cuanto a trabajo, vida

[11] Revisiones de los estudios generados las ofrecen: Victoria Novelo, "La cultura obrera: una contrapropuesta cultural", *Nueva Antropología,* vol. VI, núm. 23, 1984, pp. 45-57; Raúl Nieto, "La cultura obrera: distintos tipos de aproximación y construcción de un problema", en E. Krotz (comp.), *La cultura adjetivada,* UAM-Iztapalapa, México, 1993, pp. 43-54; Eduardo Nivón, "Modernidad y cultura de masas en los estudios de la cultura urbana", en E. Krotz (comp.), *La cultura adjetivada,* UAM-Iztapalapa, México, 1993, pp. 55-74; Juan Luis Sariego, "Cultura obrera: pertinencia y actualidad de un concepto en debate", en E. Krotz (comp.), *La cultura adjetivada,* UAM-Iztapalapa, 1993, pp. 33-42; Amparo Sevilla, "El concepto de cultura en los estudios del movimiento urbano popular", en E. Krotz (comp.), *La cultura adjetivada,* UAM-Iztapalapa, México, 1993, pp. 157-174.

cotidiana, intereses políticos e incluso expresiones simbólicas, es decir, reconocía, a partir de la información etnográfica disponible, la existencia y las características de determinadas modalidades de cultura obrera, cultura sindical y cultura urbana. Por otra parte, impedía la atomización de la sociedad en una multiplicidad de subculturas aisladas mediante su integración en un esquema analítico más comprehensivo que permitía no desvincularse de los acostumbrados tonos de denuncia y crítica social, orientándose más hacia el estudio de la lucha de clases (privilegiando los conceptos de "pueblo" y de "clases subalternas") o más hacia la construcción de la hegemonía política (privilegiando los conceptos de "hegemonía" y de "sociedad civil").

Igual que con respecto a la coyuntura previa descrita, también aquí una serie de elementos usualmente llamados "externos" son parte de la explicación. Entre éstos ocupa un lugar destacado la situación política general del país, que se asemejaba en ciertos aspectos a la Italia de Gramsci y, al mismo tiempo, acusaba cierto paralelismo con aquellos países europeos donde en los setenta y ochenta se estableció el llamado "eurocomunismo": se había desvanecido la expectativa de un cambio rápido y drástico, posiblemente violento, y después de haber estudiado y a veces incluso participado en el vano intento de hacer operativo el "potencial revolucionario del campesino mexicano",[12] se reconocía la necesidad de construir alianzas políticas, de reformar paulatinamente estructuras institucionales, de influir en los mecanismos de producción de hegemonía. Por tanto, se hacía patente la necesidad de estudiar científicamente tales alianzas, estructuras y mecanismos y los actores colectivos en movimiento. En consecuencia, la atención de los ciudadanos interesados en el cambio se dirigía más y más hacia los sectores urbanos, explotados en su trabajo, marginados en su forma de vivir, objetos de la acción enajenante de los medios de difusión masiva y la escuela, envueltos en múltiples redes de dominación por burocracias y líderes, pero a pesar de todo con posibilidades de protesta y de propuesta y de acción política en función de intereses opuestos a la reproducción del

[12] De ahí el título de un artículo publicado en 1974 por uno de los principales antropólogos especialistas en cuestiones campesinas (Arturo Warman, "El potencial revolucionario del campesino en México", en A. Warman, *Ensayos sobre el campesinado en México*, México, 1980, pp. 109-131).

sistema imperante.[13] En los estudios iniciales de esta época abunda la mención de la "resistencia" y de la "impugnación" protagonizadas por los más diversos sectores populares, claramente contraria a la visión anteriormente manejada que destacaba su enajenación.

El fin del efímero auge petrolero a comienzos de los años ochenta no implicó ninguna ruptura con esta perspectiva, probablemente a causa de que se empezaban a suceder una y otra vez diversas modificaciones legales llamadas "reforma política", que prometían una mayor participación ciudadana en la conducción de los asuntos públicos y, en consecuencia, mayor efectividad de los reclamos populares. Por tanto, a los estudios sobre culturas populares, muchos de ellos realizados desde dependencias de la administración pública federal,[14] se agregó, a partir de fines de los ochenta, un número creciente de investigaciones antropológicas sobre partidos políticos y comportamiento electoral, otras de ellas también llevadas a cabo por instituciones políticas y algunas incluso fomentadas directamente por instancias gubernamentales de control político.

No cabe duda de que este viraje fue punto de partida para un significativo enriquecimiento del debate y de la investigación en la antropología mexicana y que la insistencia gramsciana de estudiar el folclor como la "concepción del mundo y de la vida"[15] constituyó un impulso fructífero para una fuerte ampliación y diversificación de los campos fenoménicos bajo estudio. Así lo demuestran, por ejemplo, los numerosos trabajos sobre los más diversos fenómenos religiosos y sobre conocimientos y prácticas populares, amén del recobrado interés por fiestas, rituales y símbolos y el interés por la tradición oral y la vida cotidiana.

[13] Cabe señalar aquí la influencia de la historiografía cultural europea que abordaba precisamente la formación de la clase obrera y los procesos de urbanización en la Europa decimonónica con atención específica a la esfera de la cultura.

[14] En 1978 se fundó la Dirección General de Culturas Populares (véase la memoria de 10 años del Programa de Apoyo a las Culturas Municipales y Comunitarias, 1999), y en 1982, el Museo Nacional de Culturas Populares (véase Maya Lorena Pérez Ruiz, "La investigación de lo popular en el Museo Nacional de Culturas Populares", en E. Krotz (comp.), *La cultura adjetivada*, UAM-Iztapalapa, México, 1993, pp. 115-134), ambos dependientes de la Secretaría de Educación Pública.

[15] Umberto Cerroni, *Léxico gramsciano*, Colegio Nacional de Sociólogos, México, 1981, p. 44.

## Temas "culturales" actuales en la antropología social mexicana

La situación actual es resultado del proceso que se acaba de describir. En lo que sigue se ofrece una visión de conjunto de los actuales campos culturales abordados por la antropología mexicana.[16]

### *Breve mirada hacia las demás especialidades antropológicas*

Aunque el proceso descrito se dio ante todo en el campo de la antropología social o etnología (que aquí se entienden como sinónimos), también afectó de alguna manera al resto de las ciencias antropológicas del país donde, dicho sea de paso, se observan en los últimos 10 o 15 años repetidos, aunque débiles, intentos por recuperar la conexión orgánica entre las tradicionales subdisciplinas antropológicas que había sido una característica de la antropología mexicana desde sus orígenes hasta que a partir de los años setenta las reformas a los planes de estudio y las nuevas licenciaturas y posgrados la cortaron casi por doquier. No se puede reconstruir aquí este proceso en las demás subdisciplinas antropológicas, pero resulta iluminador dedicarles una breve mirada.

La antropología física o biológica parece seguir constituyendo el polo más opuesto a la antropología social o etnología. Es sintomático el plan de estudios de la primera maestría en antropología física[17] del país (que empezó a operar en 1995 en la Escuela Na-

[16] Para no tener que evaluar los aportes de obras y autores específicos —cosa que sería imposible en el marco de un ensayo de este tipo— y también para permitir a los interesados un acceso rápido y amplio a la bibliografía respectiva, se indican, en lo que sigue, para cada tema, algunas obras colectivas, ya sean libros o números monográficos (o las secciones monográficas) de las principales revistas antropológicas mexicanas (aunque no todas tienen la costumbre de publicar números monográficos); también se indican algunas veces secciones monográficas conformadas por trabajos antropológicos contenidas en revistas de ciencias sociales multidisciplinarias. Sin embargo, hay que advertir que a veces obras como las mencionadas contienen también textos de sociólogos o historiadores.

[17] Véase la reseña de F. Peña Saint Martin y María E. Peña Reyes, "La nueva maestría en antropología física de la Escuela Nacional de Antropología e Historia", *Inventario Antropológico,* vol. 2, 1996, pp. 349-359.

cional de Antropología e Historia), donde solamente se encuentra una breve mención de la esfera simbólica. Es cierto que hay algunos temas culturales tratados con cierta recurrencia por antropólogos físicos, tales como concepciones populares acerca del cuerpo, los géneros, la violencia, los procesos salud-enfermedad, nacimiento y muerte, pero muy frecuentemente tales temas se abordan desde otras subdisciplinas o instancias no específicamente bioantropológicas.

En una posición intermedia se encuentra la arqueología o prehistoria, donde tradicionalmente se utiliza, en proyectos de investigación y en los museos, el término "cultura" como sinónimo de sociedad y donde la llamada "cultura material" sirve ante todo para delimitar, en términos de espacio y de tiempo, determinados grupos humanos y las fases de su desarrollo, pero donde constituye una base bastante endeble para el estudio detallado de estilos de vida, cosmovisión e ideas de estos grupos. A esto se agrega que la abrumadora mayoría del gremio arqueológico mexicano, que, además, se ha ocupado desde su inicio casi exclusivamente de Mesoamérica, tiene que combinar su trabajo de investigación con múltiples actividades destinadas a la protección física y legal del patrimonio —ante todo, arquitectónico— prehispánico y colonial. Como consecuencia de lo anterior, se ha dado relativamente poca atención a los aspectos de tipo superestructural de las poblaciones antes de la invasión europea que, como es sabido, destruyó deliberadamente la mayor parte de las tradiciones prehispánicas y trató de erradicar sus vestigios y suprimir su memoria. Además, durante los años del eclipse del concepto de cultura, una de las principales discusiones arqueológicas se centró en los orígenes de los sistemas estatales y ésta se desarrolló ante todo en términos de las relaciones sociedad-medio ambiente y de la división social del trabajo, por lo que los rasgos propiamente superestructurales eran considerados de importancia secundaria. Más recientemente se ha observado una mayor atención a las formas de vida de los habitantes comunes de las grandes ciudades prehispánicas y empieza a haber más trabajos dedicados a aspectos simbólicos.[18]

[18] La difundida revista *Arqueología Mexicana* (coeditada por el Instituto Nacional de Antropología e Historia y la editorial Raíces) aborda frecuentemente esta perspectiva. También pueden verse los trabajos recopilados con el título de "etno-

Más cercana a la antropología social o etnología se encuentra la historia/etnohistoria; además, recientemente se han realizado interesantes intentos de combinación de esta última con la arqueología (por ejemplo, en el caso del Templo Mayor de la ciudad de México, en el estudio de los códices y en los debates político-legislativos en torno al patrimonio cultural de la nación).[19] Incluso puede observarse una especie de antropologización de la investigación histórica que se nutre tanto de determinados enfoques de este tipo provenientes de la historia sociocultural europea como de la tradición conservada viva en diversas localidades del país, donde especialistas sin formación académica se ocupan de la historia social y cultural local y de la preservación de sus fuentes. Entre las publicaciones periódicas cuya revisión permite darse una idea acerca de lo que se trabaja actualmente en este campo, están la revista *Históricas* y los anuarios *Estudios de Cultura Náhuatl* y *Estudios de Cultura Maya.*[20]

Una problemática peculiar presenta la lingüística antropológica que en otros países se encuentra desde hace mucho tiempo y de varias maneras vinculada con la investigación antropológica sobre fenómenos culturales y donde, en general, el llamado "viraje lingüístico" ha hecho crecer su relevancia para las ciencias sociales y las humanidades. Sin embargo, en México se ha mantenido en un nivel muy modesto y ni siquiera ha podido lograr la sistematización y menos aún la enseñanza sostenida de los prin-

arqueología", por Yoko Sugiura Y. y Mari Carmen Serra P. (eds.), *Etnoarqueología (Primer Coloquio Bosch-Gimpera)*, UNAM, México, 1990, y dos números monográficos de la revista *Cuicuilco,* que se ocupan de "nuevos enfoques" en la arqueología (núms. 10-11, 1997, y núm. 14, 1998).

[19] Especialmente este último tema ha mostrado desde hace algún tiempo ser aglutinador de especialistas de prácticamente todas las subdisciplinas antropológicas, como se puede ver, por ejemplo, en el suplemento 4 del boletín *Diario de Campo* (noviembre de 1999), editado por la Coordinación Nacional de Antropología del Instituto Nacional de Antropología e Historia y que lleva el título "Hacia el fortalecimiento de la legislación sobre el patrimonio cultural de la nación".

[20] Estas publicaciones son editadas por la Dirección de Estudios Históricos del Instituto Nacional de Antropología e Historia, el Instituto de Investigaciones Históricas de la Universidad Nacional Autónoma de México y el Centro de Estudios Mayas del Instituto de Investigaciones Filológicas de la Universidad Nacional Autónoma de México, respectivamente. También puede señalarse aquí la colección "Historia de los pueblos indígenas de México", editada bajo la dirección de Teresa Rojas Rabiela y Mario Humberto Ruz por el Centro de Investigaciones y Estudios Superiores en Antropología Social y el Instituto Nacional Indigenista.

cipales idiomas indígenas del país.[21] La misma limitación se observa con respecto a campos tales como el análisis del discurso y la semiótica.

### *Tres campos consolidados del estudio socioantropológico de la cultura*

Volviendo ahora a la antropología social, una visión de conjunto puede distinguir tres campos de estudios de la cultura (religión, política, población indígena), a los que se agregan cuatro más, que se encuentran menos consolidados y/o con menos estudiosos de ellos.[22]

El caso de los estudios antropológicos sobre religión es interesante porque reproduce mejor que cualquier otro el proceso arriba descrito de "eclipse y renacimiento del concepto de cultura".[23] Con excepción de algunas investigaciones sobre rituales en el México prehispánico, el tema estuvo prácticamente ausente en la antropología mexicana desde fines de los sesenta, porque era visto como el aspecto más "folclórico" de los estudios sobre las comunidades indígenas y porque la variante economicista y mecanicista reinante del marxismo en aquellos años no consideraba digna de estudio esta expresión suprema de la enajenación, que era entendida como una simple función de la infraestructura. El interés del gremio por la religión renació alrededor de 1980 con motivo de una fuerte crítica de la actividad misionera de agrupaciones no católicas, de las cuales la más importante, el Instituto Lingüístico de Verano, realizaba numerosas investigaciones antropológicas y especialmente lingüísticas en muchas zonas del país.[24]

[21] Destaca en este panorama, por la amplitud de las lenguas indígenas abordadas y la incorporación de hablantes nativos, la maestría en lingüística indoamericana del Centro de Investigaciones y Estudios Superiores en Antropología Social (Ernesto Díaz-Couder, "Cuarta generación de la maestría en lingüística indoamericana (CIESAS/INI)", *Inventario Antropológico,* vol. 4, 1998, pp. 362-373).

[22] Algunos ejemplos de trabajos sobre diferentes campos temáticos, en su gran mayoría elaborados por antropólogos, son mencionados en la reciente revisión general elaborada por G. Giménez ("La investigación cultural en México: una aproximación", *Perfiles Latinoamericanos,* año 8, núm. 15, 1999, pp. 122-126).

[23] Así lo llama C. Hewitt de Alcántara en su análisis de los estudios antropológicos del campo mexicano (Cynthia Hewitt de Alcántara, *Imágenes del campo: la interpretación antropológica del México rural,* El Colegio de México, México, 1988, p. 242).

[24] Colegio de Etnólogos y Antropólogos Sociales, 1979.

Con el tiempo se dejó de ver en las iglesias protestantes expresiones planas del imperialismo estadunidense y se iniciaron detallados estudios para comprender la dinámica del protestantismo en México, que desde hace tiempo se han extendido hacia la Iglesia católica y algunos grupos no cristianos. Actualmente, el estudio sociocientífico de la religión constituye en México un campo bastante consolidado que es trabajado ante todo por la antropología y que cuenta con organismos y reuniones periódicas especializadas; en las frecuentes publicaciones se analizan aspectos institucionales de los más diversos grupos religiosos y sus relaciones con la sociedad más amplia, sus universos simbólicos y sus rituales. También las consecuencias del cambio constitucional de 1992, que otorgó personalidad jurídica a las iglesias, aseguran la existencia y la persistencia de este campo de estudio.[25]

El que la política se haya vuelto un campo de mucha actividad antropológica de investigación y de publicación no extraña, si se toma en cuenta que desde las vísperas de las controvertidas elecciones presidenciales de 1988 se multiplicó en el debate público la presencia del vocablo "cultura política". Aunque la mayoría de las veces este término sigue siendo utilizado con un significado poco preciso, se ha incrementado fuertemente el número de estudios antropológicos dedicados al mundo de las ideas, los conocimientos, las actitudes y los valores relacionados con el poder y la política. Todavía se observa una cierta reducción del ámbito de lo político a la política formal o estatal y una buena cantidad de estudios se limita a la reconstrucción histórica de experiencias y procesos electorales recientes; por cierto, llama la atención que no pocos antropólogos abordan la cultura política más a partir de encuestas y análisis estadísticos que utilizando los múltiples recursos metodológicos y teóricos de los que dispone su tradición disciplinaria para el estudio de las representaciones colectivas, los rituales, las estrategias y, en general, la dimensión simbólica

[25] Ejemplos recientes para este tipo de estudios se encuentran en los volúmenes editados por Carlos Garma y Roberto Shadow (coords.), *Las peregrinaciones religiosas: una aproximación*, UAM-Iztapalapa, México, 1994, y Elio Masferrer (comp.), *Sectas o iglesias: viejos o nuevos movimientos religiosos*, Plaza y Valdés/Asociación Latinoamericana para el Estudio de las Religiones, México, 1988, y en los números monográficos de las revistas *Alteridades* (núm. 9, 1995) e *Iztapalapa* (vol. 16, enero-junio de 1996, núm. 39: "Religión: el impacto social de la transformación de creencias y prácticas").

del poder y del conflicto. Pero también se ha generado una amplia gama de estudios de tipo cualitativo que han escogido acercamientos innovadores y muy diversos para abordar el tema. Así, en el volumen de la colección Pensar la cultura sobre este tema[26] encontramos que los autores —en su mayoría antropólogos— estudian partidos y el Parlamento, sistemas políticos indígenas y biografías de habitantes de las grandes ciudades, mujeres líderes de movimientos políticos, los efectos de proyectos de desarrollo estatales entre la población campesina y sindicatos industriales. Algo semejante vale para el volumen colectivo *Antropología política*,[27] donde aproximadamente la mitad de los trabajos se ocupan de la cultura política y varios incluyen una discusión sobre el significado del término.

Como ya se indicó, desde mediados de los años sesenta y durante más de dos décadas, el estudio de las poblaciones indígenas contemporáneas de México, las relaciones interétnicas y la problemática etnia-nación estaba prácticamente abandonado.[28] El que haya recuperado en un lapso muy breve un lugar central en la discusión de la disciplina, se debe en buena medida a la confluencia de varios factores externos a la discusión antropológica mexicana propiamente dicha. Entre ellos están las repercusiones del debate internacional sobre la cuestión étnica relacionada con las guerras civiles centroamericanas, la inusitada atención de diversos organismos internacionales (desde políticos hasta ecologistas) a las poblaciones indígenas en todo el mundo, los preparativos del quinto centenario de la llegada de los primeros españoles a las costas americanas y el debate sobre los aspectos culturales de los derechos humanos. La modificación de 1991,

[26] E. Krotz (coord.), *El estudio de la cultura política en México: perspectivas disciplinarias y actores políticos*, Seminario de Estudios de la Cultura, Conaculta/CIESAS, México, 1996.

[27] Héctor Tejera (ed.), *Antropología política: enfoques contemporáneos*, Plaza y Valdés/INAH, México, 1996. Otros trabajos de este tipo se encuentran en los números 38 (1990), 50 (1996) y 54 (1998) de la revista *Nueva Antropología*.

[28] Una excepción significó, durante la primera mitad de los setenta, una cierta cantidad de títulos de la colección SepSetentas, editada bajo la dirección de Gonzalo Aguirre Beltrán, quien encabezaba simultáneamente una subsecretaría de la Secretaría de Educación Pública y la Dirección General del Instituto Nacional Indigenista; sin embargo, muchos de estos trabajos habían sido realizados con anterioridad y/o por extranjeros y en todo caso no impidieron ni revirtieron el distanciamiento gremial con respecto a la problemática indígena.

mediante la cual por primera vez se hace mención en la Constitución política mexicana de la población indígena y la inacabada discusión parlamentaria y pública sobre la reglamentación correspondiente, por una parte y, por otra, la sublevación del Ejército Zapatista de Liberación Nacional en 1994 y los malogrados Acuerdos de San Andrés, han contribuido decisivamente a que actualmente se esté prestando mayor atención a esta problemática. Pero también se debe a la obstinación de algunos antropólogos que nunca dejaron el tema. Un lugar especial en esta historia ocupa sin duda Guillermo Bonfil, no solamente porque jugó un importante papel para la continuación de esta presencia (desde la primera exposición del Museo Nacional de Culturas Populares sobre las pinturas de amate hasta la creación de la truncada Serie Interétnica de la Editorial Nueva Imagen, que inició con un volumen dedicado a la Segunda Reunión de Barbados y en la cual él mismo publicó una colección de documentos sobre el pensamiento político indio en América Latina), sino también por su *México profundo,* en el cual propone una novedosa e inspiradora interpretación de México desde la perspectiva de las relaciones interétnicas y a partir del descubrimiento de una matriz civilizatoria mesoamericana aún vigente, ante todo en la población indígena.

Hoy en día, los comentarios y discursos sobre la diversidad étnico-cultural son casi tan frecuentes como hace 15 o 20 años las referencias a modos de producción y clases sociales, y el interés por ella se ha fortalecido dentro y fuera del gremio.[29] Sin embargo, la situación se antoja ambigua. Por una parte, la barrera del idioma sigue frenando el estudio antropológico de las poblaciones indígenas del país, ya que abordar cualquier aspecto cultural es imposible sin cierto dominio del idioma del grupo respectivo.[30]

[29] Un síntoma de esta situación es la historia de las dos principales revistas sobre cuestiones indígenas editadas en el país. Mientras que (aunque también por otras razones) *América Indígena* (junto con las colecciones de libros editados por el mismo Instituto Indigenista Interamericano) perdió su presencia en la comunidad antropológica hasta volverse prácticamente desconocida, la revista *México Indígena,* editada originalmente por el Instituto Nacional Indigenista, se convirtió durante la primera mitad de los noventa, con el nombre *Ojarasca,* en publicación comercial con presencia en puestos de periódicos en todo el país; al parecer, razones políticas relacionadas con la sublevación zapatista la convirtieron finalmente en minúsculo suplemento del periódico capitalino *La Jornada.*

[30] En este contexto es pertinente resaltar que sólo de manera excepcional a nivel

Además, no pocos escritos —entre ellos, gran parte de lo que se publica sobre el tema de la autonomía indígena en zonas rurales— abordan la cuestión indígena de manera más bien general y/o meramente política. Por otra parte, empero, se nota un aumento del número de tesis y proyectos de investigación que se ocupan de temas y poblaciones indígenas específicas.[31] En vista del amplio desconocimiento general —que se hizo particularmente patente con respecto al estado de Chiapas al iniciarse el levantamiento zapatista— hay que destacar que más recientemente el Instituto Nacional Indigenista y el Instituto Nacional de Antropología e Historia han emprendido ambiciosos programas de estudio y de publicación destinados a generar, sistematizar y difundir información precisa sobre las diversas poblaciones indígenas del país.[32]

*Cuatro campos en proceso de consolidación*

Pueden distinguirse, además de los ya mencionados, cuatro campos temáticos más recientes que cuentan con menor número de estudiosos, publicaciones y eventos dedicados a ellos que los anteriores, pero donde ya se observa una cierta consolidación y la difusión sostenida de resultados antropológicos relevantes para el tema de la cultura.

licenciatura y en ningún posgrado en antropología social se exige el dominio de una lengua indígena.

[31] Pueden verse al respecto los volúmenes editados por A. Warman y Arturo Argueta (coords.), *Nuevos enfoques para el estudio de las etnias indígenas en México,* Porrúa/INI, México, 1991; Miguel A. Bartolomé y Alicia M. Barabas (coords.), *Etnicidad y pluralismo cultural: la dinámica étnica en Oaxaca,* Conaculta, México, 1990, y *La pluralidad en peligro: procesos de transfiguración y extinción cultural en Oaxaca (chochos, chontales, ixcatecos y zoques),* INAH/INI, México, 1996, y el primer número de la revista *Desacatos* (1999); además, desde el ángulo de la antropología simbólica, el volumen editado por M. O. Marion (coord.), *Antropología simbólica,* ENAH, México, 1995, y el número 12 de la revista *Cuicuilco* (1998).

[32] Parece pertinente señalar aquí algunos centros de estudio —tales como El Colegio de Michoacán y la Unidad Chihuahua del Instituto Nacional de Antropología e Historia— que desde su fundación están dedicados en parte al estudio de las sociedades y culturas indígenas de la región y que en y con respecto a algunas regiones más se están realizando esfuerzos en este sentido (una expresión de los mismos es la fundación de la nueva publicación periódica *Estudios de Cultura Otopame,* editada por el Instituto de Investigaciones Antropológicas de la Universidad Nacional Autónoma de México y que complementa los anuarios mencionados en la nota 17 sobre las culturas náhuatl y maya).

Un campo emergente, que guarda una estrecha relación con los dos últimos que se mencionaron, es el de la antropología del derecho o de la "cultura jurídica". En la investigación de los sistemas normativos y las prácticas jurídicas de grupos indígenas y de algunos otros grupos populares no solamente se hacen visibles determinados rasgos estructurales, sino, ante todo, culturales, que llevan directamente a los viejos y nuevos debates antropológicos sobre configuración y dinámica de los universos simbólicos, los procesos de difusión y transformación de culturas y el relativismo cultural. Además, especialmente con respecto a las culturas indígenas, se está aquí ante un problema importante para la convivencia nacional, ya que el respeto a determinadas formas tradicionales de tomar decisiones, establecer normas y resolver conflictos y su necesaria articulación con el derecho positivo del Estado apenas empieza a ser considerado en las altas esferas de la política y de la administración pública. Esto, la alta conflictividad de la problemática y el reducido conocimiento disponible, auguran a este campo un interés creciente para los próximos años.[33]

Otro campo emergente podría denominarse el de la "multiculturalidad urbana". Aquí confluye el análisis de la compleja vida en las grandes metrópolis, crecientes en tamaño y en número de pobladores, con la atención a las múltiples influencias provenientes, ante todo, de los países altamente industrializados. Así, la urbanización, los medios de difusión masiva, las migraciones interregionales y transfronterizas, novedosas mercancías y servicios disponibles para ciertas capas de la población y la imposición desde el exterior de modelos de organización en sistemas como el fabril o el educativo generan e intensifican en espacios reducidos una simultaneidad de culturas diferentes antes poco común, donde, además, se vuelven cuestionables teorías y métodos hasta ahora usuales que tratan a las subculturas como entidades claramente delimitadas y en estado de equilibrio. En cierto

[33] Materiales antropológicos sobre el tema contienen los volúmenes reunidos por Teresa Valdivia Dounce (coord.), *Costumbre jurídica indígena: bibliografía comentada,* Instituto Nacional Indigenista, México, 1994; Victoria Chenaut y Teresa Sierra (coords.), *Pueblos indígenas ante el derecho,* CIESAS/Centro Francés de Estudios Mexicanos y Centroamericanos, México, 1995; Rosa Isabel Estrada Martínez y Gisela González Guerra (coords.), *Tradiciones y costumbres jurídicas en comunidades indígenas de México,* CNDH, México, 1995, y las secciones correspondientes de los números 43 (1992) y 44 (1993) de la revista *Nueva Antropología.*

sentido, estos estudios proporcionan también un marco nuevo para el análisis de las culturas populares, porque disuelven los acostumbrados límites entre tradición y modernidad; además, estamos aquí ante el núcleo temático tal vez más ligado a las discusiones sobre fenómenos culturales que se llevan a cabo en las ciencias sociales de los países altamente desarrollados.[34]

Otro campo en proceso de consolidación, aunque de mayor antigüedad, es el de los estudios de género. Aquí, de una manera semejante como en el anterior, se ha establecido un espacio multi o interdisciplinario, en el cual antropólogos y ante todo antropólogas aportan, a veces con más, a veces con menos apego a su disciplina de origen, a la producción de conocimiento y el debate sobre la situación de las mujeres y sobre la relación multidimensional entre los géneros.[35] También es ésta una temática que seguirá interesando durante mucho tiempo a especialistas en antropología; tal vez estos estudios contribuirán igualmente a la actualización de temas tan tradicionales como el parentesco y la enculturación e impulsarán la atención a la problemática epistemológica de los estudios antropológicos de la cultura, que se hace patente con respecto a las diferencias entre los géneros.

Finalmente hay que mencionar un campo de estudios antropológicos de la cultura particular que ya se encuentra bastante consolidado, a saber: el de los procesos salud-enfermedad, donde no solamente se trabaja sobre cuestiones de tipo estructural y material, sino, ante todo, sobre temáticas relacionadas con los conocimientos y las apreciaciones y con las pautas de conducta tradicionales y modernas que influyen sobre las prácticas cotidianas de

[34] Resultados representativos de esta clase de estudios se encuentran en números monográficos de las revistas *Alteridades*, año 2, núm. 3, 1992, "Ideología, simbolismo y vida urbana"; *Alteridades*, año 8, núm. 15, 1998, "Formas plurales de habitar y construir la ciudad", y *Cuicuilco*, nueva época, vol. 5, núm. 12, 1998, "Cosmovisión e ideología: nuevos enfoques desde la antropología simbólica"; la sección temática "Cultura y medios de comunicación" de la revista *Perfiles Latinoamericanos*, año 5, núm. 9, diciembre de 1996, y la obra colectiva dirigida por Néstor García Canclini (coord.), *Cultura y comunicación en la ciudad de México*, 2 vols., Grijalbo/UAM-Iztapalapa, México, 1999.

[35] Algunos ejemplos recientes de estos estudios se encuentran en un número monográfico titulado "Poder y género" de la revista *Nueva Antropología*, vol. XV, núm. 49, 1996, y en las revisiones bibliográficas de Paloma Escalante Gonzalbo, "La antropología mexicana en la revista *Debate Feminista*", *Inventario Antropológico*, vol. 2, 1996, pp. 46-58, y de Elsa Muñiz, "De la cuestión femenina al género: un recorrido antropológico", *Nueva Antropología*, vol. XV, núm. 51, 1997, pp. 119-131.

determinados sectores poblacionales y donde también la antropología clásica cuenta con amplios acervos de datos y teorías que de manera fructífera pueden vincularse con acercamientos provenientes de otras disciplinas sociales y naturales.[36]

Se ha optado por delimitar estos tres campos consolidados y cuatro en proceso de consolidación porque no solamente se trata de temáticas acerca de las cuales se están desarrollando numerosos proyectos de investigación y publicando resultados, sino también porque se pueden identificar claramente fracciones o redes de antropólogos agrupados en torno a estas temáticas que constituyen espacios de discusión. Para esto se ha procedido como si la antropología fuera una disciplina cerrada y casi no se ha hecho referencia a que con mucha frecuencia se incorporan materiales empíricos y propuestas teóricas provenientes de otras disciplinas sociales o generados en las áreas de contacto disciplinario intensivo, multi o interdisciplinarias (como, por ejemplo los estudios urbanos, los estudios sobre cultura del trabajo y los estudios de género).[37]

Sólo para redondear el panorama conviene enlistar algunos tópicos que se encuentran relacionados de diferentes modos con los campos mencionados y que en algunos casos han generado relaciones iniciales o intermitentes entre cierto número de antropólogas y antropólogos (a veces, aunque no siempre, incluyendo también a especialistas de otras disciplinas). Son éstos el estudio de las fiestas y organizaciones tradicionales[38] relacionadas (que llaman la atención tanto por su importancia para las identidades

[36] Véase, a modo de ejemplo, la antología editada por Roberto Campos (comp.), *La antropología médica en México,* 2 vols., Instituto Mora/UAM, México, 1992, y los trabajos reunidos en los números monográficos de las revistas *Alteridades,* año 6, núm. 12, 1996, "Antropología de la curación", y *Nueva Antropología,* núms. 52-53, 1997.

[37] Así, por ejemplo, el campo de los estudios urbanos cuenta en México con una larga trayectoria de trabajo multidisciplinario que se cristaliza en buena medida en torno de la Red Nacional de Investigación Urbana, que cuenta con una revista *(Ciudades),* donde participan tanto antropólogos como especialistas de otras disciplinas. Lo mismo vale para el Programa Interdisciplinario de Estudios de la Mujer (El Colegio de México), el Programa Universitario de Estudios de Género (Universidad Nacional Autónoma de México) y la maestría en estudios de género (UAM-Xochimilco), así como para los estudios sobre cultura y trabajo mencionados en la nota 11.

[38] Un acercamiento lo proporcionan la bibliografía de Saúl Millán, Miguel Ángel Rubio y Andrés Ortiz, *Historia y etnografía de la fiesta en México: bibliografía general,*

étnicas y regionales como por el hecho de encontrarse también en medio de las grandes ciudades), cultura obrera o del trabajo[39] (vinculada frecuentemente a procesos de transformación regional y de implantación de nuevas formas de organización productiva; aquí hay que mencionar también los estudios antropológicos sobre la llamada "economía informal"), la relación sociedad-naturaleza (que ocupa una buena parte de los renovados estudios rurales y que incluye de modo creciente las diferentes concepciones sobre la naturaleza y sobre la intervención humana en ella)[40] y la etnomusicología (que parece afianzarse recientemente, alentada también por el abaratamiento de las técnicas de registro y edición audiovisuales).[41]

## Enfoques teóricos

Si se observa el proceso descrito en el primer apartado, y los estudios concretos realizados en los diversos campos presentados en el segundo, entonces aparece un panorama constantemente cambiante: determinados términos surgen, se vuelven por un tiempo referencia casi obligada y luego desaparecen casi sin dejar huella para ceder su lugar a otros que tienen el mismo destino. Sin em-

INI, México, 1994, y los trabajos de antropólogas y antropólogos contenidos en el volumen colectivo de Herón Pérez Martínez (ed.), *México en fiesta,* El Colegio de Michoacán, Zamora, 1999.

[39] Los textos de antropólogas y antropólogos incluidos en los volúmenes colectivos recopilados por Eugenia de la O, Enrique de la Garza y Javier Melgoza (coords.), *Los estudios sobre la cultura obrera en México,* Conaculta, Seminario de Estudios de la Cultura, México, 1997, y por Rocío Guadarrama Olvera (coord.), *Cultura y trabajo en México: estereotipos, prácticas y representaciones,* Juan Pablos/UAM-Iztapalapa/Friedrich-Ebert-Stiftung, México, 1998, constituyen ejemplos de este tipo de trabajos recientes.

[40] Ejemplos de estos trabajos se encuentran en el volumen recopilado por Horacio Mackinlay y Eckart Boege (coords.), *El acceso a los recursos naturales y el desarrollo sustentable,* Plaza y Valdés/INAH/UAM-Azcapotzalco/UNAM, México, 1996 (H. C. de Grammont y H. Tejera [coords.], *La sociedad rural mexicana frente al nuevo milenio,* vol. 3), y el estudio de Lourdes Arizpe, Fernanda Paz y Margarita Velázquez, *Cultura y cambio global: percepciones sociales sobre la desforestación en la Selva Lacandona,* Porrúa/UNAM, México, 1993.

[41] Véase, por ejemplo, la sección correspondiente en el volumen recopilado por Arturo Chamorro (ed.), *Sabiduría popular,* El Colegio de Michoacán, Zamora, 1997, y la reseña del más reciente coloquio sobre etnomusicología: Marina Alonso Bolaños, "Encuentro de etnomusicología 1998", *Inventario Antropológico,* vol. 5, 1999, pp. 234-239. En este apartado hay que hacer mención también del renovado estudio de las danzas en México.

bargo, pueden distinguirse dos "nudos" o "cristalizaciones" en torno a los cuales giran todos estos términos y los enfoques que representan.

La primera de estas cristalizaciones es la obra de Antonio Gramsci y de algunos antropólogos inspirados por él, que contribuyó decisivamente, como ya se dijo, a que la antropología mexicana volviera a ocuparse durante los ochenta de fenómenos superestructurales largamente despreciados, pero sin tener que abandonar el cuasi paradigma dominante del marxismo, o sea, incorporando tales fenómenos concretos y específicos a un marco general de estudio crítico del capitalismo. Desde el punto de vista de las ortodoxias leninista-estalinista y maoísta esto pudo verse como un revisionismo peligroso, porque los términos hasta entonces en boga —tales como superestructura, conciencia de clase, ideología y enajenación— cedieron su lugar a términos tales como subalternidad, bloque histórico y hegemonía. Empero, es patente que se mantuvieron elementos marxistas centrales: el mundo de lo cultural estaba marcado por el antagonismo fundamental de clase; el papel coercitivo del Estado seguía siendo clave, aunque ya no se le concebía de manera instrumentalista; la pesquisa científica servía para fundamentar la acción política, pues se trataba no únicamente de rescatar a las culturas de las clases subalternas, sino también de promoverlas como tales, porque seguían siendo consideradas la fuerza social decisiva para el cambio pendiente de la sociedad entera.

Pero las tradiciones populares (inicialmente, por lo general, no indígenas) ya no eran estudiadas como expresiones obsoletas de la premodernidad, del subdesarrollo capitalista o resultado de la imposición burguesa e imperialista; ahora eran conceptualizadas como manifestaciones de resistencia frente a la dominación: contenían un núcleo claramente anticapitalista, base para la transformación de la situación de opresión y la instauración de un nuevo orden social.[42] Así se abrió el camino para recibir los aportes de

[42] Parece pertinente señalar aquí que la instigación permanente a "reconstruir" la historia de la resistencia popular encajaba perfectamente con la inclinación usual en la profesión de ocuparse precisamente de la cultura tradicional y de la preservación del patrimonio cultural. Para la relación entre resistencia y hegemonía puede verse Néstor García Canclini, "Cultura y organización popular: Gramsci con Bourdieu", *Cuadernos Políticos,* núm. 39, 1984, pp. 75-82.

otros marxistas heterodoxos, de científicos sociales para quienes el marxismo era solamente una fuente de inspiración entre otras e incluso de quienes marcaban su distancia con respecto al marxismo; los términos que a veces acompañaban y posteriormente incluso llegaron a sustituir los conceptos gramscianos mencionados, eran "discurso", "vida cotidiana", *habitus*, "lo público" y "lo privado", "consumo cultural" y, desde luego, la pronto omnipresente "sociedad civil", concepto finalmente despojado de connotaciones clasistas, pero depositario del nuevo impulso prometedor —el fomento del respeto a ciertas reglas formales para la conducción de los asuntos públicos y, en particular, las elecciones— para un cambio hacia una sociedad más igualitaria y más favorable a los intereses hasta ahora postergados de las mayorías: la idea de la democratización había sustituido a la de la revolución.

Poco a poco se dio desde allí el tránsito hacia otro "nudo" teórico que puede ser visto representado por la obra de Clifford Geertz, quien comparte con Gramsci una producción teórica visiblemente ligada a sus circunstancias biográficas y de trabajo de campo particulares. Su concepto semiótico de la cultura se volvió sumamente atractivo para quienes buscaban un acercamiento "típicamente antropológico" a la esfera superestructural. Su obra sobre la interpretación de las culturas, tardíamente traducida al castellano, se volvió pronto emblemática para esta segunda cristalización teórica; también fue importante que este autor, del cual había circulado hasta entonces en el país solamente su estudio sobre la agricultura javanesa, combinara este enfoque con una vigorosa defensa del estudio microsocial y cualitativo de la antropología clásica interesada siempre por el punto de vista de los nativos —y éstos incluían ahora de nuevo no sólo a los pobres en general, sino de modo especial a los integrantes de los grupos indígenas del país—. "Modo" o "estilo de vida", pero mucho más "universo simbólico", "significado", "cosmovisión" e "identidad" se convirtieron pronto en los nuevos conceptos reinantes y casi siempre utilizados en plural.

En retrospectiva puede decirse en cierto sentido que entre ambos "nudos" teóricos se halla la obra de Guillermo Bonfil, aunque parece deber mucho menos al segundo que al primero, la cual logró combinar de una manera sugerente tanto con la discusión tradicional en antropología sobre las identidades étnicas como con la tradición latinoamericana de la crítica del imperialismo cultural, su interiorización por parte de los dominados y su promoción por parte de las élites. El resultado es un esquema de análisis que permite entender la realidad de las culturas populares a partir de sus raíces indígenas y, al mismo tiempo y a pesar de su fragmentación e incoherencia interna, encontrar en las etnias y los grupos populares un modelo civilizatorio con potencial transformador para el conjunto de la sociedad nacional que le permitiría una autenticidad a partir de la civilización mesoamericana hasta ahora "negada".[43]

El viraje terminológico, teórico e incluso político señalado en lo que podríamos llamar antropología predominante en México es llamativo: de una etapa (sustituta a su vez del "culturalismo" de origen estadunidense) en la que modo de producción, clases sociales, explotación, dominación, imperialismo y capitalismo eran términos claves y omnipresentes y casi siempre ligados a la denuncia y el llamado a la transformación, se ha pasado, en cuestión de unos cuantos lustros, a una etapa donde éstos han sido eliminados y en su lugar se encuentran igualmente omnipresentes los términos cultura, identidades colectivas, significado, multiculturalidad, globalización y neoliberalismo —¡y este cambio se dio sin cambio generacional al interior de la misma comunidad científica y sin una discusión explícita al respecto!—[44]

Vale la pena indicar que esta transformación de la antropología (especialmente visible en las instituciones académicas) ha sido acompañada por una desaparición del interés (o la capacidad) por evaluar de algún modo los fenómenos bajo estudio (para mencionar solamente un ejemplo: no se utilizan ya los términos clasificatorios antes casi autoevidentes de progresista o avanzado y cuando aparecen vocablos como complejo o complejización, por lo general carecen de la antigua connotación evolucionista). Ha cambiado el estilo y el tono de escritos y debates (donde los hay); la confrontación entre colegas e instituciones y la crítica de

[43] De ahí el subtítulo de su obra *México profundo. Una civilización negada*, CIESAS, México, 1988.

[44] Esto no significa necesariamente el abandono completo del marxismo; de hecho, una recopilación reciente (Jesús Jáuregui, "La antropología marxista en México: sobre su inicio, auge y permanencia", *Inventario Antropológico*, vol. 3, 1997, pp. 13-92) trata de demostrar su pervivencia.

situaciones sociales han disminuido mucho y en todo caso no puede suponerse de antemano que un estudio sobre un problema políticamente relevante se esté haciendo con la finalidad de actuar al respecto o de llamar a la acción, aunque tampoco es infrecuente algún tipo de involucramiento del investigador respectivo. En todo caso, lo que sí ha desaparecido en amplia medida es el antes acostumbrado cuestionamiento de la ciencia antropológica como expresión ideológica de la burguesía y la búsqueda de otros tipos de conocimiento.[45]

## Cinco consideraciones sobre la situación y sus perspectivas

Ante el trasfondo de la visión panorámica presentada, se formulan en este apartado final cinco consideraciones, que en parte tienen carácter de resumen y en parte amplían las ideas ya mencionadas. Más que afirmaciones, constituyen cuestionamientos destinados a poner de relieve aspectos críticos interrelacionados de la actual generación de conocimientos antropológicos sobre fenómenos culturales.

### 1. *¿Un concepto de cultura sin definición?*

En relación con el inicio de este texto parece importante señalar que en la antropología mexicana no se ha dado ni se está dando en torno al concepto semiótico de cultura en boga (o sobre sus usos adjetivados como cultura política, cultura del trabajo, etc.) ninguna discusión teórica y metodológica comparable con la discusión sobre capitalismo y modos de producción de los sesenta y setenta. De hecho, se sigue utilizando el concepto con acepciones muy diversas: cultura puede ser sinónimo de una agrupación humana (natural como una etnia, macrosocial como los integrantes de una rama de una actividad productiva, contingente como los habitantes de un área geográfica), pero también es utilizado el vocablo para designar el producto de una agrupación de este tipo

[45] Curiosamente, esta situación coincide con la imposición en todas las instituciones académicas del país de diversos mecanismos de "evaluación" del trabajo científico.

o el espacio simbólico en el cual se desenvuelve y mediante el cual se distingue de otras agrupaciones. En esta segunda acepción, cultura suele ser una determinada esfera de la realidad social, constituida por conocimientos, percepciones, actitudes y valores, pero sin problematizar su relación con otros aspectos de la realidad social tales como la conducta observable o los resultados de la intervención humana en la naturaleza. Pocas veces cultura es tematizada como concepto central de la disciplina, aunque hay materias en algunos programas de estudio que así lo prevén; esto se puede deber también a que desde hace tiempo hay poca discusión en el gremio sobre el carácter de la ciencia y su organización social, sobre la validación de los resultados de la investigación o sobre la dinámica de la disciplina y su interrelación con otras. Con respecto al nivel metodológico hay que anotar que está presente, aunque no solamente en el campo de los estudios sobre fenómenos culturales, el interés por la reconstrucción histórica y por la investigación biográfica.

### 2. *¿Del análisis del capitalismo al estudio de la identidad de actores sociales colectivos?*

El viraje señalado en los apartados anteriores recuerda el movimiento diagnosticado hace ya años por Pablo González Casanova para las ciencias sociales latinoamericanas en general:[46] la sustitución del análisis de estructuras e instituciones por el análisis de actores sociales y movilizaciones. Este viraje parece prolongarse ahora en un sentido muy particular. Podría decirse, utilizando dos metáforas un poco peligrosas, que se trata de un desplazamiento del interés de lo objetivo hacia lo subjetivo (si esto se entiende como algo colectivo, no como algo individual) o de lo exterior hacia lo interior. Es por esto que durante un buen tiempo lo cultural parecía algo completamente indefinido, una especie de categoría residual a la que se recurría de modo genérico cuando las explicaciones acostumbradas parecían ser incompletas. Por ello, la historia de los últimos cuatro lustros ha sido la historia del esfuerzo por completar un tipo de análisis social —el marxista,

[46] Pablo González Casanova, "Sistema y clase en los estudios sociales de América Latina", en *Historia y sociedad*, UNAM, México, 1987, pp. 79-92.

el socioestructural— que se sentía insuficiente, mediante la inclusión de otros elementos; la omnipresente fascinación actual por el tema de la identidad como fenómeno y como concepto es hasta ahora el último paso en esta dirección,[47] en una dirección donde los actores sociales mismos y sus mundos —sus ideas, sentimientos, valores y sueños— forman el centro de la atención.

Empero, ¿no parece que en vez de un proceso acumulativo estamos ante un movimiento pendular, pues el punto de partida, que se iba a completar, ha sido ampliamente abandonado? La mención constante de aspectos macroestructurales tales como posmodernidad, neoliberalismo o globalización a veces sólo proporciona la ilusión de que el inventario antropológico de configuraciones o fenómenos culturales particulares está vinculado de manera causal con las grandes transformaciones estructurales del presente, pero en realidad éstas quedan apartadas del análisis propiamente dicho.

### 3. *¿De entidades con límites fijos a entidades sin límites cognoscibles?*

Muchos trabajos antropológicos en que los fenómenos culturales ocupan un lugar central —especialmente los relacionados con la población étnica— parecen seguir asumiendo tácitamente la existencia de límites claros y definidos entre los agrupamientos sociales (tal vez también por esto hay tan pocos estudios sobre la población indígena en las grandes urbes). Sin embargo, también se ha extendido la conciencia de la imprecisión y permeabilidad por principio de tales límites y muchos trabajos parecen tener serios problemas con la identificación espacial o temporal de las colectividades portadoras o productoras de los fenómenos que estudian. Una de las respuestas no poco frecuentes al reto de la llamada desterritorialización de los fenómenos culturales parece ser el prescindir de cualquier intento de delimitación precisa de

[47] En concordancia con esta observación, Gilberto Giménez ha titulado una revisión reciente sobre los estudios de la identidad hechos por su disciplina "La identidad social o el retorno del sujeto en sociología", en Irene Méndez y Mercado (coord.), *Identidad: análisis y teoría, simbolismo, sociedades complejas, nacionalismo y etnicidad (III Coloquio Paul Kirchhoff)*, Instituto de Investigaciones Antropológicas UNAM, México, 1996, pp. 11-24.

los actores (o portadores o productores) y limitarse a relatar —necesaria y admitidamente de modo incompleto— aspectos culturales que se presentan como fenómenos en movimiento y como amalgamas fortuitas y fugaces de elementos de orígenes diversos.

## 4. *¿Cultura* versus *clase?*

Probablemente relacionada con lo mencionado en la consideración anterior, pero en todo caso llamativa, es la alta frecuencia con que se renuncia al intento de ubicar al agrupamiento humano cuya cultura se estudia en el marco de un modelo general de la sociedad (más allá de la referencia casi obligada a la creciente integración mundial). Con respecto al eje diacrónico, aparece a menudo una versión ligeramente retocada del socio y cronocentrismo típico del evolucionismo y del difusionismo decimonónicos, pues el estilo de vida que "se globaliza" tiene un lugar de origen bastante preciso y, hoy como entonces, los países dominantes en términos económicos, políticos y militares lo son también en términos científicos y tecnológicos, incluyéndose aquí las ciencias sociales. Esta situación se hace particularmente obvia cuando se presenta no ya el libre mercado, sino el régimen democrático como meta final de la historia —dejando completamente de lado que su modelo actual está siendo severamente criticado incluso en el seno de los países donde se originó y que precisamente en este momento y en todas partes el ámbito de la decisión soberana de gobiernos, parlamentos y tribunales nacionales se encuentra cada vez más limitado por procesos de integración supranacional—. El problema consiste en que las intolerables condiciones de vida de la mayoría, que anteriormente se describía en términos de lucha de clases y de la revolución en gestación, no ha perdido nada de su dramatismo; es más, la brecha entre ricos y pobres a escala internacional y en el interior de países como México se ha ensanchado visiblemente durante las últimas décadas. ¿Por qué esta situación se menciona tan pocas veces y mucho menos se vuelve centro de atención en la mayoría de los estudios antropológicos sobre la cultura? ¿Será que en vez de buscar el enriquecimiento del estudio de los procesos de explotación y dominación mediante el análisis de contradicciones que la teoría marxista tradicional no había considerado adecuadamente (por ejemplo, las relativas a la apropiación social de la naturaleza, a las relaciones entre los géneros y las generaciones, a la etnicidad y la interculturalidad y al campo religioso) se ha abandonado el estudio de estos procesos? ¿Será que la fascinación por la diversidad y las ansias por mantenerla ha sustituido en buena medida el estudio de la desigualdad y el interés por eliminarla?

### *5. Difusidad y fascinación: la cultura como tema entre otros y como foco de interés general*

Ciertamente, sólo una parte de la comunidad antropológica nacional se encuentra dedicada al análisis cultural en el sentido restringido o específico (universos simbólicos), pero de un modo semejante como en los setenta con respecto al papel dominante de los estudios campesinos, se trata actualmente de un campo fenoménico al que prestan alguna atención también quienes no se dedican primordialmente a él.[48]

Esta dualidad entre tema de estudio científico y referencia de moda casi obligada refuerza la difusidad del concepto y del debate, porque, además, el sector dedicado más constante o intensivamente a esta clase de estudios no cuenta con eventos consecutivos y acumulativos ni con un órgano de publicación especial (ya sea revista o colección especializada)[49] y se encuentra en la permanente tentación de sustituir el análisis por el ensayismo. Por otro lado, empero, esta difusidad también tiene aspectos positivos; así, por ejemplo, se observa un acentuado interés de antropólogos y antropólogas por interactuar con quienes trabajan en otras disciplinas científicas y en grupos explícitamente multidisciplinarios y de buscar nuevas formas de hacer llegar sus conocimientos a públicos más amplios.

[48] Un síntoma elocuente para esto es el fuerte interés por cursar diplomados sobre el estudio de la cultura en general y de sus más diversas expresiones.

[49] La revista *Estudios sobre las Culturas Contemporáneas,* que se inició ante todo con estudios sobre las culturas populares y de masas, también suele publicar trabajos antropológicos, pero mantiene una orientación multidisciplinaria.

## Comentario final

Al principio de este trabajo se hizo hincapié en algunas tensiones cruciales observables en la fase de nacimiento de la antropología como disciplina científica. Como puede verse ahora, tales tensiones pueden reconocerse sin dificultad en la problemática actual de la antropología mexicana. Especialmente el estudio de las poblaciones indígenas, pero también el de la cultura nacional, cargan con una hipoteca conceptual que ve a las culturas como entidades coherentemente integradas y, en consecuencia, tiene serias dificultades para atender adecuadamente las heterogeneidades y las desigualdades existentes. A su vez, la mirada orientada ante todo por la historia, que ve a los fenómenos culturales como resultados del pasado, tiende a concebirlos como mundos aislados de sus contextos y dificulta su análisis como configuraciones constantemente cambiantes por su apertura e interacción permanente con el *multiversum* del que forman parte.

Aun así, con todas sus paradojas y tensiones, la investigación antropológica mexicana sigue aportando elementos valiosos para el conocimiento del país, privilegiando el estudio de la diversidad de los actores sociales y de sus mundos. Su importancia seguirá creciendo en la medida en que se extienda en México la búsqueda de un proyecto nuevo de convivencia, que por un lado reconozca a la colectividad nacional como resultado heterogéneo de una historia única, forjada por los contactos con diferentes culturas en circunstancias variantes y que, por otro, se sabe participando en un escenario mundial, donde no sólo las creencias en la autorregulación de la sociedad por las fuerzas del mercado y en la soberanía nacional se han mostrado erróneas, sino donde también la meta supuestamente acrónica y autoevidente de la democracia liberal decimonónica se ve necesitada de correcciones profundas.[50]

[50] En este sentido es patente cómo esta discusión constituye una especie de prolongación y actualización del largo debate sobre lo mexicano, donde se vuelve clave la relación entre cultura y poder. Pero aquí no se puede abordar más este problema que es igualmente claro en el indigenismo (véase E. Krotz, "El indigenismo en México", en D. Sobrevilla [ed.], *Filosofía de la cultura,* Trotta/Consejo Superior de Investigaciones Científicas, Madrid, 1998a, pp. 163-178), el debate sobre la idea de la "cultura de la pobreza" de Oscar Lewis (véase la sección

En una situación como ésta, la pesquisa antropológica de los universos simbólicos y las pautas de conducta heredadas y permanentemente innovadas por la ciudadanía reviste, evidentemente, gran relevancia, porque contribuye a enriquecer el análisis sociocientífico multidisciplinario del presente y a identificar y evaluar propuestas de solución precisamente a partir de las ideas, los conocimientos y los valores de los actores sociales. Es también por esto que la investigación antropológica de la cultura no debe reducirse a lo meramente existente, sino que debe atender también la *dimensión utópica* de la cultura, esto es, estudiar la emergencia objetiva de lo nuevo y los anhelos y los sueños, la ambigüedad ritual y las tradiciones contraculturales en las que se manifiesta, fragmentariamente y a veces difícil de descifrar, la anticipación de un futuro diferente, verdaderamente humano, de una vida digna para todos.[51]

En México, como en muchos otros países del Sur, esta tarea tiene que ser realizada en condiciones de creciente desigualdad y exclusión de las mayorías de las decisiones políticas básicas, de la riqueza socialmente generada y del acceso al conocimiento y el arte universales y a la sombra de una persistente discriminación por motivos étnico-culturales. ¿Sería esperar demasiado que precisamente la investigación antropológica de la cultura aumente, en el gremio profesional y en el público al que éste se dirige, la sensibilidad por el aspecto cultural de los derechos humanos? En esta perspectiva el estudio antropológico de la realidad nacional fortalecería la disposición a respetar los derechos fundamentales de los miembros de las minorías culturales, especialmente de las indígenas; asimismo, reforzaría el reconocimiento de que en el análisis y en la búsqueda de soluciones la vida humana no debe ser reducida a su aspecto biológico, o sea, no debe ser vista como pura sobrevivencia (¡por más que ésta peligre para muchos!), sino que debe ser entendida como espacio donde también cabe —para

correspondiente de la revista *Alteridades*, año 4, núm. 7, 1994), el estudio de Roger Bartra (*La jaula de la melancolía: identidad y metamorfosis del mexicano*, Grijalbo, México, 1988) sobre la identidad del mexicano y la discusión actual, llevada en diversos campos de las ciencias sociales, la filosofía y el ámbito político, sobre el proyecto de nación.

[51] Véase para esto Esteban Krotz, "Utopía y antiutopía al fin del milenio", en José Manuel Valenzuela Arce (coord.), *Procesos culturales de fin de milenio*, Centro Cultural Tijuana, Tijuana, 1998b, pp. 17-45.

todos— el saber, el deleite estético, el disfrute de los sentidos, en fin, la buena vida.

## BIBLIOGRAFÍA

Alonso Bolaños, Marina, "Encuentro de etnomusicología 1998", *Inventario Antropológico,* vol. 5, 1999, pp. 234-239.

Arizpe, Lourdes, Fernanda Paz y Margarita Velázquez, *Cultura y cambio global: percepciones sociales sobre la desforestación en la Selva Lacandona,* Porrúa/UNAM, México, 1993.

Bartolomé, Miguel Alberto, y Alicia Mabel Barabás, *La pluralidad en peligro: procesos de transfiguración y extinción cultural en Oaxaca (chochos, chontales, ixcatecos y zoques),* INAH/INI, México, 1996.

——— (coords.), *Etnicidad y pluralismo cultural: la dinámica étnica en Oaxaca,* Conaculta, México, 1990.

Bartra, Roger, *La jaula de la melancolía: identidad y metamorfosis del mexicano,* Grijalbo, México, 1988.

Bonfil, Guillermo, *México profundo: una civilización negada,* CIESAS, México, 1988.

Campos, Roberto (comp.), *La antropología médica en México,* 2 vols., Instituto Mora/UAM, México, 1992.

Cerroni, Umberto, *Léxico gramsciano,* Colegio Nacional de Sociólogos, México, 1981.

Chamorro, Arturo (ed.), *Sabiduría popular,* El Colegio de Michoacán, Zamora, 1997.

Chenaut, Victoria, y Teresa Sierra (coords.), *Pueblos indígenas ante el derecho,* CIESAS/Centro Francés de Estudios Mexicanos y Centroamericanos, México, 1995.

Colegio de Etnólogos y Antropólogos Sociales, *El ILV en México: dominación ideológica y ciencia social,* Nueva Lectura, México, 1979.

Díaz-Couder, Ernesto, "Cuarta generación de la maestría en lingüística indoamericana (CIESAS/INI)", *Inventario Antropológico,* vol. 4, 1998, pp. 362-373.

Dorfman, Ariel, y Armand Mattelart, *Para leer el Pato Donald: comunicación de masas y colonialismo,* Siglo XXI Argentina, Buenos Aires, 1972.

Escalante Gonzalbo, Paloma, "La antropología mexicana en la revista *Debate Feminista*", *Inventario Antropológico,* vol. 2, 1996, pp. 46-58.

Estrada Martínez, Rosa Isabel, y Gisela González Guerra (coords.), *Tradiciones y costumbres jurídicas en comunidades indígenas de México,* CNDH, México, 1995.

Freire, Paulo, *Pedagogía del oprimido,* Siglo XXI Argentina, Buenos Aires, 1972.

Garma, Carlos, y Roberto Shadow (coords.), *Las peregrinaciones religiosas: una aproximación*, UAM-Iztapalapa, México, 1994.

García Canclini, Néstor, "Cultura y organización popular: Gramsci con Bourdieu", *Cuadernos Políticos*, núm. 39, 1984, pp. 75-82.

——— (coord.), *Cultura y comunicación en la ciudad de México*, 2 vols., Grijalbo/UAM-Iztapalapa, México, 1999.

Giménez, Gilberto, "La identidad social o el retorno del sujeto en sociología", en Irene Méndez y Mercado (coord.), *Identidad: análisis y teoría, simbolismo, sociedades complejas, nacionalismo y etnicidad (III Coloquio Paul Kirchhoff)*, Instituto de Investigaciones Antropológicas, UNAM, México, 1996, pp. 11-24.

———, "La investigación cultural en México: una aproximación", *Perfiles Latinoamericanos*, año 8, núm. 15, 1999.

González Casanova, Pablo, "Sistema y clase en los estudios sociales de América Latina", en *Historia y sociedad*, UNAM, México, 1987, pp. 79-92.

Guadarrama Olvera, Rocío (coord.), *Cultura y trabajo en México: estereotipos, prácticas y representaciones*, Juan Pablos/UAM-Iztapalapa/Friedrich-Ebert-Stiftung, México, 1998.

Hewitt de Alcántara, Cynthia, *Imágenes del campo: la interpretación antropológica del México rural*, El Colegio de México, México, 1988.

Illich, Ivan, *Alternativas*, Joaquín Mortiz, México, 1974.

Jáuregui, Jesús, "La antropología marxista en México: sobre su inicio, auge y permanencia", *Inventario Antropológico*, vol. 3, 1997, pp. 13-92.

Krotz, Esteban, "Historia e historiografía de las ciencias antropológicas: una problemática teórica", en C. García M. (coord.), *La antropología en México*, vol. 1, INAH, México, 1987, pp. 113-138.

———, "Cultura e ideología: un campo temático en expansión durante los ochentas", en *Estudios sobre las culturas contemporáneas*, vol. 5, núm. 15, 1993a, pp. 59-80.

———, "El concepto 'cultura' y la antropología mexicana: ¿una tensión permanente?", en E. Krotz (comp.), *La cultura adjetivada: el concepto "cultura" en la antropología mexicana actual a través de sus adjetivaciones*, UAM-Iztapalapa, México, 1993b, pp. 13-31.

———, "El indigenismo en México", en D. Sobrevilla (ed.), *Filosofía de la cultura*, Trotta/Consejo Superior de Investigaciones Científicas, Madrid, 1998a, pp. 163-178.

———, "Utopía y antiutopía al fin del milenio", en José Manuel Valenzuela Arce (coord.), *Procesos culturales de fin de milenio*, Centro Cultural Tijuana, Tijuana, 1998b, pp. 17-45.

——— (coord.), *El estudio de la cultura política en México: perspectivas disciplinarias y actores políticos*, Seminario de Estudios de la Cultura, Conaculta/CIESAS, México, 1996.

Mackinlay, Horacio, y Eckart Boege (coords.), *El acceso a los recursos naturales y el desarrollo sustentable,* Plaza y Valdés/INAH/UAM-Azcapotzalco/UNAM, México, 1996 (H. C. de Grammont y H. Tejera [coords.], *La sociedad rural mexicana frente al nuevo milenio,* vol. 3).

Marion, Marie Odile (coord.), *Antropología simbólica,* ENAH, México, 1995.

Masferrer, Elio (comp.), *Sectas o iglesias: viejos o nuevos movimientos religiosos,* Plaza y Valdés/Asociación Latinoamericana para el Estudio de las Religiones, México, 1988.

Millán, Saúl, Miguel Ángel Rubio y Andrés Ortiz, *Historia y etnografía de la fiesta en México: bibliografía general,* INI, México, 1994.

Muñiz, Elsa, "De la cuestión femenina al género: un recorrido antropológico", *Nueva Antropología,* vol. XV, núm. 51, 1997, pp. 119-131.

Nieto, Raúl, "La cultura obrera: distintos tipos de aproximación y construcción de un problema", en E. Krotz (comp.), *La cultura adjetivada,* UAM-Iztapalapa, México, 1993, pp. 43-54.

Nivón, Eduardo, "Modernidad y cultura de masas en los estudios de la cultura urbana", en E. Krotz (comp.), *La cultura adjetivada,* UAM-Iztapalapa, México, 1993, pp. 55-74.

Novelo, Victoria, "La cultura obrera: una contrapropuesta cultural", *Nueva Antropología,* vol. VI, núm. 23, 1984, pp. 45-57.

PACMYC, *A fin de siglo: una década de cultura popular. Memoria, 1989-1998,* Conaculta, México, 1999.

O, Eugenia de la, Enrique de la Garza y Javier Melgoza (coords.), *Los estudios sobre la cultura obrera en México,* Conaculta, Seminario de Estudios de la Cultura, México, 1997.

Paré, Luisa, "El debate sobre el problema agrario en los setenta y ochenta", *Nueva Antropología,* vol. XI, núm. 39, 1991.

Peña Saint Martín, Florencia, y María Eugenia Peña Reyes, "La nueva maestría en antropología física de la Escuela Nacional de Antropología e Historia", *Inventario Antropológico,* vol. 2, 1996, pp. 349-359.

Pérez Martínez, Herón (ed.), *México en fiesta,* El Colegio de Michoacán, Zamora, 1999.

Pérez Ruiz, Maya Lorena, "La investigación de lo popular en el Museo Nacional de Culturas Populares", en E. Krotz (comp.), *La cultura adjetivada,* UAM-Iztapalapa, México, 1993, pp. 115-134.

Rojas Rabiela, Teresa, y Mario Humberto Ruz (dirs.), *Historia de los pueblos indígenas de México,* CIESAS/INI, México, 1994. (Varios volúmenes.)

Sariego, Juan Luis, "Cultura obrera: pertinencia y actualidad de un concepto en debate", en E. Krotz (comp.), *La cultura adjetivada,* UAM-Iztapalapa, 1993, pp. 33-42.

Sevilla, Amparo, "El concepto de cultura en los estudios del movimiento urbano popular", en E. Krotz (comp.), *La cultura adjetivada,* UAM-Iztapalapa, México, 1993, pp. 157-174.

Stavenhagen, Rodolfo, "Clases, colonialismo y aculturación", en Miguel Othón de Mendizábal *et al.*, *Las clases sociales en México,* Nuestro Tiempo, México, 1968.
Sugiura Y., Yoko, y Mari Carmen Serra P. (eds.), *Etnoarqueología (Primer Coloquio Bosch-Gimpera),* UNAM, México, 1990.
Tejera, Héctor (ed.), *Antropología política: enfoques contemporáneos,* Plaza y Valdés/INAH, México, 1996.
Valdivia Dounce, Teresa (coord.), *Costumbre jurídica indígena: bibliografía comentada,* INI, México, 1994.
Warman, Arturo, "El potencial revolucionario del campesino en México", en A. Warman, *Ensayos sobre el campesinado en México,* México, 1980, pp. 109-131.
———, y Arturo Argueta (coords.), *Nuevos enfoques para el estudio de las etnias indígenas en México,* Porrúa/INI, México, 1991.

*Números monográficos de revistas antropológicas mexicanas sobre el tema de la cultura, citados en el texto*

"Ideología, simbolismo y vida urbana", *Alteridades,* año 2, núm. 3, 1992.
"Cosmovisión, sistema de cargos y práctica religiosa", *Alteridades,* año 5, núm. 9, 1995.
"Antropología de la curación", *Alteridades,* año 6, núm. 12, 1996.
"Formas plurales de habitar y construir la ciudad", *Alteridades,* año 8, núm. 15, 1998.
"Arqueología: nuevos enfoques", *Cuicuilco,* nueva época, vol. 4, núms. 10-11, 1997.
"Cosmovisión e ideología: nuevos enfoques desde la antropología simbólica", *Cuicuilco,* nueva época, vol. 5, núm. 12, 1998.
"Arqueología: hacia el nuevo milenio", *Cuicuilco,* nueva época, vol. 5, núm. 14, 1998.
"Antropología urbana y las ciudades contemporáneas", *Cuicuilco,* nueva época, vol. 6, núm. 15, 1999.
"Nación, etnia y territorio", *Desacatos,* núm. 1, primavera de 1999.
"Antropología, política y democracia", *Nueva Antropología,* vol. XI, núm. 38, 1990.
"Derechos de los pueblos indios", *Nueva Antropología,* vol. XIII, núm. 44, 1993.
"Poder y género", *Nueva Antropología,* vol. XV, núm. 49, 1996.
"Cultura política", *Nueva Antropología,* vol. XV, núm. 50, 1996.
"Enfermedad y muerte: la parte negada de la cultura", *Nueva Antropología,* vol. XVI, 1997, núms. 52-53.
"Participación ciudadana y procesos electorales", *Nueva Antropología,* vol. XVI, núm. 54, 1998.

# *El estudio de las relaciones interétnicas en la antropología mexicana*

MAYA LORENA PÉREZ RUIZ[1]

## LOS CONFLICTOS INTERÉTNICOS EN LOS ESTADOS NACIONALES Y FRENTE A LA GLOBALIZACIÓN

Contra todas las predicciones de llegar a los años dos mil con una sociedad homogénea, el fin del siglo XX y el principio del XXI están acompañados de un resurgimiento de los conflictos étnicos en todo el mundo. Así lo sugieren por lo menos los cruentos enfrentamientos que han vivido en la actualidad los serbios, los croatas, los musulmanes, los judíos, los vascos, los rusos, los chechenos, los negros, los indígenas, y muchos otros más.

Las evidencias de la intensificación de las movilizaciones con contenido étnico parecen indicar que están asociadas y responden a los intensos procesos de integración (con sus consecuentes procesos de genocidio y etnocidio) que suscitó el surgimiento y la consolidación de los Estados nacionales como la forma de gobierno imperante en el mundo; pero que también lo son de la incapacidad de los Estados nacionales para dar respuesta a las expectativas que sus propuestas de desarrollo generaron entre sus poblaciones (Arizpe *et al.*, 1993; Stavenhagen, 1992).

En muchos países los conflictos étnicos son producto de historias coloniales; otros tienen como origen los flujos masivos de trabajadores, emigrados y refugiados. Pero en todo caso, la oposición de los pueblos, o grupos étnicos, a las políticas de los Estados nacionales los han llevado a cuestionar la legitimidad de estos últimos.

[1] Investigadora de la Dirección de Etnología y Antropología Social, del INAH, México.

Los factores que han originado tales conflictos son muy variados y pueden incluir desde el acceso desigual a los recursos económicos y políticos, y el tipo de políticas gubernamentales, hasta sentimientos de privación y temor, pasando por aquellos relacionados con las fronteras y los inmigrantes. Por tanto, las demandas son igualmente variables, lo mismo que las formas de resistencia y oposición étnica. En un abanico tan amplio, sin embargo, destaca el hecho de que no todos los conflictos étnicos se presentan como luchas políticas; por el contrario, es posible distinguir tres tipos de situaciones de conflicto étnico: las que ocurren en el ámbito de las relaciones personales, y que no desafían a las instituciones; las que se presentan entre grupos étnicos, con la alianza de uno de ellos con el Estado, y las que asumen la vía política. También llama la atención que no todas las demandas étnicas reivindican el derecho a la diferencia, sino que existen algunas que convocan su derecho a adquirir su plena ciudadanía y acabar con la discriminación (Margolis, 1992).

La existencia de ámbitos tan disímiles en los que se presenta el conflicto étnico, como son los comunitarios y los estructurales o sistémicos, suponen dos factores que estratégicamente intervienen en la dinámica de los conflictos étnicos: la naturaleza y la fuerza del Estado, y las instituciones de la sociedad civil. Las interacciones entre ambos generan situaciones particulares de conflicto. Éstos pueden presentarse tanto en regímenes autoritarios con políticas étnicas coercitivas que agudizan los conflictos étnicos (como en Guatemala, por ejemplo), como también en situaciones de apertura democrática, que liberan fuerzas largamente reprimidas como sucedió con la Unión Soviética (Stavenhagen, 1992).

Frente a las evidencias del resurgimiento del conflicto étnico en el mundo se están buscando explicaciones de fondo que argumenten por qué las lealtades étnicas motivan y fortalecen las luchas de esos pueblos contra los Estados nacionales. Algunas de ellas son: la fuerza de los procesos de globalización (o de cambio global, como lo llaman algunos autores), que afectan el mundo contemporáneo; el consecuente debilitamiento de los Estados nacionales, y la incapacidad del modelo de desarrollo seguido por el capitalismo, que ha agotado su posibilidad de expansión, y que incluso coloca en peligro de sobrevivencia al planeta.

Bajo esa línea de reflexión, algunos autores han sugerido que ante el fin de la expansión globalizadora el reto de la sociedad mundial es su consolidación y su involución. Y el resurgimiento de lo étnico sería parte de este último proceso, ya que la etnicidad supone el retorno de los hombres a lo más fundamental y universal de la organización social que es la ascendencia.[2]

México, como toda América Latina, no ha quedado fuera de los conflictos étnicos a todo lo largo de su historia y en 1994 el levantamiento del Ejército Zapatista de Liberación Nacional evidenció lo que por años ciertos grupos políticos y académicos quisieron ocultar: la existencia de relaciones interétnicas conflictivas, entre indígenas y no indígenas, añejas en su antagonismo y violentas en su cotidianidad. Relaciones en las que los primeros ocupan el lugar subordinado y en donde también pueden intervenir relaciones de explotación, el racismo y la discriminación.

Sin embargo, la conformación de los indígenas como uno de los nuevos sujetos sociales y políticos de nuestros días no nació con el levantamiento armado de Chiapas; por el contrario, éste, con más de 30 años de lucha, se ha construido a la par que se ha consolidado su oposición al Estado nacional. Es decir, conforme han sido cada vez más frecuentes y claras sus demandas organizadas para transformar radicalmente las formas de relación entre el Estado y los pueblos indígenas, y han logrado constituirse en una fuerza que interpela al carácter de sociedad nacional y a la naturaleza del Estado (Iturralde, 1991).

Pero el tránsito del conflicto étnico interpersonal y comunitario, así como de las demandas comunitarias y grupales con un carácter local vinculado a necesidades inmediatas, hacia ese otro nivel de confrontación con el Estado, ha implicado trascender los niveles de la organización local a la regional y nacional. Y en ese paso las reivindicaciones de tipo étnico no siempre se han conservado ni han sido los puntos aglutinadores de las movilizaciones indígenas.

Las formas particulares como las organizaciones indígenas y el Estado han respondido ante las mutuas presiones, y las negociaciones emanadas de ello, han dado lugar a un complejo cuadro de formas de organización y lucha que involucran a la población

[2] Adams (1994) es uno de los autores que han desarrollado esta línea de análisis, p. 194.

indígena: organizaciones de carácter productivo, comercial, cultural y político, con niveles locales, regionales y nacionales, y formadas con poblaciones con igual o diferente identidad.

En ese amplio panorama, las organizaciones de tipo político, que asumen la representatividad regional y nacional, son las que han generado con mayor claridad una lucha de carácter étnico, mediante la que cuestionan la legitimidad del Estado y el orden jurídico que norma las relaciones de la nación, y del que son excluidos. Entre ellas la propuesta por la defensa de la autonomía indígena ocupa un lugar central.

Pero cabe decir que ese surgimiento del movimiento indígena organizado, cuya propuesta en torno a la autonomía[3] es la más avanzada —puesto que sintetiza sus reclamos históricos en torno a territorio, justicia, política, cultura, economía, etc.—, no constituye el único nivel en el que en México se manifiestan los conflictos de carácter étnico.

Además de este nivel, que ya tiene un carácter eminentemente político, se presentan otros ámbitos de conflicto interétnico que ocurren en el contexto de las relaciones interpersonales, en los que se enfrentan indígenas contra no indígenas, pero que no desafían en forma directa las políticas y las instituciones del Estado, y aun otros en los que se confrontan entre sí indígenas con identidades diferenciadas, casi siempre con la complicidad del gobierno que apoya a uno de los grupos en conflicto (Margolis, 1992).

De esta manera, el conflicto étnico en México se debate entre las expresiones cotidianas comunitarias, no organizadas, y el ámbito nacional, desde el cual, además, y mediante la formación de organizaciones políticas, se proyecta a escala internacional al constituir alianzas con otros movimientos indígenas del continente, y al recurrir a organismos y legislaciones internacionales o supranacionales en la búsqueda de instrumentos de lucha (por ejemplo el Convenio 169 de la OIT).

En este amplio abanico de niveles y formas en que se presenta el conflicto étnico en México han surgido, por tanto, múltiples y variados actores de intermediación entre los indígenas y la sociedad nacional, mismos que también han ido cambiando a lo largo

[3] Al respecto véase el documento discutido en la Asamblea Plural por la Autonomía, así como los trabajos de Gilberto López y Rivas (1996) y Díaz Polanco (1991).

del tiempo. Entre ellos están la Iglesia, los intelectuales, los grupos de poder locales y, sobre todo en los últimos años, organizaciones intergubernamentales y no gubernamentales, nacionales e internacionales. En los últimos años, muchos de ellos han tejido una red de mediación en la que mediante el ofrecimiento de recursos financieros, técnicos, de asesoramiento y de capacitación, generalmente de origen externo al país, actúan en ámbitos que antes eran exclusivos del gobierno nacional. La defensa del medio ambiente y de los derechos humanos y culturales de los indígenas son asunto privilegiado cada vez más en la acción de esos agentes no gubernamentales, que han fortalecido también la emergencia de los indígenas como actores sociales, al abrirles las puertas a foros internacionales (Iturralde, 1991).

De manera similar a lo que sucede con los niveles de conflicto étnico y las luchas indígenas y sus organizaciones —que se debaten entre el localismo y la internacionalización, o la transnacionalización (Varese, 1996)— la antropología ha enfrentado retos importantes para explicar dichos procesos, y en ese camino ha debido superar sus visiones comunitarias, culturalistas, funcionalistas y aun estructurales, para incursionar, incluso apoyándose en otras disciplinas, en explicaciones que integran dimensiones simbólicas, políticas y comunicacionales, en las que la construcción de los sujetos sociales ocupa un lugar cada vez más significativo.

Dentro del trabajo antropológico en México pueden identificarse varios momentos y tendencias que han intentado explicar, y modificar, las relaciones de los pueblos indígenas con el Estado y la sociedad nacional no indígena. Las tendencias hegemónicas pueden agruparse en dos grandes bloques: las que han surgido para orientar y apoyar las políticas de Estado (concretadas en las políticas indigenistas), y las que han surgido en oposición y crítica a tales posiciones.

Cabe decir, sin embargo, que ni las políticas indigenistas ni las críticas a éstas han sostenido posiciones homogéneas, ni tampoco han tratado de la misma forma el asunto de las relaciones entre los indígenas y los no indígenas. Por ello, y por las aportaciones que desde sus diversas posiciones han brindado al desarrollo de la antropología mexicana, vale la pena adentrarse en el análisis de las formas en que han sido abordadas, u omitidas, las relaciones interétnicas en las principales vertientes del pensamiento antropológico interesado en los pueblos indígenas y sus relaciones con el Estado y la sociedad nacional. Tarea de gran importancia sobre la cual aquí sólo se presentarán algunas reflexiones.

## La presencia de las relaciones interétnicas en el pensamiento indigenista integracionista

Desde la configuración del Estado nacional en este siglo, la participación de los antropólogos ha sido pilar de la definición y justificación de las políticas de Estado destinadas a los indígenas y que como tales constituyen el indigenismo mexicano. Como ejemplo baste decir que los antropólogos Manuel Gamio, Alfonso Caso, Julio de la Fuente y Gonzalo Aguirre Beltrán fueron pilares en la construcción ideológica y operativa de las políticas incorporacionistas e integracionistas del Estado destinadas a los indígenas. Y que posteriormente los antropólogos Salomón Nahmad y Arturo Warman lo fueron del indigenismo para el etnodesarrollo y de participación, y del indigenismo que proponía la transferencia de funciones a los indígenas.

No obstante que todos los antropólogos indigenistas tuvieron como objetivo de sus reflexiones y sus acciones a poblaciones diferenciadas precisamente por sus cualidades e identidades étnicas, el problema de desentrañar el peso de las relaciones interétnicas en la reproducción de las condiciones de vida de los indígenas, así como en los procesos desencadenados por las propias políticas indigenistas, fue abordado por ellos de diferente manera, y tuvo impactos diferenciales tanto en las políticas indigenistas como entre los antropólogos opositores al indigenismo y las organizaciones indígenas mexicanas que hoy buscan construir un movimiento indígena nacional.

Para Manuel Gamio, iniciador del indigenismo, las relaciones interétnicas como tema de reflexión asociado a la dominación y a la explotación de que eran objeto los indígenas, estuvo fuera de su ámbito de interés en la medida en que para él el problema en México era el de su heterogeneidad racial, cultural, lingüística y económica, mismo que tenía que resolverse a través de la incorporación de las culturas indígenas a la identidad y la cultura nacionales. Su interés por las culturas indígenas se centraba, por tanto, en conocerlas integralmente con el fin de preparar las acciones del Estado tendientes a superar el aislamiento indígena y propiciar el acercamiento racial, la fusión cultural, la unificación lingüística y el equilibrio económico. Elementos básicos que Gamio consideraba indispensables para conseguir una nacionalidad coherente, definida, así como una verdadera patria. Orientaban su pensamiento, por una parte, su formación etnográfica, aprendida de Franz Boas, y, por otra, el liberalismo prevaleciente en su época, lo cual lo hacía más a fin al evolucionismo unilineal de las escuelas antropológicas anteriores a Boas. Por ello, cuando Gamio fue nombrado en 1917 responsable de la Dirección de Antropología de la Secretaría de Agricultura, sus propuestas estaban encaminadas más a propiciar la incorporación y la desaparición de los indígenas, que a su preservación.[4]

Algo similar ocurrió con Alfonso Caso, quien compartió con Gamio las ideas fundamentales acerca del problema indígena y cuyas aportaciones principales fueron realizadas como primer director del INI en el diseño de formas de operación y acción indigenista así como en programas de antropología aplicada, entre los que destaca el del primer centro coordinador, fundado en San Cristóbal de las Casas, Chiapas, en 1950 (Marzal, 1986).

Es a Julio de la Fuente a quien la antropología mexicana debe los primeros trabajos interesados en las relaciones interétnicas. Para él este asunto ocupó un lugar central y constituyó uno de sus aportes más importantes para la antropología mexicana. Su formación marxista, su vinculación con Malinowski en la investigación sobre el sistema de mercados en Oaxaca, así como su práctica indigenista, que lo llevó a conocer profundamente las comunidades indígenas, influyeron para alejarlo, por una parte, de las posiciones culturalistas que, bajo la influencia del particularismo y del estructural-funcionalismo, veían las relaciones entre indios y no indios sólo en términos culturales, y, por otra, de los marxistas que confrontaban a todos los indígenas como clase, en oposición con todos los mestizos.

[4] Existe una amplia bibliografía donde se discute el indigenismo, de manera introductoria; para este punto puede consultarse: *Forjando patria*, de Manuel Gamio, Porrúa, México, 1960; *Historia de la antropología indigenista: México y Perú*, de Manuel M. Marzal, editada por la Pontificia Universidad Católica del Perú, Lima, 1986, e *Imágenes del campo: la interpretación del México rural*, de Cynthia Hewitt de Alcántara, editada por El Colegio de México, México, 1984.

En sus largas estadías de campo, De la Fuente encontró que la denominación de "indio" era un concepto acuñado por los hablantes de español para clasificar en él a todos los que no eran mestizos y colocarlos en una posición estructural de desventaja. De esta manera, entendió que era un instrumento de dominación empleado para reproducir las relaciones de dominación entre indios y no indios. En ese sentido constituía "casi una casta". De la Fuente encontró, sin embargo, que la "situación dual" descrita por él estaba delimitada en regiones geográficas específicas, atrasadas, relativamente aisladas y con grupos de población mestiza no plenamente incorporados a la sociedad y la economía modernas. Concluyó que era esa situación, generada por los mestizos (que basaban su subsistencia en el dominio sobre los indígenas), la que impedía la desaparición de las relaciones de casta, y por tanto la entrada de las zonas indígenas al sistema económico moderno (en el que regían relaciones de producción basadas en las clases). En términos de política indigenista, sus propuestas estuvieron encaminadas a romper con el trabajo en comunidades indígenas dispersas, y propuso que se enfocase al trabajo de regiones socioeconómicas, delimitadas por las relaciones de dependencia entre los medios urbanos y las comunidades rurales indígenas; en las cuales, por lo demás, los mestizos constituían una estructura de mediación regional que imponía a los indígenas las relaciones de casta. De la Fuente fue el primero, en el indigenismo propiamente dicho, en defender el carácter pluricultural de la nación y en oponerse al incorporacionismo y asimilacionismo por anticuados y colonialistas (De la Fuente, 1965, Hewitt, 1984).

Gonzalo Aguirre Beltrán retomará muchos de los planteamientos de su amigo y colega Julio de la Fuente. Entre 1951 y 1953, como director del primer Centro Coordinador Indigenista en Chiapas, observó las relaciones interétnicas en una región sociogeográfica determinada y fue después de dejar ese cargo cuando escribió una de sus obras más relevantes para comprender la naturaleza de las relaciones interétnicas en México: *Formas de gobierno indígena*. Posteriormente escribiría otras obras también de gran importancia para el tema: *El proceso de aculturación y el cambio sociocultural* y *Regiones de refugio*. El rigor de sus estudios y la coherencia de su pensamiento lo han señalado como el indigenista de mayor consistencia teórica y que logró construir una teoría del cambio cultural. En su obra sobre el proceso de aculturación, Aguirre Beltrán se propuso comprender los procesos de aculturación y cambio cultural, mientras que en *Regiones de refugio* analizó la estructura de las regiones interculturales, poniendo atención en el proceso dominical, es decir, en la dominación.

Su profundo interés por la historia lo llevó a rastrear los datos históricos pertinentes para refutar las concepciones funcionalistas acerca de las comunidades campesinas aisladas, y a postular que esa simbiosis entre ciudades y áreas rurales existía desde antes de la Colonia. Demostró así que precisamente ése era el modelo sobre el cual el sistema colonial se había instalado, y que la Independencia y la Revolución de 1910 no habían podido liquidar. Más cercano en ese punto al enfoque marxista, Aguirre Beltrán consideraba que esa relación e interdependencia no se basaba en el principio de la reciprocidad y la ganancia mutua de los funcionalistas, sino en la dominación. En el México de su época, afirmaba, igual que De la Fuente, que esas ciudades eran "ciudades señoriales" que aseguraban su supervivencia y su dominio sobre las comunidades indígenas —sujetas estructuralmente desde la Conquista— mediante la manipulación étnica. Todas las comunidades ligadas a una ciudad de ese tipo formaban su *hinterland*, configurando una región intercultural, es decir, una región de refugio, regida por relaciones de casta y alejada de los sistemas de intercambio económico y cultural de la sociedad nacional (Hewitt, 1984).

La obra de Aguirre Beltrán dejó atrás las concepciones funcionalistas que veían al indio aislado, y sólo como miembro de una comunidad, para situarlo como miembro de un grupo social sometido. En su análisis del cambio cultural se considera que en toda sociedad existen fuerzas favorables y desfavorables al cambio. Las favorables que vienen desde adentro del grupo se deben a la invención y los descubrimientos; las de afuera se deben al préstamo cultural. Las fuerzas opuestas al cambio pueden venir también de adentro y se deben al condicionamiento cultural, y las externas, al imperio, al control, a la autoridad, a la sujeción y al dominio. La acción de esas fuerzas se traduce en varios procesos presentes en el cambio cultural: los de invención, de aculturación, de endoaculturación y dominicales.

En el proceso dominical, que se concibe como un juego de fuerzas que hace posible la dominación sin que se recurra a la fuerza para sustentarla, se ponen en juego seis mecanismos: *a)* la segregación racial que apoya el supuesto de la superioridad del blanco sobre los indígenas y que impide la movilidad vertical; *b)* el control político que detenta el grupo dominante y que deja en los indígenas sólo cierto aparato político local; *c)* la dependencia económica que mantiene a los indígenas bajo el control del grupo dominante en la producción, pero sobre todo en la comercialización; *d)* el tratamiento desigual que otorga a la población involucrada en esta estructura colonial diferentes tipos de servicios, que establece el contacto entre los grupos sociales dentro de normas y estereotipos de comportamiento y que hace funcionar el sistema de castas, y *e)* la acción evangélica que en sí misma no es un mecanismo dominical, pero que cuando legitima una situación colonial se convierte en instrumento de dominio (Aguirre Beltrán; 1976, Marzal, 1986).

Pero si Aguirre Beltrán se separó de los funcionalistas en su perspectiva sobre las regiones, en las que percibía con claridad la dominación, la explotación y el colonialismo, en su perspectiva acerca del proyecto nacional y en lo que debería ser el futuro indígena dentro de la nación tenía grandes afinidades con el funcionalismo, ya que veía que la integración de las regiones interculturales a la gran comunidad nacional debería resultar en mutuos beneficios. De esta manera, para Aguirre Beltrán, como para un buen número de antropólogos que lo precedieron en las labores indigenistas, la tarea esencial era, precisamente, conseguir la integración del indígena a la sociedad nacional moderna, para lograr así su tránsito de las relaciones de casta a las de clase y con ello mejorar sus condiciones de vida. La integración que se buscaba era regional y debía conseguirse mediante la apertura de oportunidades económicas, culturales y educativas que, al final, harían innecesarias y obsoletas las relaciones de casta. En ese proceso, el papel de los intermediarios culturales, concretados en mestizos e indios educados, era fundamental para llevar a cabo los procesos de aculturación necesarios para generar una integración cultural: síntesis de la cultura de indios y mestizos y fundamento de la cultura nacional.[5]

[5] Para conocer el impacto que las ideas de De la Fuente y Aguirre Beltrán tuvieron entre los funcionalistas que trabajaron en Chiapas entre los años cincuenta y sesenta, véase el libro de Cynthia Hewitt, *Imágenes del campo: la interpretación del*

Hay que decir, sin embargo, que los planteamientos de Aguirre Beltrán encontraron serias limitaciones para llevarse a cabo. Por una parte, porque pese a su insistencia en la importancia de las regiones, el trabajo de los centros coordinadores continuó efectuándose principalmente en comunidades. Ello debido a diversas limitaciones: las presupuestales, la poca incidencia del INI en las demás dependencias gubernamentales, y porque las élites regionales, identificadas como limitantes del desarrollo indígena, en muchos casos se fortalecieron con la apertura de caminos, la entrada de servicios y, en general, con la modernización de la economía y con las nuevas relaciones políticas que se establecieron.

Con el tiempo, además, la premisa fundamental del indigenismo integracionista —que establecía en la identidad étnica el factor principal para la reproducción de las relaciones dominicales o de dominación— se convirtió en un punto polémico, tanto para los indigenistas como para sus opositores. Cabe decir, sin embargo, que aunque por momentos dicho planteamiento pareció obsoleto, en la actualidad continúa discutiéndose bajo nuevos paradigmas teóricos, debido al resurgimiento del conflicto étnico y a la emergencia del pensamiento neoliberal que ha fortalecido la idea de que la secularización, la individualización, la modernización y el desarrollo integral constituyen momentos secuenciales de un mismo proceso que necesariamente debe conducir a la libertad, el bienestar y la justicia para todos.

## La importancia de las relaciones interétnicas en posiciones críticas al indigenismo antiintegracionista

Las posiciones críticas a las perspectivas integracionistas del indigenismo se presentaron desde el inicio mismo de sus formulaciones como política de Estado, y Moisés Záens fue precursor del indigenismo antiincorporacionista. Éste, partícipe de los notables esfuerzos para emplear la educación como instrumento para el desarrollo de las comunidades, no era antropólogo, pero tuvo contacto con Boas y John Dewey, y en 1925 llegó a ser subsecretario de Educación Publica. Desde ahí, y con el apoyo de las misio-

*México rural*, 1984, capítulo I, dedicado al particularismo, el marxismo y el funcionalismo en la antropología mexicana.

nes culturales, participó en la promoción de acciones educativas, médicas, de mejoramiento del hogar y de la economía, etc., las cuales tenían como objetivo acabar con el aislamiento y con el atraso en el campo. Esta perspectiva, que incorporaba a los indígenas como parte del problema rural general (promovida desde la SEP por Vasconcelos) fue puesta en duda por Záenz, después de su experiencia de campo en regiones indígenas de América Latina. De esta forma, ya para la década de 1930 Záenz advertía sobre la necesidad de tomar en cuenta la especial situación de los indígenas en las tareas de planeación y diseño de las políticas para el desarrollo rural, y cuestionaba la idea de la incorporación del indígena como meta por alcanzar. Tal convicción lo llevó a proponer la formación de un Departamento Autónomo de Asuntos Indígenas, en el cual nunca pudo participar. Sus ideas y sus denuncias sobre las diferencias y la explotación prevaleciente entre los indígenas no tuvieron, sin embargo, un contexto analítico coherente, y el aislamiento continuó siendo parte fundamental de su explicación (Hewitt, 1984).

La otra gran vertiente crítica al incorporacionismo se dio desde el marxismo, con Lombardo Toledano y Chávez Orozco a la cabeza. Ninguno de ellos fue antropólogo, pero proclamaban el derecho de los indígenas a conservar sus costumbres y lenguas propias, y sostenían que eran las condiciones estructurales y no los sistemas de creencias las que mantenían a los indígenas en situación de miseria y explotación. Su defensa de esa autonomía local indígena provenía, más que del marxismo del siglo XIX, de los experimentos leninistas del siglo XX sobre las autodeterminaciones nacionales, mediante los cuales fueron tratadas las minorías nacionales en la Unión Soviética. Sin embargo, frente a las presiones internacionales de la década de 1930, desatadas por las políticas cardenistas (la reforma agraria y la expropiación petrolera), quedaron atrás las ideas sobre la posibilidad de que cada grupo étnico podría constituir una nación (Hewitt, 1984).

Lombardo Toledano desde la Confederación de Trabajadores de México (CTM) y Chávez Orozco desde el Departamento de Asuntos Indígenas (creado en 1936) fueron pilares importantes durante el cardenismo en lo relacionado con las políticas del gobierno nacional destinadas a los trabajadores rurales, principalmente en lo concerniente a su desarrollo organizativo y la educación. Se promovía una forma de organización ejidal y comunal establecida para las poblaciones mestizas beneficiadas por el reparto agrario, porque se pensaba que eso contribuiría a incrementar la toma de decisiones locales, a fomentar el autogobierno comunitario y a incrementar su articulación con los grupos regionales de presión (principio que se suponía operaría de la misma forma para los indígenas). Y se promovía una práctica educativa que abandonaba la idea de la castellanización forzada, para impulsar primero el aprendizaje de las lenguas maternas y ya después el español.

Tanto en Lombardo Toledano como en Chávez Orozco estaba presente la convicción de que el cambio socioeconómico tenía una importancia fundamental para elevar los niveles de vida en el campo, y ello sólo podría lograrse mediante la organización política de los indígenas y la conservación de su identidad étnica.

Dicha posición constituía la tercera vertiente de interpretación de la situación de los indígenas en México durante las décadas de 1920 y 1930, y se inscribía dentro de las corrientes socialistas. Las otras dos eran la de Manuel Gamio, que postulaba la necesidad de incorporarlos, e implicaba una visión liberal, y la de Záenz, que preconizaba como positivo un cierto aislamiento de las comunidades indígenas para su defensa, y que correspondía a la posición populista (Hewitt, 1984).

De esas tres posiciones, la que hegemonizó el campo antropológico hasta la década de 1950 fue la vertiente del indigenismo integracionista, con sus afinidades e interacciones con la antropología funcionalista. Paradigma, este último, que se encontraba en proceso de desintegración durante el decenio de 1960, precisamente por su incapacidad para responder adecuadamente al conflicto presente en las relaciones interétnicas y en los vínculos de las comunidades indígenas con la nación.

Después de la segunda Guerra Mundial, el indigenismo como política de Estado, y el funcionalismo, como paradigma antropológico, comenzaron a ser cuestionados cada vez con mayor fuerza y desde varios frentes, principalmente desde el marxista, que introdujo a la discusión sobre los indígenas nuevos elementos: el de las relaciones de las comunidades con contextos socioeconómicos nacionales e internacionales, el de las bases materiales e históricas de la dominación, el de las relaciones estructurales entre etnia y clase, etc. De esta forma, si para los indigenistas y los funcionalistas las relaciones entre indígenas y no indígenas tenían un fuerte componente cultural, para los antropólogos que aceptaron la influencia marxista éstas respondían a relaciones sociales y condiciones socioeconómicas y políticas más vastas, que incluían el ámbito no sólo nacional sino internacional.

La cada vez más obvia necesidad de ampliar las perspectivas de análisis de la comunidad y la región a lo nacional y lo internacional, obligó a los antropólogos, de las décadas de 1950 y 1960, incluyendo a algunos funcionalistas, a adecuar sus instrumentos analíticos y sus perspectivas teóricas. En esa búsqueda los planteamientos de Julian Steward, con sus niveles de integración, y de Eric Wolf, con sus planteamientos sobre la comunidad corporativa cerrada y sobre las relaciones entre los modos de producción capitalistas y no capitalistas, fueron de gran importancia para abrir en México la línea de estudios de las relaciones entre lo rural y lo urbano, bajo la óptica de lo campesino, misma que hizo a un lado, por varios decenios, el problema de las relaciones interétnicas.

Las corrientes críticas a las políticas de desarrollo establecidas en México, así como del indigenismo concebido por Gamio y perfeccionado por Aguirre Beltrán, se alimentaron, además del marxismo, de la ecología cultural, de la sociología y de la economía latinoamericana, de la antropología francesa de orientación marxista, así como de las vertientes nacionalistas que se concretaban en instituciones de carácter internacional como el Instituto Latinoamericano de Planificación Económica y Social (ILPES) y la Comisión Económica para América Latina (CEPAL) (Hewitt, 1984, Méndez Laville, 1987).

La influencia marxista, presente en México en algunos movimientos sociales desde principios de siglo XX, se vio fortalecida con la llegada de los intelectuales españoles refugiados a causa de la guerra civil que había en su país, quienes mediante su incursión directa en la antropología (Palerm y Pedro Armillas), en la producción editorial (Daniel Cosío Villegas) y en la traducción de libros de Marx, Hegel y otros (Wenceslao Roces) influyeron en las escuelas de antropología y de ciencias políticas y económicas. Posteriormente, el triunfo de la Revolución cubana y su línea editorial de la Casa de las Américas vino a agrandar también la influencia marxista en los círculos progresistas mexicanos (Méndez Laville, 1987).

En general, la perspectiva marxista brindó la posibilidad de una perspectiva económica y global de la explotación, y de construir explicaciones que rompieron las visiones culturalistas y los análisis parciales. Pero hay que decir que tuvo una influencia diferencial en los simpatizantes de la ecología cultural, en los que asumieron las teorías de la dependencia y en los que se mantuvieron como marxistas ortodoxos. Estos últimos, igual que los ecólogos culturales, se inclinaron por la investigación de los campesinos.

Desde la década de 1950, pero sobre todo en la década de 1960, en México, como en toda América Latina, estaba claro que el desarrollo del capitalismo en estas regiones no era, ni podía ser, similar al de los países donde se había efectuado la Revolución industrial. La experiencia de los países que se habían liberado del yugo imperial, mostraba que su subordinación colonial había deformado de tal manera sus estructuras socioeconómicas que estaban imposibilitadas para alcanzar un desarrollo autónomo. El paradigma de la dependencia, desarrollado por economistas, sociólogos, antropólogos y psicólogos, fue la respuesta, dentro del estructuralismo histórico, para dar soluciones a esa situación. La interdisciplinariedad y la apertura del ámbito de análisis hacia lo internacional hacía posible incursionar en el estudio del imperialismo desde la perspectiva de la periferia, creando categorías específicas para el mundo no desarrollado. De las diferentes corrientes que surgieron para explicar la dependencia, fue ganando terreno la que concebía que si bien ésta era resultado de una experiencia histórica colonial que se prolongaba después de la Independencia, implicaba también a grupos sociales internos (nacionales) que tomaban decisiones y se adaptaban a los intereses de los países desarrollados. Tal perspectiva, asociada a la desarrollada en Francia por Georges Balandier sobre el concepto de la situación colonial (que equiparó con el de dependencia), brindó a los sociólogos y antropólogos latinoamericanos los elementos necesarios para elaborar el paradigma de la dependencia (Hewitt, 1984).

En torno al colonialismo se alcanzó cierto consenso que consideraba que éste residía en la esfera política y económica, que implicaba el control, por parte de los extranjeros, del intercambio económico y la información, así como la manipulación de estereotipos raciales o étnicos que justificaban el dominio de los colonizadores sobre los colonizados. Con ello, el colonialismo implicaba también a las esferas psicológicas y culturales. Tal perspectiva sobre la dependencia y el colonialismo fue asumida sobre todo por aquellos latinoamericanos que estudiaron en París. Al aplicar el concepto de explotación colonial, estos investigadores encontraron que las mismas pautas podían encontrarse en el interior de sus países, a escalas inter e intrarregionales. Surgió entonces el concepto de colonialismo interno. En México, Pablo González Casanova fue pionero al emplear estos conceptos, aunque se enfrentó al difícil problema de combinar el análisis simultáneo de la explotación geográfica con el de la explotación sustentada en las clases sociales (Hewitt, 1984).

En México, los antecedentes sobre las regiones de refugio y la preocupación por los indígenas le dieron a las teorías del colonialismo y la dependencia la dimensión étnica necesaria para explicar por qué una parte de la población era explotada no sólo por pertenecer a un país neocolonial y a una clase oprimida, sino por pertenecer a una minoría étnica. Y aún más, para explicar por qué en el interior de esos países las élites regionales se beneficiaban del sometimiento indígena en las regiones interétnicas. Pero a diferencia de las concepciones de Aguirre Beltrán, bajo la óptica del colonialismo interno, el origen de la situación radicaba en una situación estructural, en la que la condición étnica y el manejo de la cultura eran más un síntoma que una causa.

La síntesis entre las posiciones de la sociología latinoamericana, las tesis de Balandier y la antropología, la hizo en México Rodolfo Stavenhagen. Éste, para resolver el problema entre explotación étnica y de clase, propuso que la estratificación de casta y la de clase debían verse como coexistentes y obrando entre sí, como lo habían hecho siempre, y de la misma manera en que se superponían las formas geográficas de explotación a las relaciones con los medios de producción (Hewitt, 1984).

Esta posición de ninguna manera fue compartida por los marxistas ortodoxos, dedicados al estudio del movimiento obrero, a los cada vez más visibles (para la antropología) sectores populares urbanos, o a los estudios del campesinado, puesto que para todos ellos la etnicidad no era importante o, cuando mucho, constituía sólo una manifestación cultural del dominio de lo económico.

En el México de finales de 1970, varios factores permitieron la apertura de las fronteras a una praxis antropológica que se interesaba cada vez más en otros temas, y que desde entonces se preocupó no sólo por nuevas temáticas y por nuevos sujetos sociales, sino que también pudo alimentarse de nuevas perspectivas teóricas: la crítica al paradigma y la práctica indigenistas, la conciencia creciente sobre el carácter de la antropología al servicio del colonialismo, el incremento de las migraciones a las ciudades, los procesos provocados por la acelerada urbanización y la modernización, y las fuertes protestas sociales e intelectuales que se oponían a las políticas económicas y culturales impuestas en el país.

La redefinición del quehacer antropológico, que quería alejarse de las políticas y acciones del Estado, se vio inmersa en una compleja y contradictoria dinámica al presentarse esta búsqueda acompañada de una apertura política por parte del propio Estado, que se propuso fortalecer su relación con los centros de investigación y docencia, después de la matanza de 1968 y el serio descontento social que se derivó de ella.

Pero si bien la necesidad de redefinir la práctica antropológica así como la crítica al indigenismo de Estado formaron la plataforma común de la lucha de los críticos del indigenismo, el desarrollo de diversas vertientes de interpretación sobre la realidad nacional y su contexto internacional generó posiciones que no siempre coincidieron e incluso fueron opuestas. Tales diferencias giraron en torno a la caracterización del problema indígena, al proyecto de nación que debía construirse, a la posibilidad de las alianzas de clase, al papel que desempeñaría cada sector en la transformación de la sociedad, y por tanto respecto a las relaciones que debían existir entre el Estado, los diferentes sectores, las clases sociales, los partidos políticos y los intelectuales.

En términos generales, las dos grandes posiciones que hegemonizaron la discusión antropológica antiindigenista de finales de las décadas de 1970 y 1980 fueron la de los llamados antropólogos críticos y la de los que se autodenominaron marxistas o etnomarxistas.

Los antropólogos críticos fueron llamados así por sus posiciones críticas al indigenismo oficial expuestas en el libro *De eso que se llama la antropología mexicana*, publicado en 1970 y que se convirtió en parteaguas en la historia del indigenismo. Las posiciones de tales antropólogos disidentes fueron presentadas desde antes, en el Sexto Congreso Indigenista realizado en 1968. Coincidían con esta posición Guillermo Bonfil, Enrique Valencia, Margarita Nolasco, Mercedes Olivera y Arturo Warman (Méndez Laville, 1987).

Este grupo de antropólogos compartió con Stavenhagen las ideas sobre la dependencia y el colonialismo interno, al tiempo que recibió la influencia de la escuela francesa de antropología por medio de Robert Jaulin, Regis Debray, Dominique Perrot, George Condominas y Pierre Clastres, entre otros. Tales autores, también bajo la influencia marxista, denunciaron en el ámbito mundial, a finales de 1960 y principios de 1970, el etnocidio ejercido en las poblaciones indígenas bajo la dominación colonial y el capitalismo de Occidente.

Sensibilizados por los impactos del colonialismo sobre las poblaciones nativas, que llegaron en muchos casos al etnocidio, un creciente número de antropólogos, que compartió muchos de los principios de los antropólogos críticos, fueron configurando una tendencia cada vez más amplia en la que participaron antropólogos mexicanos, y extranjeros residentes en México como Stefano Varese, Scott Robinson, Nemesio Rodríguez y Miguel A. Bartolomé, algunos de los cuales participaron, al igual que Bonfil, en las reuniones de Barbados (Grupo de Barbados, 1979).[6]

Para los simpatizantes de los antropólogos críticos, el ataque al indigenismo predominante implicó el cuestionamiento a la práctica antropológica al servicio del expansionismo de Occidente, o sea del colonialismo y el imperialismo. En ese sentido se opusieron a las prácticas de asimilación e integración hacia el indígena, llevadas a cabo en nombre del nacionalismo y el desarrollo nacional, y que no hacían más que reproducir las prácticas coloniales ahora en la modalidad de colonialismo interno (Warman, 1986).

[6] Aquí cabe aclarar que no todos los simpatizantes de las teorías sobre la dependencia y el colonialismo interno compartían exactamente las mismas posiciones. Pero todos ellos, en uno u otro momento, fueron identificados con los antropólogos críticos (que tampoco configuraban un grupo homogéneo, ni se mantuvieron como un mismo grupo en el tiempo), y fueron englobados, por sus opositores, como representantes de corrientes similares, llamadas etnopopulistas, o etnicistas, o etnopopulistas románticos, como veremos más adelante.

Para la caracterización del problema indígena se opusieron a las concepciones culturalistas provenientes del funcionalismo que veían a la cultura nacional como la suma de las subculturas existentes en una sociedad, y se interesaron por analizar el conflicto con una perspectiva estructural e histórica, nacional e internacional. De esta manera reconocieron la existencia de grupos sociales estructuralmente antagónicos que son los que han configurado, dentro de las naciones de origen colonial, situaciones de conflicto entre clases sociales, y que en regiones específicas se expresan en relaciones de dominación y explotación étnica. Cabe decir, sin embargo, que a pesar de que todos ellos compartían un enfoque general estructural y sistémico, también se opusieron a las perspectivas mecanicistas que subordinaban lo cultural a lo económico, y por ende lo étnico a las clases.

De la amplia corriente de antropólogos simpatizantes de estas concepciones generales, interesadas en las relaciones interétnicas y las relaciones entre las etnias y las clases, fueron Guillermo Bonfil, Stefano Varese, Miguel A. Bartolomé y Rodolfo Stavenhagen quienes durante la década de 1980 desarrollaron propuestas teóricas para explicar la dinámica del cambio cultural y la persistencia de las etnias; aunque fueron las de Bonfil y Stavenhagen las que tuvieron mayor impacto dentro de la antropología mexicana.

En el pensamiento de Bonfil, las comunidades indígenas son vistas como producto de las estructuras coloniales de dominación, que conservan ámbitos propios de resistencia, precisamente en la permanencia de sus identidades culturales. De esta manera su peculiar estructura se entiende como respuesta a su condición asimétrica y subordinada en relación con las metrópolis coloniales, y posteriormente nacionales. Su permanencia como entidades étnicas diferentes a las del resto de la sociedad nacional se explican por la pertinencia que tiene la justificación de la dominación por cuestiones raciales y étnicas, pero también por la resistencia de los indígenas a la dominación. Al tener la dominación indígena un origen y una forma diferentes a los que tienen las demás clases subordinadas del capitalismo (vicariales), se considera que los indígenas establecen su perspectiva histórica y su legitimidad al *margen* del sistema de clases predominante en la sociedad global (Bonfil, 1979, 1986).

Esta última afirmación de Bonfil, de que los indígenas establecen su legitimidad y su perspectiva histórica al *margen* (palabra puesta en cursivas en la publicación) del sistema de clases, indicaba, en la época de la edición del libro *De eso que llaman la antropología mexicana*, el interés de Bonfil por acentuar las diferencias de la explotación del indígena respecto de la de las demás clases sociales, en un momento en que desde el marxismo ortodoxo, cada vez con más auge en México, se perdía la dimensión étnica de la dominación, presente en gran número de habitantes rurales. Pero implicaba también diferenciarse de otros grupos políticos y de antropólogos respecto de lo que debía ser la lucha para transformar el país. Sin embargo, al calor de la polémica, y de la lucha social india en Latinoamérica, sus planteamientos se fueron radicalizando hasta concluir en su propuesta del *México profundo. Una civilización negada* en la que postula abiertamente el modelo civilizatorio indígena, contrapuesto al de Occidente, como proyecto político nacional.

La preocupación por entender la dinámica de las relaciones interétnicas en contextos de dominación y subordinación la desarrolló Bonfil aún más a lo largo de su vida, principalmente en su teoría del control cultural y en varios artículos dedicados a esclarecer las diferencias entre pueblo colonizado y clases subordinadas (Bonfil, 1984, 1987a, 1988a).[7] Todos esos trabajos aportan elementos para entender que las formas de articulación y subordinación de los indígenas a la sociedad nacional, tanto como sus formas de liberación, implican modalidades específicas.

El control cultural, para Bonfil, es la capacidad social de decisión que tiene un grupo sobre los elementos culturales (vistos como recursos) que son necesarios para formular y realizar un propósito social. Por ello implica una dimensión política que se relaciona con la mayor o menor capacidad que tiene un grupo para el ejercicio del poder. De tal capacidad se derivan diferentes ámbitos: el de cultura autónoma (el grupo mantiene no sólo la capacidad de usos sino también el control de reproducción de sus elementos y procesos culturales), el de cultura apropiada (hace referencia al ámbito en que el grupo mantiene sólo el control de uso), el de cultura enajenada (ámbitos de la cultura sobre los cua-

[7] Para ver con detalle el desarrollo del pensamiento de Bonfil en este aspecto véase la tesis de maestría de Maya Lorena Pérez Ruiz *El Museo Nacional de Culturas Populares 1982-1989: producción cultural y significados*, ENAH, México, 1995.

les han perdido el control aunque por origen sean propios) y el de cultura impuesta (ámbito cultural sobre el cual no tienen ninguna capacidad de control, pues lo ejerce el grupo cultural dominante).

Los contenidos de tales ámbitos culturales no están predeterminados y varían de acuerdo con proceso sociales específicos que son producto de las relaciones totales que mantiene un grupo social con otros grupos, incluyendo a los dominantes. De ahí que el contenido particular de cada ámbito dependerá de los procesos de resistencia de la cultura autónoma, de la imposición de una cultura ajena, de la apropiación de elementos ajenos en términos de su uso (los cuales pueden llegar a ser parte de la cultura propia y autónoma) y de la pérdida, o enajenación, de la capacidad de decisión sobre elementos culturales propios (Bonfil, 1984 y 1987a).

Vistas así las cosas, los grupos y las culturas subalternos pueden incorporar un menor o un mayor número de elementos culturales a su ámbito de "cultura propia" (conformada por los ámbitos de cultura autónoma y apropiada), dependiendo de las formas específicas de articulación entre ellas y la sociedad colonial, por lo que para Bonfil pierden sentido las caracterizaciones de las culturas populares como "puras", "auténticamente indígenas", "híbridas" o "espurias" (Bonfil, 1987a).

En este modelo propuesto por Bonfil para entender las relaciones interétnicas en contextos de dominación-subordinación se considera que el grupo, la cultura y la identidad se relacionan internamente (dentro de la propia unidad étnica), de modo que al mismo tiempo pueden entenderse sus identidades y sus culturas en sus relaciones con otros grupos. Con esto se propone la existencia de una relación significativa entre grupo (sociedad) y cultura, que permite entender la especificidad del grupo étnico, sin abandonar la perspectiva complementaria que ve los diversos niveles del fenómeno étnico (los grupos, las identidades, las culturas) como entidades diferenciadas y contrastantes inmersas en un sistema determinado de relaciones: relaciones sociales cuando se trata de grupos, relaciones interpersonales e intersubjetivas cuando es el caso de individuos con identidades étnicas diferentes, y relaciones interculturales para el caso de sistemas policulturales (Bonfil, 1986).

Precisamente al estar interesado Bonfil en un campo analítico en el que importa ante todo entender procesos de interrelación, de dominación y subordinación entre grupos con culturas diferentes, cobra sentido para él encontrar cuáles son las diferencias que existen no sólo entre culturas hegemónicas y subordinadas, sino aun entre grupos subordinados según sea su origen, es decir, si provienen o no de un proceso colonial.

Por ello, Bonfil establece términos específicos para diferenciar a los sectores subalternos según su origen. Denomina *clases subalternas* a aquellas que comparten el mismo origen sociocultural del grupo dominante, y emplea el concepto *pueblo colonizado* para referirse a los que tienen una cultura diferente a la de los dominadores. Por ende, dice, en una sociedad clasista de origen colonial hay una compleja trama de relaciones entre sociedad colonizadora, clase dominante, clases subalternas y pueblos colonizados (Bonfil, 1984). Por eso mismo, para él es necesario diferenciar a las clases subalternas nacidas dentro de la misma lógica del sistema capitalista colonizador, de lo que es el pueblo colonizado cuyo origen social es diferente, puesto que serán también diferentes la naturaleza y condición de su cultura propia, las relaciones de dominación, así como las luchas que emprendan por su liberación.

Para Bonfil la clase subalterna y la dominante forman parte de una misma sociedad, de un mismo sistema sociocultural, aunque haya procesos de exclusión de la clase subalterna en beneficio de la clase dominante, lo cual genera conflictos. Pero la lucha entre ellas se da dentro de un mismo horizonte civilizatorio, a pesar de que tales proyectos puedan ser diferentes y, en muchos sentidos, opuestos. Es decir, los elementos culturales cuyo control se disputan son, finalmente, los mismos. En cambio, el conflicto es diferente cuando se presenta entre un pueblo colonizado y el colonizador, ya que el primero posee una cultura diferente de la que posee la sociedad colonizadora. El pueblo colonizado lucha por la preservación de su cultura y, por tanto, su proyecto cultural y de liberación tiene una perspectiva civilizatoria diferente (Bonfil, 1984)

En la lucha contra la dominación, las diferencias entre clase dominada y pueblo colonizado radican en que este último lucha por su autonomía, en tanto que la clase subalterna lucha por el poder dentro de la misma sociedad, la misma cultura y la misma civilización de la que forma parte. No obstante, reconoce que debido a su condición de subalternos ambos sectores coinciden en el interés por transformar el orden de dominación existente que a ambos sojuzga. Lo cual, según él, es necesario pero no suficiente para liquidar la dominación colonial (Bonfil, 1984).

Con tales planteamientos Bonfil buscó apartarse de las posiciones que consideraban que los indígenas debían subordinarse a la dirección de la clase obrera como vanguardia del cambio revolucionario, o que igualaban mecánicamente la lucha indígena a la de los demás sectores explotados de la sociedad. Bonfil estaba convencido de que ninguna de las dos vías daba respuestas satisfactorias a las demandas de los indígenas sobre sus derechos históricos y culturales. De ahí que pensase que la liberación de las etnias, el fin de las relaciones asimétricas a las que han estado sujetas, y las modalidades de su dominación, debían ser condiciones necesarias para el verdadero establecimiento de un Estado y una nación pluricultural (Bonfil, 1979, 1986).

Stavenhagen, por el contrario, consideró desde el inicio que el colonialismo interno no es una relación estructural exclusiva de las áreas indígenas de América Latina, pero sí donde el colonialismo aparece más agudizado, precisamente por sus aspectos étnicos y culturales. Pero para él, igual que para Bonfil, la estructura de la comunidad corporativa y la preservación de la cultura indígena constituyen la expresión, por una parte, de los instrumentos sociopolíticos a través de los cuales el grupo dominante ejerce su poder y la explotación, pero también, por otra, de los mecanismos de defensa mediante los cuales el grupo subordinado ha tratado de mantener su solidaridad e identidad frente a las presiones externas (Stavenhagen, 1980).

En cuanto a la relación entre etnia y clase, para él no constituyen categorías excluyentes, ya que considera que entre los indígenas hay elementos culturales estrechamente vinculados a posiciones de clase (que pueden ser diversas), y también hay elementos culturales que rebasan cualquier posición de clase. Para poder entender las relaciones entre ellas, plantea entonces, no deben analizarse como si fueran parte de un *continuum*, y excluyentes, sino como interactuantes entre sí. De ahí que no se contrapongan la conciencia étnica y la conciencia de clase. Y de ahí también que para su liberación se requiera de la lucha en los dos frentes: la liberación económica a través de la lucha de clases y la liberación étnica a través de la eliminación de las diversas trabas que han puesto las clases dominantes y el Estado al libre desenvolvimiento de sus facultades y capacidades culturales propias (Stavenhagen, 1980).

Por su parte, Varese y Bartolomé se propusieron comprender las relaciones interétnicas, vigentes sobre todo en Oaxaca, mediante la explicación de la pluralidad cultural, tanto en su dimensión diacrónica como sincrónica, y tomando como indicador relevante la relación entre lo específico (entendido como desarrollo cultural local) y lo universal (entendido como procesos civilizatorios abarcativos). Para ello desarrollaron un modelo procesal basándose en la síntesis elaborada por W. Buckley (1973), quien concibe la sociedad como una interacción —compleja, mutifacética y fluida— de muy variables grados e intensidades de asociación y disociación. Entre los conceptos operacionales para comprender la dinámica sistémica destacan el concepto de "articulación social", que hace referencia a todos aquellos procesos que resultan de la unión o vinculación de partes, sin que las mismas sean necesariamente afectadas en sus atribuciones diferenciales y específicas. Tal definición la toman de Leopoldo Bartolomé (1980) y les es útil para explicar los "procesos conectivos", que se expresan en modos específicos de articulación entre unidades sociales, cultural, económica y políticamente diferenciadas, que se organizan como sistemas y presentan distintas modalidades articulatorias tendencialmente dominantes.[8] En su modelo identifican tres procesos generales de articulación social: *1)* de articulación adaptativa, que es aquella en que los vínculos entre unidades se establecen con fines eminentemente instrumentales, sin que se busque o pretenda modificar las fronteras intergrupales; *2)* la articulación de contradicción dialéctica, que es todo sistema conectivo en que la vinculación entre las partes se establece a través del conflicto y de la dialéctica de antinomia y complementariedad, y *3)* la articulación integrativa, que corresponde a todo proceso que involucre aumento en la entropía del sistema (homo-

[8] De Walter Buckley (1973), los autores se basan en el libro *La sociología y la teoría moderna de los sistemas*, Amorrortu, Buenos Aires. De Leopoldo Bartolomé (1980) emplean el artículo "Sobre el concepto de articulación social", en *Desarrollo Económico, Revista de Ciencias Sociales*, núm. 78, vol. XX, Buenos Aires.

geneización) y el consiguiente debilitamiento de las fronteras intergrupales (Bartolomé y Varese, 1986). Para dichos autores, los procesos anteriores pueden coexistir en un momento dado, aunque tendencialmente pueda existir una orientación hegemónica de parte de alguno, además de que en ellos concurren elementos de tensión sistémica que son rasgos esenciales de sus estructuras.

Al aplicar su modelo a Oaxaca identifican tres momentos sistémicos: *1)* el sistema prehispánico, que correspondería a una articulación adaptativa, caracterizada por un relativamente bajo nivel tendencial de homogeneización social y cultural en razón de los tipos de procesos conectivos; *2)* el sistema colonial, caracterizado como un fenómeno de descivilización, orientado hacia la abolición y la desestructuración del proceso civilizatorio existente, al cual siguió, sin embargo, un proceso de restructuración y reorganización sistémica en el que, no obstante, no se produjo una síntesis global, lo que condujo a la coexistencia de dinámicas culturales paralelas, radicalmente interconectadas, pero que al mismo tiempo tendieron a mantener su alteridad, y *3)* un sistema contemporáneo en el que concurren fuerzas y tendencias sociales provenientes tanto de los momentos previos como de conformación reciente, de modo que existen unidades sociales sumamente diferenciadas, entre las que se encuentran, por ejemplo, las ciudades (que recogen y difunden las tendencias del Estado y cuyas relaciones con el ámbito rural revisten aún características de índole neocolonial) y las etnias locales (que tienden a mantener una relativa mayor distancia respecto de las tendencias integrativas emanadas de las metrópolis regionales), mismas que existen junto a vectores externos de intensa penetración en la organización del sistema (de los cuales el Estado-nación mexicano sería el más importante por su voluntad hegemónica). De ahí que para este momento los autores identifiquen como las dimensiones más relevantes del proceso articulatorio precisamente las relaciones interétnicas, las interclases, las interregionales y las relaciones rurales-urbanas, interconectadas todas ellas por una articulación simbólica (Bartolomé y Varese, 1986).[9]

[9] En el caso de Miguel A. Bartolomé cabe decir que este modelo, que elaboró junto con Varese, al parecer no fue desarrollado y aplicado como tal en los años siguientes; la reflexión sobre lo étnico, sin embargo, continuó siendo esencial para este autor, hasta llegar a concretar una nueva propuesta, que veremos más adelante.

Pese a las diferencias entre Stavenhagen, Bonfil, Bartolomé, Varese y otros postulantes de las tesis del colonialismo interno y la dependencia, lo que los mantuvo como parte de una misma corriente de pensamiento fue su convencimiento de la importancia de la dimensión étnica en las luchas de liberación de los pueblos, y la certeza de que el socialismo existente, en esos años, no había logrado dar una respuesta satisfactoria a los pueblos y minorías étnicas, sometidos también al poderío del Estado soviético. Tal posición los mantuvo alejados de aquellos que planteaban el socialismo como la única vía de solución para acabar con la explotación, y los condujo a buscar alternativas por la vía de la democratización del Estado nacional. Esto mediante la lucha por construir espacios políticos, sociales y culturales para la pluralidad étnica y cultural, y sin dejar por ello la lucha a largo plazo por la transformación radical del Estado nacional mexicano. Ello los condujo a luchar por la transformación de las políticas de desarrollo; por aumentar la capacidad de las comunidades para satisfacer sus necesidades básicas; por reducir el intercambio desigual y la transferencia de riquezas hacia otros sectores; por satisfacer las demandas indígenas en los ámbitos agrario, económico y laboral; por impulsar sus derechos a la autodeterminación política, y por propiciar el máximo desarrollo para sus culturas. Esto por la vía de promover nuevas políticas de desarrollo, educativas y culturales.

La importancia que los impulsores de esta corriente le dieron a la cultura y a los derechos políticos y culturales de los indígenas, no significaba que creyeran que las comunidades indígenas habían permanecido intactas, e iguales a sí mismas, a lo largo de la historia. Por el contrario, veían en ellas procesos de fuerte imposición, adaptación y expropiación, pero también de resistencia e innovación, que les habían permitido la sobrevivencia (Bonfil, 1984). Sin embargo estaban convencidos de que devolviéndoles sus derechos, y acabando con su subordinación, estos pueblos tenían la capacidad de encontrar nuevas perspectivas para el desarrollo de su identidad y de su cultura. Por ello consideraban que lo importante en su permanencia étnica no radicaba en su mayor o menor acercamiento a sus orígenes prehispánicos, sino en el grado de identidad que les capacitara para proporcionar a sus miembros las normas de comportamiento y las relaciones sociales necesarias para su continuidad en el contexto de la sociedad mexicana.

Precisamente su posición respecto de promover la construcción de una sociedad pluriétnica y pluricultural indujo a varios de los antropólogos de esta corriente a retomar el concepto de lo popular, reformulado por las vertientes gramscianas para ampliar los frentes de lucha. De ahí que durante la década de 1980 su defensa de los indígenas, su debate por la nación e incluso su participación en la formación de instituciones nacionales (como la Dirección General de Culturas Populares y el Museo Nacional de Culturas Populares) se haya dado en el parteaguas de la cultura popular.[10]

Otro aspecto que consideraron necesario fue luchar contra las formas de intermediación entre el Estado nacional y los indígenas, por lo que impulsaron la formación de profesionistas, intelectuales y líderes indios, para que fueran ellos, y no otros, quienes condujeran los procesos de liberación indígena: técnicos en cultura popular y lenguas indígenas, promotores culturales bilingües, etnolingüistas, etc. Muchos de quienes generaron estas propuestas veían en estos indígenas una especie de "intelectuales orgánicos" en el sentido gramsciano.

Para los etnomarxistas, el interés por el problema indígena se derivó de su inquietud por establecer el papel que éstos jugaban o podían jugar en el proyecto de democratización de la sociedad y en la construcción del socialismo, así como del afán por dilucidar las bases y las condiciones en que el movimiento revolucionario debería apoyar las luchas por la autodeterminación o la auto-

[10] En 1979, en la mesa redonda sobre "Marxismo y antropología" (publicada por la revista *Nueva Antropología),* Guillermo Bonfil si bien reconoce los importantes aportes del marxismo para comprender la realidad mexicana, encuentra en él también ciertas limitaciones, ya que dice: "No acierta en su afirmación de que la expansión del mercado implica necesariamente la homogeneización del mercado dentro de todos los sectores de la sociedad; su postulado sobre la creación de las naciones no se ajusta a las realidades de países que fueron colonizados; y no tiene explicaciones satisfactorias respecto a los sectores sociales que comparten formas de organización, culturas y lenguas distintas a la lengua o la cultura oficial o dominante" (Bonfil [1979]). Ante tales deficiencias propone que la antropología mexicana se asome a otras corrientes de pensamiento antropológico y marxista que tratan esos temas. Menciona explícitamente la escuela italiana que surge del pensamiento de Gramsci y la antropología de De Martino, y propone acercarse a la conceptualización que ellos hacen de las clases y las culturas subalternas.

nomía de las nacionalidades y los grupos étnicos (Díaz Polanco, 1985). En la caracterización general sobre las etnias se plantea en principio su origen clasista, y se considera que para que éstas puedan ser vistas en su dimensión histórica debe partirse de la estructura de clases para entender su naturaleza y la reproducción del complejo étnico, puesto que el fenómeno cultural y social que este último implica se encuentra determinado por la estructura clasista mencionada.

Según Díaz Polanco (quien se interesó especialmente por diferenciar la etnicidad, o lo étnico, de la etnia, y las relaciones de tales nociones con las clases), lo étnico es definido como un complejo particular que involucra, siguiendo formas específicas de interrelación, ciertas características culturales, sistemas de organización social, costumbres y normas comunes, pautas de conducta, lengua, tradición, historia, etc. Por ello, se concluye que la etnicidad no es atribuible sólo a las etnias o grupos étnicos, ya que todo grupo social constituido posee su propia etnicidad. Y tal etnicidad debe ser considerada como una dimensión de las clases o, si se quiere, como un nivel de las mismas. De ahí que para este autor toda clase social o grupo social posea una dimensión étnica propia. Por su parte la etnia, o grupo étnico, se caracteriza por ser un conjunto social que ha desarrollado una fuerte solidaridad o identidad social a partir de los componentes étnicos. Esa identidad étnica es la que permite al grupo, además, diferenciarse de otros grupos (Díaz Polanco, 1985, 1992).

Para los integrantes de esta corriente el concepto de minoría subordinada es una herramienta fundamental para la comprensión del problema de la cuestión étnica en los Estados nacionales. Destaca como centro de ese concepto la situación de opresión, explotación, discriminación y segregación de los grupos que difieren, en sus características físicas, culturales, nacionales y lingüísticas, de las clases dominantes. Por eso, dichas minorías, si bien comparten con otros sectores una misma situación de clase, se encuentran sujetas a una explotación adicional y preferencial en las esferas económicas, políticas y culturales. En especial, Gilberto López y Rivas considera que las relaciones que establecen las mayorías con las minorías étnicas subordinadas no pueden considerarse relaciones interétnicas, pues lo que existe entre ellas son relaciones de clase que se establecen con el Estado-nación capitalista; son relaciones entre etnias subordinadas y "grupos de nacionalidad de las clases subordinada y subordinante" (López y Rivas, 1988).

En la medida en que dentro de esta concepción los grupos indígenas forman parte del pueblo, que aglutina genéricamente a las clases subordinadas, el problema étnico forma parte integral de la cuestión nacional. Y por tanto su solución pasa necesariamente por el establecimiento de un nuevo tipo de nación, la nación-pueblo, la cual implica redefinir no sólo una nueva hegemonía, la de las clases otrora dominadas, sino que también establece una nueva relación de conjunto de los agregados étnico-nacionales, dándole a la nación un carácter multiétnico y plurilingüe (López y Rivas, 1988).

La concepción de la nación en esta corriente de pensamiento va unida al concepto de pueblo con el fin de diferenciarla de la perspectiva de nación construida por las burguesías y el imperialismo. El pueblo es el nuevo protagonista de la cuestión nacional que sobre la base de una dialéctica de inserción y rechazo en la historia de la nación va forjando una voluntad colectiva nacional-popular, que es expresión histórica de su realización política, así como de su interés por desplazar a la burguesía del poder político y asumir la conducción de la nación. El sedimento ideológico-político que interviene en la lucha por la nación-pueblo lo constituye el sentimiento nacional surgido de las entrañas del pueblo, de su participación en las gestas independentistas, en la resistencia contra la invasión extranjera, en su vocación para rebelarse contra los opresores. Un patriotismo popular, basado en la conciencia del régimen de explotación y por tanto diferente al nacionalismo burgués (López y Rivas, 1988).

Para construir una nación así, se considera que es importante el reconocimiento de la diversidad étnico-nacional que compone el pueblo, y se propone construir sobre esa base diversas formas de autonomía regional, lo mismo que una práctica democrática basada en el respeto a la diferencia cultural y lingüística, que fortalezca la unidad nacional (López y Rivas, 1988).

La concepción de la autonomía regional como la alternativa para los indígenas en el contexto nacional, ha sido hasta la fecha la propuesta más acabada de los seguidores de esta corriente, y la que ha sido bandera de muchas organizaciones indígenas de vanguardia del país (Díaz Polanco, 1991; Castellanos y López y Rivas, 1992; López y Rivas, 1996).

Contrariamente a las posiciones de la corriente afín a los antropólogos críticos, los etnomarxistas plantearon que la actitud política hacia los indígenas, sus movimientos y acciones, debía ser la de vincularlos con el movimiento revolucionario y conducirlos hacia posiciones claramente anticapitalistas, como las del movimiento obrero. Y la posibilidad de que dichas acciones se convirtieran en fermentos progresistas dependería en gran medida de la habilidad de las organizaciones políticas para atraer a esas masas a su seno e impulsar sus movimientos (Díaz Polanco, 1985).

En general, si bien estos antropólogos etnomarxistas no entraron directamente a la discusión de lo popular en términos de las culturas populares (como lo hicieron varios de la corriente crítica), sí utilizaron el concepto de populismo, o etnopopulismo, para cuestionar a los primeros. Simultáneamente, emplearon el término pueblo y lo popular de manera más cercana a como era usado por el Movimiento Urbano Popular, como sinónimo de conglomerado de clases explotadas, y no con la connotación fuertemente étnica y cultural con que fueron empleados por los antropólogos vinculados al estudio, la discusión y la promoción de las culturas populares (Pérez Ruiz, 1993, 1995).

Los etnomarxistas se opusieron constantemente a los antropólogos críticos y sus seguidores (tanto en la discusión de lo indígena como respecto a lo popular), por lo que consideraron una posición pequeñoburguesa: una posición poco clara respecto de los grupos indígenas y su papel en la lucha anticapitalista y a favor de la construcción del socialismo, lo que, desde su perspectiva, los hacía aliados del Estado para distraer la verdadera lucha revolucionaria (Guerrero y López y Rivas, 1984), así como por su colaboración con el Estado mexicano en el diseño y la aplicación de políticas públicas.

Por esas posiciones, desde 1978 Díaz Polanco llamó la atención sobre el carácter populista de la corriente de los antropólogos críticos, y Javier Guerrero, en 1981, los bautizó como *etnopopulistas* (Burguete, 1984). Al caracterizar a esa corriente como *populista* estaban asumiendo las críticas que desde el leninismo se habían hecho a las concepciones romántica y anarquista sobre el pueblo, y al agregarle el prefijo *etno* estaban haciendo referencia a la inclinación de esos antropólogos por defender a los indígenas desde una posición que, a su juicio, era revisionista y pequeñoburguesa.[11]

Los aspectos por los cuales a los antropólogos críticos se les caracterizó como etnopopulistas fueron: que destacaban los cambios positivos de la comunidad indígena, alabando su armonía, su solidaridad, su integración, etc.; que planteaban que la solución no consistía en que las comunidades se integraran al sistema capitalista-industrial, sino en que conservaran su identidad, su sistema de organización interna, sus costumbres, etc., y su "estadolatría", que los conducía a esperar del Estado más de lo que la sensatez aconseja (como se podía ver en los deberes que se asignaba al Estado en la Declaración de Barbados I) (Díaz Polanco, 1985).

A su vez, cuando los antropólogos críticos cuestionaban a los etnomarxistas, lo hacían al homologarlos con ciertas posiciones del pensamiento ilustrado y del marxismo ortodoxo, que los llevaba a no entender cabalmente ni la dimensión étnica de las luchas indígenas, ni las dimensiones culturales de la explotación, la resistencia y las luchas contra la opresión, ni la lucha por la democratización del Estado nacional.

La polémica entre los simpatizantes de las corrientes del pensamiento antropológico hasta ahora vistas, y que fueron las hegemónicas desde mediados de la década de 1970 y durante la década de 1980, fue ardua y no siempre exenta de pasión. Por las implicaciones políticas y las acciones que se derivaban de una y otras posiciones, la discusión adquirió connotaciones personales e ideológicas que muchas veces impidieron a los contrincantes escucharse analíticamente, hasta que la polémica menguó, frente al surgimiento de nuevos tópicos que la antropología mexicana se propuso abarcar: el mundo obrero, la cultura popular urbana, los procesos migratorios, los movimientos políticos de sectores emergentes, las identidades religiosas, barriales, etcétera.

El levantamiento armado del EZLN el 1° de enero de 1994, sin embargo, le dio un nuevo empuje a la discusión antropológica acerca de las relaciones entre indígenas y no indígenas. Ante los acontecimientos acaecidos después de esa fecha, muy especialmente frente a la confrontación y la negociación entre los zapatis-

[11] Para conocer las críticas a este pensamiento véase Martín Barbero (1987).

tas chiapanecos y el gobierno federal mexicano, la parte militante en el medio antropológico la han desempeñado los etnomarxistas y sus simpatizantes, que han promovido entre las organizaciones indígenas, y aun entre el EZLN, la autonomía regional para los pueblos indígenas como alternativa de solución, sin que se presentara colateralmente una revisión autocrítica de sus antiguas posiciones.

Hay que decir, sin embargo, que fuera de los ámbitos militantes e institucionales donde se discutía el indigenismo —y de manera colateral a lo que fue la polémica irresoluble entre etnicistas y etnomarxistas— un sector de investigadores sociales mexicanos continuó avanzando en el análisis de la situación de los indígenas en sus nuevos contextos económicos, sociales, culturales y políticos. De modo que ya desde la segunda mitad de 1980, durante la década de 1990, así como en los albores del nuevo siglo, se produjeron en México investigaciones y nuevas propuestas teóricas que se han desarrollado a partir del interés por comprender a los indígenas desde la perspectiva de sus identidades particulares, de su constitución como nuevos actores sociales, de su participación en nuevos movimientos sociales, y de sus interacciones con otros grupos sociales, con identidades culturales y políticas diferentes.

## Algunos retos pendientes y nuevos puntos de partida

La evidencia empírica cada vez más abundante en torno a los indígenas, así como la creciente emergencia de un movimiento indígena nacional, poco a poco fueron demostrando la insuficiencia de las propuestas desarrolladas por las perspectivas hegemónicas en las que se discutía lo indígena, y que hemos visto anteriormente.

Ciertamente, la antropología ligada al indigenismo, en sus distintas vertientes, brindó elementos importantes para aclarar las relaciones entre indígenas y no indígenas, ya que permitió comprender que dichas relaciones significan mucho más que una mera relación de contacto entre grupos con culturas diferentes. De esta forma fue fundamental que se incorporaran las nociones de conflicto y dominación colonial y se planteara un modelo para entender los procesos de aculturación (Aguirre Beltrán); que se ubicaran dichos procesos de conflicto y dominación como parte estructural de sistemas socioeconómicos nacionales e internacionales más amplios e históricos, mediante las teorías de la dependencia y el colonialismo interno (González Casanova y Stavenhagen); que se explicitaran las diferencias de los procesos de dominación, explotación, y aun de liberación, según se tratara de pueblos colonizados o clases subordinadas, y que se diseñara la teoría del control cultural para explicar la dinámica cultural en situaciones de contacto asimétrico (Bonfil), y que se subrayara la similitud de horizontes políticos que pueden tener los miembros de clases sociales, minorías y grupos indígenas subordinados al compartir las mismas posiciones de clase y luchar por su liberación (Díaz Polanco y López y Rivas).

Pese a lo que significaron dichos avances quedaron importantes problemas sin resolver. Uno de ellos fue el de clarificar lo que es una etnia, un grupo étnico y la etnicidad, así como los procesos que los identifican o los diferencian de la cultura de un grupo, de su identidad social y de su posible identidad de clase. Establecer las diferencias se volvió imperativo desde el momento en que varios de esos términos eran empleados laxamente, e incluso indistintamente, para hacer referencia a procesos similares, o se mezclaban para explicar procesos de diferentes ámbitos en la dinámica social. Otro asunto pendiente fue el de precisar más las relaciones entre etnias y clases, ya que la mayor parte de la discusión se centraba más en el futuro político de las etnias que en el debate teórico para establecer las precisiones correspondientes a uno y otro conceptos. De esta manera, para Aguirre Beltrán, la situación dominical presente en las regiones de refugio —si bien expresaba una relación de dominación colonial, heredada y reproducida desde la Colonia— implicaba para los indígenas la condición de explotados por las clases dominantes menos modernas y excluidas de los circuitos económicos y políticos más modernos, prevalecientes en el resto de la sociedad nacional. Y la superación de tales relaciones coloniales implicaba, por tanto, la transformación de los indígenas en clase social, ubicada en la posición más baja de la escala. Para Bonfil, en cambio, eran fundamentales las diferencias entre indígenas colonizados y clases subordinadas no indígenas (pero con el mismo origen cultural de los dominadores), ya que ello marcaba diferencias sustantivas para el proyecto liberador de uno y otro grupo social, en tanto que para Díaz Polanco y López y Rivas la dimensión étnica de la dominación debía ajustarse a la lucha de clases.[12]

Finalmente, un tercer bloque de cuestiones pendientes de resolver tenía que ver con lo que en el fondo se disputaba en la confrontación interétnica dentro de los Estados nacionales y frente a la creciente globalización del mundo. Es decir, los diferentes modelos civilizatorios que sustentan las formas de apropiación y aprovechamiento de los recursos naturales, las formas de concebir el desarrollo y el bienestar de las poblaciones, así como los procesos de toma de decisiones y de control sobre el pasado, el presente y el futuro de las sociedades y sus recursos.[13]

En ese contexto de estancamiento del debate indigenista en México, en 1989 Arturo Warman —junto con Arturo Argueta, que era su colaborador en ese momento— se propuso reabrir la discusión a través de la organización de dos seminarios que dieran cuenta de los nuevos tiempos. En el llamado "Nuevos enfoques para el estudio de las etnias en México" convocó a varios de sus antiguos compañeros de tendencia y a varias de sus contendientes para iniciar un nuevo periodo de discusión, en el que se abandonaran las perspectivas maniqueas —fundamentadas más en posiciones políticas que en la discusión teórica y la investigación empírica— y en el que se superara el tipo de debate anterior en el cual se discutía acerca de los indios y de su futuro sin que ellos estuvieran presentes (Warman, 1991). Precisamente otro de los seminarios promovidos por él, llamado "Movimientos indígenas contemporáneos en México" tuvo como finalidad dar voz a los líderes y pensadores indígenas que desde hacía varios años se habían propuesto transformar a los indígenas en actores sociales con reconocimiento y representación nacional. Como trasfondo de ambos seminarios estaba, por una parte, la inminencia de que dicho investigador sería el nuevo director del INI y, por la otra, su inquietud ante la indiferencia, el escepticismo y la dispersión con que se

[12] Aquí hay que aclarar que si bien, sobre todo en los últimos textos de Gilberto López y Rivas, se acepta que entre los indígenas existe diferenciación social, tal condición no ha sido incorporada integralmente en sus propuestas analíticas de la cuestión étnica (López y Rivas, 1996).

[13] En este sentido, son importantes el artículo de Richard N. Adams (1994), y el libro de Lourdes Arizpe *et al.* (1993).

debatía el indigenismo, una vez agotada la discusión bipolar y excluyente de los años anteriores.

Para superar el antiguo debate, sin embargo, Warman creyó necesario no sólo incluir las voces indígenas (que expusieron posiciones fundamentalmente políticas), sino también abrir el foro a los investigadores que desde la academia subrayaban las deficiencias y los nuevos enfoques teóricos que se requerían para el estudio de las etnias en México.[14] Como director del INI, Arturo Warman generó (para el periodo 1989-1994) una política indigenista que se propuso la transferencia de funciones y recursos hacia las organizaciones indígenas, a la vez que impulsó políticas y acciones en ámbitos nunca antes tratados por esta institución: el reconocimiento constitucional de los pueblos indígenas (que se concretó en la reforma al artículo 4° constitucional); la procuración de justicia (que realizó mediante la Dirección de Procuración de Justicia del INI y a través de una política de apoyo a organizaciones indígenas y civiles interesadas en los derechos humanos, la procuración de justicia y los derechos indígenas); el trabajo con mujeres indígenas (que se plasmó en un banco de datos y programas específicos), y el trabajo con indígenas migrantes (que se realizó mediante la formación del Área Metropolitana del INI). En el ámbito de la inversión y la salud se privilegió la formación de or-

[14] Sin pretender afirmar que los investigadores invitados eran los únicos que buscaban nuevos caminos, el índice temático de dicho seminario sí ejemplifica algunos nuevos caminos que estaba adquiriendo el debate sobre lo étnico a finales de la década de 1980, mismo que de alguna manera se continúa hasta nuestros días: los pueblos indios, los recursos naturales, el territorio y la producción (Argueta y Boege); los movimientos étnicos contemporáneos y la participación política indígena (Ávila y Sarmiento); los movimientos religiosos (Masferrer); las lenguas y la sociedad en el medio indígena (Díaz-Couder); la educación en los pueblos indígenas y la construcción de modelos alternativos (Gigante); la identidad étnica y la identidad nacional (Pérez Ruiz); los derechos humanos de los pueblos indígenas (Nahmad); los derechos indígenas en el sistema internacional (Stavenhagen), así como el estudio y la difusión de la historia indígena (Rojas). La continuidad del debate estuvo a cargo de Héctor Díaz Polanco y Guillermo Bonfil, aunque ambos reconocieron la inutilidad de los enfoques reduccionistas. El primero subrayó la importancia del proyecto autonómico para la liberación de las etnias, y el segundo hizo lo mismo respecto del contenido civilizatorio de las culturas indias en México. Pueden consultarse los libros producto de los seminarios mencionados: A. Warman y A. Argueta (coords.), *Nuevos enfoques para el estudio de las etnias indígenas en México*, CIIH-UNAM/Miguel Ángel Porrúa, México, 1991, y A. Warman y A. Argueta (coords.), *Movimientos indígenas contemporáneos en México*, CIIH-UNAM/ Miguel Ángel Porrúa, México 1993.

ganizaciones indígenas para decidir e impulsar los programas, y en el de la investigación se abrieron líneas de trabajo consecuentes con los procesos emergentes y se formó el primer centro computarizado de información básica para la acción indigenista.[15]

Los seminarios, coordinados por Warman y Argueta, además de que fueron útiles para impulsar un tipo específico de indigenismo, también corroboraron que en los nuevos tiempos el debate antropológico sobre lo indígena ya no giraba sólo en torno al indigenismo como política de Estado, y que si bien continuaba siendo una referencia obligada para el tema, estaban abiertos otros muchos campos de investigación: los cambios religiosos, los espacios urbanos, los procesos migratorios, los jóvenes, las mujeres, las identidades, la ecología, la producción alternativa, los derechos humanos, los derechos indígenas, los nuevos movimientos sociales; en suma, una nueva etapa de las formas y los contenidos de las relaciones interétnicas en México.[16]

El tema indígena ciertamente volvió a cobrar importancia a partir de las reformas al artículo 4° constitucional y de la conmemoración del llamado Quinto Centenario del Encuentro de dos Mundos, y del levantamiento armado del EZLN.

Dentro de la amplia gama de estudios que se han realizado sobre los indígenas, sin embargo, interesa mencionar algunos que se han propuesto reflexionar acerca de las dificultades actuales de la definición de lo étnico y/o aportar nuevos elementos metodológicos para su análisis en el contexto de las relaciones interétnicas en el México de nuestros tiempos.[17]

[15] Para conocer este periodo puede consultarse Cristina Oehmichen, *Reforma del Estado. Política social e indigenismo 1988-1996*, IIA-UNAM, México, 1999.

[16] También Guillermo Bonfil, desde finales de 1989 y hasta su muerte (1991), impulsó, desde la Dirección General de Culturas Populares, el Seminario de Estudios de la Cultura, como foro continuo para dabatir los fenómenos emergentes, así como los nuevos paradigmas. Un ejemplo es el libro coordinado por él, *Nuevas identidades culturales en México*, CNCA, México, 1993.

[17] Con el riesgo de omitir obras importantes, en este apartado se seleccionaron sólo las que se consideraron significativas para exponer los principales temas de la discusión actual sobre lo étnico y las relaciones interétnicas en México. Se dejan fuera también los cientos de trabajos de corte etnográfico que nos han enriquecido durante los últimos años, que han trabajado afiliándose a cierta tendencia teórica pero que no han elaborado propuestas propias. Una disculpa anticipada, pues, para los autores cuyos trabajos fueron omitidos, ya sea por falta de espacio, ya porque el autor no contó en el momento con ellos, o porque de su conjunto de tra-

En primer lugar podemos mencionar algunos de los trabajos que se han propuesto ubicar "el estado de la cuestión", o que han centrado su atención en alguno(s) de los problemas existentes en torno a lo étnico, pero que —aunque sus reflexiones aportan elementos valiosos para una mejor comprensión de lo étnico— no llegan a configurar modelos teóricos. Aquí destacan, en orden cronológico: de Lourdes Arizpe, "De filiaciones arbitrarias a lealtades razonadas: la nación y las fronteras culturales en México"; de Andrés Medina, "Los grupos étnicos en el espacio del Estado y la nación", y de Esteban Krotz "Comentario a la mesa 'Fronteras culturales, étnicas y nacionales'", todos ellos publicados en la memoria del coloquio "La nación: presente y perspectiva hacia el futuro" (1990); de Maya Lorena Pérez Ruiz, "Reflexiones sobre el estudio de la identidad étnica y la identidad nacional", publicado en la memoria del seminario "Nuevos enfoques para el estudio de las etnias en México" (1991); de Ricardo Falomir, "La emergencia de la identidad étnica al fin del milenio: ¿paradoja o enigma?" (1991); de Andrés Medina, "La identidad étnica: turbulencias de una definición", publicado en la memoria del Primer Seminario sobre Identidad (1992); de Rodolfo Stavenhagen, "La cuestión étnica. Algunos problemas teórico-metodológicos" (1992); de Margarita Zárate Vidal, *En busca de la comunidad. Identidades recreadas y organizaciones campesinas en Michoacán* (1998); de Guillermo de la Peña, "Etnicidad, ciudadanía y cambio agrario. Apuntes comparativos sobre tres países latinoamericanos" (1998); de Susana B. C. Devalle, "Concepciones de la etnicidad, usos, deformaciones y realidades"; de Natividad Gutiérrez, "El resurgimiento de la etnicidad y la condición multicultural en el Estado-nación de la era global", y de Miguel A. Bartolomé, "Etnias y naciones. La construcción civilizatoria en América Latina", todos ellos publicadas en la memoria del coloquio "Los retos de la etnicidad en los Estados-nación del siglo XXI" (2000); de Maya Lorena Pérez Ruiz, el capítulo metodológico de su tesis doctoral "¡Todos somos zapatistas! Alianzas y rupturas entre el EZLN y las organizaciones indígenas" (2000), y de Cristina Oehmichen Bazán, los aspectos metodológicos de su tesis doctoral "Mujeres indígenas migrantes en el proceso de cambio cultural" (2001).

bajos publicados sólo se menciona el que se consideró más completo o significativo de sus propios planteamientos.

En segundo lugar podemos ubicar los trabajos que además de hacer un balance de la cuestión tienen como propósito elaborar modelos para el estudio de lo étnico. Aquí destacan los trabajos de Eckart Boege, *Los mazatecos ante la nación. Contradicciones de la identidad étnica en el Mexico actual* (1988); de Alejandro Figueroa, *Por la tierra de los santos. Identidad y persistencia cultural entre yaquis y mayos* (1994); de Miguel A. Bartolomé, *Gente de costumbre y gente de razón. Las identidades étnicas en México* (1997), y de Gilberto Giménez, "Identidades étnicas: estado de la cuestión" (2000).[18]

Ante la imposibilidad de reseñar cada uno de los trabajos mencionados, a continuación veremos sólo las proposiciones de los últimos autores señalados, ya que se consideran significativas para ejemplificar las aristas del debate actual sobre lo étnico, sin que ello signifique que así se agote el tema o los planteamientos de los autores que hoy lo discuten.

## Las relaciones interétnicas en los estudios contemporáneos

Para algunos autores como Gilberto Giménez (2000) la literatura socioantropológica actual que está llevando a cabo la revisión del concepto de etnia, lo hace ya desde una perspectiva constructivista que analiza el concepto en relación interactiva y dinámica con otros conceptos adyacentes como los de nación y ciudadanía, y lo hace desde un creciente interés empírico por abarcar los fenómenos étnicos. Bajo dicha perspectiva, nos dice, se plantea que todas las colectividades que hoy llamamos étnicas son producto de un largo proceso histórico llamado "proceso de etnicización", iniciado en el siglo XVI con las exploraciones geográficas y prolongado hasta nuestros días, de modo que este proceso tendría como fuentes

[18] En este periodo también José del Val y Claudio Lomnitz-Adler elaboraron modelos que tocan lo étnico, pero lo hicieron tangencialmente: el primero, en su artículo "Identidad, etnia y nación" (1990), explora los procesos de identidad, y lo étnico lo considera sólo como proyecto estatal, sin un referente empírico; mientras que el segundo, en su libro *Las salidas del laberinto. Cultura e ideología en el espacio nacional mexicano* (1995), elabora una propuesta para explicar la producción cultural en ámbitos regionales, y en ese marco ubica las identidades étnicas, pero sin profundizar en lo que él considera étnico o un grupo étnico.

principales: el colonialismo y la expansión europea, las migraciones internacionales y el internacionalismo proletario, con su proyecto de homogeneización cultural. Lo importante para él es que esta concepción histórica y constructivista de la etnicidad se opone a la concepción "primordialista" (Shils, 1957; Geertz, 1992; Isaacs, 1975) según la cual las etnias se basan en vínculos o afinidades primordiales, en cierto modo naturales, como los que conjuntan a las unidades familiares y a los llamados "grupos primarios", y que deben ser distinguidos de los vínculos meramente civiles.

De igual manera, este mismo autor considera que hoy existen también ciertos acuerdos dentro de la literatura internacional respecto a cómo diferenciar la identidad de la cultura; asunto que desde nuestro punto de vista había quedado pendiente en la etapa anterior. El tema de la identidad, nos explica Giménez, se ha trabajado en los Estados Unidos como una herramienta para afrontar los problemas raciales y de integración de los inmigrantes, y en Francia como un dispositivo de análisis de los nuevos movimientos sociales, de los particularismos regionales y de los movimientos etnonacionales. De modo que los conflictos interétnicos han sido explicados desde la teoría "del conflicto realista" y de la "identidad social".[19] Más afín a esta última posición Giménez piensa que el núcleo teórico mínimo sobre el que existe cierto consenso es que "la identidad es el conjunto de repertorios culturales interiorizados (representaciones, valores, símbolos) mediante los cuales los actores sociales (individuales o colectivos) demarcan sus fronteras y se distinguen de los demás en una situación determinada, todo ello dentro de un espacio históricamente específico y socialmente estructurado". Partiendo de ese

[19] La primera sostiene que los conflictos étnicos raciales o interétnicos se explican fundamentalmente por la oposición entre "intereses reales", como cualquier otro conflicto. Tal interpretación simplista no logra, sin embargo, explicar muchas situaciones en que las demandas son más bien intangibles (dignidad, respeto, valoración del *status* social, etc.). Es allí donde interviene la "teoría de las identidades" elaborada por la escuela francesa de psicología social (Tajfel y Turner, 1979) y asumida por Forbes (1997) "en su 'modelo lingüístico' del conflicto como elemento interpretativo. Según esta teoría, lo que subyace a la disputa por bienes intangibles es, en realidad, la búsqueda del reconocimiento de la identidad minorizada, descalificada y estigmatizada en el proceso permanente de etnicización perpetrado por los grupos dominantes y el Estado. El bien intangible por antonomasia que se halla en juego es la propia identidad, considerada como valor supremo, y todos los demás, como la dignidad, la autonomía y los derechos, no son más que atributos y derivaciones de la misma" (Giménez, 2000, pp. 66-67).

esbozo, identifica los principales tópicos de la problemática de las identidades:

> En primer lugar —dice— fija claramente la relación entre identidad y cultura. La primera debe concebirse como una eflorescencia de las formas interiorizadas, selectiva y distinta de ciertos elementos y actores. Por tanto, la mera existencia objetiva de una determinada configuración cultural no genera automáticamente una identidad. En segundo lugar, se observa que como dice Balibar (1989), la identidad sólo existe en y para sujetos, en y para actores sociales; su lugar es la relación social. Por lo tanto, no existe en sí ni para sí, sino sólo en relación con el *alter.* La identidad es el resultado de un proceso de identificación en el seno de una situación relacional. Por último, la identidad es una construcción social que se realiza en el interior de marcos sociales que determinan la posición de los actores y, por lo mismo, orientan sus representaciones y acciones [Giménez, 2000, pp. 54-55].

Por tanto, para este autor, la identidad no depende ni sólo de factores objetivos, ni tampoco sólo de la pura subjetividad.

La voluntad distintiva inherente a la afirmación de identidad, sin embargo —menciona Giménez— requiere ser reconocida por los demás actores para que pueda existir socialmente, lo que enmarca los procesos identitarios en relaciones de poder; de ahí que la prevalencia de la autoafirmación o de la asignación depende de la correlación de fuerzas entre grupos o actores sociales en contacto y, por tanto, es objeto de disputa en las luchas por la "clasificación legítima". Ello en el contexto de los Estados nacionales lleva directamente a la existencia de "políticas de identificación del Estado" y a la emergencia de las reivindicaciones identitarias subnacionales, que se esfuerzan por transformar la heteroidentidad, de negativa en positiva. De esta manera, la etnicidad puede definirse como la organización social de la diferencia cultural, por lo cual lo que importa para explicar la etnicidad no es tanto el contenido cultural de la identidad considerado aisladamente, sino los mecanismos de interacción que, utilizando cierto repertorio cultural de manera estratégica y selectiva, mantienen y cuestionan las fronteras colectivas" (Giménez, 2000, pp. 54-55).

Al revisar la bibliografía producida en México sobre lo étnico durante los últimos 15 años, es posible constatar la creciente importancia de las tendencias señaladas por Giménez; sin embargo, existen diferencias significativas entre los autores dedicados al tema, mismas que tal vez pueden explicarse por la manera específica como cada uno articula los diferentes conceptos, así como por el tipo de realidades en los que éstos se aplican.

### *La importancia del territorio para la definición étnica*

Eckart Boege es uno de los antropólogos que, cercano a la corriente etnomarxista, tempranamente se vio obligado a reformular sus planteamientos para dar un valor diferente a lo étnico. Armado de conceptos derivados del marxismo se encontró incapaz de comprender lo que estaba sucediendo en la región mazateca, bajo el impulso de los proyectos de desarrollo nacional gestados desde el Banco Mundial. Ni el análisis de los bloques hegemónicos de poder en alianza con el Estado ni el análisis de las luchas populares por la tierra le resultaron suficientes para comprender el conflicto entre grupos de poder, y menos aún para entender la persistencia de la cultura y la identidad de los mazatecos. Se propuso entonces desarrollar una teoría de la identidad étnica que les permitiera —a él y a su grupo de trabajo en la ENAH— entender cómo los conflictos de los grupos y las clases sociales, incluyendo su organización por el Estado, estaban permeados por lo étnico.

De manera similar a como lo hace la mayoría de los antropólogos que hoy trabajan en torno a la identidad, Boege considera que ésta se construye mediante procesos de autodefinición así como por la heterodefinción que emerge en contextos de confrontación con otros. Sólo que para él la identidad de los mazatecos, que el autor define como una identidad étnica, se encuentra estrechamente vinculada a la pertenencia a una región determinada que se confronta con otra, y en la que quienes pertenecen a ella siembran la tierra, hablan, consumen, realizan ceremonias y viven la ritualidad de cierto modo. La autopercepción de los mazatecos como "los que somos humildes y humillados" sería la expresión de la manera en que, como pueblo oprimido, se ha asimilado a su vencedor, se reconceptualiza y conceptualiza a los otros. Para él, entonces, parte esencial de la reproducción de la identidad étnica es la relación del hombre con la naturaleza dentro de una región específica, así como la *costumbre*, que sería la que acomoda en una sola identidad los elementos contradictorios de múltiples identidades sociales parciales. La costumbre sería, por tanto, la responsable de cimentar las lealtades primordiales y normar las diferentes conductas sociales y políticas. En este sentido, para este investigador la identidad étnica se forma inmersa en contradicciones, entre las que destacan las variaciones dialectales de una lengua, la disgregación en municipios y comunidades, así como las diferencias de sexo y edad vinculadas con las diversas actividades sociales y políticas (Boege, 1988).

Hay que decir que, para Boege, aunque reconoce la existencia de clases sociales en el interior de la etnia, es la pertenencia a una minoría étnica y a las clases trabajadoras del campo, lo que constituye los ejes de la formación de la identidad étnica. Tal perspectiva lo lleva a considerar que la tensión esencial para la continuidad de la identidad étnica es la que enfrenta el grupo al estar permanentemente amenazado por los aparatos culturales hegemónicos, tanto del Estado como los privados (medios de comunicación masiva y sectas religiosas), así como por los proyectos de desarrollo, impulsados desde el Estado o por grupos de poder específicos, que inciden en la modificación de los territorios, las formas de trabajo, el consumo, la ritualidad y lo festivo, y en general, que transforman las relaciones del hombre con la naturaleza. Boege, si bien reconoce que la antropología ya se ha propuesto dar cuenta de los procesos de dominación y explotación que llevan a las identidades étnicas a ser identidades amenazadas, por ejemplo por medio de lo que se ha llamado aculturación, asegura que pueden analizarse con mayor precisión las contradicciones que vive un grupo étnico si éstas se ven inmersas en la construcción de la hegemonía que, por lo demás, involucra una visión y un discurso particular sobre lo étnico (Boege, 1988).

A diferencia del papel que Boege le asigna al territorio regional, para persistencia de las identidades étnicas, existen autores como Miguel A. Bartolomé (1997) que considera que en México difícilmente existen grupos étnicos en extensiones territoriales mayores a los municipios y las comunidades, dada la fragmentación de la población nativa que se dio desde la Colonia. Para él, entonces, lo que existe son, por un lado, "grupos etnolingüísticos" (que indican un conjunto de hablantes de variantes dialectales de una misma lengua o lenguas emparentadas), y, por otro, "identidades residenciales" (que señalan a los integrantes de una colectividad en quienes se articula cierta estructura organizativa con una identidad cultural específica). Con ello, este autor intenta adecuar los planteamientos de Barth —quien define los grupos étnicos como un tipo organizacional—, ya que con ese criterio muchas de las comunidades integrantes de una misma etnia podrían ser entendidas como grupos étnicos autónomos, pues se comportan como formaciones adscriptivas totalizadoras, en las que se generan incluso identidades circunscritas al ámbito comunitario. No obstante, Bartolomé reconoce que al lado de ciertos mecanismos articuladores comunitarios existe una "identidad global potencial" que subyace en esas formaciones y que constituye el aspecto latente de su identidad y puede dar lugar al surgimiento de formas de identificación abarcativas. Subyace bajo esa afirmación su concepción de que la cultura ocupa un lugar importante para definir los límites étnicos de un grupo, ya que éstos condicionan mucho de su percepción y la organización de esos límites.[20] E influye también su convicción de que en los indígenas del ámbito mesoamericano existe un sustrato civilizatorio común. Y es precisamente cuando intenta sistematizar algunos de los elementos culturales significativos para la identidad de los grupos étnicos contenidos en el Estado mexicano, que menciona el territorio como un referente importante para la continuidad de las identidades étnicas. Dicho autor, junto con Alicia Barabás, explora la posibilidad de que se pudiera desarrollar una identidad étnica regional mediante el análisis de los territorios indígenas de Oaxaca, en el contexto de la discusión contemporánea de las autonomías indígenas.[21]

Alejandro Figueroa (1994), por su parte, es un autor que de alguna manera matiza y ayuda a comprender el papel del territorio en la persistencia de las identidades étnicas, ya que mediante su análisis de lo que sucede entre los yaquis y los mayos, en el primer caso nos presenta a un grupo en que el territorio es fundamental, mientras que en el segundo nos habla de un grupo en que el referente territorial ha perdido importancia frente a otros, como

[20] Sobre sus diferencias con Barth (1976) (respecto al papel de la cultura y lo organizacional en la definición de un grupo étnico), Bartolomé señala que se trata de una adecuación y no una negación de sus planteamientos.

[21] Véase la obra de Alicia Barabás y Miguel A. Bartolomé (comps.), *Configuraciones étnicas en Oaxaca. Perspectivas etnográficas para las autonomías*, 3 vols., INAH/INI/CNCA, México, 1999.

el de la costumbre, que es ahora esencial para la reproducción de su identidad grupal. Dicho autor parte de la hipótesis de que las características de la persistencia de un grupo étnico se encuentran ligadas a las formas particulares de las identidades colectivas de sus miembros, y de que los símbolos o emblemas identitarios, aunque siempre son retomados de la cultura propia, son históricos, cambiantes y se definen en el contexto de una lucha por los recursos materiales y las clasificaciones sociales.

Desde una perspectiva más sociológica, Gilberto Giménez propone a los antropólogos discutir el papel del territorio desde otro punto de partida. Así, considera que las colectividades que hoy llamamos étnicas son producto de un largo "proceso de etnicización" que habría implicado básicamente la "desterritorialización", por lo general violenta y forzada, de ciertas comunidades culturales. Dicha desterritorialización habría implicado la disociación, real o simbólica, de su territorio ancestral, ya sea mediante el despojo, el desplazamiento forzado, o mediante la legislación que implica una relación con el territorio en términos instrumentales y ya no en términos simbólico-expresivos. Lo cual habría desembocado en la desnacionalización de estos grupos, su marginación, su extrañamiento y su expoliación, y consecuentemente, pondría en riesgo la permanencia de la integridad de una nación originaria o superviviente. En ese punto, Giménez coincide con Oommen (1997, 1997a) cuando señala que tanto la nación como la etnia son comunidades culturales que comparten una denominación común, mitos de origen, lengua propia o adoptada, historia, cultura distintiva y sentido de lealtad y solidaridad, de modo que la diferencia específica, entre una y otra, radica precisamente en la relación con el territorio.[22] La nación es una colectividad cultural plena y exitosamente identificada con un territorio, mientras que la etnia es una colectividad desterritorializada, que tiene en el territorio un permanente objeto de reclamo, de disputa y, en muchos casos, de nostalgia y recuerdo. Es, pues, la fusión entre el territorio y la cultura lo que constituye una nación, y aunque puede incluir también al Estado, la diferencia esencial es que el territorio estatal es una entidad legal que determina un ámbito de jurisdicción, mien-

[22] Giménez se basa en los textos de T. K. Oommen, *Citizen, Nationality and Ethnicity*, Polity Press-Blackwell Plublishers, Cambridge, Massachusetts, 1997, y *Citizenship and National Identity*, Sage Publications, Londres, 1997a.

tras que el territorio ligado sólo a la nación es una entidad moral y cultural que resulta de la apropiación simbólica del espacio, de donde resulta que el territorio-signo funciona como envoltorio y emblema básico de la comunidad nacional. Entender esto último es lo que, según el autor, permite comprender el equívoco intencional de identificar a la nación con el Estado, y las consecuentes políticas de unificación cultural forzada, que derivan en la profundización de la etnicización de poblaciones enteras dentro de los territorios de los Estados (Giménez, 2000).

*Los grupos étnicos y la especificidad de lo étnico*

Es común que cuando se habla de poblaciones indígenas de México éstas se conceptualicen como etnias, para establecer su carácter como minorías dominadas, explotadas y discriminadas, lo cual, para un buen número de autores, es suficiente para darle a estas poblaciones su carácter étnico. Fredrik Barth (1976) marca un momento cumbre en la discusión sobre el tema al señalar, superando las tendencias culturalistas y funcionalistas anteriores, que no son los listados infinitos de rasgos culturales y funcionales los que caracterizan a las etnias, sino su tipo organizacional. Desde entonces, Barth es una referencia obligada, ya sea para apoyarse en él, o para matizar o adecuar su propuesta. Uno de los señalamientos más frecuentes para complementar el planteamiento de este autor es el peso que tiene la cultura para definir las fronteras de las identidades de estos grupos y sus sistemas organizacionales. Ya Bonfil desarrollaba intensamente el tema cuando, en su teoría del control cultural nos habla de la persistencia de una matriz cultural propia a partir de la cual los grupos étnicos organizan y reinterpretan el cambio cultural. Un señalamiento similar respecto de la importancia de la cultura lo hacen los autores que estamos viendo aquí con más detalle.

Así, para Boege, como para muchos otros antropólogos que han retomando a Barth (1976), si bien todas las etnias tendrían en común una cierta forma organizacional, lo que las diferenciaría entre sí sería la manera particular que la cultura le da a esa forma organizacional, la cual se desarrolla en un territorio determinado y con una historia específica. Boege cree que como sustento persiste, sin embargo, un sustrato civilizatorio específico. De ahí que, por lo demás, piense que la guía para la acción política se construya sobre la particular relación que un grupo le da a la interpretación de su historia y su futuro: el antes-ahora-mañana es la conciencia de la propia identidad étnica.

Con un análisis que busca mayor precisión sobre lo específico de las etnias, Figueroa (1994) aborda, apoyándose en Brass (1985), las diferencias de las etnias respecto de otro tipo de categorías de adscripción grupal con las que han sido homologadas: principalmente con las clases sociales, los grupos de interés y las sectas. De la misma manera que dicho autor considera que una etnia debe ser analizada a partir de características subjetivas y objetivas; que debe partirse de la existencia de subgrupos en su interior, algunos con intereses de clase diferenciados; además de que debe tomarse en cuenta la presencia de relaciones de poder para defender los intereses de cada subgrupo dentro y en el exterior de las fronteras étnicas; además de que deben realizarse estudios concretos sobre la relación entre los grupos étnicos y el Estado para determinar cómo se distribuyen, en cada caso, los recursos y los privilegios entre las distintas categorías étnicas. Derivado de ello, un elemento importante es indagar el papel que tienen las élites o los liderazgos étnicos en sus relaciones con el Estado.

Según él, hay tres elementos que, en conjunto, adquieren importancia definitoria: *a)* la historicidad de las etnias en relación con las formaciones estatales; *b)* su posesión de características societales, por lo menos en un nivel virtual, y *c)* la presencia de tradiciones culturales distintivas. Tal definición es importante porque para este autor las formaciones étnicas son premodernas y anteriores a la constitución de los Estados contemporáneos, aunque la especificidad de los fenómenos étnicos contemporáneos sólo puede comprenderse en el marco de la formación de los Estados territoriales que las han incorporado, y por tanto sólo pueden explicarse en el contexto de las políticas y las estructuras estatales (Figueroa, 1994, pp. 153-154).

La anterioridad de los pueblos indígenas respecto al Estado ya había sido señalada por Bonfil (1987, 1988a) como una característica básica de su condición étnica, cuando llamaba a diferenciar una clase subordinada de un pueblo colonizado, no sólo para entender las especificidades de la dominación en cada uno de ellos, sino también las de sus procesos políticos de liberación. De igual forma, Bartolomé y Varese (1986) habían llamado la atención sobre la historicidad específica de las etnias. Así, con una argumentación que recuerda a las de estos autores, Figueroa habla de que existe una "historicidad distinta" entre las etnias y las clases, pues para estas últimas

> su surgimiento está más bien vinculado con el de las formaciones estatales y, aunque puede darse el caso de que una clase social se corresponda dentro del marco de una formación social estatal concreta con una etnia, su estatus como clase social es posterior o copresente al surgimiento del Estado. Además, la definición de la clase se establece por su ubicación en el sistema de poder político o en la estructura económica o en ambas, y no necesariamente por sus características étnicas.

Respecto de los grupos de interés, Figueroa piensa que son agrupaciones que se conforman en pos de un objetivo común, buscando maximizar los recursos para lograrlo, y por lo mismo son efímeros, ya que pueden deshacerse una vez que han logrado sus objetivos. La diferencia con las etnias radica en que "aunque puede aceptarse como hecho el que, al igual que los grupos de interés, algunas etnias poseen un tipo de racionalidad semejante —esto es, que sus miembros decidan utilizar su etnicidad para así conseguir sus propósitos— no significa que posean una historicidad ni una permanencia temporal semejante". Las sectas religiosas, por su parte, según el autor, suponen también una historicidad distinta a la de las etnias, pues de alguna manera adquieren una especialización religiosa vinculada al desarrollo de la sociedad de la que forman parte (Figueroa, 1994, p. 155).

Apoyándose en Mackay y Lewins (1980) y Despres (1975), Alejandro Figueroa asume que para hablar de un grupo étnico no es suficiente que un cierto número de personas posea rasgos étnicos comunes, sino que es necesario que entre sus miembros se establezca un sistema de interacciones con base en un sentimiento de pertenencia generado a partir de tales rasgos. En consecuencia, le parece pertinente hacer la distinción entre "grupo étnico" y "categoría étnica". Se reserva el uso del concepto de grupo étnico para las colectividades étnicas que, además de poseer fronteras y membresía basadas en una identificación categorial, están políticamente organizadas; esto es, poseen formas internas de gobierno y relaciones con el exterior que no se sustentan de manera individual sino grupal. Las colectividades étnicas que no cumplen con el requisito de la organización son denominadas simplemente poblaciones étnicas. "La idea a defender al respecto —indica—, es que mientras que todo grupo étnico es una etnia, no todas las etnias se manifiestan como grupos étnicos (en sentido estricto)" (Figueroa, 1994, p. 163). Esta distinción es importante, señala el autor, pues en México existen pocos grupos étnicos reales. En algunos casos las etnias sólo existen como comunidades dispersas e inconexas, sin una organización interna y con un sentido de adscripción meramente comunitario. En otros casos sí puede haber entidades étnicas realmente organizadas, con instituciones centrales y con un alto grado de cohesión interna y solidaridad entre sus miembros.

Por su parte, Bartolomé (1997), con una lógica similar a la de Bonfil y Figueroa, señala que es necesario adecuar las formulaciones de Barth —referidas a que son los límites étnicos los que definen un grupo y no sus contenidos culturales—, ya que él considera que éstos son los que condicionan mucho de la percepción y organización de esos límites:

> La cultura —dice— puede no ser una condición necesaria para la existencia de un grupo étnico, pero siempre se comportará como una pauta ordenadora del sistema organizativo. Lo organizacional no puede ser desvinculado de lo cultural, como ámbito referencial dentro cual éste se inscribe; de lo contrario cualquier grupo corporado (comunidades, pandillas, pueblos, grupos de interés, sectores de clases) podrían ser conceptualizados como etnias singulares [Bartolomé, 1997, pp. 77-78].

Copartícipe del principio de que es necesario comprender a las etnias en el marco de sus relaciones con el Estado nacional, Bartolomé insiste en que el análisis de éstas debe ubicarse dentro de los sistemas interétnicos en los que se desarrollan; lo cual implica que tanto la cultura como la identidad adquieren una dinámica específica. De esta manera, dice, la forma en que se percibe a los otros estará condicionada también por la forma en que se perciba el nosotros: "Es ésta una relación dialéctica, ya que la autoimagen dependerá también de una específica historia de interacción étnica generalmente condicionada por las posiciones de poder de los grupos articulados". De esas formulaciones Bartolomé parte para proponer el concepto de "conciencia étnica", para hacer referencia a la forma ideológica que adquieren las representaciones colectivas del conjunto de relaciones intragrupales. Concepto que considera complementario al de "identidad étnica", que pretende designar el espacio interior del proceso de identificación y conjugarlo con el espacio exterior, ya que piensa que las relaciones entre un nosotros son tan significativas como las relaciones que ese grupo establece con los otros (Bartolomé, 1997, pp. 77-78).

Una vez mencionadas las características generales de una etnia, Bartolomé, sin embargo, asume el reto de especificar a qué tipo de colectividades es aplicable ese término, y frente a la fragmentación existente entre las poblaciones indígenas de México recurre a diferenciar los grupos etnolingüísticos generales de las poblaciones que, pertenecientes a un mismo grupo etnolingüístico, en ciertos ámbitos poseen una identidad residencial específica y son capaces de comportarse como tipos organizacionales *(organizational typs)*, que generan categorías de autoadscripción y de adscripción por otros, y que definen su identidad colectiva. A sabiendas del peligro de las generalizaciones el autor considera que las sociedades nativas actuales, dentro del Estado mexicano, muestran características que las podrían tipificar como sociedades polisegmentarizadas. Es decir, sociedades integradas por segmentos políticos primarios, representados por comunidades independientes, funcionalmente equivalentes y con escasos mecanismos propios que favorezcan su integración política, aunque potencialmente puedan construir mecanismos de solidaridad e identidades abarcativas. De ahí que para el autor la configuración identitaria de dichos segmentos sea tanto procesual, derivada de la historia, como situacional, en la medida en que refleja coyunturas específicas de dichos procesos (Bartolomé, 1997, pp. 54-69).

Por lo que respecta a Giménez (2000) —siempre refiriéndose a los grupos étnicos como poblaciones desterritorializadas, es decir, como colectividades culturales, generalmente minoritarias, disociadas de su territorio y, en consecuencia, marginales y discriminadas—, éste propone abrir la aplicación de lo étnico a diversos sectores, de modo que considera que existen diferentes tipos de etnicización:

—El primer tipo de etnicización es aquel en que una nación puede seguir ocupando por vía de hecho su territorio nativo o adoptado, pero a la vez ha sido etnicizada por otra colectividad dominante, colonizadora o nativa, que se niega a reconocer o desvirtúa sus vínculos morales y simbólicos con dicho territorio. Ésta presenta, a su vez, tres variantes: *a)* cuando los habitantes originarios de un territorio han sido transformados en una colectividad minoritaria y marginalizada; es el caso de las naciones originarias, *firts nations*, del Nuevo Mundo; *b)* cuando se presenta la negación de los derechos de una colectividad para que puedan seguir ocupando su patria ancestral o adoptada, mediante su etiquetación, por ejemplo, en virtud de identidad religiosa; *c)* cuando la etnicización de naciones originarias se da en virtud de la división de sus patrias ancestrales en dos o más territorios estatales, que pone en peligro su integridad.

—El segundo tipo de etnicización es el que se produce cuando una colectividad dominante se niega a darle participación plena, en la vida económica y política de un país, a una colectividad inmigrada que adoptó el territorio de dicho país como patria.

—El tercer tipo de etnicización, que en parte es voluntario, es el que se da cuando una colectividad plenamente establecida desde mucho tiempo atrás en el territorio de un Estado, y cuyos miembros son reconocidos como ciudadanos plenos, considera que sus raíces están fuera de dicho territorio. En este caso esa autoexternalización es la ruta para la etnicización y revela una experiencia colectiva de discriminación y opresión en los países donde a ciertos grupos de inmigrados se les ha asignado un *status* social subordinado y una identidad estigmatizada.

—El cuarto tipo de etnicización es aquel que se produce cuando un Estado decide "integrar" y homogeneizar a las diferentes naciones que coexistían en sus territorios en un solo "pueblo". Los Estados multinacionales, tanto socialistas como capitalistas, han recurrido con frecuencia a estos métodos.

—El quinto tipo de etnicización es el de los trabajadores migrantes a países extranjeros, donde se les niegan derechos humanos básicos y de ciudadanía aun cuando reúnan todas las condiciones para gozar de ellos.

—Y el sexto tipo se presenta, finalmente, cuando los inmigrantes son aceptados como connacionales de la sociedad anfitriona, y éstos rechazan la identidad que se les ofrece y retornan a su lugar de origen.

Giménez, sin embargo, está consciente de que esta categorización es genérica, realizada desde el punto de vista del observador externo y aplicable a una gran variedad de grupos que pueden revestir características particulares diferentes. Así que señala que el procedimiento decisivo para dar cuenta de esa diversidad es abordar el siguiente paso (la especificidad de cada grupo étnico) desde el recurso de una teoría de las identidades sociales, ya que según él es lo que permite abordar a los grupos etnicizados no ya desde el exterior y con un afán clasificatorio, sino desde el punto de vista subjetivo. Y es por eso que en este punto, igual que la mayoría de los autores que estamos viendo, para diferenciar a una etnia de otra, recurren al tema de su identidad étnica particular.

### *La identidad étnica, la cultura y la etnicidad*

En este punto, igual que Figueroa y Bartolomé, Boege reconoce que las etnias indígenas comparten las siguientes características: una tradición compartida, un territorio cultural, una lengua como "modelo del mundo", identidad y parentesco, y la religión como referente de identidad.

Por su capacidad de variación, adaptación, modulación e incluso manipulación, Giménez reconoce la utilidad del concepto de "estrategia identitaria", en cuya perspectiva la identidad aparece como un medio para alcanzar un fin, lo cual, sin embargo —aclara Giménez—, no significa que los actores sean completamente libres para definirla según sus intereses materiales y simbólicos del momento.

Figueroa, alumno destacado de Giménez, comparte el marco general de su maestro y desarrolla con claridad las distinciones entre lo subjetivo y lo objetivo, problema sobre el cual, aclara, no basta decir que ambos aspectos deben considerarse. Para él, por el contrario, es necesario aclarar que si bien todo elemento objetivo pasa siempre por la subjetividad, éste constituye el referente empírico a partir del cual se establece una elaboración por parte de los sujetos.[23] Así, los criterios objetivos son los rasgos o atribu-

[23] Sin embargo, el autor tiene cuidado en aclarar que "aun cuando en un cierto

tos por medio de los cuales una etnia puede ser reconocida como distinta de otra (se destacan, por ejemplo, el territorio, la religión, el lenguaje y la raza, además de otras manifestaciones conductuales y simbólicas que remiten a rasgos culturales que, además de ser compartidos por los miembros de la etnia en cuestión, la distinguen de otras y pueden ser empíricamente verificables); los elementos subjetivos son los que cobran mayor relevancia para definir las fronteras étnicas, ya que son los que los actores consideran como elementos relevantes en la definición de su propio grupo; pero, al final, son los elementos objetivos los que adquieren relevancia cuando se trata de la caracterización y el análisis de la viabilidad de las etnias.[24] En estos casos, de ellos depende "el tipo de cohesión que puede esperarse en ellas, de sus posiciones de fuerza o debilidad en sus relaciones y en su competencia con otras etnias o con el Estado nacional, e incluso del grado de 'etnicidad', entendida como conciencia étnico-subjetiva" (Figueroa, 1994, pp. 158, 161).

Para comprender la existencia de "conciencia étnica", Figueroa se apoya en Brass (1985), para quien el proceso de su formación pasa necesariamente por tres tipos de enfrentamiento: el primero ocurre dentro del mismo grupo y se relaciona con el control de los recursos internos, tanto materiales como simbólicos; se relaciona asimismo con la definición de las fronteras del grupo y con las reglas para definir quién es y quién no es miembro; el segundo se vincula con la competencia interétnica por los derechos, privilegios y recursos disponibles, y el tercero se plantea como inherente a la relación entre el Estado y los grupos étnicos. De esta manera,

nivel de análisis la dicotomía objetivo/subjetivo se desdibuje al considerar que no existe nada que sea realmente objetivo, es decir, que no pase por un proceso de internalización simbólica y por ende subjetiva, debe destacarse que la mera elaboración subjetiva resulta insuficiente cuando se carece de la base referencial. Esto es, no es suficiente que un individuo o un conjunto de individuos se definan como siendo algo, como una colectividad distinta de otras. Esto, aunque necesario, no es suficiente, pues hace falta que tal colectividad exista y, en el caso de las etnias, es preciso que sus características objetivas correspondan a las del tipo general de las etnias" (Figueroa, 1994, p. 160).

[24] "Dentro de los atributos de carácter objetivo —aclara Figueroa— es preciso hacer otra distinción. Ésta se refiere al carácter de la organización social de las etnias, por lo que debe precisarse si se trata de etnias con una conformación grupal real o virtual... El no distinguir esto con claridad ha dado lugar para que, de hecho, el concepto de 'grupo étnico' se aplique de manera indistinta." (Figueroa, 1994, p. 163).

parte crucial para la viabilidad de una etnia radica en que existan las condiciones que posibiliten el que sus miembros puedan realizar acciones comunes de acuerdo con proyectos definidos colectivamente y, en esa medida, puedan comportarse como actores colectivos con una "conciencia étnica" (Figueroa, 1994, p. 166).

En los contextos contemporáneos, Figueroa considera imprescindible discutir las relaciones de las etnias no sólo con los Estados y las sociedades nacionales, sino de cara a los procesos de modernización y globalización que los influyen. Particularmente rechaza los conceptos de hibridismo y transfronterización cultural para dar cuenta de los cambios culturales en las etnias. Específicamente discute con García Canclini la idea de la desaparición cultural por los procesos de globalización y masificación de la cultura. A esos planteamientos el autor opone los de la existencia de una matriz cultural y de un proceso autónomo de control cultural a partir del cual un grupo asimila los elementos ajenos, resemantizándolos; esto es, dándoles un sentido acorde con los lineamientos de la propia cultura. En el fondo de dicha concepción están las ideas de Bonfil y su teoría del control cultural, pero adecuada a una concepción semiótica de cultura. Así, dice discutiendo con Bonfil:

> Me parece que es más correcto —o preciso por lo menos— señalar que lo propio y lo autónomo en una cultura no remite a la presencia de elementos culturales indiscriminados —objetos, prácticas, instituciones, conocimientos, etc.—, sino a la presencia de códigos simbólicos cuya producción, reproducción y uso están bajo el control de una colectividad. Así, el control cultural —distinto, como veremos más adelante, del económico o del político— no remite a la imposición de elementos culturales o de cualquier tipo, sino al manejo, al control y a la imposición de códigos a partir de los cuales las cosas adquieren significados que ponen en entredicho, alteran o transforman los códigos propios.

Desde esa perspectiva, para Figueroa

> la noción de hibridación, en tanto que remite a una sobreposición de elementos culturales sin un orden rector, ofrece una imagen esquizofrénica de las culturas y de los individuos modernos; en tanto que él supone más lógico que los códigos que provienen de otras culturas se resemantizan de acuerdo con el código cultural que predomina en el grupo o en el sujeto.

Saber hasta qué punto se han alterado esos códigos, y que tanto ello ha contribuido a cambiar las identidades étnicas, deberá ser por tanto, para el autor, el motivo de investigaciones específicas (Figueroa, 1994, pp. 316, 318).

Bartolomé (1997), por su parte, también fija su atención en los elementos que diferencian la identidad étnica de cualquier otro tipo de identidad, ya que comparte la inquietud acerca de cómo los discursos ambiguos sobre ésta, el carácter multívoco del concepto, así como su uso indiscriminado, han conducido a que se confundan diferentes manifestaciones del ser social de las colectividades humanas. Y, en ese sentido, considera que la identidad étnica pertenece a una forma específica de identidad social que alude exclusivamente a la pertenencia a un grupo étnico.

Para llegar a establecer la especificidad de las identidades étnicas Bartolomé propone realizar una "destotalización" que permita analizar los diferentes procesos sociales de identificación, en los cuales desempeña un papel importante la identificación individual (inmersa en una identidad psicosocial entre semejantes, según la definición de Erikson [1976]) que daría cuenta de la construcción de la persona que se identifica con su grupo, y que sería diferente de la identidad contrastiva, étnica (según la definición de Cardoso de Oliveira [1976]), que diferenciaría a un grupo de otro, inmersos, ambos, en un sistema interétnico.

Para este autor, la construcción de la persona supone un proceso que involucra la adquisición individual de un conjunto de representaciones colectivas de la sociedad.[25] A través de ellas el individuo asume un tipo de identidad personal que le permite establecer y definir su pertenencia al grupo de semejantes. En cambio, la construcción de la identidad étnica supone la configuración de formas ideológicas derivadas de las representaciones colectivas que surgen de los sistemas interétnicos.

Entre los complejos mecanismos psicosociales que contribuyen

[25] Parte esencial para comprender la configuración de una identidad, señala Bartolomé, es el concepto de representación colectiva, acuñado inicialmente por Durkheim, enriquecido por Mauss y retomado por la psicología social (encabezada por Moscovici y Jodelet) en el concepto de representación social. De esta forma se ha llegado a considerar que las representaciones colectivas aparecen así "como una forma de conocimiento compartido, de saber común derivado de las interacciones sociales y orientado a fomentar la solidaridad grupal al otorgar sentidos específicos para las conductas" (Bartolomé, 1997, p. 44).

a desarrollar una identidad compartida, señala el autor, destaca la afectividad, el afecto que despierta la presencia de otros con los cuales es posible identificarse en razón de considerarlos semejantes. En esos casos las formas culturales compartidas (tales como la lengua, la religión, etc.) se manifiestan como vasos comunicantes que vinculan individuos y reúnen colectividades a partir de sus contenidos emotivos. Tal componente subjetivo y afectivo, a la manera que lo indica Epstein (1978), se manifiesta en términos de lealtad y pertenencia, lo cual es difícil de compatibilizar con las perspectivas instrumentalistas de la etnicidad, ya que, según dice Bartolomé, la capacidad convocatoria de la identidad se deriva precisamente de ese contenido afectivo, derivado de la participación en un universo moral, ético y de representaciones comunes, que la hace comportarse como una lealtad primordial totalizadora. Respecto a esto último, en forma similar a lo propuesto por Cucó i Giner (1994, 1995), Bartolomé, asume que las redes interpersonales no institucionalizadas derivadas de la afectividad pueden comportarse como generadoras de estructuras sociales primarias y eventualmente de instituciones perdurables (Bartolomé, 1997, pp. 48-50).

A diferencia de la identidad personal, la identidad étnica es un producto de relaciones definidas por su carácter contrastivo, en razón del cual se establecen fronteras sociales y categorías adscriptivas, tal como lo formulara la escuela interaccionista, representada por Fredrick Barth. Así, para Bartolomé el carácter contrastivo es uno de los aspectos cruciales de la identidad étnica. Característica que el autor retoma de Cardoso de Oliveira, quien se basó a su vez en Ward Goodenough (1965) y Fredrick Barth (1976). De Goodenough, a Bartolomé le parece adecuada, además, la idea de que existían "identidades complementarias o gramaticales (por lo mutuamente inteligibles), tales como médico-paciente, padre-hijo, etc., mientras que de Roberto da Mata (1976, p. 36) retoma el concepto de "identidades paradojales", es decir, negativamente articuladas, aunque también dependen una de la otra, como los pares policía-ladrón, virgen-puta, o blanco-indio, y que son útiles para señalar el crítico costo social que dicha clasificación implica para el sector subordinado de las díadas antagónicas.

Así nos dice:

la identidad étnica aparece como una ideología producida por una relación díadica, en la que confluyen tanto la autopercepción como la percepción por otros. Por lo tanto, la configuración y pervivencia de las identidades étnicas depende no sólo de uno de los participantes de un sistema interétnico sino de ambos. Así, las categorías étnicas actuales pueden ser entendidas como construcciones ideológicas resultantes de las respectivas historias de articulación interétnica de cada grupo.

Complementaria de su definición, Bartolomé hace suya la propuesta de Darcy Ribeiro y Mercio Gomes, quienes caracterizan como "etnofilia" al amor por la identidad común y por la existencia de los otros, radicalmente contrapuestra al etnocentrismo, que supone la valoración excluyente de la identidad propia (Bartolomé, 1997, pp. 47, 50).

La identidad étnica explícita, dice el autor, parece girar en torno de símbolos considerados relevantes en forma coyuntural, pero que pueden llegar a cambiar, configurándose como un variable repertorio de símbolos. Tal como lo advirtieran G. de Vos y L. Romanucci (1982), Bartolomé piensa que los grupos étnicos recurren a emblemas seleccionados del repertorio cultural (ropa, lengua, hábitos, etc.) para destacar el contraste, configurándose "identidades emblemáticas". Dichos emblemas serían asumidos y se desempeñarían como signos diacríticos de la identidad (Bartolomé, 1997, p. 66).

De esta manera, señala Bartolomé, dichos referentes culturales asumidos como distintivos en situaciones de contraste funcionan como signos emblemáticos de la identidad, y cuya existencia nos permitirá caracterizar la presencia de una "cultura de resistencia", entendida como la lucha a favor del conjunto de referentes culturales que una sociedad asume como fundamentales para su configuración identitaria en un momento dado de su proceso histórico (Bartolomé, 1997, p. 79), concepto que, según él, no debe confundirse con el de resistencia cultural y menos con el de resistencia al cambio.[26]

Según Bartolomé, las bases o los componentes culturales de la identidad utilizados como referentes por los grupos étnicos con-

[26] Según Bartolomé, en otro momento él definió la cultura de resistencia como "una dinámica social interna de las sociedades colonizadas que pretende en forma implícita y explícita la práctica de una tradición cultural codificada en términos propios" (Bartolomé, 1997, p. 79).

tenidos en el Estado mexicano son: lengua e identidad, vida cotidiana e identidad, territorialidad e identidad, historia e identidad, economía e identidad, indumentaria, parentesco, política e identidad, sistemas religiosos e identidad, ritualidad e identidad, psicotrópicos e identidad. Ninguno de los cuales, dice el autor, resulta imprescindible para el mantenimiento de la identidad. No obstante, él mismo hace notar que sin la vigencia de alguno de esos elementos el discurso identitario remitiría sólo a un grupo de interés despojado de la trama cultural que lo fundamenta (Bartolomé, 1997, p. 98).

Al analizar las interacciones entre el término de autodenominación y el de denominación por otros en un grupo, Bartolomé señala que éstos pueden no ser correspondientes, lo cual representa no sólo una cuestión de designaciones, sino también de afecto. En el caso de la articulación entre identidades sociales subalternas e identidades institucionalizadas por el Estado-nación, Bartolomé explica que existe una asignación identitaria generalizante que pretende referirse a "lo indio" como una esencialización de lo indígena a partir de la generación de "identidades atribuidas". Es decir, que el Estado aplica sobre las minorías étnicas la misma lógica que le hace concebir a la nación como una "comunidad imaginada" (según la definición de Anderson [1983]), que es pretendidamente homogénea, pero cuya estructura es más el producto de una voluntad política —que sobredetermina las relaciones sociales culturales identitarias— que de una configuración comunitaria preexistente. Dicha identidad atribuida, por medio de la reiteración, las instituciones y determinadas prácticas sociales, llega incluso a ser internalizada por sus destinatarios. Pero más allá de la retórica Bartolomé considera que esta identificación genérica se ha desarrollado también como resultado de la misma dinámica política de los movimientos indígenas contemporáneos, que ha ido configurando una perspectiva nacional e incluso internacional de la condición india, como conciencia panétnica, la cual representa un recurso crucial para superar en el nivel político la barrera de los localismos excluyentes (Bartolomé, 1997, pp. 56, 57).

De esta manera, para Bartolomé no son lo mismo la identidad y la etnicidad, ya que en el marco de las relaciones interétnicas es posible diferenciar la identidad, o pertenencia al grupo étnico,

—entendida como un fenómeno cognitivo, que nos permite identificarnos e identificar a los miembros de nuestro propio grupo—, de la etnicidad concebida como un fenómeno de comportamiento, ya que supone conductas en tanto miembro de ese mismo grupo.

La etnicidad, entonces, puede ser entendida como la identidad en acción resultante de una definida "conciencia para sí". De esta forma, la identidad alude a componentes históricos y estructurales de una ideología étnica, en tanto que la etnicidad constituye su expresión contextual y representa en realidad una manifestación de la identidad. Es decir que cuando la identidad de un grupo étnico se configura organizadamente como expresión de un proyecto social, cultural y/o político que supone la afirmación de lo propio en clara confrontación con lo alterno, según este autor, nos encontraríamos en presencia de la etnicidad, que es expresión y afirmación protagónica de una identidad étnica específica. La etnicidad, en tanto producto de la relación dialéctica entre un grupo étnico y su entorno social, en ese sentido, puede ser entendida como un mecanismo de comportamiento para relacionarse con ese mundo alterno, es decir, como un recurso para la acción, sin que se crea que es sólo estrategia social instrumental destinada a obtener recursos cruciales aunque, como veremos, puede funcionar como tal (Bartolomé, 1997, p. 62).

Para este autor, en la medida en que las relaciones interétnicas se hacen más intensas y frecuentes, la emergencia de la etnicidad será más visible como resultado del contraste, de tal modo que ésta, frente a los procesos de modernización, es señalada por Bartolomé como una expresión fundamental de la diferencia creadora frente a las compulsiones homogeneizadoras; es decir, como un recurso identitario crucial que refiere a la construcción histórica de los individuos y sus colectividades.

### *Los movimientos etnopolíticos y los proyectos de futuro*

La necesidad de transformar el tipo de relaciones interétnicas que existen en nuestro país, y en ese sentido, de dotar a los indígenas de derechos propios, es un tema sobre el cual existe casi un total acuerdo, tanto entre los investigadores que trabajan con este sector, como entre los líderes del movimiento indígena que busca ser nacional. Las diferencias se expresan, sin embargo, en torno a la manera y los contenidos específicos en los que se deben concretar tales derechos, así como respecto de quienes son los que deben llevar las voces indígenas ante la sociedad nacional. Los antropólogos que durante muchos años fungieron como mediadores entre lo indígenas y el Estado nacional, no son hoy los únicos que ejercen este papel, y al lado de ONG, iglesias e instancias financiadoras nacionales e internacionales, ven cómo las voces indígenas ganan y fortalecen ese papel.

La emergencia de los indígenas como sujetos sociales, sin embargo, se desarrolla en medio de tensiones y conflictos, de los cuales sólo se mencionarán los más relevantes. En primer lugar destaca la tensión que se vive dentro de las comunidades y regiones indígenas cuando se trata de establecer quiénes fungirán como representantes ante los gobiernos regionales y nacionales, las dependencias públicas, o en las movilizaciones campesinas o indígenas en las que se decide participar. Aquí se ponen en juego diversos elementos entre los que destacan: el manejo del español, la educación, el conocimiento del tema, la confiabilidad de los sujetos, la posesión de ciertos recursos económicos que permitan dejar a la familia, el prestigio, el poder y el liderazgo. En este sentido, son pocas las ocasiones en que las autoridades tradicionales pueden ocupar estos lugares, cediéndolos a sectores jóvenes y mejor preparados para moverse en los ámbitos regionales y nacionales no indígenas, sobre los cuales, sin embargo, no siempre existen los mecanismos sociales de control y supervisión. En segundo lugar, destaca la tensión que se presenta en torno a las formas organizativas que deben asumir las poblaciones indígenas para dialogar, confrontar y/o negociar con otros sectores sociales. Aquí nuevamente se enfrenta la disyuntiva de refuncionalizar las formas tradicionales, o adoptar las que se les proponen, o imponen, desde ámbitos externos, sean éstos partidistas, gubernamentales, civiles, militares o paramilitares. La tensión se extiende cuando se trata de formas organizacionales indígenas para que actúen en alianza con otras organizaciones locales, en ámbitos regionales, nacionales e internacionales. Entonces, se fluctúa entre reproducir las estructuras organizativas aprendidas principalmente del gobierno y los partidos políticos, o intentar formas novedosas con las que se pretende superar el centralismo, el corporativismo y la suplantación de la representación indígena legítima. Estas últimas, sin embargo, no siempre están exentas de generar cúpulas de poder y liderazgos personalizados, con poca comunicación o representatividad desde las bases. A ella debe agregarse la tensión que se genera en torno al papel que deben desempeñar los asesores y acompañantes, no indígenas, de dichos procesos organizativos. Una tercera tensión se presenta cuando se elaboran las demandas, los pliegos petitorios y las denuncias. Aquí, dependiendo de las historias particulares, se fluctúa entre demandas de tipo reivindicativo, muchas veces de tipo asistencial, pasando por las demandas de tierras y el control de la producción, hasta las demandas de tipo étnico que buscan incidir directamente en los ámbitos políticos nacionales, y que buscan transformar, parcial o totalmente, los mecanismos sociales de representación política y las formas e instituciones de gobierno. La lucha autonómica de estos tiempos es una clara expresión de ese tipo de demandas, pero también de las dificultades para construir una propuesta consensuada y viable para la diversidad de pueblos indígenas de nuestro país. Una cuarta tensión se presenta en torno a las alianzas, políticas o de otra índole, que deben establecer estas poblaciones y organizaciones indígenas para incidir, por la vía institucional o de la movilización social, en la vida pública nacional que los afecta. Aquí, además de que se ponen en juego todas las tensiones antes mencionadas, surge con fuerza la problemática en torno al tipo de proyecto y futuro que se busca, con la consecuente confrontación de intereses en el interior de las comunidades y organizaciones indígenas, así como con otros sectores de la sociedad. Aquí se fluctúa entre ubicar a las poblaciones indígenas en una posición mejor dentro del sistema económico y cultural imperante, o intentar su transformación de fondo, como lo ha ejemplificado la lucha del movimiento zapatista de los últimos tiempos.

Frente a todo ello, los antropólogos han debido reabrir el debate sobre el tipo de antropología y de práctica profesional que debe realizarse hoy; y si bien es indiscutible la importancia de la antropología básica o académica, vuelve a estar en la agenda de discusión el tema de la antropología aplicada, ya sea desde el indigenismo, como política de Estado que todavía existe (por cierto, hoy en manos de la intelectualidad indígena), o al lado de los movimientos sociales.

## Balance sobre las tareas actuales y una propuesta para el debate

Con todas las limitaciones que conlleva intentar una síntesis, se puede señalar que en la actualidad (desde finales de la década de 1980, durante la década de 1990 y hasta nuestros días) existen ciertos elementos e inquietudes predominantes en la reflexión sobre lo indígena, que podríamos afirmar que identifica a los diversos investigadores como parte de una nueva etapa en el debate antropológico.

Un primer elemento común dentro de la amplia gama de trabajos que se producen actualmente es que parten del principio de que lo indígena —y sus múltiples interacciones con la sociedad nacional e internacional— es incomprensible sin las necesarias referencias al papel del Estado en la vida y las transformaciones de estos pueblos, sin que se comprenda su ubicación en la estructura de clases y sin que se analicen las relaciones de poder en que se ven inmersos, y que rebasan incluso los ámbitos nacionales. De esta manera, lo indígena inmerso en la discusión de la dominación étnica se analiza siempre vinculado y en interacción permanente con el Estado nacional, e inclusive con los espacios derivados de la globalización (Giménez, 2000).

Un segundo elemento es que, en general, existe la certeza de que todo lo anterior marca dinámicas históricas particulares en cada microrregión, macrorregión, entidad estatal o país, con lo cual hay un rechazo a las generalizaciones ahistóricas y esencialistas.

Un tercer elemento es el predominio de la definición de la cultura como dimensión simbólica, que supera las definiciones culturalistas, funcionalistas y mecanicistas con las que trabajó ampliamente la antropología mexicana en periodos anteriores, de donde se han derivado nuevas propuestas para entender la identidad, la cultura y lo étnico.[27]

[27] Figueroa (1994), discutiendo con Bonfil, establece con claridad la diferencia entre considerar que la cultura se compone de elementos materiales, organizati-

Un cuarto elemento es que —en intenso diálogo con la antropología que se hace en otros países, pero también en comunicación con otras disciplinas sociales— hay un rechazo generalizado a las definiciones ahistóricas, esencialistas e intrumentalistas de las identidades, así como a confundir la cultura con la identidad. Por ende, es preponderante la tendencia a establecer diferencias entre los procesos constitutivos de la identidad, que es concebida como una construcción social de la cultura, que da sustento y provee de marcas simbólicas a la identidad. Respecto al instrumentalismo, si bien se reconoce la posibilidad de que las identidades se manipulen con intereses determinados, en el caso de las étnicas se considera que éste no sería su rasgo definitorio. La crítica principal a esta corriente es que no valora adecuadamente la historicidad del fenómeno étnico y lo reduce a sus expresiones contextuales y coyunturales.

Un quinto elemento es que se ha dejado atrás la oposición antagónica entre lo tradicional y lo moderno y las consecuentes tendencias unilineales y unidireccionales del cambio cultural. Con ello se han abandonado, por una parte, las posiciones que consideraban inevitable el tránsito de las comunidades rurales hacia las sociedades urbanas modernas y que percibían la homogeneización cultural como resultado universal y deseable de la modernización; y por otro, las tendencias que veían en la resistencia y la oposición la única opción para la sobrevivencia de lo indígena.

Un sexto elemento es el cuestionamiento, más o menos generalizado, respecto de las posiones posmodernas en que se desprecia la historicidad de los procesos y se privilegia al investigador como actor principal.

Un séptimo elemento es la revitalización del trabajo etnográfico y de campo como base insustituible de los estudios antropológicos.[28]

vos, emotivos y simbólicos, y afirmar que la cultura comprende la dimensión simbólica de la sociedad.

[28] Aquí, sin embargo, existe una tensión no resuelta aún entre los que consideran que el trabajo de campo debe circunscribirse necesariamente al trabajo de campo rural, en comunidades y regiones indígenas, y los que, trabajando problemáticas más amplias, incursionan en nuevos ámbitos, como foros nacionales y marchas indígenas, realizados fuera de las regiones étnicas. De ahí que este último tipo de trabajo de campo no sea considerado como tal por algunos antropólogos "de la vieja guardia".

Y un último elemento es que los indígenas participan hoy activamente en el debate no sólo académico sino político, acerca de lo indígena y su lugar dentro del Estado nacional.

Cabe decir, sin embargo, que en esta nueva etapa de la investigación antropológica que discute lo indígena no todo es ruptura y varios autores contemporáneos recuperan lo que consideran relevante de los antropólogos mexicanos anteriores: así, por ejemplo, los conceptos de Aguirre Beltrán para explicar la aculturación cobran nuevos bríos cuando son introducidos en el contexto global de la hegemonía (Boege); los elementos básicos de la teoría del control cultural de Guillermo Bonfil son revitalizados al incorporarse a una nueva definición de cultura (Figueroa), y persiste la concepción de que el fundamento de lo civilizatorio es la base para orientar las cambiantes marcas y fronteras de las identidades étnicas (Giménez, Boege y Bartolomé). De igual manera, es constatable cómo la propuesta autonómica —aportada desde los círculos de antropólogos etnomarxistas— ha ido cobrando legitimidad como discurso de unidad para el movimiento indígena que busca ser nacional; y cómo, paradójicamente, desde la perspectiva de los movimientos indígenas, la propuesta de la autonomía se arraiga y se impulsa bajo el discurso del *México profundo* de Guillermo Bonfil (considerado etnopopulista y romántico por los etnomarxistas).

Las diferencias, sin embargo, persisten todavía cuando se trata de definir lo étnico: algunos autores (como Díaz Polanco) insisten en considerar que todo grupo social es poseedor de su propia etnicidad desde el momento en que es poseedor de una cultura, una organización y una identidad específica; otros (como Giménez) proponen abrir la definición de lo étnico a todo grupo social con características de minoría y que esté desterritorializado —ya sea por sus cualidades culturales o religiosas (aunque al final termina enumerando una lista de rasgos culturales para definir quiénes son los grupos étnicos en México)—; mientras que otros (como Del Val) consideran que no existe un grupo social con una identidad étnica, puesto que según ellos se les trata como étnicos sólo desde el proyecto político de los Estados nacionales. La mayoría de los investigadores, sin embargo, considera lo étnico de manera más restringida, y lo relaciona con grupos sociales dominados en procesos vinculados a las formaciones nacionales, y que básicamente aplica a poblaciones originarias, anteriores a la colonización europea; de ahí que derivan ciertas formas particulares de organización y cultura para definir lo étnico. Y de igual forma persiste el problema de establecer las relaciones entre lo étnico y la diferenciación de clase, ya que continúa vigente y muy arraigada la idea de que los indígenas, como poblaciones étnicas, ocupan una misma posición social dentro del sistema hegemónico: la de clase dominada (Bartolomé, Giménez, Figueroa, Boege y Díaz Polanco, entre otros). Y, por supuesto, está pendiente también la discusión civilizatoria asociada a la discusión de lo étnico en América Latina.

Buscando un punto de contacto entre las diferentes perspectivas sobre lo étnico podemos decir que, en general, coinciden en la existencia de cuatro elementos básicos para definir lo étnico: la identidad, la cultura, la organización social y la dominación. Sólo que cuando se trata de caracterizar como étnicas a poblaciones concretas —si bien la mayoría de los autores hacen referencia a la identidad—, difieren en el peso que le dan a la cultura y a la organización social: según algunos (Díaz Polanco y Giménez), por definición —si bien la organización social y la cultura son relevantes para identificar a un grupo étnico en particular— lo étnico no se predefine porque ese grupo sea poseedor de uno y no otro tipo de organización, ni tampoco porque sea poseedor de una cultura en particular; mientras para otros (Boege y Bartolomé), precisamente ciertas características de la organización y de la cultura son esenciales para darles ese carácter a ciertos grupos y no a otros; por lo menos en el caso de las etnias mexicanas, ya que éstas corresponderían a pueblos anteriores al establecimiento de los Estados nacionales, y tendrían una historicidad diferente a la de otros grupos dominados como son las clases sociales. Persiste, por tanto, como problema establecer qué es lo específico de lo étnico.

Quitando los puntos de divergencia entre los diversos autores, lo que permanece en todos —y que podría ser el elemento unificador de sus posiciones— es que al mencionar lo étnico hacen referencia a relaciones de dominación asociadas siempre a la identidad y la cultura. ¿No podría, entonces, ser eso precisamente lo específico de lo étnico? ¿No podría ser que lo étnico sea un tipo particular de dominación que se ejerce con características específicas sobre grupos particulares, y en situaciones históricas que le darían al proceso sus cualidades distintivas también particulares?

De ser así, quedaría resuelto el problema de definir cuáles son en cada caso los rasgos culturales asociados a lo étnico, puesto que éstos variarían de una situación histórica a otra y según los grupos sobre los que se ejerciera ese tipo de dominación. De igual forma se abren las puertas para explicar las relaciones entre la dominación étnica y la dominación de clase, ya que sería más fácil comprender que tales tipos de dominación —diferentes en sus especificidades— pueden coincidir y complementarse en determinadas circunstancias pero no en otras.

### *La especificidad de lo étnico: una propuesta*

Ensayando una definición del tipo mencionado arriba, puede considerarse que lo característico de lo étnico es que se refiere a un tipo determinado de dominación que se ejerce y se explica sobre la base de la diferencia cultural. Dicha diferencia cultural puede referirse sólo a un rasgo, al conjunto de la cultura o a la identidad como expresión articulada de la diferencia. La dominación étnica, empero, no excluye la presencia de otro tipo de dominación y, por el contrario, se emplea precisamente para fundamentar otro tipo de relaciones de subordinación, de explotación o de exclusión. Así que la dominación étnica puede ejercerse sobre poblaciones socialmente homogéneas o estratificadas y clasistas, sin que ello sea condición ni impida el ejercicio de la dominación cultural. De ahí la importancia de diferenciar la dominación de tipo étnico de otros tipos, como la clasista, aunque en determinadas condiciones pueden coincidir ambos tipos de dominación en un mismo grupo social. Por tanto, lo étnico, el ser étnico, es una cualidad, una característica, una connotación que se asigna y se impone desde el poder a una o a varias poblaciones subordinadas, empleando las diferencias culturales para justificar la dominación que se ejerce sobre ellas. En ese caso, las diferencias de identidad, de raza, de lengua, e incluso de civilización, surgen como atribuciones culturales sobre las que se acentúan las diferencias (reales o imaginarias), sustentando la dominación y generando la segregación y/o la exclusión.

Consecuentemente, la caracterización y clasificación de una población como étnica es una construcción social, puesto que ningún grupo en especial ni tampoco ninguna población, en general, tienen como característica inherente esa condición; es una atribución histórica que adquiere características específicas según las condiciones históricas y coyunturales en que se produce y se genera en la interacción entre grupos sociales en condiciones de desigualdad social, por lo cual implica una situación relacional y asimétrica. De esta forma, no toda identidad de un pueblo o grupo social es étnica, no cualquier grupo subordinado puede ser considerado étnico, no es étnica cualquier forma de subordinación ni lo étnico puede predefinirse a partir de la existencia de ciertos rasgos culturales de la población.

Sobre la base de la definición anterior, en México la identidad indígena —impuesta a los grupos con identidades culturales propias y anteriores a la Colonia— es una identidad étnica, ya que se produjo y se impuso como resultado de las relaciones asimétricas establecidas en los procesos de colonización, en las cuales las diferencias culturales, religiosas y raciales fueron empleadas para explicar y justificar el dominio y la explotación económica de las poblaciones prehispánicas. En el marco del Estado mexicano actual los diferentes grupos con culturas e identidades propias denominados indígenas se caracterizan, precisamente, porque son poblaciones subordinadas sobre las cuales se ejerce la dominación cultural, que es lo que les otorga a esos grupos su carácter de etnias.

En muchas ocasiones, la dominación étnica se emplea para reproducir la dominación de clase, justificando la explotación clasista en las diferencias culturales. Atendiendo a esto último, los indígenas pueden tener posiciones de clase diferentes y desde éstas generar demandas: algunas serán étnicas y otras no. De igual forma, no todas las organizaciones en las que participan los indígenas son étnicas. Tendrán un carácter étnico sólo las reivindicaciones y organizaciones encaminadas a transformar las relaciones de dominación-subordinación presentes, y que en el México contemporáneo se originan en el tipo de inserción subordinada que tienen las poblaciones indígenas dentro del Estado nacional. Así, por ejemplo, en una organización formada por población indígena pueden generarse demandas no étnicas —como las asistenciales (salud, educación, vivienda, servicios, vías de comunicación), las agrarias y productivas (tierra, créditos, infraestructura); o pueden incluir demandas políticas inmediatas (que se respete el voto, por ejemplo)— que no intentan modificar el tipo de inserción de los indígenas en la estructura del Estado, aunque sus miembros busquen conseguir sus demandas mediante un discurso de tipo étnico. En ese caso, aunque la organización se denomine indígena, por su composición y por su nombre, no será de tipo étnico por sus demandas y sus fines. Serán organizaciones indígenas de tipo étnico las que se insertan en la disputa política mediante demandas que tienen que ver con el reconocimiento y la valoración positiva de la diferencia cultural: es decir, reivindicaciones que buscan incidir para modificar la actual forma de organizar socialmente las diferencias culturales, y que exigen para ello que se les reconozcan derechos específicos sobre la base de su pertenencia a comunidades con identidades y culturas propias. Son étnicas las demandas a favor de la educación bilingüe, bicultural o intercultural, por reformar la Constitución para conseguir derechos históricos, para establecer un régimen de autonomía, etc. Cabe aclarar, sin embargo, que aun entre las demandas étnicas existen diferencias en el grado en que quieren transformar al Estado: hay las que buscan sólo reformas y las hay que quieren cambiar radicalmente el sistema social sobre el cual se sustenta el Estado nacional contemporáneo.

El planteamiento que considera que no hay que confundir las identidades propias (que persisten como ámbitos de pertenencia locales y regionales) con la identidad indígena (impuesta y que incluye a todos) supone diferenciar —para fines analíticos y específicamente para el caso de los pueblos originarios— los espacios y los procesos sociales mediante los cuales se reproducen las identidades propias (como identidades colectivas, mayas o nahuas, entre otras) de aquellos otros lugares y procesos que reproducen la identidad indígena —que unifica a un conjunto de pueblos dispersos con culturas e identidades propias—, misma que, ya se ha dicho, puede emplearse para reproducir condiciones de subordinación, o para acabar con ellas.[29]

[29] En algún momento se consideró posible denominar *identidad primordial* a ese tipo de identidad sustentada en valores primordiales que los pueblos consideran

Con la afirmación anterior no se pretende aseverar que los procesos de constitución y reproducción de las identidades propias y los que intervienen en la constitución de su identidad como indígenas se mantengan independientes entre sí. Tampoco quiere decir que la primera de estas identidades se mantenga ajena a las influencias generadas por los procesos de dominación étnica. Se quiere indicar, en cambio, que en un mismo sujeto social existen diferentes tipos de identidad y con ello se pretende abrir la posibilidad de comprender, por una parte, las contradicciones que puede haber entre ellas; y por otro, cuál de ellas se activa, según los contextos de interacción y los intereses puestos en juego, ya sea para fines de diferenciación, sobrevivencia, confrontación, alianza y hasta de negociación, con las autoridades gubernamentales y con otros sectores sociales. Tener claro que en un mismo sujeto colectivo persisten estos dos tipos de identidades sociales, en todo caso, permite comprender cómo los estigmas que persiguen aun a la identidad indígena influyen, hasta la inhibición y la destrucción, en el valor de las identidades propias. No obstante, en el sentido opuesto, permite comprender cómo la apropiación y la dignificación de la identidad indígena pueden hacer de esa identidad étnica una identidad política reivindicativa, que actúa a favor del fortalecimiento y la permanencia de las identidades propias.

propia, heredada de sus ancestros, anterior a la Conquista y la colonización, y que les permite hasta hoy establecer su ámbito de pertenencia e identificación colectiva. Tal identidad sería diferente de la étnica o indígena, que les ha sido impuesta a estos pueblos, y que como categoría de clasificación y como práctica histórica tiende precisamente a unificar y a homogeneizar a todos los pueblos que se encuentran en la misma situación. Aquí, sin embargo, se ha optado por llamarla *identidad propia u originaria* para diferenciarla de la "primordialista" cuyo paradigma se funda en la convicción de que, en los actuales contextos de cambio social, la gente busca refugio en los aspectos de sus vidas y sus relaciones sociales que les ayudan a definir su pertenencia y su identidad; por ejemplo, en sus lazos primordiales de parentesco, territorio y religión. En el caso que nos ocupa, estos grupos, lejos de emplear sus identidades para refugiarse de la globalización, es a partir de ellas como se enfrentan y la aprovechan para su reproducción como grupos con identidades y culturas propias. Un trabajo que analiza la aplicación de diversas propuestas teóricas para el estudio de la identidad en organizaciones indígenas de México es el de Margarita Zárate Vidal (1998). Dicha autora analiza la tendencia primordialista, la instrumentalista, así como a algunos autores que se oponen a abordar la identidad de manera dicotómica y oponiendo las determinaciones estructurales a la acción humana, o que pretenden unificar el enfoque primordialista con el instrumental.

Identificar los procesos mediante los cuales se gesta y se reproduce cada una de estas identidades colectivas tiene sentido, además, porque cada una de ellas tiene sus propias marcas de identificación, sus particulares ámbitos de reproducción, sus agentes, e inclusive pueden emplearse con finalidades diferentes, si bien ambas están influidas y relacionadas entre sí.[30] A esos dos tipos de identidad habrá que agregar, también, las otras muchas formas de identidad e identificación, como las religiosas, que están presentes en las poblaciones originarias y que, en algunos casos, les permiten ampliar sus ámbitos de lucha y negociación: por ejemplo, ser mexicano, ciudadano, campesino, productor, comercializador, cooperativista, etc. Ésta es la forma, en suma, como pueden comprenderse mejor los conflictos entre diferentes identidades, así como su manejo estratégico.

Un aspecto importante de concebir lo étnico como un tipo específico de dominación, es contribuir a resolver el difícil problema de las relaciones entre las etnias y las clases sociales.

### *Etnias, clases y procesos de diferenciación*

Los pueblos originarios han sido idealizados por antropólogos, trabajadores al servicio de las instituciones indigenistas, líderes indígenas y ahora hasta por cronistas, poetas y periodistas. La idealización ha sido parte necesaria del proceso de revaloración de lo indígena para hacer de esta categoría un elemento unificador y movilizador. En ese proceso se han omitido ciertos rasgos de la historia de algunos grupos como su poderío militar, su dominio sobre otros pueblos y la marcada estratificación de su organización social, que desde antes de la Conquista mantenían en condiciones privilegiadas a ciertos sectores —como las castas militares

[30] Así, por ejemplo, mientras las identidades propias u originarias cuentan con espacios y agentes propios para su reproducción (sitios sagrados, rituales, sistemas propios de generación y transmisión de conocimientos, hombres y mujeres de conocimiento, etc.), los de la identidad étnica se generan en lugares y por agentes externos (políticas e instituciones indigenistas, promotores culturales, políticas educativas y culturales nacionales, etc.). Asimismo, la identidad indígena revalorada, base de los movimientos sociales actuales, desarrolla también sus propios espacios y agentes de reproducción (la asamblea comunitaria, la organización regional y nacional, la formación de nuevos líderes, etc.) (Pérez Ruiz [2000]).

y religiosas— en detrimento de otros que trabajaban obligatoriamente en su beneficio. Según esa manera de ver la historia la Conquista, la Colonia y el Estado nacional son los responsables de la destrucción de un mundo idílico, que sirve de ejemplo y modelo para la reconstrucción de los indígenas como pueblos. Así, la visión idealizada se ha trasladado hacia los indígenas contemporáneos y desde esa perspectiva se han realizado muchos estudios sobre organización social, parentesco, recursos naturales, tecnologías, ritualidad, etc., que suponen modelos de organización social equitativos, racionales y justos, y que omiten en las descripciones los elementos discordantes, las diferencias y los conflictos internos. Cuando es inevitable hablar de esto último, el conflicto se explica sólo por las relaciones de los indígenas con el exterior.

Por fortuna, no todos los estudios contemporáneos son así, y cada vez con mayor frecuencia se producen obras de mayor profundidad histórica y rigor etnográfico que demuestran, en muchos casos, que la diferenciación social de las comunidades indígenas contemporáneas no es algo nuevo y que tiene vínculos con la que ya existía en el momento de la Conquista y la Colonia, de modo que sólo fue aprovechada y refuncionalizada por las instituciones españolas. Ya desde entonces había quienes tenían más tierra que otros, quienes no la tenían y quienes servían y trabajaban al servicio de los poderosos. Entre los indígenas de hoy, ciertamente, existen comunidades en las cuales la pobreza y la dominación ha homogeneizado a su población, pero existen muchas otras en las cuales no sólo se mantienen las diferencias ancestrales, sino que éstas han cobrado nuevas dimensiones con las transformaciones sufridas por las comunidades indígenas al estar integradas a las dinámicas nacionales e internacionales del mundo globalizado. Existen profundas diferencias en la distribución de los recursos territoriales, sociales y culturales, en la participación de los miembros en la toma de decisiones, así como en el acceso a las instancias de gobierno y a la impartición de justicia. A los cacicazgos ejercidos por la población blanca asentada en regiones de población originaria hay que agregar, en muchos casos, el caciquismo ejercido por miembros de la misma comunidad o región, que hacen de su condición cultural y de identidad instrumentos para mantener su dominio. No cualquier diferencia interna deriva en caciquismo, pero sí resulta en posibilidades diferentes entre la población para enfrentar y resolver los problemas. No todos tienen las mismas oportunidades para acceder a la educación básica, media y superior, a los sistemas de crédito, a la tecnología, a los programas de desarrollo, ni para ser beneficiarios de los programas gubernamentales ni para poder seguir las mismas rutas y modelos de la migración regional, local, nacional e internacional. Si a ese panorama agregamos la presencia cada vez más contundente de campesinos sin tierra, jornaleros, mujeres que trabajan la mayor parte de su tiempo en el servicio doméstico fuera de la comunidad, madres solteras, jóvenes técnicos y profesionistas, maestros indígenas, etc. —todos ellos miembros de la comunidad—, se tiene una sociedad cada vez más compleja, en la cual existen diferencias de intereses y perspectivas de lo que debe ser el futuro individual, familiar y colectivo, así como de la identidad de sus miembros.

La diferenciación social y la diversidad de nuevos sectores cada vez más activos y exigentes en la vida comunitaria, pueden derivar en la existencia de proyectos diferentes y hasta antagónicos. Unos querrán que sus identidades propias desaparezcan, mientras que otros se encaminarán a fortalecerlas. Tales proyectos no siempre se explicitan ni se discuten claramente como proyectos de identidad y cultura, y generalmente se expresan en la cotidianidad de la vida individual y comunitaria; por ejemplo, cuando se decide el uso de las tierras colectivas, la parcelación y la privatización de las mismas, la organización productiva, el sentido de la producción y la comercialización, el uso de la lengua originaria y el español, el fortalecimiento, el cambio, o la desaparición de los sistemas tradicionales, etc. Las diferencias aparecen con mayor claridad cuando los miembros de una comunidad se articulan en movimientos sociales que difieren en objetivos, como sucedió en Las Cañadas cuando surgió el EZLN.

En situaciones como las que prevalecen hoy en día en las comunidades y regiones indígenas cobra vigencia nuevamente dilucidar el problema de las relaciones entre las etnias y las clases. Y aquí es donde la definición de lo étnico como un tipo de dominación particular —que se articula y contribuye a justificar otros tipos de dominación— puede ayudar a plantear el problema y a resolverlo en nuevos términos, para abordar aspectos como los siguientes: *a)* la presencia de diferentes clases sociales dentro de un grupo considerado étnico; *b)* los diversos tipos de dominación, que no es sólo económica, que el grupo social hegemónico impone a grupos sociales subordinados, y *c)* el uso de las diferencias culturales y de la identidad para reproducir la subordinación o para luchar en contra de ella.

Un primer aspecto que hay que resaltar es que al concebir lo étnico como un tipo de dominación, se pretende diferenciarlo de muchas de las cosas con las que comúnmente se le confunde hasta el punto donde parece que se habla de lo mismo: de la identidad de un grupo (cuando se tratan como sinónimos la identidad étnica y la identidad que tenía ese grupo antes de ser "etnicizado"), de la cultura (cuando se habla de "culturas étnicas" para hablar de los rasgos culturales específicos de un grupo que es caracterizado como étnico) y de la dominación de clase (cuando se da por supuesto que la dominación étnica necesariamente incluye la dominación de clase).

Visto lo étnico como aquí se propone puede comprenderse que lo que comúnmente se identifica como "culturas étnicas" se refiere a las culturas propias de los grupos que han sido llamados y catalogados, por los sectores dominantes, como "étnicos": de allí su diversidad y las dificultades para llegar a caracterizar los elementos que definen una cultura étnica y de ahí también que quienes lo intentan terminen haciendo listados descriptivos de rasgos culturales para decidir qué grupos sí son y qué grupos no son "étnicos". Algo similar sucede cuando se piensa que son lo mismo las "identidades étnicas" y las identidades propias, sin que se llegue a saber, entonces, qué es lo específicamente étnico en ellas. Al separar los procesos a través de los cuales un grupo "etniciza" a otro podrán identificarse, en cambio, cuáles son los rasgos culturales que el grupo dominante emplea para justificar las diferencias que lo separan del "otro", así como los mecanismos a través de los cuales lo hace. Como estos procesos siempre se desarrollan en condiciones históricas precisas, también podrán ser diversos los elementos culturales empleados para marcar las distancias y las diferencias sociales, así como las características específicas que adopta el dominio al asociarse con otros, como el de clase, el de género, etc. En algunos casos serán los fenotipos y las percepciones raciales, en otros la lengua, en otros la religión, en otros las identidades, como expresión articulada de la cultura diferente del otro, pero siempre enmarcados por las representaciones sociales que el dominante tiene acerca del dominado.[31]

La identidad étnica, entonces, es aquella dimensión que recae sobre las identidades de los dominados, que las hace extrañas y diferentes a las de los opresores y que, como en el caso de América, pueden inclusive llegar a construir una identidad sobrepuesta, homogeneizante, que une a los dominados, a pesar de su diversidad de culturas e identidades, en un solo grupo social en el cual se diluyen los rasgos culturales específicos. En ese proceso extremo se crea, entonces, una identidad imaginada que estigmatiza una serie de rasgos (reales o no) entre los dominados para marcar las diferencias entre los oprimidos y los opresores (los indios son herejes, caníbales, flojos, atrasados, incivilizados, feos, inmorales, mal vestidos, incultos, etc.). Precisamente cuando los grupos oprimidos por la dominación étnica emplean esa identidad para unir a la diversidad de los oprimidos en contra del grupo opresor, el proceso se invierte: son los oprimidos quienes desde sus particularidades culturales e identitarias recrean, inventan o le dan vuelta a los estigmas de la identidad común empleada para sojuzgarlos. Le dan así otros contenidos, otro valor, y forman su propia visión de la identidad étnica que los unifica: la identidad indígena, entonces, es depositaria del imaginario que emplean los dominados para su movilización social: los indios son sabios, armónicos con la naturaleza, guardianes de saberes y misterios ancestrales, justos casi por esencia; son, además, los dueños ancestrales de la tierra; todos son explotados y discriminados por igual por los no indígenas y tienen grandes cosas que enseñarles a los no indios respecto de la democracia, la justicia y la humanización de las relaciones sociales. Muchos de esos elementos que se emplean en las luchas de reivindicación étnica poco tienen que ver con la realidad de las culturas y las identidades de las comunidades a nombre de las cuales se combate. Pero en cierta forma son indispensables para lograr contundencia y fuerza en la

[31] Dentro de la teoría de las representaciones sociales se considera que éstas son producidas por el sentido común y que para que existan y para que impacten en la vida social no tienen que ser necesariamente "verdaderas" o "falsas". Por eso es materia de estudio la producción misma de las representaciones, su consolidación en los grupos e incluso cómo pueden ser movilizadoras de la acción social (Moscovici [1989] y Jodelet [1989]).

batalla por las representaciones sociales —contra el dominador— para lograr cambiar la organización social de las diferencias culturales, que no les favorecen; es un mecanismo, en suma, para conseguir, del Estado y la sociedad nacional, el reconocimiento positivo de sus peculiaridades e identidades propias.

Debido a que la lucha étnica es una batalla por el reconocimiento, por el respeto a la diferencia cultural, ésta es insuficiente para resolver los problemas derivados de la desigualdad entre las clases sociales o las desigualdades de otro tipo, como la de género. Cada tipo de desigualdad tiene su propia lógica de dominación y de reproducción, tiene sus agentes particulares y sus ámbitos institucionales para hacerlo, aunque en la cotidianidad de la vida todas esas formas de dominación y desigualdad se mezclan, se confunden y unas se sirven de otras. Las relaciones entre la dominación étnica y la de clases no se presentan ni se desarrollan de la misma manera entre todos los grupos ni en todos los momentos de la historia. Las particularidades que adquieren los procesos dependen, en cambio, de las condiciones de los pueblos que entran en contacto, en condiciones significativas de asimetría y desigualdad.

Por lo menos para el caso mexicano, lo que ha podido verse a lo largo de la historia es que el grupo social dominante emplea dos formas principales para el establecimiento de relaciones de dominación étnica: puede incorporar a los grupos dominados en una sola posición —sin respetar sus diferencias de estratificación y diferenciación social previas— homologándolos a todos en una sola clase social; o puede imponer su dominación manteniendo la diferenciación social preexistente, adaptándola a su propia estructura de clases y ejerciendo sobre todas las clases y estratos su predominio cultural. En este último caso es posible que existan sectores del pueblo dominado que ocupen posiciones de clase alta (dueños de medios de producción, burguesías agrícolas y financieras, etc.), pero que no por ello dejan de padecer la estigmatización, la persecución y la desvalorización de sus identidades y sus culturas propias; hasta el extremo de que tienen que renunciar a ellas para poder mantenerse en su posición social de clase.

Al primer modelo de dominación se le llamará aquí de *dominación étnica estratificada* porque sobre un mismo grupo social coinciden tanto la dominación étnica como la dominación de clase, de modo que todo el grupo culturalmente "etnicizado" ocupa una misma clase social. En él coincide, por tanto, la dominación étnica y la dominación de clase. En este caso, el grupo étnico ocupa una misma posición de clase, es decir, no tiene en su interior miembros con diferente clase social, ya que la posición de clase de todos les ha sido impuesta por el grupo opresor mediante mecanismos, por supuesto, que no son sólo culturales. La conquista y la guerra han sido medios privilegiados para ello, puesto que traen consigo el despojo de territorios y de medios de producción, así como la expropiación o la destrucción de bienes culturales. La permanencia de las culturas y de las identidades propias de los grupos dominados dependerán, a su vez, de diversas circunstancias, entre las que destacan la fuerza de la resistencia o la presencia de motivaciones por parte del opresor para permitirlas. Este modelo es el que normalmente se ha empleado para explicar el caso de los indígenas de México desde la Colonia hasta nuestros días. Esta forma de explicar las cosas, si bien puede ser correcta para ciertos lugares y ha servido para fortalecer las reivindicaciones étnicas, no ha sido muy eficaz para explicar la complejidad y la diversidad de condiciones que viven las comunidades indígenas contemporáneas ni tampoco para dar cuenta de las particularidades de sus relaciones con las instituciones y la sociedad nacional.

El segundo modelo, en cambio, parece más adecuado para explicar gran parte de las situaciones presentes en México. Se ha denominado aquí de *dominación étnica global*, ya que se refiere a situaciones en las que la dominación étnica se impone sobre grupos con formas de organización social estratificadas. En esos casos el grupo dominante mantiene y adecua la diferenciación social que ya existe en su beneficio: permite que sigan persistiendo privilegios de clase entre los dominados, pero impone su dominio sobre todo el conjunto social. Un dominio que no es sólo cultural —es económico, jurídico, político y simbólico—, pero que el dominador emplea para justificarse ante el dominado y ante sí mismo, puesto que se sustenta en la razón histórica que está de su lado, ya que posee las cualidades culturales y civilizatorias que lo ubican en la parte más alta del desarrollo humano. Sus integrantes son los civilizados, los que llevan la verdad de la palabra divina, los que merecen, en suma, imponer la razón y la verdad sobre el resto del mundo. La confrontación étnica en los casos extremos adquiere un tinte de conflicto, de guerra, entre civilizaciones.

En las situaciones donde la dominación étnica se establece sobre una sociedad con clases, y/o se permite que existan clases sociales en el interior del grupo subordinado, la dominación étnica y la dominación de clase adquieren tintes especiales, ya que entre los subordinados existen miembros de clases que monopolizan los recursos y el poder dentro de sus comunidades, mientras que frente a la clase similar del grupo opresor, éstos son discriminados y estigmatizados por sus características de identidad y cultura. Esas élites de poder viven la tensión entre asumir la cultura y la identidad de los dominantes o mantener sus peculiaridades de identidad y cultura. En muchos casos su pertenencia, identidad y cultura se vuelven instrumentos de negociación con el grupo dominante para poder afirmar y acentuar sus privilegios de clase y su propio dominio de clase en el interior de su comunidad cultural. En estos casos su identidad y su cultura se ponen al servicio de su interés por mantener los privilegios de clase. De allí que no siempre las reivindicaciones étnicas estén al servicio de la equidad y la justicia ni de todos los integrantes de las comunidades a nombre de las cuales se promueven. Eso explica por qué, en algunos casos, mientras las élites de poder indígenas emprenden negociaciones con el Estado para defender ámbitos propios de gobierno y justicia, otros miembros de esas comunidades apelen al derecho nacional, la ciudadanía o al cambio religioso para oponerse a la tradición cultural bajo la cual las clases dominantes de su propio grupo los explotan y dominan.

Un ejemplo de cómo la dominación étnica se ejerce sobre una clase (la burguesía indígena) es el de los indígenas "ricos" de Chiapas, que pese a su dominio económico en regiones enteras y a pesar de que controlan buena parte del comercio y del transporte de San Cristóbal de Las Casas y de Los Altos, continúan siendo víctimas de malos tratos y desprecios por parte de los "coletos" —que pueden ser menos ricos que ellos pero que se sienten herederos de la sangre y la cultura de los españoles—. La contraparte de ese ejemplo es cómo los caciques chamulas hacen de su identidad, su pertenencia y su cultura, instrumentos para explotar económicamente y dominar políticamente a los miembros de su propia comunidad.

Dicho desde otro ángulo, vale reiterar que la condición de subordinación étnica en un grupo no implica homogeneidad ni igualitarismo en el interior del grupo dominado ni tampoco, en consecuencia, la existencia interna de relaciones equitativas y democráticas. Por lo cual un cambio en el Estado nacional para que los indígenas sean reconocidos como integrantes de la nación y éstos adquieran derechos propios, no implica necesariamente un cambio estructural en la sociedad nacional para que desaparezcan la desigualdad de clases, la injusticia, ni tampoco las otras desigualdades e iniquidades que existen.

*Identidades propias, identidad étnica e identidad nacional*

En México —con un incipiente reconocimiento constitucional de los pueblos indígenas— existen por lo menos tres tipos de identidades colectivas relevantes para comprender a los indígenas convertidos en actores políticos desde hace 30 años: *1)* la identidad que les da pertenencia a comunidades culturales específicas; *2)* la identidad étnica, que pese a sus peculiaridades de identidad y cultura, los clasifica como indígenas, y *3)* la identidad nacional, que los hace ser miembros de la nación mexicana, ya que jurídicamente los identifica, en tanto ciudadanos, con otros sectores y clases sociales diferentes a ellos en posición social y cultura.[32] Cada una de estas identidades sociales tiene maneras particulares de delimitarse, formas específicas de reproducción y ámbitos en los cuales se expresa y se reproduce cotidianamente.[33]

[32] Gilberto Giménez insiste en que no deben confundirse analíticamente los ámbitos de las identidades: en los individuos debe hablarse de "dimensiones de identidad", mientras que cuando se habla de grupos sociales debe hablarse de "identidades colectivas". Si se habla de que un individuo tiene "diversas identidades" se supondría la presencia de un individuo fragmentado, casi esquizofrénico. Mientras que al hablar de dimensiones de su identidad, se da cuenta de la diversidad de identidades colectivas a las que pertenece ese individuo, e inclusive se puede hablar de las contradicciones que pueden existir entre ellas, pero al individuo se le presenta como unidad (Seminario sobre Cultura y Representaciones Culturales, sesiones de 2002).

[33] Un ensayo previo, sobre las diferencias y los ámbitos de reproducción de las identidades étnicas, por una parte, y de la identidad nacional, por la otra, es el de Maya Lorena Pérez Ruiz (1991). En él, sin embargo, todavía se trata la identidad étnica como equivalente de la identidad originaria. Lo que se presenta ahora, en cambio, es la elaboración más completa de una propuesta analítica que contempla

La identidad propia u originaria, dependiendo del grupo particular a que corresponda, se mantiene y reproduce mediante instituciones específicas en las que juegan un papel esencial ciertos elementos culturales claves. Entre los grupos de origen mesoamericano es común que se mantengan, como ámbitos privilegiados para su reproducción, las relaciones de parentesco familiares y rituales; los sistemas para la conservación de la memoria (orales y escritos); los sistemas religiosos y rituales que conservan, ordenan y explican el pasado, el presente y el futuro; los sistemas jurídicos que norman y sancionan la vida colectiva, familiar e individual de sus miembros; los sistemas de generación, conservación y transmisión de conocimientos (para la producción, la conservación del medio ambiente, la salud, la educación, etc.), y, en general, los sistemas de comunicación (lingüísticos, corporales, gestuales, etc.) vigentes entre sus miembros. Cada uno de esos sistemas contiene elementos y códigos de identificación que se conservan y/o se modifican en complejos —y muchas veces conflictivos— procesos de renovación y adaptación a nuevas condiciones históricas. La tensión entre los viejos y los nuevos agentes sociales que pugna por la conservación o por el cambio marca muchas de las dinámicas internas y los conflictos en la vida de los grupos originarios. Una fuente que cambió, pero que también activó la resistencia cultural, provino del sistema colonial que generó presiones sobre estas colectividades y las mantuvo subordinadas. Otras fuentes que también han incentivado los cambios y las resistencias son todos aquellos contactos con grupos sociales y culturales diferentes, más aún si éstos se presentan en condiciones de asimetría y conflicto. Los ancianos, los sanadores, los hombres y mujeres de conocimiento, los que imparten justicia y sancionan, así como los responsables de la religión y la ritualidad, son algunos de los agentes depositarios de los códigos de permanencia e identificación para los integrantes de sus comunidades. Entre los jóvenes, las mujeres, los maestros, los técnicos, los profesionistas, los ricos, los pobres y los que no tienen tierra, están algunos de quienes pugnan por los cambios. Las tensiones, según se resuelven a favor de la permanencia, el cambio o la adecuación, contri-

diferencias entre la identidad étnica y la originaria, y las relaciones de ambas con la identidad nacional. Por ello no debe leerse como si fuera un ensayo histórico sobre la emergencia de esos tipos de identidades.

buyen a la continuidad o a la destrucción de la identidad propia de una comunidad.

La identidad indígena, por su carácter de étnica, ha requerido de otras instituciones para su reproducción: de las coloniales primero y de las nacionales después. Durante todo el tiempo en que no estuvo reconocido en la Constitución (hasta 1992) el indigenismo, como política de Estado, fue responsable de reproducir la identidad indígena, paradójicamente, mientras pretendía su desaparición; ya que operaba sobre la existencia (material y simbólica) de las diferencias entre los indígenas y los no indígenas. Lo hizo mediante sus políticas diferenciales, con sus acciones que sustituían la responsabilidad de las demás instituciones y políticas nacionales, y cuando durante casi 30 años se abrogó la representación de los indígenas ante el Estado. Sin embargo, el indigenismo también generó las condiciones que permitieron que la identidad indígena adquiriera la connotación positiva y movilizadora que ahora tiene. Lo hizo con sus políticas para educar y reproducir intermediarios culturales (maestros, promotores, profesionistas, técnicos y líderes indígenas); con la oficialización de muchos de esos agentes como interlocutores válidos ante el gobierno nacional, y al tratar de encauzar las luchas indígenas independientes hacia vías institucionales, ya que por ese camino formó organizaciones regionales y nacionales sustentadas en la identidad indígena, y erogó mucho dinero en capacitación para darle un cierto perfil a sus líderes. Eso, junto a la cobertura que el INI le dio a muchos antropólogos, abogados y otros profesionistas para actuar y disentir de las políticas integracionistas, favorecieron el surgimiento de movimientos sociales sustentados en la identidad indígena.[34] No es casual, entonces, que un gran número de líde-

[34] Es común que se hable de las políticas indigenistas como si éstas se hubieran mantenido iguales desde los tiempos de Aguirre Beltrán (y el indigenismo de integración), y que se omita el análisis de las particularidades del indigenismo de etnodesarrollo y participación (Salomón Nahmad), del de transferencia de funciones (Warman), y del de perfil indefinido vigente actualmente. En el seno del INI, sin embargo, se han gestado proyectos de apoyo a organizaciones independientes (productivas, de derechos humanos y aun políticas) de donde ha salido un buen número de los líderes actuales del movimiento indígena, que busca ser nacional. Sus funcionarios, a su vez, han sido muy heterogéneos tanto en sus posiciones políticas como en sus acciones. Baste recordar que Magdalena Gómez, hoy abogada reconocida por defender la causa zapatista, fue directora de Procuración de Justicia del INI y como tal asistió a la Primera Mesa de Negociación de San Andrés.

res indígenas que hoy luchan por la autonomía de sus pueblos en el ámbito regional y nacional, sean producto o estén vinculados con alguna acción o política indigenista (como beneficiarios de proyectos, becados para capacitarse y estudiar, trabajadores del INI, interlocutores, etcétera).

La identidad indígena, por tanto, ha tenido durante el siglo XX y lo que va del XXI dos ámbitos esenciales de reproducción: el del indigenismo como política de Estado y el de la movilización de las poblaciones originarias agrupadas en organizaciones y movimientos que retoman lo étnico, lo indígena, como bandera para su identificación y su movilización.

La lucha por el reconocimiento se tradujo en los primeros años de 1990 en la demanda que exigía que en la Constitución mexicana se reconociera que en el territorio nacional había población cuyo origen precedía a la formación de la nación y que tenía características culturales e identitarias propias. Frente a la diversidad de grupos, identidades y culturas, la identidad que se empleó para esa oficialización fue la indígena. La modificación del artículo 4° de la Constitución mexicana que en 1992 admitió a los indígenas como sujeto social integrante de la nación mexicana, reconoció jurídicamente esa identidad que desde el siglo XIX anduvo de "ilegal" en el país. Así, jurídicamente, la identidad indígena adquirió el valor de una especie de identidad "franca" que representa a una gran cantidad y variedad de grupos de población originaria en México: refrendó su carácter de identidad étnica, sólo que ahora bajo la perspectiva de la discriminación positiva, es decir, para permitir la existencia de instrumentos legales que permitieran compensar y acabar con la desigualdad (que no la diferencia). Los grupos que en ella se amparan legal y jurídicamente y con ella se identifican están asumiendo esa identidad indígena como una nueva manera de defender las condiciones necesarias para reproducir las identidades originarias de sus pueblos, resemantizando la identidad indígena colonial y nacional de sentido negativo. El reconocimiento constitucional de la identidad indígena no es, sin embargo, garantía en sí misma de una relación justa y equitativa de los miembros de los pueblos originarios con el resto de la sociedad

Por sus planteamientos fue acusada (informalmente) por la delegación gubernamental de ser "prozapatista" y así fueron calificados, a su vez, muchos de los trabajadores indigenistas (Pérez Ruiz [2000]).

nacional. Por ello las organizaciones indígenas continuaron en su lucha por dotar de sentido a ese reconocimiento constitucional. La demanda autonómica ocupó desde 1992 un lugar importante en la lucha de las organizaciones indígenas de corte político.

En cuanto a la identidad nacional ésta se ha caracterizado por ser una construcción social destinada a identificar y unir bajo un mismo proyecto territorial, social y cultural, a sectores sociales y culturales diferentes —que nacieron y se reprodujeron bajo un mismo proceso colonial— y que se supuso que compartían un mismo proyecto de independencia nacional.[35] De ese proyecto imaginario se excluyeron las demandas de las comunidades indígenas que querían conservar derechos similares a los que habían tenido bajo la protección de la Corona española, y en cambio, en ese proceso, dirigido por los sectores cultural y económicamente hegemónicos de la nueva nación, se reinterpretó la historia, se homologaron las demandas por la justicia, se creó, y se impuso, un imaginario de identificación entre todos los mexicanos que omitía las diferencias y las relaciones desiguales: las historias locales y regionales, lo mismo que las culturas e identidades particulares, fueron subordinadas y, en muchos casos, destinadas a desaparecer. Construir un México homogéneo culturalmente y con una sólida y única identidad ha sido por mucho tiempo el proyecto de las clases política, económica, social y culturalmente dominantes. Se han privilegiado las instituciones nacionales, políticas, educativas y culturales necesarias para consolidar ese proyecto de identidad cultural común. Todas ellas acompañadas de la construcción de un complejo y poderoso sistema ritual y simbólico encaminado a legitimar la existencia de la nación, el Estado y sus autoridades. Sólo hasta la década de 1980, y bajo presión social, se produjeron instituciones nacionales para dar cabida a las culturas e identidades regionales (la Dirección de Culturas Populares, el Museo Nacional de Culturas Populares, los museos regionales y comunitarios, entre otros). En el contexto de un Esta-

[35] La perspectiva de la identidad nacional como una construcción social, en oposición a las perspectivas esencialistas y telúricas, se ha desarrollado en México principalmente por Guillermo Bonfil, Enrique Florescano y Néstor García Canclini, quienes han escrito al respecto numerosos libros y artículos. Por mi parte, analizo desde esa perspectiva el manejo de la cultura popular en los museos mexicanos en el libro *El sentido de las cosas. La cultura popular en los museos contemporáneos*, INAH, México, 1999.

do vertical y autoritario —con escasos espacios institucionales para la expresión y la reproducción de la diversidad cultural—, las relaciones entre las identidades propias de los pueblos originarios y la identidad nacional han sido conflictivas y hasta antagónicas, en la medida en que la última se fundamentó, por mucho tiempo, en la destrucción o asimilación de las primeras; en tanto que la identidad indígena oficializada fue una vía, primero para destruir y luego para regular las diferencias culturales existentes.

En la actualidad, las identidades propias, la identidad indígena y la identidad nacional, pueden continuar siendo antagónicas y estar en conflicto permanente, o pueden llegar a ser parte de un mismo proyecto en el que más que contraponerse en intereses se complementen para construir un nuevo tipo de sociedad: en el que cambien las reglas de la convivencia entre lo diverso y se construyan formas más equitativas de organizar las diferencias sociales y culturales para disminuir también las desigualdades.

En relación con esto último persiste aún el reto y la discusión sobre el tipo de sociedad que están buscando construir los indígenas desde los movimientos sociales de los últimos años. Desde la década de 1970, desde la antropología pero también desde los movimientos sociales indígenas, se ha recurrido al elemento civilizatorio para marcar las diferencias de los grupos indígenas respecto de otros grupos, como las clases sociales, y sobre ese argumento se ha construido una agenda que busca dotar de derechos específicos a esas poblaciones. La polémica en torno a ese tema, sin embargo, ha conducido, por una parte, al rechazo absoluto de las culturas indígenas, y por otro, a su idealización, desde diferentes posiciones.[36] Y con ello se ha llegado a hacer tabla rasa de las diferencias de los pueblos indios, que son vistos como portadores de un mismo modelo civilizatorio. De esta manera, si bien el discurso de oposición tajante entre el modelo civilizatorio indígena y el impulsado por los grupos hegemónicos contribuyó a la construcción de un discurso de liberación étnica —lo cual ha permitido

[36] Normalmente tal idealización de los pueblos indígenas se reconoce en los planteamientos de Guillermo Bonfil y sus seguidores. Sin embargo, aun sin que se emplee la oposición occidente-pueblos indígenas, también es frecuente encontrar la homologación y la idealización de todos o algunos aspectos de las culturas indígenas en los planteamientos de antropólogos que defienden los derechos culturales de los pueblos indígenas, o que militan en partidos y agrupaciones de izquierda.

aglutinar a miembros de diferentes pueblos indígenas del país y del continente—, frente a los Estados nacionales, que los han oprimido e ignorado como sujetos constitutivos de su ser nacional; también es cierto que han propiciado que se oculten realidades, a veces contradictorias, en la vida de los pueblos indígenas, al mismo tiempo que éstos han sido homologados en un supuesto modelo común de civilización y cultura.

Las dificultades de partir de un supuesto que no reconoce la profundidad de las diferencias sociales y culturales que existen entre los indígenas las hemos visto en las luchas indígenas recientes, en torno a la autonomía, y se han vinculado a través de la solidaridad con el EZLN. Allí, por lo menos, han quedado al descubierto las dificultades de construir alianzas de mediano y largo plazos entre organizaciones indígenas con historias y demandas diferentes, aunque todas en el discurso defiendan la autonomía y un mismo modelo civilizatorio. La abismal diferencia entre organizaciones fundamentalmente reivindicativas, con demandas productivas, sociales y económicas de corto plazo; las organizaciones políticas, con demandas que buscan incidir en las formas de representación y gobierno del país; así como entre éstas y las organizaciones radicales, que además de estar armadas se plantean transformaciones sustanciales del orden social, evidenciaron, por lo demás, las dificultades para resolver entre ellas las disputas por el liderazgo, el control de los recursos y la representación (Pérez Ruiz, 2000).

Asimismo, los movimientos de mujeres indígenas y sus permanentes demandas por el reconocimiento de sus derechos esenciales, han cuestionado y puesto límites a los discursos idealizados sobre los modelos civilizatorios indígenas y la autonomía (Bonfil Sánchez, 1999). Algo similar ha sucedido desde las reivindicaciones de los jóvenes y los migrantes indígenas, que se empeñan en seguir perteneciendo a su grupo y a su comunidad, aunque les guste el rock pesado, se pinten el pelo de verde y se apropien de los ámbitos urbanos (Pérez Ruiz, 1993a, y Oehmichen Bazán, 2001).

Ciertamente, frente a la incertidumbre provocada por los procesos de globalización, que cuestiona Estados y naciones, las luchas interétnicas en el mundo parecen señalar que existen otras opciones de civilización, identidad, cultura y desarrollo, y en ese contexto los pueblos indígenas, con sus sistemas culturales de control sobre la toma de decisiones, sobre sus gobernantes, sobre sus formas de organización, y aun sobre sus recursos naturales, parecen ser una opción frente a la destrucción ecológica, la contaminación, la deshumanización y la universalización mercantilista de las relaciones sociales que ha traído consigo la globalización. Pero no reconocer sus limitaciones e idealizar sus potencialidades es generar una perspectiva con matices milenaristas, dogmáticos y de retorno, que no pueden conducir más que a lo que en el fondo se pretende evitar: el conflicto y la violencia interétnicas. Trascender estas perspectivas y llegar a la discusión nacional, e incluso global, requiere, pues, de un fuerte trabajo intercultural, de reconstrucción, rehabilitación y readecuación.

## BIBLIOGRAFÍA

Adams N., Richard (1990), "La tradición de conquista en Mesoamérica; hipótesis de interpretación de las relaciones interétnicas en Centroamérica", *Anales Academia de Geografía e Historia de Guatemala*, LXIII, Guatemala.

——— (1994), "Las etnias en una época de globalización", en N. García Canclini *et al., De lo local a lo global: perspectivas desde la antropología*, UAM-I, México.

Aguirre Beltrán, Gonzalo (1967), *Regiones de refugio*, Instituto Indigenista Interamericano, México.

——— (1976), *El proceso de aculturación*, UNAM, México.

——— (1981), *Formas de gobierno indígena*, INI, México.

——— (1984), "La polémica indigenista en el México de los años setentas", *Anuario Indigenista*, XLIV, México.

Anderson, Benedict (1983), *Imagined Communities*, Verso Éditions and NLB, Londres.

Arizpe, Lourdes (1978), "El reto del pluralismo cultural", en *INI Memorias*, INI, México.

——— (1988), "Pluralidad cultural y proyecto nacional", en R. Stavenhagen y M. Nolasco (coords.), *Política cultural para un país multiétnico*, SEP/Colmex/DGCP, México.

——— (1990), "De filiaciones arbitrarias a lealtades razonadas: la nación y las fronteras culturales en México", en L. Arizpe y L. de Gortari, en la memoria del coloquio *Repensar la nación: fronteras, etnias y soberanía*, Cuadernos de la Casa Chata, núm. 174, CIESAS, México.

Arizpe, Lourdes, F. Paz y M. Velázquez (1993), *Cultura y cambio global: percepciones sociales sobre la deforestación de la Selva Lacandona*, CRIM-UNAM, México.

Ávila Méndez, Agustín (1991), "Movimientos étnicos contemporáneos en la Huasteca", en A. Warman y A. Argueta, *Nuevos enfoques para el estudio de las etnias en México*, CIIH-UNAM, México.

Barth, Fredrik (1976), *Los grupos étnicos y sus fronteras: la organización social de las diferencias*, FCE, México.

Balibar, Étienne, *et al.* (1989), *Identità culturali*, Franco Angeli, Milán.

Barabás, Alicia (1987), *Utopías indias*, Grijalbo, México.

———, y Miguel Bartolomé (coords.) (1986), *Etnicidad y pluralismo cultural. La dinámica étnica en Oaxaca*, INAH, México.

———, y Miguel Bartolomé (coords.) (1999), *Configuraciones étnicas en Oaxaca. Perspectivas etnográficas para las autonomías*, 3 vols., INAH/INI/CNCA, México.

Barre, Marie-Chantal (1988), *Ideologías indigenistas y movimientos indios*, Siglo XXI, México.

Bartolomé, Leopoldo (1980), "Sobre el concepto de articulación social", *Desarrollo Económico, Revista de Ciencias Sociales*, núm. 8, vol. XX, Buenos Aires.

Bartolomé, Miguel (1997), *Gente de costumbre y gente de razón. Las identidades étnicas en México*, Siglo XXI/INI, México.

——— (2000), "Etnias y naciones. La construcción civilizatoria en América Latina", en Leticia Reina (coord.), *Los retos de la etnicidad en los Estados-nación del siglo XXI*, CIESAS/INI/Miguel Ángel Porrúa, México.

———, y Stefano Varese (1986), "Un modelo procesal para la dinámica de la pluralidad cultural", en A. Barabás y M. Bartolomé (coords.), *Etnicidad y pluralismo cultural. La dinámica étnica en Oaxaca*, INAH, México.

Bartra, R., E. Boege *et al.* (1978), *Caciquismo y poder político en el México rural*, Siglo XXI, México.

Bataillon, C., H. Favre, P. Descola *et al.* (1988), *Indianidad, etnocidio e indigenismo en América Latina*, Centro de Estudios Mexicanos y Centroamericanos, México.

Boege, Eckart (1988), *Los mazatecos ante la nación. Contradicciones de la identidad étnica en el México actual*, Siglo XXI, México.

——— (1988a), "La cuestión étnica y la antropología social en México: balance y perspectivas", en la memoria del simposio *Teoría e investigación en la antropología social mexicana*, Cuadernos de la Casa Chata, núm. 60, CIESAS, México

———, y N. Barrera (1992), "Producción y recursos naturales en los territorios étnicos: una reflexión metodológica", en A. Warman y A. Argueta, *Nuevos enfoques para el estudio de las etnias en México*, CIIH-UNAM, México.

Bonfil Batalla, Guillermo (1979), "El objeto de estudio de la antropología", *Nueva Antropología,* año III, núm. 11, México.
——— (1981), *Utopía y revolución,* Nueva Imagen, México.
——— (1984), "Lo propio y lo ajeno: una aproximación al problema del control cultural", en A. Colombres (comp.), *La cultura popular en México,* Premiá, México.
——— (1986), "Del indigenismo de la revolución a la antropología crítica", en *De eso que llaman la antropología mexicana,* Comité de Publicaciones de la ENAH, México.
——— (1987), *México profundo. Una civilización negada,* CIESAS/SEP, México.
——— (1987a), *La teoría del control cultural en el estudio de los procesos étnicos,* Cuadernos de la Casa Chata, CIESAS, México.
——— (1988), "Panorama étnico y cultural de México", en R. Stavenhagen y M. Nolasco (coords.), *Política cultural en un país multiétnico,* Colmex/DGCP/SEP, México.
——— (1988a), "Los conceptos de diferencia y subordinación en el estudio de las culturas populares", en *Teoría e investigación en la antropología social mexicana,* CIESAS/UAM, México.
——— (1991), "Desafíos a la antropología en la sociedad contemporánea", *Iztapalapa,* año II, número extraordinario, UAM-I, México.
——— (1993), *Nuevas identidades culturales en México,* CNCA, México.
Bonfil Sánchez, Paloma (1999), *Las alfareras de las ollas morenas. Las mujeres indígenas en su construcción como sujeto social,* tesis de maestría, UAM-X, México.
Brass, Paul R. (1985), *Ethic Group and the State,* Croam Helm, Londres.
Buckley, Walter (1973), *La sociología y la teoría moderna de los sistemas,* Amorrortu, Buenos Aires.
Burguete, Araceli (1984), "¿Quiénes son los 'Amigos del Indio'?", *Antropología Americana* (reimpresiones), Instituto Panamericano de Geografía e Historia, México.
Cardoso de Oliveira (1974), *Um conceito antropológico de identidade,* Fundaçao Universidade de Brasilia (circulación limitada).
——— (1976), *Identidade, etnia e estructura social,* Biblioteca Pioneira de Ciências Sociais, São Paulo.
——— (1977), "Articulación interétnica en Brasil", en *Procesos de articulación social,* Amorrortu, Buenos Aires.
——— (1992), *Etnicidad y estructura social,* CIESAS, México.
Caso Andrade, Alfonso (1978), "Los ideales de la acción indigenista", en *INI 30 años después,* INI, México.
Castellanos, Alicia, y G. López y Rivas (1992), *El debate de la nación: cuestión nacional, racismo y autonomía,* Claves Latinoamericanas, México.
Cucó i Giner (1994), "La intimidad en público. Amigos y cuadrillas en España", en *Antropología sin fronteras. Homenaje a Carmelo Lisón,* CIS.

Cucó i Giner (1995), *La amistad. Perspectiva antropológica,* Icaria-Institut, Barcelona.

Despres, Leo A. (1975), "Toward a Theory of Ethnic Phenomena", en *Ethnicity and Resource Competition in Plural Societies,* Mounton, La Haya.

Devalle, Susana (1992), "La etnicidad y sus representaciones: ¿juego de espejos?", *Estudios Sociológicos de El Colegio de México,* vol. x, núm. 28, enero-abril, México.

——— (2000), "Concepciones de la etnicidad, usos, deformaciones y realidades", en Leticia Reina (coord.), *Los retos de la etnicidad en los Estados-nación del siglo* xxi, CIESAS/INI/Miguel Ángel Porrúa, México.

Díaz Polanco, Héctor (1978), "Indigenismo, populismo y marxismo", *Nueva Antropología,* año III, núm. 9, México.

——— (1981), "Etnia, clase y cuestión nacional", *Cuadernos Políticos,* núm. 30, octubre-diciembre, México.

——— (1985), "Etnia y cuestión nacional", en *La cuestión étnico-nacional,* Línea, México.

——— (1991), "Cuestión étnico-nacional y autonomía", en A. Warman y A. Argueta, *Nuevos enfoques para el estudio de las etnias en México,* CIIH-UNAM, México.

——— (1992), "Autonomía y cuestión territorial", *Estudios Sociológicos de El Colegio de México,* vol. x, núm. 28, enero-abril, México.

——— (1995), "Etnia, clase y cuestión nacional", en H. Díaz Polanco (comp.), *Etnia y nación en América Latina,* CNCA, México.

Epstein, A. L. (1978), *Ethos and Identity. Three Studies in Ethnicity,* Tavistock, Londres.

Erikson, Erik (1976), "Identidad", en *Enciclopedia internacional de ciencias sociales,* vol. VII, Aguilar, Madrid.

Falomir, Ricardo (1991), "La emergencia de la identidad étnica al fin del milenio: ¿paradoja o enigma?", *Alteridades,* año 1, núm. 2, UAM-I, México.

Figueroa V., Alejandro (1992), "Organización de la identidad étnica y persistencia cultural entre los mayos", *Estudios Sociológicos de El Colegio de México,* vol. x, núm. 28, enero-abril, México.

——— (1994), *Por la tierra de los santos. Identidad y persistencia cultural entre yaquis y mayos,* CNCA, México.

——— (1995), "Competencia étnica y políticas estatales de asignación de recursos. El caso de los yaquis y los mayos", en Raquel Barceló, Ma. Ana Portal y Martha J. Sánchez, *Diversidad étnica y conflicto en América Latina: organizaciones indígenas y políticas estatales,* UNAM/Plaza y Valdés, México.

Forbes, H. D. (1997), *Ethnic Conflict,* Yale University Press, New Haven y Londres.

Fuente, De la (1965), *Relaciones interétnicas,* INI, México.

Geertz, Clifford (1992), *La interpretación de las culturas,* Gedisa, Barcelona.

Giménez, Gilberto (2000), "Identidades étnicas: estado de la cuestión", en Leticia Reina (coord.), *Los retos de la etnicidad en los Estados-nación del siglo XXI,* CIESAS/INI/Miguel Ángel Porrúa, México.

Goodenough, Ward H. (1965), "Rethinking 'Status' and 'Role': Toward a General Model of the Cultural Organization of Social Relationships", en *The Relevance of Models for Social Anthropology,* Tavistock, Londres.

Gramsci, Antonio (1972), *Los intelectuales y la organización de la cultura,* Nueva Visión, Buenos Aires.

Guerrero, Javier (1983), "El anticapitalismo reaccionario en la antropología", *Nueva Antropología,* vol. V, núm. 20, México.

——— (1986), "Cultura nacional y culturas populares", *Argonautas,* núm. 4, año II, Ediciones Aguirre Beltrán, ENAH, México.

———, M. Lagarde y M. Morales (1978), "La cuestión étnica", *Nueva Antropología,* año III, núm. 9, México.

———, y G. López y Rivas (1984), "Las minorías étnicas como categoría política en la cuestión regional", *Antropología Americana* (reimpresiones), Instituto Interamericano de Geografía e Historia, México.

Gutiérrez, Natividad (2000), "El resurgimiento de la etnicidad y la condición multicultural en el Estado-nación de la era global", en Leticia Reina (coord.), *Los retos de la etnicidad en los Estados-nación del siglo XXI,* CIESAS/INI/Miguel Ángel Porrúa, México.

Grupo de Barbados (1979), *Indianidad y descolonización en América Latina,* Nueva Imagen, México.

Hewitt de Alcántara, Cynthia (1984), *Imágenes del campo: la interpretación antropológica del México rural,* El Colegio de México, México.

Isaacs, Harold R. (1975), *Idols of the Tribe, Groupe Identity and Political Change,* Harper and Row Publishers, Nueva York.

Iturralde, Diego (1989), "Movimiento indio, costumbre jurídica y usos de la ley", *América Indígena,* vol. XLIX, Instituto Nacional Interamericano, México.

——— (1991), "Los pueblos indios como nuevos sujetos sociales en los Estados latinoamericanos", *Nueva Antropología,* vol. XI, núm. 39, México.

Jodelet, Denis (1989), "Représentations sociales: un domaine en expansion", en Denis Jodelet, *Les représentations sociales,* Presses Universitaires de France, París.

Krotz, Esteban (1990), "Comentario a la mesa 'Fronteras culturales, étnicas y nacionales'", en L. Arizpe y L. de Gortari, memoria del coloquio *Repensar la nación: fronteras, etnias y soberanía,* Cuadernos de la Casa Chata, núm. 174, CIESAS, México.

Lameiras, José (1975), "Antropología política e indigenismo", *Nueva Antropología,* año III, núm. 9, México.

Lomnitz-Adler, Claudio (1979), "Clase y etnicidad en Morelos: una nueva interpretación", *América Indígena,* XXXIX, México.

——— (1995), *Las salidas del laberinto. Cultura e ideología en el espacio nacional mexicano,* Joaquín Mortiz/Planeta, México.

López y Rivas, Gilberto (1988), *Antropología, minorías étnicas y cuestión nacional,* Ediciones Aguirre Beltrán, ENAH, México.

——— (1996), *Nación y pueblos indios en el neoliberalismo,* Plaza y Valdés/Universidad Iberoamericana, México.

McKay, James, y Frank Lewins (1980), "Ethnicity and the Ethnic Group: A Conceptual Analysis and Reformulation", en *Ethnic and Rocial Studies,* vol. 1, núm. 4, Routledge and Kegan Paul Ltd., Londres.

Margolis, Ana (1992), "Vigencia de los conflictos étnicos en el mundo contemporáneo", *Estudios Sociológicos de El Colegio de México,* vol. X, núm. 28, enero-abril, México.

Martín Barbero, Jesús (1987), "Introducción", en *Comunicación y culturas populares en Latinoamérica,* FELAFACS-GG, México.

Marzal, Manuel M. (1986), *Historia de la antropología indigenista: México y Perú,* Pontificia Universidad Católica del Perú, Lima.

Matta, Roberto da (1976), "Quanto custa ser indio no Brasil? Consideraciones sobre o problemas da identidades etnicas", *Revista Dados,* núm. 13.

Medina, Andrés (1983), "Los grupos étnicos y los sistemas tradicionales de poder en México", *Nueva Antropología,* vol. V, núm. 20, México.

——— (1990), "Los grupos étnicos en el espacio del Estado y la nación", en L. Arizpe y L. de Gortari, memoria del coloquio *Repensar la nación: fronteras, etnias y soberanía,* Cuadernos de la Casa Chata, núm. 174, CIESAS, México.

——— (1992), "La identidad étnica: turbulencias de una definición", en Leticia Méndez y Mercado (comp.), *Primer Seminario sobre Identidad,* INA-UNAM, México.

Méndez Laville, Guadalupe (1987), "La quiebra política (1965-1976)", en García Mora (coord.), *La antropología en México, panorama histórico,* vol. 2, INAH, México.

Moscovici, Serge (1989), "Des représentations collectives aux représentations sociales", en Denis Jodelet, *Les représentations sociales,* Presses Universitaires de France, París.

Nahmad, Salomón, *et al.* (1977), *Siete ensayos sobre indigenismo,* Serie Cuadernos de trabajo, núm. 6, INI, México.

——— (1978), "Perspectivas y proyección de la antropología aplicada en México", *Nueva Antropología,* año III, núm. 9, México.

Nahmad, Salomón (1988), "Corrientes y tendencias de la antropología aplicada en México. Indigenismo", en la memoria del simposio *Teoría e investigación en la antropología social mexicana*, Cuadernos de la Casa Chata, núm. 60, CIESAS, México.

——— (1991), "Los derechos humanos de los pueblos indígenas de México [...] su propio desarrollo político, económico y cultural", en A. Warman y A. Argueta, *Nuevos enfoques para el estudio de las etnias en México*, CIIH-UNAM, México.

——— (1995), "La construcción de la democracia y los pueblos indígenas de México", en Raquel Barceló, Ma. Ana Portal y Martha J. Sánchez, *Diversidad étnica y conflicto en América Latina: organizaciones indígenas y políticas estatales*, UNAM/Plaza y Valdés, México.

Nájenson, José L. (1984), "Etnia, clase y nación en América Latina", *Antropología Americana* (reimpresiones), Instituto Interamericano de Geografía e Historia, México.

Nolasco, Margarita (1986), "La antropología aplicada en México y su desarrollo final: el indigenismo", en *De eso que llaman antropología mexicana*, ENAH, México.

Oehmichen Bazán, M. Cristina (1999), *Reforma del Estado. Política social e indigenismo en México, 1988-1996*, IIA-UNAM, México.

——— (2001), "Mujeres indígenas en el proceso de cambio cultural. Análisis de las normas de control social y relaciones de género en la comunidad extraterritorial", tesis de doctorado en antropología, UNAM, México.

Oommen, T. K. (1997), *Citizenship, Nationality and Ethnicity*, Polity Press-Blackwell Publishers, Cambridge, Massachusetts.

Peña, Guillermo de la (1998), "Etnicidad, ciudadanía y cambio agrario. Apuntes comparativos sobre tres países latinoamericanos", en S. Zendejas y P. de Vries, *Las disputas por el México rural*, vol. II, El Colegio de Michoacán, México.

Pérez Ruiz, Maya Lorena (1991), "Reflexiones sobre el estudio de la identidad étnica y la identidad nacional", en A. Warman y A. Argueta, *Nuevos enfoques para el estudio de las etnias en México*, CIIH-UNAM, México.

——— (1993), "Lo popular en el movimiento urbano popular", inédito, México.

——— (1993a), "La identidad entre fronteras", en G. Bonfil Batalla (coord.), *Nuevas identidades culturales en México*, CNCA, México.

——— (1995), "El Museo Nacional de Culturas Populares, 1982-1989: producción cultural y significados", tesis de maestría en antropología social, ENAH, México.

——— (1999), *El sentido de las cosas. La cultura popular en los museos contemporáneos*, INAH, México.

Pérez Ruiz, Maya Lorena (2000), "¡Todos somos zapatistas! Alianzas y rupturas entre el EZLN y las organizaciones indígenas!", tesis de doctorado en ciencias antropológicas, UAM-I, México.

Reina, Leticia (coord.) (2000), *Los retos de la etnicidad en los Estados-nación del siglo XXI*, CIESAS/INI/Miguel Ángel Porrúa, México.

Sarmiento Silva, Sergio (1987), *La lucha indígena: un reto a la ortodoxia*, Siglo XXI, México.

——— (1991), "Movimientos indígenas y participación política", en A. Warman y A. Argueta, *Nuevos enfoques para el estudio de las etnias en México*, CIIH-UNAM, México.

———, L. Paré y G. Flores (1988), *Las voces del campo: movimiento campesino y política agraria, 1976-1984*, Instituto de Investigaciones Sociales, UNAM, México.

Shils, Edward W. (1957), "Primordial, Personal, Sacred and Civilities", *British Journal of Sociology*, núm. 8.

Stavenhagen, Rodolfo (1974), *Las clases sociales en las sociedades agrarias*, Siglo XXI, México.

——— (1980), *Problemas étnicos y campesinos*, INI, México.

——— (1988), *Derechos indígenas y derechos humanos en América Latina*, El Colegio de México/Instituto Interamericano de Derechos Humanos, México.

——— (1991), "Los derechos indígenas: un nuevo enfoque del sistema internacional", en A. Warman y A. Argueta, *Nuevos enfoques para el estudio de las etnias en México*, CIIH-UNAM, México.

——— (1992), "La cuestión étnica. Algunos problemas teórico-metodológicos", *Estudios Sociológicos de El Colegio de México*, vol. X, núm. 28, enero-abril, México.

——— (1992a), "Los derechos indígenas: algunos problemas conceptuales", *Revista IIDH*, núm. 15, junio, México.

Tajfel, Henry, y J. C. Turner (1979), "An Integrative Theorie of Intergroup Conflict", en W. G. Austin y S. Worchel, *The Social Psychology of Intergroup Relations*, Brooks-Cole, Monterey.

Val, José del (1990), "Identidad, etnia y nación", en L. Arizpe y L. de Gortari, memoria del coloquio *Repensar la nación: fronteras, etnias y soberanía*, Cuadernos de la Casa Chata, núm. 174, CIESAS, México.

Varese, Stefano (1978), "Defender lo múltiple: nota al indigenismo", *Nueva Antropología*, año III, núm. 9, México.

——— (1979), "¿Estrategia étnica o estrategia de clase?", en *Indianidad y descolonización en América Latina*, Nueva Imagen, México.

——— (1987), "Patrimonio cultural, participación y etnicidad", ponencia presentada en el simposio *Patrimonio y política cultural para el siglo XXI*, 5-9 de octubre, INAH, México.

Varese, Stefano (1989), "Movimientos indios de liberación y Estado nacional", en *La diversidad prohibida: resistencia étnica y poder de Estado*, El Colegio de México, México.

——— (1992), "Grupos no gubernamentales y organizaciones de base", en *Agricultural Sector Reforms and the Peasantry in Mexico*, Special Programming Mission to Mexico, International Fund For Agricultural Development.

——— (1996), *Pueblos indios, soberanía y globalismo*, Ediciones Abya-Yala, Quito.

Vos, George de (1972), "Social Stratification and Ethnic Pluralism: An Overview from the Perspective of Psychological Antropology", *Race*, vol. XIII, núm. 4, The Institute of Race Relations, Oxford University Press.

———, y Lola Romanucci-Ross (1982), *Ethnic Identity Cultural Continuities and Change*, 2ª ed., University of Chicago Press, Chicago.

Warman, Arturo (1982), "Sobre la creatividad… o cómo buscarle tres pies al gato, que como es sabido, sólo tiene dos", en *Culturas populares y política cultural*, Museo Nacional de Culturas Populares/SEP, México.

——— (1986), "Todos santos y todos difuntos: crítica histórica de la antropología mexicana", en *De eso que llaman antropología mexicana*, Comité de Publicaciones de la ENAH, México.

——— (1988), "Comentarios sobre pluralidad y política cultural", en R. Stavenhagen y M. Nolasco (coords.), *Política cultural para un país multiétnico*, SEP/Colmex/DGCP, México.

——— (1991), "Introducción", en A. Warman y A. Argueta, *Nuevos enfoques para el estudio de las etnias indígenas*, CIIH-UNAM, México.

———, y A. Argueta (comps.) (1993), *Movimientos indígenas contemporáneos en México*, CIIH-UNAM, México.

Zárate Vidal, Margarita (1998), *En busca de la comunidad. Identidades recreadas y organizaciones campesinas en Michoacán*, El Colegio de Michoacán, UAM-I, México.

# *Persistencia y cambio de las culturas populares*[1]

José Manuel Valenzuela Arce

Hablar de cultura es entrar a un campo mimético, difuso, evasivo, frecuentemente atrapado en los intersticios que conforman sus múltiples acepciones. Algunos esfuerzos de identificación de las concepciones de cultura resultan desesperanzadores y parecería preferible abandonarlos que optar por alguna de sus decenas de usos sistematizados por Kroeber.

En su condición prístina la cultura diferenciaba la condición humana de la naturaleza. Establecía canales de separación con los elementos naturales cuyo cultivo posibilitaba la existencia. La cultura como cultivo de la mente era una visión conformada desde la familiarización con el cultivo agrícola o de animales. Cultivar la mente generaba nuevas fronteras definidas por el trabajo pero poco ayudaba en la caracterización de diferencias entre grupos sociales o entre los miembros de un mismo grupo.

A finales del siglo xviii, *cultura* adquirió un sentido distinto, principalmente en Alemania e Inglaterra, donde se utilizó para señalar la configuración o generalización del espíritu que conformaba el modo de vida global de un pueblo. Cultura como condición óntica definitoria de un distintivo modo colectivo de ser aludía a una dimensión general, globalizante. Frente a esto Herder (1784-1791) pluralizó el concepto. Hablar de las *culturas* permitía romper los usos homogeneizantes que identificaban cultura con civilización.[2]

La condición plural de las culturas que remiten a modos específicos de vida sentó las bases para el surgimiento de la antropo-

[1] Una versión anterior fue publicada en el libro *Nuestros piensos* de José Manuel Valenzuela, publicado por el Conaculta.

[2] Véase Raymond Williams, *Cultura,* Paz e Terra, São Paulo, 1992.

logía comparada en el siglo XIX. En la sociología y la antropología, el concepto de cultura hizo referencia al modo de vida global de un pueblo o grupo social.[3]

El concepto de cultura no fue ajeno a cambios fundamentales del pensamiento ocurridos con la Ilustración de donde emanaron dos campos diferenciados de problematización, los llamados *ilustrados*, quienes acentuaron las virtudes de la educación y la razón, asignándole al pueblo los atributos característicos de contravalores como la fe, la ignorancia y las supersticiones, mientras que los *románticos* exaltaron lo popular y cuestionaron la consideración ilustrada que adjudicaba a las élites la propiedad intelectual privilegiada y exclusiva de la cultura. No exentas de múltiples mitificaciones, las perspectivas románticas dignificaban la condición popular desacralizando la posición elitista ilustrada.

La perspectivas desde las cuales se construyeron las relaciones entre las actividades culturales y las demás formas de vida social conformaron visiones nostálgicas, conservadoras y populistas que consideraban un pueblo homogéneo y autónomo, con las cualidades humanas más altas. Se destacaron posiciones idealistas que acentuaron el espíritu formador de un modo de vida global manifiesto en todas las actividades sociales (destacadamente en el lenguaje, el arte o el tipo de trabajo intelectual), y puntos de vista materialistas que resaltaron un orden social global conformado por una amplia gama de actividades sociales definitorias de culturas específicas referidas a estilos de arte y tipos de trabajo intelectual.

De estas perspectivas abrevó la sociología de la cultura en la segunda mitad del siglo XX, considerando que las prácticas y la producción cultural son constituidas y constituyentes del orden social. La sociología de la cultura acentuó los sistemas de significaciones, pero también se preocupó por las prácticas y producciones culturales manifiestas, considerando las relaciones entre el análisis social de instituciones y formaciones culturales, con los medios materiales de producción cultural y con las formas cultu-

[3] Conjuntamente con esta definición, se siguió considerando a la cultura como estado mental desarrollado que definiría a la persona culta, o los procesos de ese desarrollo que refiere a intereses y actividades culturales, o los medios de ese proceso. *Idem*.

rales concretas.[4] De esta manera se fueron desdibujando las concepciones binarias sobre la cultura, se incorporaron las prácticas significativas y se le definió como un sistema de significaciones mediante las cuales un orden social se comunica, reproduce, vive y estudia.

## La cultura popular[5]

De la tradición romántica caracterizada por la conformación de perspectivas idealizadas del pueblo y la *hipostatización* de algunos de sus rasgos considerados como más humanos, cobraron fuerza conceptos que recuperaron positivamente la dimensión de lo tradicional conformando diferentes perspectivas sobre la cultura popular.

[4] Williams destaca que la sociología de la cultura se preocupa por los procesos sociales de toda la producción cultural, inclusive de aquellas producciones que pueden ser designadas como ideologías; por ello debe estudiar tanto las instituciones y formaciones de producción cultural, como las relaciones sociales de sus medios específicos de producción. La sociología de la cultura analiza la organización de los sistemas de significaciones y los procesos de reproducción social y cultural y la organización cultural. En esta tradición intelectual, Williams incorpora a Vico (1725-1744), para quien la mente humana es modificada por el desarrollo social, principalmente por el lenguaje. También recupera las aportaciones de Herder (1784-1791), quien discutió el concepto de formas culturales específicas (como espíritu formador). Ambos autores influyeron en el trabajo fundamental de Dilthey (1883), quien distinguió entre ciencias culturales *(Geisteswissenschaften)* y ciencias naturales. Dilthey consideró a las ciencias culturales porque sus "objetos de estudio" son hechos por el hombre, quien los está observando y también participa en ellos, y que son inevitables métodos diferentes para el establecimiento de evidencias e interpretaciones. Además de insistir en la necesidad de realizar estudios históricos, Dilthey definió el concepto de *verstehen* como captación intuitiva de las formas sociales y culturales humanas. Williams identifica las características centrales de: *1)* la teoría observacional que incluye tres tipos de intereses de estudio: *a)* instituciones sociales y económicas de la cultura y como definiciones alternativas de sus productos, *b)* de su contenido y *c)* de sus efectos, y *2)* la tradición alternativa de influencia marxista caracterizada por la convergencia de las teorías sociales de la cultura y teorías y estudios más específicamente filosóficos, históricos y críticos sobre arte. Entre éstas se destacan tres énfasis: *a)* sobre las condiciones sociales del arte, *b)* sobre el material social en las obras de arte y *c)* sobre las relaciones sociales en las obras de arte. *Idem.*

[5] Para una visión general sobre la discusión en torno a la cultura popular véase Antonio Gramsci, *Literatura y vida nacional*, Juan Pablos, México, 1976; Alberto Ciresse, *Ensayo sobre culturas subalternas*, Cuadernos de la Casa Chata, México, 1981; Peter Burke, *La cultura popular en la Europa moderna*, Alianza Universidad, Madrid, 1991; L. M. Lombardi Satriani, *Análisis de la cultura subalterna*, Galerna, Argentina, 1975; Guillermo Bonfil Batalla, *Pensar nuestra cultura*, Alianza Edito-

Desde mediados de la década de los años setenta se ha realizado una gran cantidad de investigaciones y textos que utilizan el concepto de *cultura popular* o *culturas populares* para el análisis de la compleja realidad de los sectores subalternos. No obstante su profusa utilización, prevalece una visión heterogénea y polisémica de lo popular y sus implicaciones culturales.

En México la discusión sobre las culturas populares cobró relevancia en un contexto de intensos procesos de urbanización poblacional, incrementados con migraciones del campo a la ciudad en la etapa posrevolucionaria. Este dinámico escenario se aprecia adecuadamente por el hecho de que en 1960 tres quintas partes de la población habitaban zonas rurales, mientras que en los albores de los años noventa más de las dos terceras partes lo hacía en áreas urbanas. La comprensión de los fenómenos culturales que esta situación conlleva planteaba complejos problemas a sociólogos y antropólogos, quienes se encontraban más familiarizados con el estudio de comunidades indígenas y campesinas, mientras que los estudios de las culturas urbanas eran escasos. Este nuevo escenario condujo a las ciencias sociales a inéditas problematizaciones sobre los trabajadores urbanos, las condiciones socioculturales de los inmigrantes, sus acciones colectivas comunitarias, sus expresiones culturales, la recreación de imaginarios sociales.

La mayoría de los trabajos realizados a partir del concepto de cultura popular en las zonas urbanas aludía a la difuminación de los rasgos tradicionalistas, a los elementos disuasivos presentes en las comunidades y a las construcciones de límites de demarcación frente a la cultura oficial, mientras que en las zonas agrarias los acentos se ubicaban en la prevalencia o atenuación de los rasgos tradicionales, incluida la presencia prehispánica.

Las conceptuaciones sobre lo popular elaboraban nociones imprecisas sobre el *pueblo,* o los umbrales entre lo considerado culto/elitista y lo popular/subalterno.

rial, México, 1991; Geneviève Bollème, *El pueblo por escrito: significados de lo "popular"*, Grijalbo/Conaculta, México, 1990; Gilberto Giménez, "Identidades primordiales y modernización en México", mimeo. De este mismo autor, véase *Cultura popular y religión en el Anáhuac,* Centro de Estudios Ecuménicos, México, 1978; José Manuel Valenzuela Arce, *A la brava ése: cholos, punks, chavos banda,* El Colegio de la Frontera Norte, Tijuana, 1988; Carlo Ginsburg, *El queso y los gusanos,* FCE, México.

Las culturas populares se configuran en ámbitos relacionales diferenciados desde los cuales se conforman las expresiones de los grupos sociales subordinados. Es por ello que carecen de atributos sustantivos o perennes y se construyen relacionalmente por apropiación y diferenciación con las culturas de las clases dominantes.

Las culturas populares refieren a conformaciones socialmente significativas. Son ordenamientos colectivos semantizados a partir de los cuales los grupos subalternos conforman el sentido de sus vidas. Para ello crean, recrean, se apropian y resisten los elementos provenientes de las clases dominantes.

Las culturas populares no remiten a prácticas cristalizadas, sino a ámbitos de interacción social que expresan y reproducen la desigualdad. También expresan los elementos subjetivos y simbólicos que establecen límites identitarios entre los miembros del grupo y *los otros*, los que quedan fuera de sus umbrales de adscripción, inscritos en los grupos oficiales o dominantes.

Lo importante es la dimensión semantizada de las diferencias, pues además de los elementos propios que los distinguen de los grupos dominantes (y viceversa) existe una gran cantidad de elementos culturales compartidos. Lo que interesa destacar no son los productos o bienes culturales, sino su apropiación diferenciada por los grupos sociales.

## El legado gramsciano

Antonio Gramsci se interesó por las relaciones entre cultura, arte y vida nacional, definiendo a la cultura como "concepción de la vida y del hombre, coherente, unitaria y difundida nacionalmente, una 'religión laica', una filosofía que se ha transformado en 'cultura', es decir, que ha generado una ética, un modo de vivir, una conducta cívica e individual".[6] Para él las obras de arte son más populares 'artísticamente' en la medida en que sus contenidos morales, culturales y sentimentales corresponden a los prevalecientes en el ámbito nacional. Aunque el pueblo no es homogéneo, pues encierra diferentes "estratos culturales" con diversas "masas de sentimientos" y "modelos de héroes populares".

[6] Antonio Gramsci, *Literatura y vida nacional*, Juan Pablos, México, p. 22.

A pesar de las limitaciones del concepto de estratos culturales utilizado, Gramsci presenta un esquema dinámico, donde tanto los modelos prevalecientes en los estratos del pueblo como la cultura nacional son cambiantes, planteando la apropiación de elementos culturales provenientes de otros estratos.[7]

A diferencia de quienes establecen una tajante división entre cultura popular y folclor, Gramsci cuestiona el sentido pintoresco con el cual se le había estudiado, conceptuándolo como:

> [...] concepción del mundo y de la vida, en gran medida implícita, de determinados estratos (determinados en el tiempo y en el espacio) de la sociedad, en contraposición (por lo general también implícita, mecánica, objetiva) con las concepciones del mundo "oficiales" (o en sentido más amplio, de las partes cultas de las sociedades históricamente determinadas) que se han sucedido en el desarrollo histórico. De allí, por consiguiente, la estrecha relación entre folklore y "sentido" común que es el folklore filosófico. Concepción del mundo no sólo no elaborada y asistemática, ya que el pueblo (es decir el conjunto de las clases subalternas e instrumentales de cada una de las formas de sociedad hasta ahora existentes) por definición no puede tener concepciones elaboradas, sistemáticas y políticamente organizadas y centralizadas aún en su contradictorio desarrollo, sino también múltiple; no sólo en el sentido de diverso y yuxtapuesto, sino también en el sentido estratificado de lo más grosero a lo menos grosero, si no debe hablarse directamente de un aglomerado indigesto de fragmentos de todas las concepciones del mundo y de la vida que se han sucedido en la historia, de la mayor parte de las cuales sólo en el folklore se encuentran, sobrevivientes, documentos mutilados y contaminados.[8]

El folclor es una concepción del mundo y de la vida propia de algunos estratos de la sociedad, que se contrapone a las concepciones del mundo oficiales. A diferencia de lo que algunos autores han sugerido, donde las culturas populares deberían estar siempre en confrontación abierta con las culturas oficiales o cul-

[7] Como sucede con la concepción de los héroes de la literatura popular, quienes al ingresar en la esfera de la vida intelectual popular adquieren el valor de personajes históricos, o la reacción de algunos intelectuales franceses que se aproximaron al pueblo a partir del crecimiento social y político del proletariado con el fin de mantener su hegemonía. Esta lógica de *incorporar para dominar* encierra un proceso de apropiación cultural que necesariamente implica circulación de bienes y sentidos culturales entre los diferentes estratos.

[8] *Ibidem*, pp. 239-240.

tas, el folclor es un reflejo de las condiciones de vida cultural, que pueden perpetuarse aun después de que estas condiciones hayan cambiado. Esta confrontación es múltiple, implícita, mecánica, objetiva, no elaborada y asistemática. Conceptos que conducen a una dimensión compleja que escapa a la condición necesariamente beligerante de interacción entre culturas populares y culturales.

El planteamiento de Gramsci ha dado lugar a importantes cuestionamientos entre quienes recuperan de manera estática algunas de sus propuestas, especialmente cuando señala que el pueblo, entendido como "el conjunto de las clases subalternas e instrumentales de cada una de las formas de sociedad hasta ahora existentes", "no puede tener concepciones elaboradas, sistemáticas y políticamente organizadas y centralizadas".

Las transformaciones sociales y culturales de las clases subalternas contemporáneas distan mucho de los grupos sociales ubicados por Gramsci en la Italia de las primeras décadas del siglo. Los acelerados procesos de urbanización, industrialización, escolarización, de acceso a medios de información masiva, han transformado los umbrales de encuentro y desencuentro entre los sectores oficiales y los subalternos. Así, la capacidad de iniciativa y organización de éstos está lejos de la sentencia gramsciana. Más que continuar con una discusión libresca sobre el planteamiento gramsciano, considero relevante reubicar el debate analizando las conformaciones de sentido del conjunto de sectores y clases subalternos *ahora existentes*, identificando la construcción de sus umbrales de identificación/diferenciación y su capacidad política.

Durante los últimos años hemos visto gran cantidad de movimientos sociales que escapan a la lógica decimonónica del conflicto. Las diferentes expresiones de movimientos urbanos, indígenas, campesinos, obreros, juveniles, de mujeres, ecologistas y muchos otros, ilustran nuevas potencialidades de los sectores subalternos que los diferencian de aquellos analizados por Gramsci. Se requiere acentuar el análisis de la construcción y reconstrucción de las fronteras de identificación/diferenciación y de apropiación/recreación/resistencia/conflicto entre los sectores subalternos y dominantes para reorientar la discusión sobre las culturas populares.

En esta perspectiva dinámica de la representación se ubica la óptica gramsciana; por ello Gramsci señala que más que el hecho artístico o el origen, los elementos distintivos del canto popular en un contexto nacional, son su modo de concebir el mundo y la vida en contraste con la sociedad oficial.[9]

De gran relevancia en la difusión del pensamiento gramsciano y en el desarrollo del análisis de las culturas subalternas ha sido la obra de Ciresse, quien define lo popular desde una perspectiva relacional con las culturas dominantes o hegemónicas,[10] recuperando la idea gramsciana de que no es la historia o el origen de los elementos culturales los que definen la condición popular, sino su peculiar apropiación y uso por los sectores sociales subordinados; Ciresse propone análisis dinámicos e interactuantes entre los estratos culturales populares que conforman concepciones del mundo y de la vida que se confrontan implícitamente con los estratos oficiales, y destaca las diferencias entre diversos niveles culturales internos y externos, posición cuestionada debido a

[9] Gramsci subraya que: "En esto, y sólo en esto hay que buscar la 'colectividad' del canto popular y del pueblo mismo. De lo anterior se derivan otros criterios de investigación del folklore: que el pueblo mismo no es una colectividad homogénea de cultura, y que presenta numerosas estratificaciones culturales, variadamente combinadas, que en su pureza no siempre pueden ser identificadas con determinadas colectividades populares históricas; siendo verdad, sin embargo, que el mayor o menor grado de 'aislamiento' histórico de estas colectividades da la posibilidad de una cierta identificación". *Ibidem*, p. 245.

[10] Usualmente se presentan posiciones simplificadas del concepto gramsciano de hegemonía. Perry Anderson ha realizado un importante esfuerzo por esclarecer los usos que Gramsci dio al concepto como la alianza hegemónica del proletariado con otros grupos explotados, considerando sus diversos intereses y tendencias, proceso que implica concesiones en ambas direcciones tanto en los campos ético, político y económico, como en el cultural. Ésta era la premisa que definía la diferencia central entre la dictadura del proletariado sobre la burguesía y su hegemonía sobre las clases aliadas. Hegemonía y dominación, conceptos frecuentemente homologados, presentan grandes diferencias entre sí a pesar de que ambos refieren a formas de relación donde un grupo social posee ascendencia o poder sobre otro u otros. La dominación conlleva una relación de oposición de intereses, por lo tanto los grupos dominados deben ser sometidos o liquidados, mientras que la hegemonía refiere una dirección moral e intelectual de la cual obtiene su consentimiento y estos grupos reconocen su dirección cultural. Anderson ha destacado el uso un tanto elástico del concepto de hegemonía en Gramsci, marcado por la vieja y discutida división entre Estado y sociedad civil, de tal suerte que el grupo dominante ejerce su hegemonía mediante la sociedad, mientras que a través del Estado y del gobierno ejerce la dominación directa, en una relación que identifica por un lado hegemonía con consentimiento y sociedad civil, y por el otro, dominación con coerción y con Estado. Pero Gramsci también utilizó el concepto de hegemonía vinculando consentimiento y coerción. Perry Anderson, *Las antinomias de Antonio Gramsci*, Fontamara, México, 1978.

la condición jerárquica que atribuye a los procesos de interacción cultural.

También Satriani participó de manera importante en la discusión de lo popular abrevando en el pensamiento gramsciano. A Satriani le preocupaba el uso de lo popular para mantener su condición subalterna, por ello consideró al folclor como una cultura de contestación siempre amenazado y, frecuentemente, banalizado en sus contenidos críticos.[11]

Para Satriani el folclor es "una cultura específica elaborada, con diversos grados de fragmentariedad y de conocimientos por la clase subalterna, con funciones contestatarias frente a la cultura hegemónica, producida por la clase dominante";[12] presenta una clara oposición entre las culturas hegemónicas y subalternas, y considera al folclor como una subcultura de estas clases.[13] A partir de la perspectiva materialista e histórica de las clases sociales, que asume la cultura (de clase), en última instancia se origina a partir de una infraestructura económica. Las culturas hegemónicas dominantes y las llamadas culturas universales también son culturas de clase y reflejan sus intereses y valores a los cuales se enfrenta la cultura de las clases subalternas. Así el folclor es contestatario en forma consciente y explícita, o inconsciente e implícitamente.

Los valores folclóricos aluden a campos culturales impugnadores del pretendido carácter universal de los valores oficiales, independientemente de que incorporen elementos provenientes de las clases dominantes. La subalternidad se conforma en la relación económica, social y de poder con las clases dominantes, por lo cual, más allá de las diferencias entre las culturas subalternas, la subalternidad compartida conforma un elemento común fundamental, pues los productos culturales se significan desde la ubicación de clase.

[11] Luigi Lombardi Satriani, *Apropiación y destrucción de la cultura de las clases subalternas*, Nueva Imagen, México, 1978.

[12] Asimismo, especifica el uso del término contestación como "alegar testimonios contrapuestos". *Ibidem*, p. 32.

[13] Luigi Lombardi Satriani, *Análisis de la cultura subalterna*, Editorial Galerna, Buenos Aires, 1974.

## Hibridación cultural y modernización

El concepto de *hibridación cultural* fue acuñado por A. L. Kroeber inspirado en los estudios genéticos de Mendel,[14] quien lo utilizó como sinónimo de cruce para la producción de resultados intermedios cuando no había mucha diferencia entre los ejemplares.[15] Si las diferencias entre especies son claras, muchos de sus productos no pueden reproducirse, pero si son muy grandes la hibridación es irrealizable. Por el contrario, las culturas sí pueden mezclarse, perpetuarse y enriquecerse.

Kroeber destaca que probablemente la mayor parte de los contenidos de cualquier cultura son de origen externo, aunque asimilados en un conjunto global que funciona más o menos coherentemente y se percibe de manera unitaria. Las culturas estarían siempre tendiendo a igualarse, compartiendo sus características, al mismo tiempo que otra serie de impulsos empuja a cada una hacia sus propias particularidades. De esta manera, las culturas, al mismo tiempo que son divergentes, presentan hibridaciones.

Recuperando el concepto de hibridismo cultural, Néstor García Canclini propone un marco teórico que ayude a explicar las desigualdades y conflictos entre sistemas culturales. Cultura es un concepto paradójico de la expansión imperial de Occidente, donde la confrontación con los países colonizados los llevó a descubrir otras formas de racionalidad y de vida redescubriéndose a sí mismos. García Canclini analiza la cultura como sistema de producción, definiéndola como:

> [...] producción de fenómenos que contribuyen, mediante la representación o reelaboración simbólica de las estructuras materiales, a comprender, reproducir o transformar el sistema social, es decir todas las prácticas e instituciones dedicadas a la administración, renovación y reestructuración del sentido [...] los procesos ideales (de representación o reelaboración simbólica) son referidos a las estructuras materiales, a las operaciones de reproducción o transformación social, a las

[14] A. L. Kroeber, *Anthropology: Culture Patterns & Process*, A. Harvest/HBJ Book, Estados Unidos, 1963. La primera edición es de 1923.

[15] Como sucede en el cruce de una vaca y un búfalo, dado que ambos pertenecen a los bovinos, o un caballo y un burro, aunque el producto sea estéril, por lo cual no pueden autoperpetuarse o reproducirse.

prácticas e instituciones que, por más que se ocupan de la cultura, implican una cierta materialidad. Más aún: no hay producción de sentido que no esté inserta en estructuras materiales.[16]

Abrevando en el pensamiento marxogramsciano y en Bourdieu, García Canclini define la cultura como instrumento para la reproducción social y la lucha por la hegemonía que se establece en el campo de la administración, transmisión y renovación del capital cultural mediante los aparatos culturales y la condición estructurada y estructurante de los hábitos.[17]

Desde esta perspectiva, las culturas populares se forman a partir de procesos "de apropiación desigual de los bienes económicos y culturales de una nación o etnia por parte de sus sectores subalternos, y por la comprensión, reproducción y transformación, real y simbólica, de las condiciones generales y propias de trabajo y de vida".[18] Por tanto, las culturas populares emergen a partir de una *apropiación desigual* del capital cultural, una *elaboración propia* de sus condiciones de vida y una *integración conflictiva* con los sectores hegemónicos.

En un trabajo posterior, García Canclini[19] reelabora su propuesta utilizando el concepto de hibridación a partir de tres hipótesis fundamentales: *1)* la incertidumbre sobre el sentido y valor de la

[16] Néstor García Canclini, *Las culturas populares en el capitalismo*, Nueva Imagen, México, 1982, pp. 41-42, 62-63. Esta perspectiva analítica donde se considera a la cultura como sistema social de producción, es distinta de la posición de "la cultura como acto espiritual (expresión, creación) o como manifestación ajena, exterior y ulterior, a las relaciones de producción (simple representación de ellas)", p. 44. Véase del mismo autor "La crisis teórica en la investigación sobre cultura popular", en *Teoría e investigación en la antropología social mexicana*, UNAM, México, 1988 (Cuadernos de la Casa Chata, núm. 160).

[17] Siguiendo a Bourdieu, García Canclini define a los hábitos como: "Aparatos culturales. Instituciones que administran, transmiten y renuevan el capital cultural (principalmente familia y escuela, medios de comunicación, formas de organización, de espacio y tiempo, instituciones y estructuras materiales a través de las cuales circula el sentido). La interiorización de estructuras significantes genera *hábitos*, o sea, sistemas de disposiciones, esquemas básicos de percepción, comprensión y acción. Los hábitos son estructurados (por las condiciones sociales y la posición de clase ) y estructurantes (generadores de prácticas y esquemas de percepción y apreciación): la unión de estas dos capacidades del hábito constituye lo que Bordieu denomina 'el estilo de vida' ". *Idem.*

[18] *Ibidem*, p. 62.

[19] Néstor García Canclini, *Culturas híbridas: estrategias para entrar y salir de la modernidad*, Conaculta/Grijalbo, México, 1990.

modernidad, además de las diferencias entre naciones, clases y etnias, obedece a los cruces socioculturales en que lo tradicional y lo moderno se mezclan; *2)* el trabajo transdisciplinario produciría otras formas de entender la modernización latinoamericana y *3)* los acercamientos transdisciplinarios a los circuitos híbridos rebasan a la investigación cultural.

Existen divisiones tajantes entre lo tradicional y lo moderno, lo culto, lo popular y lo masivo. La antropología, el folclor y los populismos políticos participaron en la recuperación selectiva del universo de lo popular que, con las industrias culturales, se integró en un nuevo sistema de mensajes masivos. Lo popular se define por las estrategias a través de las cuales los sectores subalternos construyen sus posiciones; es por ello que a pesar del efecto atenuante de la modernización de los campos binarios de lo culto y lo popular en el mercado simbólico, estos sectores permanecen.

Recuperando el concepto de hibridación cultural, García Canclini discute la asociación de lo popular con lo premoderno o subsidiario, o su condición periférica en los mercados legitimados de bienes simbólicos; para ello analiza la restructuración de las relaciones de modernidad/tradición y culto/popular en las artesanías y las fiestas. Las tesis centrales que propone son: *a)* que el desarrollo moderno no suprime a las culturas populares tradicionales, *b)* que las culturas campesinas y tradicionales ya no son las mayoritarias en las culturas populares, *c)* que lo popular no se concentra en los objetos, *d)* que el proceso híbrido complejo de lo popular como prácticas sociales y procesos comunicacionales no es monopolio de los sectores populares, *e)* que lo popular no se vive con actitud complaciente por lo tradicional y *f)* que la preservación "pura" de las tradiciones no es necesariamente el mejor recurso popular para reproducirse.

Con Bourdieu, García Canclini destaca que las causas de lo popular se encuentran en la distribución desigual del patrimonio global de la sociedad. Reconociendo la condición preparadigmática del estudio de lo popular, valora sus ventajas al permitir "abarcar sintéticamente" diversas situaciones de subordinación, proporcionando identidades compartidas a los grupos de participantes en un "proyecto solidario". También destaca las ventajas de la teoría de la reproducción al colocar las acciones subalternas en el conjunto de la formación social. La misma sociedad que genera la desigualdad en la fábrica la reproduce en la escuela, la vida urbana, la comunicación masiva y el acceso general a la cultura, y la misma clase se encuentra subordinada en esos mismos ámbitos. Por ello, la cultura popular deriva "de la apropiación desigual de los bienes económicos y simbólicos por parte de los sectores subalternos".[20]

García Canclini concluye que "lo popular, conglomerado heterogéneo de grupos sociales, no tiene el sentido unívoco de un concepto científico, sino el valor ambiguo de una noción teatral. Lo popular designa las posiciones de ciertos actores, las que los sitúan ante los hegemónicos, no siempre bajo la forma de enfrentamientos".[21] Por ello propone trabajos transdisciplinarios y el estudio de los márgenes o cruces de lo popular. Opta por analizar los procesos de hibridación cultural incrementados con la expansión urbana, conformados principalmente por la quiebra y mezcla de las colecciones que organizaban los sistemas culturales, la desterritorialización de los procesos simbólicos y la expansión de los géneros impuros.

En este proceso, el juego de ecos entre vida urbana y medios audiovisuales ha participado en la coordinación de múltiples temporalidades de espectadores diversos, y en la conformación de *géneros impuros*, por lo cual las nuevas formas de relación entre lo culto y lo popular evidencian la insolvencia de las representaciones dicotómicas y atenúan su confrontación política al no presentarlos como conjuntos "totalmente distintos y siempre enfrentados".[22] Ahora lo popular, lo culto y lo nacional son escenarios, construcciones culturales dinámicas en un mundo donde todas las culturas son de frontera. García Canclini concluye que *hegemónico* y *subalterno* son "palabras pesadas que nos ayudaron a nombrar las divisiones entre los hombres, pero no para incluir

[20] Cuestionando la expropiación de la capacidad de iniciativa para los sectores populares que esta visión conlleva, se buscaron nuevas perspectivas analíticas integrando el concepto gramsciano de hegemonía, donde se establece el análisis a partir de la perspectiva de la lucha política por la hegemonía. Por otro lado, desde la perspectiva de Bourdieu no existe cultura popular, pues la cultura es un capital de toda la sociedad interiorizada mediante *habitus,* y la apropiación desigual entre las clases de ese capital genera luchas por la distinción. N. García Canclini, *Culturas híbridas, op. cit.*, pp. 253- 254.

[21] *Ibidem*, p. 259.

[22] *Ibidem*, p. 323.

los movimientos del afecto, la participación en actividades solidarias o cómplices, en que hegemónicos y subalternos se necesitan".[23]

Considero importante la propuesta de García Canclini de estudiar los márgenes o cruces culturales; más aún, creo que el reto consiste en analizar los procesos de conformación de los límites de adscripción ubicando el sentido que los sectores sociales asignan a esos márgenes y cruces culturales. Más allá de la identificación de los elementos que conforman la cultura objetivada, resulta importante analizar cómo se constituyen y recrean sus sentidos y las significaciones.

José Joaquín Brunner analiza las culturas latinoamericanas desde los procesos contradictorios y complejos de una modernidad tardía conformada en un contexto de rápida internacionalización de los mercados simbólicos; e impugna a García Canclini la ausencia de un registro teórico uniforme para el análisis de cultura popular y la cultura a secas, o la cultura de masas, argumentando que la cultura derivada de la desigual apropiación, la elaboración propia de formas culturales y la interacción conflictiva con los sectores dominantes no es exclusiva de las culturas populares, sino de toda cultura reproducida a través de la transmisión estructural de las desigualdades, y que la interiorización de la hegemonía se presenta en toda cultura articulada por un bloque hegemónico.[24]

Para Brunner la teoría de la reproducción es inútil para analizar la conformación de la cultura popular, tal como se presenta desde la perspectiva gramsciana que remite a definiciones específicas de concepción del mundo, a productores especializados, a portadores sociales preeminentes, a capacidad integrativa, a dinámica de conflictos y organización de la cultura, donde se parte de una definición posicional relativa de los grupos hegemónicos y subalternos, y lo popular de la cultura popular consistiría en la apropiación desigual de los códigos dominantes. Acentúa la diferencia entre cultura popular y folclor, donde la primera "implica la existencia de un orden intelectual y moral socialmente organizado como un capital transferible", mientras que el folclor alude

[23] N. García Canclini, *Culturas híbridas, op. cit.*, p. 324.

[24] José Joaquín Brunner, *América Latina: cultura y modernidad*, Conaculta/Grijalbo, México, 1992.

a una concepción del mundo no sistemática ni elaborada, destacando la dificultad de hablar de cultura popular salvo como folclor.

Parte de esta dificultad quedaría comprendida en que, a diferencia del medioevo, la educación abandona a la familia, vinculación que permitía la reproducción de la cultura popular. La participación masificada de la escuela durante los siglos XVIII y XIX transformó las bases sobre las cuales la cultura se asentaba, transmitía y organizaba. En ese sentido, la contraposición no es entre cultura oficial y cultura popular, sino entre escuela y folclor. Brunner establece una excesiva contraposición entre desarrollo escolar y pervivencia o muerte de las culturas populares. Así, el folclor estaría en retirada frente a la escuela, los medios de comunicación de masas y las industrias culturales.

La perspectiva de Brunner aparece sesgada por la atribución de un efecto homogeneizante a la penetración escolar en la vida de los sectores populares, pues, sin negar sus efectos, las expresiones populares, sus reinvenciones y resignificaciones continúan teniendo un peso fundamental en nuestros países, y podemos ubicar procesos donde el propio acceso a la capacitación escolarizada ha servido como recurso para fortalecer campos de resistencia cultural. Señalar como prueba que la nación, la escuela y la seriedad son bienes apreciados por los sectores populares para demostrar la retirada de las culturas populares es poco convincente. El campo social donde se conforman las relaciones entre las clases, etnias y demás sectores subalternos resulta mucho más complejo que la valoración positiva o negativa de *la educación,* así en abstracto.[25]

Brunner afirma que la cultura de nuestros países debe "avanzar" hacia una cultura moderna y a la "superación" del folclor. Por tanto el debate de la cultura popular se vincula al problema central de la conformación de la modernidad en América Latina, y lo popular es el folclor inmerso en el mercado de signos de las empresas culturales modernas. Lo importante para Brunner sería el análisis de la entrada de la modernidad en América Latina y los cambios de esta modernidad por la interacción con los ele-

[25] Máxime cuando estamos siendo testigos de importantes debates sobre el carácter de la educación, tanto por diferentes grupos étnicos en los Estados Unidos, como de los pueblos indios en América.

mentos culturales latinoamericanos. Esto remite a la idea de una suerte de modernidad que nos llega y lo único que nos queda es aceptarla. Sin embargo, el análisis específico de los diferentes circuitos de las culturas populares en América Latina remite a formas de interacción, recreación, resistencia y persistencia cultural más complejas que las que Brunner sugiere.

Recientemente la historia desmiente que los sectores hegemónicos sean los promotores exclusivos de la modernidad o que los populares permanezcan regodeándose en lo tradicional, como puede apreciarse en los indicadores que dan cuenta de profundos procesos de depauperación absoluta y relativa derivados de los proyectos neoliberales y la pérdida de la idea de progreso como atributo del futuro previsible, o los altos costos de guerras absurdas derivadas de los intereses de quienes supuestamente detentan la salvaguarda de la modernidad, donde en el siglo pasado poco más de 100 millones de personas han sido asesinadas en guerras, una proporción mayor a la del siglo antepasado.[26]

## Identidades profundas y persistentes

Los cambios culturales de las últimas décadas obligan a repensar y diferenciar los conceptos de cultura de masas y culturas populares. Los procesos de globalización económica, el dinámico flujo de información a través de los medios de comunicación masiva y los desplazamientos humanos acelerados con el desarrollo del transporte, permiten una más intensa circulación cultural transnacional, transregional y transclasista que se integra en matrices culturales diferenciadas a partir de las cuales se reproducen los límites de adscripción grupal.

La obra de Guillermo Bonfil incide de manera relevante en la discusión sobre las culturas populares en la medida en que complejiza los esquemas binarios de diferenciación social y las perspectivas lineales y acríticas de la modernidad definida desde los países más desarrollados. El análisis de las culturas populares debe incorporar la dimensión civilizatoria del *México profundo*

[26]Anthony Giddens, *The Consequences of Modernity*, Stanford University Press, Stanford, 1990.

que aún pervive en los pueblos indios, en los grupos campesinos y en las masas "desindianizadas"[27] de las zonas urbanas.

Bonfil subraya las principales características del criollismo y el mestizaje cultural a través de la figura arquetípica del Inca Garcilaso quien fue portador de la mezcla de sangres y prefiguró la fusión de dos civilizaciones.[28] Para ello analiza el concepto de mestizaje cultural, utilizado para denotar un sincretismo cultural inexistente que lejos se encuentra de *armonizar* sistemas de valores, historias y culturas.

El mestizo se diferenciaba del español y del indio; no representaba una recuperación positiva de la cultura indígena o un compromiso social con el indio, ni disponía de canales para acceder a los espacios del español. Por ello Bonfil afirma que el mestizo conformaba un estamento intermedio entre colonizadores y colonizados con la finalidad de garantizar de manera cómoda el control de las colonias americanas.

El criollo reclamó derechos naturales desde una posición nativista que ponderaba el lugar de nacimiento. La pertenencia geográfica adquirió relevancia como referente semantizado que diferenciaba a los originarios del *nuevo continente* de los españoles peninsulares.

A finales del siglo XVIII la ideología del mestizaje incorporó la mezcla biológica y cultural como base para la constitución de nuevos linderos de identificación grupal. A esta mezcla se le adjudicaba un carácter supremacista, una condición protoeugenésica desde la cual se establecían nuevas bases para la disputa sociocultural con los españoles peninsulares.

A pesar de los desplantes declamatorios de la retórica oficial, el indio nunca participó como actor de la construcción de la cultura del mestizaje, sino como mito fundador o referente cultural. Escenografía romántica de una realidad social marcada por la visión estereotipada que considera al *indio vivo,* como *indio degradado.*

[27] Por desindianización, Bonfil entiende el "proceso histórico a través del cual poblaciones que originalmente poseían una identidad particular y distintiva basada en una cultura propia, se ven forzadas a renunciar a esa identidad, con todos los cambios consecuentes en su organización social y cultural". *Ibidem*, p. 4

[28] Guillermo Bonfil Batalla, "Sobre la ideología del mestizaje, o cómo el Inca Garcilaso anunció, sin saberlo, muchas de nuestras desgracias", en José Manuel Valenzuela Arce (coord.), *Decadencia y auge de las identidades: cultura nacional, identidad cultural y modernización*, Colef/PCF, México,1992.

Los gobiernos posrevolucionarios coadyuvaron a la recuperación mitificada del indio, incorporándolo en los discursos oficiales, las paredes y muros privilegiados por *los grandes* del muralismo nacional, los libros de texto, o la recuperación ladina de bailes y danzas tradicionales. La presencia indígena devino estampas sesgadas que participaron en la recuperación selectiva de la memoria social definida de manera eufemística como la *cultura nacional.*

El indio continuó ausente del proyecto nacional. Un proyecto caracterizado por la intención de *mexicanizar al indio,* de desindianizarlo. En este proyecto no han encontrado cabida las identidades profundas que devienen rémoras cuya persistencia cuestiona la idea de nación mestiza. De esta situación deriva la conclusión de Bonfil, quien afirma que el mestizaje no constituyó una nueva cultura que armonizara a las dos que le precedieron, y que no se ha formado una nueva cultura mestiza.[29]

*El México profundo* de Bonfil alude a la permanencia de la civilización mesoamericana que coexiste sin difuminarse con la civilización mexicana occidental. Esto remite a proyectos civilizatorios que enmarcan historias posibles de México e implican la participación de la población en la definición del modelo de sociedad. Destacan dos modelos civilizatorios excluyentes que se reproducen a partir de la reiterada negación de lo indígena por el México imaginario, formado por el sector dominante.

Las diferencias derivadas de la conquista y colonización produjeron estructuraciones sociales jerarquizadas. En los sectores superiores se encontraban españoles y criollos, mientras que a las poblaciones indígenas se les postergó en el polo inferior. La diferenciación social se conformó por un México imaginario dominante y un México profundo que se encuentra en los niveles más bajos de la estructura social.

Más allá de las concepciones desarrollistas y asimilacionistas, muchos elementos culturales de los pueblos prehispánicos no fueron eliminados, sino que perviven en múltiples prácticas contemporáneas (destacadamente en la mística popular). Bonfil señala:

[29] Guillermo Bonfil Batalla, "Sobre la ideología del mestizaje...", en *op. cit.*

> El México profundo, entre tanto, resiste apelando a las estrategias más diversas según las circunstancias de dominación a que es sometido. No es un mundo pasivo, estático, sino que vive en tensión permanente. Los pueblos del México profundo crean y recrean continuamente su cultura, la ajustan a las presiones cambiantes, refuerzan sus ámbitos propios y privados, hacen suyos elementos culturales ajenos para ponerlos a su servicio, reiteran cíclicamente los actos colectivos que son una manera de expresar y renovar su identidad propia; callan o se rebelan, según una estrategia afinada por siglos de resistencia.[30]

La pervivencia indígena es el elemento sociocultural que otorga cualidades específicas a las culturas populares del México profundo, independientemente de su diversidad, pues encierra a gran cantidad de pueblos, comunidades y sectores sociales que conforman las grandes mayorías del país, cuyos elementos culturales de identificación/diferenciación son sus cosmovisiones ancladas en la historicidad de la civilización mesoamericana. Desde este punto de vista, el México profundo sería un componente fundamental para comprender las culturas populares rurales y urbanas. Lo anterior se refrenda debido a que las diferencias raciales han sido elementos estructurados y estructuradores de la desigualdad social, y el racismo sigue jugando un papel importante en las interacciones sociales.

Las culturas populares de nuestro país comprenden 56 lenguas y una población imprecisamente calculada de cerca de 10 millones de indígenas,[31] muchos de ellos pertenecientes a grupos étnicos disminuidos y otros en peligro de extinción. Esta tradición cultural es la que permea a un conjunto de elementos definitorios de las culturas populares. Lo anterior se observa de manera conspicua en diversas formas de relaciones familiares y barriales, prácticas curativas y alimenticias, etcétera.

Según Bonfil, la proletarización y urbanización de las comunidades tradicionales conlleva fuertes procesos de "desindianización", situación con la cual coincidimos. Sin embargo, él destaca un punto de vista externo al grupo para definir la taxonomía de inclusión/exclusión de lo indígena. Extendiendo este argumento

[30] Guillermo Bonfil Batalla, *El México profundo. Una civilización negada*, CIESAS/SEP, México, 1987, p. 11.

[31] Asimismo, se considera que existen entre 30 millones y 40 millones de indios en América Latina y más de 400 etnias. Guillermo Bonfil, *op. cit.*

(donde el observador establece los límites de adscripción), habla de comunidades indias que *ya no saben que lo son*, lo cual nos obliga a replantear los elementos desde los cuales se construyen las adscripciones y exclusiones colectivas.

Se puede identificar una serie de prácticas comunes reproducidas por los sectores populares.[32] Sin embargo, más que subrayar el recuento de elementos compartidos, importa destacar la carga simbólica que el grupo les asigna como constituyentes de la identidad colectiva y, de manera central, su autopercepción frente a los sectores sociales dominantes.

La conformación de las culturas populares se realiza en contextos sociales caracterizados por proyectos nacionales dominantes que han utilizado las diferencias culturales para fortalecer perspectivas unilineales. Éstas han obstaculizado las alternativas surgidas en los sectores populares.[33]

El análisis de las culturas populares requiere identificar diferencias producidas por condicionantes culturales, étnicas, variaciones regionales, rurales/urbanas, estratificación, pertenencia de sector y clase social. Sin embargo, la especificidad de las culturas populares se encuentra en los límites que la diferencian y subordinan a las clases sociales dominantes.[34]

[32] Entre éstas destacan las celebraciones, festejos de día de muertos, rituales, música, danzas, peregrinaciones a santuarios, etcétera.

[33] A partir de estas premisas, Bonfil afirma que "los pueblos y etnias integradas a los Estados nacionales o sometidos a la dominación externa, no parecen encontrar razones suficientes para aceptar la tesis de la uniformidad cultural, ante todo porque el proceso excluye y niega su propia cultura". Guillermo Bonfil Batalla, *Pensar nuestra cultura*, Alianza Editorial, México, 1991, p. 14.

[34] Bonfil desarrolló un cuadro de posiciones binarias con el objetivo de identificar relacionalmente los elementos culturales. A la capacidad social de control sobre estos elementos la llamó control cultural. Éste connota proceso histórico en el cual se definen la capacidad de utilización, producción y reproducción de los elementos culturales. Los elementos culturales pueden ser materiales, de organización, de conocimiento, simbólicos o emotivos. La capacidad de decisión sobre los elementos culturales define las características de la cultura grupal, entre las cuales se pueden identificar: *a)* la cultura autónoma, que es aquella en la cual el grupo tiene poder de decisión sobre sus elementos culturales y los puede usar, producir y reproducir; *b)* la cultura impuesta, en la cual al grupo no le pertenecen las decisiones ni los elementos culturales, aun cuando integra los resultados a su cultura; *c)* la cultura apropiada, en ella la producción y reproducción de los elementos culturales no son controlados por el grupo, pero éste los utiliza y tiene capacidad para decidir sobre ellos, y *d)* la cultura enajenada, en la cual los elementos culturales le pertenecen al grupo aun cuando no cuenta con la capacidad para decidir sobre ellos. A partir de las relaciones consideradas se establece una clasificación

Las relaciones entre culturas populares y culturas dominantes incluyen elementos variables de resistencia, imposición, apropiación y de enajenación, pero los rasgos preponderantes sólo pueden apreciarse a partir de análisis específicos. Los grupos subalternos comparten preconstruidos culturales con las clases dominantes. Sin embargo, para Bonfil los pueblos colonizados son culturalmente diferentes de las sociedades colonizadoras; mientras que el pueblo colonizado orienta su acción en aras de la autonomía, las clases subalternas lo hacen buscando el poder de su sociedad. En el capitalismo, tanto las clases dominadas como los pueblos colonizados se ubican en posiciones subalternas integrándose de manera abigarrada en una situación de subordinación social y de diferenciación cultural con respecto a los grupos dominantes:

> Las clases subalternas no poseen una cultura diferente: participan de la cultura general de la sociedad de la que forman parte, pero lo hacen en un "nivel" distinto, ya que las sociedades clasistas y estratificadas presentan desniveles culturales correspondientes a posiciones sociales jerarquizadas. Pero las clases subalternas sí poseen cultura propia, en tanto mantienen y ejercen capacidad de decisión sobre un cierto conjunto de elementos culturales. Es decir: existe una cultura (o, si se prefiere, una subcultura) de clase, como resultado histórico que expresa las condiciones concretas de vida de los miembros de esa clase, sus luchas, sus proyectos, su historia y también su carácter subalterno. Esa cultura "es parte" de la cultura de la sociedad en su conjunto; pero no es "otra" cultura, sino una alternativa posible para esa misma sociedad total.[35]

La discusión sobre la definición de las culturas populares se orienta hacia la adscripción social. Esto significa que las culturas populares remiten a la particular conformación de ordenamientos y sentidos socialmente significativos de las clases subalternas, por lo cual la línea de demarcación entre culturas populares y dominantes se establece en el ámbito social. Esta idea es presentada adecuadamente por Bonfil cuando señala:

de las características de las relaciones culturales de los grupos entre los cuales se encuentran: la *resistencia* de la cultura autónoma, la *imposición* de la cultura ajena, la *apropiación* de elementos culturales ajenos que se usan aun cuando no se puedan producir ni reproducir, y la *enajenación* que refiere a la pérdida de la capacidad de decisión sobre los elementos culturales propios.

[35] G. Bonfil Batalla, *Pensar la cultura,* p. 56.

> [...] la cultura popular no se define en términos culturales, sino sociales [...] el camino consiste, en cambio, en identificar como cultura popular a la que portan sectores o grupos sociales definidos como populares, aun cuando las características culturales de tales grupos puedan variar y contrastar dentro de un espectro muy amplio. Es decir: la condición de popular es ajena a la cultura misma y se deriva de la condición de popular que reviste la comunidad o el sector social que se estudia.[36]

Lo anterior nos conduce hacia una realidad estratificada socialmente en la cual se establecen vinculaciones y diferenciaciones entre los sectores populares y dominantes; pero no podemos hablar de estratos culturales segmentados de manera jerárquica en sus expresiones culturales.

Bonfil imagina un nuevo proyecto civilizatorio conformado a partir de la matriz civilizatoria indígena, sin embargo, hipostatiza la herencia mesoamericana, difuminando la presencia de Aridoamérica y Oasisamérica. Pensar una redefinición del proyecto nacional y del proyecto civilizatorio requiere incorporar la herencia del *México bronco,* que tiene poca relevancia en la obra bonfiliana.

Otro elemento por destacar es la consideración de Bonfil que define a las culturas populares como culturas constituidas por una gran cantidad de indígenas que no saben que lo son; sobre este punto creemos que las identidades sociales remiten necesariamente a procesos subjetivos de interreconocimiento, por lo cual resulta inapropiado construir desde el exterior los límites de adscripción identitaria.

La aguda visión bonfiliana sobre el México plural y heterogéneo conlleva un peso determinante de lo indígena como elemento que define a lo popular. Creemos que la presencia indígena en las culturas populares es fundamental pero, a cinco siglos de la Conquista, se ha producido una gran cantidad de procesos de recreación cultural entre los sectores subalternos cuyos elementos característicos no derivan necesariamente de la impronta indígena.

Las confrontaciones entre el México profundo y el imaginario forman el campo de relaciones sociales desde el cual se definen relevantes ámbitos de identidad cultural de los mexicanos; sin em-

[36] G. Bonfil Batalla, *Pensar la cultura,* p. 58.

bargo, las complejas relaciones contemporáneas se inscriben en variadas redes de interacción, donde conviven con otro tipo de adscripciones identitarias, así como construcciones colectivas de sentido cuyos referentes no abrevan del México profundo.

Más allá de las limitaciones teóricas señaladas, la obra bonfiliana constituye una referencia fundamental para el análisis de las culturas populares, tanto por su riqueza empírica y conceptual, como por su profundo sentido humano, comprometido y amoroso con los sectores subalternos.

Una de las grandes deficiencias en el debate sobre la relación entre las culturas populares, persistentes o profundas, y las culturas dominantes u oficiales, ha sido la poca atención otorgada al análisis del cambio cultural. Pocos autores han tratado de sistematizar las diferentes rutas y opciones que estos cambios asumen, por lo cual resulta sumamente sugerente el trabajo de Gilberto Giménez, quien analiza la relación entre globalización y persistencia desde diferentes opciones de conformación de procesos de cambio cultural,[37] destacando las diferencias entre cambio económico/tecnológico y modernización política y cultural. Esta situación resulta evidente en países pluriculturales caracterizados por la permanencia de grupos étnicos anteriores al Estado nacional. Esto ha generado diferentes procesos de interacción conflictiva o de coexistencia entre los grupos étnicos con la normatividad estatal.

De lo anterior surgen algunas preguntas centrales sobre el papel de las identidades étnicas en el proyecto modernizador. El análisis de Giménez se aleja del esquema dicotómico moderno *versus* tradicional, donde la modernización por aculturación o transculturación conlleva una redefinición de adaptación de las identidades o su reactivación por exaltación regenerativa y no su mutación.[38]

[37] Gilberto Giménez, "Comunidades primordiales y modernización en México", Instituto de Investigaciones Sociales, UNAM, mimeo, 11 de octubre de 1992.

[38] Giménez destaca dos formas específicas de cambios identitarios: por transformación que alude a un proceso adaptativo gradual que no afecta la estructura de un sistema, y por mutación que remite a cambios cualitativos del sistema mediante los cuales se transita de una estructura a otra, distinguiendo dos tipos de mutaciones: por fusión y por fisión, o por asimilación y diferenciación. Recuperando a Horowitz, destaca dos formas de asimilación: la amalgamación que surge de la unión de dos o más grupos identitarios que forman un tercero con una nueva identidad superpuesta a las anteriores, y la incorporación o asimilación total, donde un grupo pierde su identidad al ser absorbido por otro que mantiene inal-

Giménez considera que los procesos de modernización pueden seguir simultáneamente varias direcciones, destacando cuatro de ellas: *a)* la extinción de los grupos étnicos, *b)* la conformación de identidades defensivas que resisten pasivamente al cambio, *c)* la asimilación total y *d)* las etnias ofensivas que absorben selectivamente la modernidad económica y cultural desde su propia identidad, conformando una variante étnica de sociedad moderna.

A partir de lo anterior se acentúa el proceso mediante el cual la globalización y la modernización producen retribalización (a la Mafessoli), reetnización y particularización. Giménez critica las visiones lineales y evolucionistas de los paradigmas dominantes y apunta con Clifford Geertz a la multiculturalidad e incertidumbre de las transformaciones socioculturales donde tradición y modernidad no son excluyentes, sino que se pueden entremezclar, coexistir y reforzarse mutuamente. Así, los grupos étnicos pueden modernizarse sin *destradicionalizarse,* para lo cual analiza el movimiento flamenco en Bélgica, y el de zapotecos y yaquis en México, ilustrando con ellos las identidades ofensivas o persistentes. A partir de éstas resulta pertinente volver a reflexionar sobre el futuro de las identidades étnicas frente a las tendencias de globalización económica.

## Cultura popular y cultura obrera

Las posiciones en torno a la cultura obrera son diversas y con pocos canales de interlocución. Cultura obrera es un concepto polisémico que alude a realidades heterogéneas y a experiencias de vida y laborales diversificadas. Son horizontes dinámicos no esencialistas ni reductibles a la dimensión política unilateralizada en la confrontación capital/trabajo.

A continuación presentaré una revisión general de algunos de los principales elementos del debate sobre las características de la llamada cultura obrera y posteriormente señalaré la necesidad de

terada su identidad. También destaca dos formas de diferenciación: la división producida cuando un grupo identitario se divide en sus partes componentes, y la proliferación, proceso que se produce cuando a partir de un grupo madre o de dos grupos originarios que mantienen su identidad se forma uno o más grupos con una o varias identidades nuevas. *Op. cit.*

replantear esta discusión a partir del concepto de identidades obreras.[39]

Aunque no está referido al análisis de la cultura obrera, el texto de Esteban Krotz permite ubicar por exclusión el relativo abandono de los estudios de cultura obrera, dado el énfasis fundamental de los estudios sobre los campesinos, sus características de clase, el desarrollo capitalista en el campo, o las posibilidades del campesino para actuar como sujeto del cambio revolucionario.[40]

La complejización del escenario social y el surgimiento de nuevos movimientos colectivos participaron en la ampliación del espectro de preocupaciones de las ciencias sociales. Sus fronteras disciplinarias parecían inadecuadas para dar cuenta de nuevas preguntas y acercamientos, donde la sociología, la antropología, la semiótica, la historia y las ciencias de la comunicación participaban de manera flexible en los nuevos estudios.

Hace ya una década que se inició en nuestro país una reflexión sistemática sobre las implicaciones connotativas del concepto de cultura obrera. En ella han participado diversas perspectivas e intenciones. Desde textos descriptivos hasta aquellos que tratan de dar cuenta de una problematización analítica de las culturas obreras.[41]

[39] Esteban Krotz ha puesto en evidencia algunos problemas, tensiones y limitaciones en los usos del concepto de cultura en la antropología mexicana, situación que prácticamente conduce a su desuso y abandono en las postrimerías de los años sesenta, para reaparecer acompañada de diversas adjetivaciones entre las cuales destacan *popular, obrera, urbana,* entre otras. Esteban Krotz, "El concepto 'cultura' y la antropología mexicana: ¿una tensión permanente?", en Esteban Krotz (comp.), *La cultura adjetivada*, UAM, México, 1993.

[40] La influencia gramsciana se desarrolló en nuestro país a finales de los años setenta, y con ella la utilización del concepto de cultura popular que posibilitaba la vinculación de diferentes niveles analíticos en trabajos sobre los pobres urbanos, los obreros industriales, el Movimiento Urbano Popular y los sindicatos, frente al siempre sospechoso culturalismo desatento de los fenómenos estructurales y políticos y su énfasis en los aspectos superestructurales, o la amenazante presencia de las industrias culturales y los medios de comunicación masiva que como parte de los aparatos ideológicos de Estado refrendaban la contundente sentencia marxista de que la ideología dominante de una sociedad es la ideología de la clase dominante. *Idem.*

[41] La referencia primaria ha sido el coloquio organizado por el Museo Nacional de Culturas Populares durante la coordinación de Guillermo Bonfil en 1984. Posteriormente estos trabajos fueron publicados en un libro memoria coordinado por Victoria Novelo. Desde entonces hasta la fecha encontramos acercamientos y límites similares en los estudios de la cultura obrera.

*a)* Algunas de las propuestas más desarrolladas sobre la cultura obrera abrevan en las fuentes marxistas.[42] Desde esta perspectiva, la propiedad privada de los medios de producción y el control de los procesos de trabajo por la burguesía establecen condiciones de explotación en el trabajo, caracterizado por su condición excluyente de los trabajadores en el control, gestión y decisiones relativas tanto al proceso de trabajo, como al destino de la producción. De esta condición situacional emergen intereses antagónicos entre burgueses y proletarios, y la experiencia de la explotación permite la conformación de identificaciones clasistas entre los trabajadores y posibilita la articulación de acciones derivadas de la identificación de intereses.

Desde esta perspectiva, se considera a las culturas como formas de vida que generan prácticas sociales expresadas en modelos de comportamiento y acciones axiológicas e identitarias. La cultura obrera es considerada como cultura de clase, la conciencia se desarrolla a partir de la existencia, y la división social es producida y reproducida institucionalmente a través de las fábricas, sindicatos, familias, iglesias, escuelas y organizaciones políticas.[43]

Bajo esta premisa, los investigadores de las culturas obreras optaron por

> [...] distinguir tanto los espacios fundamentales donde se recrea la existencia de los obreros, como sus grados y acciones de resistencia y de impugnación como contenidos concretos que dirigen una práctica cultural específica. Así, en nuestra aproximación a la materia de investigación, conforme se pasaba de uno a otro nivel de búsqueda, nos hizo reconocer como contenidos fundamentales en el proceso de formación de cultura obrera, la articulación de condiciones de trabajo, organización, política y condiciones de vida que, por sus distintas combinaciones y complejidades impiden plantear una cultura en términos absolutos pues, en reconocimiento a su heterogeneidad, la práctica cultural obrera reconocible tiene una estratificación fundamentada en desarrollos objetivos y subjetivos desiguales, por lo que su "disposición a actuar como clase", es irregular.[44]

[42] Entre estos trabajos destaca el de Victoria Novelo *et al.*, "Propuestas para el estudio de la cultura obrera", en Victoria Novelo (coord.), *Coloquio sobre cultura obrera*, CIESAS/SEP, México, 1987 (Cuadernos de la Casa Chata).

[43] *Idem.*

[44] *Ibidem*, p. 11.

La distinción entre ser social, conciencia y praxis, se realiza por la ubicación de los determinantes de la cultura, el terreno donde ésta se define y reside, y las prácticas culturales. Asimismo, se establecen condiciones axiológicas inherentes a las clases. A la cultura hegemónica se le atribuyen connotaciones de individualismo, competencia y dinero, elementos que también permean a la clase obrera; sin embargo, en éstas sus condiciones objetivas referidas al trabajo colectivo conllevan valores de solidaridad y cooperación, así como tradiciones de lucha propias y sustento de formas de vida social más justas, democráticas y libres.

Retomando a Gramsci, se distingue entre cultura de los obreros y cultura obrera, donde la primera remite a una suerte de traducción de la cultura hegemónica con poca impronta propia; por ello no remite a prácticas de clase, mientras que la segunda se enfoca hacia prácticas, actitudes y contenidos de la clase obrera que se contraponen a la cultura y a la ideología dominantes. La cultura obrera remite precisamente a las modalidades de estos antagonismos (con diferentes niveles de desarrollo y profundidad).

Como señala Novelo, "la cultura obrera se desarrolla en y a través de la cultura popular y de la cultura dominante y puede por tanto presentar yuxtaposiciones; su base objetiva, material, se encuentra en las relaciones de producción, mismas que van conformando su ser social de acuerdo a esas particularidades".[45] La cultura obrera forma parte de la cultura popular, o de las culturas subalternas, en la medida en que los obreros comparten una amplia gama de experiencias en el ámbito extrafabril con otros sectores populares, donde también se presenta la confrontación entre la cultura hegemónica y las subalternas.

La experiencia obrera compartida y reflexionada deriva en la identificación de intereses específicos de clase frente al capital, considerado como adversario, desarrollándose una conciencia de clase que conduce a diferentes formas y niveles de respuesta, desde aquellas inarticuladas o individualistas, las espontaneístas, o formas más amplias que involucran la lucha por el poder político y contra el modelo social prevaleciente.

Las experiencias derivadas de condiciones de trabajo compartidas tanto en el campo laboral como extralaboral, participan en

[45] V. Novelo, "Propuestas para el estudio de la cultura obrera", en *op. cit.*, p. 17.

la conformación específica de culturas obreras que confrontan la cultura hegemónica. Por ello la cultura obrera se produce en el marco más amplio de la cultura popular, de la cual es una peculiar expresión, como cultura de resistencia.

*b) Cultura obrera o cultura popular.* Algunos consideran que es más fácil hablar de cultura popular que de cultura obrera.[46] Pérez Arce asume que no se trata de confrontar la cultura burguesa contra la cultura obrera, ni el arte burgués al arte proletario. Otros autores se preguntan si realmente existe una cultura específica de los obreros mexicanos. Sariego[47] plantea la dificultad de hablar de una cultura minera, en la medida en que han perdido vigencia sus viejos modelos de acción y representación, y no existen modelos alternativos que los sustituyan.

La minería de enclave[48] produjo un nuevo tipo de proletariado. Las características de la minería de enclave implicaban su capacidad para extrapolar su sistema de relaciones laborales. Estos sistemas prevalecieron en el norte mexicano, y los ejemplos más ilustrativos fueron El Boleo en Santa Rosalía, B. C. S., Cananea, Nacozari, El Tigre y Minas Prietas en Sonora, Sierra Mojada, La Rosita, Palau y Las Esperanzas en Coahuila, entre otras. Sus políticas, caracterizadas por la represión a la organización obrera y la discriminación étnica, fueron contrarrestadas con acciones que pugnaban por formas de conciencia social que rebasaran las diferencias étnicas y nacionales.

Desde esta perspectiva, se considera que la cultura minera adquiere en el sindicato su expresión política. Sus bases fundamentales fueron, de acuerdo con Sariego: *1)* la identidad de clase construida y expresada históricamente en formas de organización; *2)* la defensa contra la explotación mediante la conformación de formas de resistencia corporativa y profesional y *3)* la recuperación obrera de los espacios de producción.

La mexicanización de la rama minera y la desarticulación del sistema de relaciones sociales en la minería de enclave produje-

[46] Véase Francisco Pérez Arce,"¿Cultura obrera o cultura popular?", en Victoria Novelo *et al.*, *op. cit.*

[47] Juan Luis Sariego Rodríguez, "La cultura minera en crisis, aproximación a algunos elementos de la identidad de un grupo obrero", en Victoria Novelo *et al.*, *op. cit.*

[48] Por minería de enclave Sariego define a grandes empresas mineras monopólicas de capital y tecnología extranjeros que frecuentemente se encontraban aisladas de los centros urbanos, y con fuerte poder político local.

ron la *desenclavización minera,* concepto con el cual Sariego define al proceso de crisis de la cultura minera tradicional iniciado en los albores de los años cuarenta. Sariego analiza la cultura obrera en el contexto de la reconversión y modernización de la industria mexicana y propone una investigación más sistemática de las relaciones entre cultura y trabajo industrial.[49] Los cambios señalados, además de la restructuración de la industria del país conduce, según Sariego,

> a un proceso de cambio en los patrones de propiedad en los perfiles sociales de los grupos trabajadores, en los sistemas y normas de trabajo industrial, en los esquemas de participación y representación política de los sindicatos y de las formas de reproducción obrera [...] Detrás de estos cambios [...] no sólo está presente un nuevo modelo económico, sino también un proyecto de redefinición de la identidad cultural del obrero mexicano.[50]

Considera que se está construyendo una nueva identidad del obrero industrial donde pierde fuerza el modelo industrial nacionalista y paraestatal. Se está construyendo una nueva cultura del trabajo conformada desde los consorcios transnacionales, debido

> [...] a la emergencia de un nuevo perfil social de la población obrera, en la que predominan los jóvenes escolarizados y, cada vez más, las mujeres, unos y otras sin experiencias profesionales y sindicales de origen; a un recambio gradual de las bases tecnológicas que vuelve cada día más cotidiano el manejo de equipos autómatas de alta precisión y enorme flexibilidad; a la crisis de los dogmas tayloristas y fordistas en la organización del trabajo; a la importación de tecnologías blandas o nuevas filosofías del trabajo, en la que privan los conceptos de control de calidad, grupos operativos, democracia industrial, etcétera.[51]

[49] Juan Luis Sariego Rodríguez, "Cultura obrera: pertinencia y actualidad de un concepto en debate", en Esteban Krotz, *op. cit.* Identificando diferencias en el concepto de cultura, Sariego identifica: *a)* la perspectiva culturalista y boasiana que "tiende a ver la cultura como un complejo totalizante y un repertorio articulado de prácticas y representaciones que sirven para definir por la vía de la exclusión a determinados grupos humanos dentro de la sociedad", y *b)* "[...] en nuestra sociedad, la cultura está permeada por las distinciones y oposiciones de clase y por lo mismo se convierte en un terreno conflictivo de apropiaciones y oposiciones de sentido atravesado diametralmente por los fenómenos del poder". *Ibidem*, p. 37.

[50] *Ibidem*, p. 38.

[51] *Ibidem*, pp. 38-39.

Como consecuencia de esto concluye que la preocupación de los antropólogos debe centrarse en la definición de los contenidos del trabajo y de los sistemas de relaciones industriales en la fábrica destacando cuatro posiciones: *1)* quienes niegan el concepto de cultura obrera y proponen hablar de cultura de los obreros argumentando la poca utilidad analítica del concepto de cultura en estudios particulares dado su carácter global y su condición más asignada que histórica; *2)* cultura obrera como cultura de masas, donde los obreros se encuentran inmersos en las redes de las industrias culturales de masas expandidas en la posguerra, conjuntamente con el desarrollo manufacturero; *3)* quienes consideran a la cultura obrera como cultura urbano-popular referida a contextos sociales donde la clase obrera se reproduce; *4)* cultura obrera como cultura de clase, que alude al conjunto de sus respuestas históricas, involucrando "sistemas de valores, modelos de comportamiento y formas de vida que apuntan implícitamente o explícitamente hacia una visión del mundo distinta y alternativa a las otras clases sociales.[52]

*c) Cultura obrera explicada por la cultura urbana.* Otros autores consideran que la mejor forma de analizar la cultura obrera es ubicarla en el marco más amplio de la cultura urbana. Ésta es la posición de Carlos Monsiváis, para quien la cultura obrera en ámbitos como la ciudad de México es la cultura urbana, definida como el

> cúmulo de tradiciones, conocimientos y formas de relación de una clase en su conjunto que asimila y actúa parcial o totalmente, cada uno de sus componentes [...] Sería la síntesis antropológica de las relaciones entre trabajo, explotación laboral y modos de vida, organización y resistencia [...] implica la concentración obligada de un espacio y una red de vínculos que incluyen la solidaridad, la participación sindical [...][53]

*d) Dimensión simbólica de la condición laboral.* Algunos trabajos más recientes han cambiado el acento de la conformación de la

[52] Juan Luis Sariego Rodríguez, "Cultura obrera y procesos de trabajo: debates y propuestas", en Enrique de la Garza *et al.*, *Los estudios sobre cultura obrera en México: enfoques, balance y perspectivas*, Conaculta, México (en prensa), p. 106.

[53] Carlos Monsiváis, "Notas acerca de la cultura obrera", en Victoria Novelo *et al.*, *op. cit.*, p. 167.

conciencia política de clase hacia el análisis de la dimensión simbólica de la condición laboral. Entre éstos se ubica Luis Reygadas, quien considera más apropiado hablar de cultura del trabajo que de cultura obrera. Aquélla sería la dimensión simbólica de la actividad laboral que incluye tanto a la cultura sobre el trabajo como a la cultura en el trabajo.[54]

*e) Cultura de clase como espacio constituido.* En una discusión reciente, Enrique de la Garza, María Eugenia de la O Martínez y Javier Melgoza vuelven a considerar la necesidad de avanzar en la discusión sobre cultura obrera, redefiniendo la problemática de la cultura de clase como "espacio constituido por prácticas de individuos concretos".[55]

Los autores plantean el viraje en los acentos analíticos del eje conciencia y lucha de clases hacia nuevas propuestas que cobraron fuerza en las postrimerías de los años setenta a partir de las discusiones teóricas sobre la nueva clase obrera.[56]

Se destacan tres perspectivas nacionales en el estudio de la clase obrera. La primera de ellas, que comprende de la Revolución hasta los años treinta, se caracterizó por la militancia obrera y la formación de partidos políticos. La segunda llega hasta los años sesenta y se centra en el análisis del fortalecimiento del Estado y su relación con el sindicalismo oficial, y la tercera perspectiva, marcada por la influencia del 68, se orientó al estudio de los movimientos obreros independientes, aunque también destacan estudios posteriores que analizaron la reproducción social, la familia y la unidad doméstica.

[54] Luis Reygadas, "Trabajo y cultura en las maquiladoras de la frontera México-Estados Unidos", ponencia presentada en el Primer Congreso Latinoamericano de Sociología del Trabajo, México, D. F., 22 al 26 de noviembre de 1993. Véase también Luis Reygadas, "La dimensión desconocida: el mundo simbólico del trabajo", en De la Garza *et al.*, *op. cit.*

[55] De la Garza *et al.*, *op. cit.*, p. 8.

[56] Entre éstas se ubican los trabajos que abrevan en la inspiración teórica de Mallet, Dahrendorff y Gortz; las perspectivas posindustriales inspiradas en Bell y Touraine; el análisis de los procesos de trabajo en las fábricas que incluyen la cotidianidad obrera que siguen los postulados de Panzieri y Negri; el análisis de las transformaciones en la conciencia obrera a partir de la situación de la fábrica y sus cambios tecnológicos (Touraine, Naville y Braverman), y la vertiente histórica inglesa que analiza a la clase social como fenómeno histórico, estudia la experiencia de clase y los procesos de formación de clase al estilo de E. P. Thompson, R. Huggart y Raymond Williams.

*f) Cultura obrera como cultura heterogénea.* Estas posiciones subrayan la heterogeneidad de la clase obrera y sus formas de expresión, desde una perspectiva de cultura entendida como "conjunto de hábitos, costumbres, comportamientos, tradiciones, sentimientos, aspiraciones y símbolos que portan sectores de esa clase a partir de experiencias de vida y trabajo comunes..."[57] Asimismo, trabajos como los de Ludger Pries subrayan los proyectos biográfico-laborales.[58]

Por su parte, Raúl Nieto[59] destaca dos corrientes que participan en el debate que nos ocupa: la antropología del trabajo y la antropología obrera. Dado que la cultura obrera coexiste con otras formas de cultura popular, no es posible considerar a una cultura obrera homogénea, sino que existen culturas obreras heterogéneas ("o subculturas de clase") las cuales forman parte de complejos culturales más amplios cuya escala puede ser regional o nacional. A partir de lo anterior concluye que el reto de la antropología sigue siendo la unidad de las diversas manifestaciones de la existencia obrera.[60]

*g) La mujer obrera: reproducción y cambio de pautas culturales.* Una de las características del trabajo femenino en la frontera norte de México ha sido su importante incorporación en la industria maquiladora. Ahí se tejen múltiples historias definidas por la indefensión laboral y una importante rotación de personal. En la industria maquiladora trabaja una gran cantidad de mujeres que han vivido experiencias migratorias, pero también se incorporan jóvenes fronterizas que viven con premuras variadas su situación laboral, a diferencia de lo que ocurría con las trabajadoras inmigrantes de los años sesenta.

En la fábrica se delimitan y fortalecen relaciones fundamentales derivadas de las diferencias de género; sin embargo, para comprender estos procesos resulta necesario incorporar el contexto extralaboral, máxime cuando no existe una vida sindical activa ni se reproducen culturas obreras tradicionales con fuerte

[57] Véase Sergio G. Sánchez Díaz, "Reflexiones sobre la cultura obrera sindical en México", en De la Garza *et al.*, *op. cit.*, p. 85.

[58] Ludger Pries, "Concepto de trabajo, mercados de trabajo y 'proyectos biográfico-laborales' ", en De la Garza *et al.*, *op. cit.*

[59] Raul Nieto, "La cultura obrera: distintos tipos de aproximación y construcción de un problema", en Esteban Krotz, *op. cit.*

[60] *Ibidem*, pp. 51-52.

inserción en otros ámbitos del tejido social. La conformación de un orden socialmente significativo pasa no sólo por la experiencia fabril, sino que incorpora la condición extralaboral, donde destacan las experiencias construidas en la conformación social del espacio urbano: la búsqueda de un espacio donde vivir, la resolución de los problemas de servicios y equipamiento urbano, la experiencia misma de vivir la ciudad. Asimismo, de manera creciente los medios de comunicación masiva, principalmente radio y televisión, participan en la conformación del sentido de la ciudad y de la vida misma. Por otro lado, las adscripciones identitarias cotidianas e imaginarias también participan en la conformación de estas identidades.

A pesar de que se presentan cambios importantes en las formas de estructuración familiar, las trabajadoras reproducen roles fundamentales de la división social de géneros, siendo ellas quienes atienden de manera prioritaria las tareas domésticas. Sin embargo, su ausencia del ámbito doméstico les permite un mayor uso de los espacios públicos e integrarse en redes de interacción diferentes de sus ámbitos cotidianos de intensa interacción, inscritos en la familia, el barrio o la colonia.

Las políticas empresariales tienden a evitar procesos de identificación derivados de condiciones de vida similares para lo cual se utiliza un discurso omiso de estas similitudes que acentúa los criterios de competitividad e individualidad. Estas posiciones también son fortalecidas mediante mecanismos derivados de la propia organización del trabajo, vía incentivos selectivos, o el establecimiento de estándares mínimos de productividad. La apropiación de este discurso por las trabajadoras depende de las experiencias personales, máxime cuando no se han desarrollado movimientos importantes que funcionen como referentes identitarios de una conciencia común.[61]

Sin embargo, muchos problemas prevalecen como realidades cotidianas que se viven en el ámbito laboral: uso de solventes químicos, hostigamiento sexual, mala iluminación, deficiente ventilación, deficientes condiciones de trabajo.

[61] La misma composición de la fuerza de trabajo en las maquilas cambió en los años ochenta, periodo en el que observamos una mayor incorporación de jóvenes originarias del lugar que no son jefas de familia y tienen la certeza de que si son despedidas pueden encontrar otro trabajo con relativa facilidad; esto también implica cambios en algunas empresas que tratan de retener al personal.

Lo anterior requiere matices, pues la industria maquiladora incorpora empresas con amplias desigualdades tecnológicas y de organización laboral; sin embargo, en términos generales las maquilas remiten a una fuerte indefensión laboral, independientemente de la imagen de *empresa familiar* que se busca proyectar a través de diferentes paseos, festejos, competencias, rifas, ayuda para transporte, bonos de alimentación, bonificaciones por puntualidad y asistencia, y concursos donde las trabajadoras pueden "representar" a la empresa: la "Señorita Maquiladora" y la "Sonrisa de la Maquila".

Con algunas excepciones notables de movilizaciones obreras independientes, las trabajadoras de la industria maquiladora oscilan entre el esquema de vinculación con una burocracia sindical tradicional y el llamado sindicalismo blanco o patronal, en el cual no existe vida sindical ni ningún otro tipo de relación gremial.

En el país y en el mundo se han atenuado las culturas estructuradas desde los centros de trabajo, dando paso a conformaciones culturales más complejas en las cuales (aun cuando los referentes de clase sean importantes en la definición de las identidades imaginarias y en la conformación de la acción social) los ámbitos de adscripción y de construcción de sentido colectivo son más amplios y diversos.

## Cultura e identidades obreras

Hemos destacado el carácter frecuentemente implícito de las culturas populares, donde la acción no siempre corresponde una reconceptuación de su sentido. De los elementos hasta aquí presentados destacan algunas limitaciones importantes de los estudios sobre cultura obrera; pareciera que las mismas fronteras disciplinarias impidieran avanzar en el debate. Algunas preguntas actuales sobre la cultura obrera y popular rebasan las definiciones antropológicas tradicionales.

Muchos de estos trabajos analizan las culturas obreras a partir de los elementos de cultura objetivada, presentando poca atención a la definición de umbrales desde los cuales se construyen y reconstruyen las fronteras culturales que delimitan la identidad obrera. Considero importante subrayar el análisis de los campos de conformación de sentido de los obreros destacando sus procesos de conformación identitaria. Para ello es preciso volver a la ubicación de procesos identitarios relacionales, procesales, cambiantes e históricos desde los cuales los obreros conforman un *nosotros* frente a los otros y definen a sus adversarios. Es importante destacar la investigación en el campo de las fronteras culturales que los obreros construyen con los patrones y el Estado, y el conjunto de elementos simbólicos y prácticas que generan.

Insistir en la diversidad cultural de la clase obrera resulta adecuado, pero insuficiente. La clase obrera siempre ha sido heterogénea, por lo cual éste no es el mejor argumento para descalificar el concepto de cultura obrera. En todo caso debería darse más peso a los elementos dinámicos a través de los cuales se difuminan o refuerzan los procesos de identidad que demarcan las fronteras obreras con sus prácticas y representaciones. Es importante recuperar nuevos enfoques de análisis de las identidades sociales que permiten avanzar en la definición de los sentidos colectivos que determinan adscripciones socioculturales diferenciadas entre las clases.

Se le ha otorgado escasa relevancia a los estudios de género en los ámbitos laborales. Con esto estamos apuntando a la investigación de los elementos simbólicos, prácticas, rutinas, normatividades y disposiciones mediante los cuales se refuerzan o atenúan los *pactos juramentados* desde los que se conforman las identidades y relaciones de género, así como la correspondencia entre las relaciones intralaborales con las perspectivas patriarcales.

Es necesario analizar las formas específicas de articulación entre las perspectivas de género y la recomposición de las identidades obreras, así como los posibles efectos que esto tiene en la conformación de las prácticas laborales, las acciones colectivas y los movimientos sociales.

## Medios masivos, masificación y cultura popular

Los rasgos evasivos de la modernidad como condición mimética y cambiante que pervive al paso de cinco centurias han sido destacados en múltiples textos por autores que han participado en un debate en ocasiones empantanado y reiterativo. Algunas constantes analíticas permanecen en la definición de la modernidad, entre las cuales destaca la relación contrastante de lo nuevo frente a lo viejo, lo actual y lo caduco, lo presente y lo pasado, lo moderno y lo premoderno. En esta relación destaca una condición donde lo moderno, para serlo, necesita remitirse a lo anterior, en una dinámica simbiótica con diversos contenidos históricos.

Lo moderno alude a una identificación sociohistórica que tiene al pasado como referente de contrastación. Es una conciencia de actualidad que construye sus umbrales de adscripción a través de la conformación de sentidos sociales de pertenencia y de confrontación con el pasado. Las identidades modernas son construcciones históricamente situadas y es desde esa adscripción histórica que se definen sus rasgos.

El segundo elemento obedece a una lógica lineal con valoraciones diferenciadas que presentan a lo nuevo como más avanzado que lo antiguo. Lo moderno aparece como superior a lo premoderno y con ello se legitima. Lo moderno es una construcción que engrandece lo actual frente a lo pasado, una perspectiva etnocéntrica difusa en la medida en que la actualidad incluye como negación al proceso continuo de envejecimiento. Lo moderno se percibe como diferente y distante de lo premoderno, como otra cosa que, sin embargo, permanece presa de sus anclajes con el pasado.

La modernidad se conforma desde sus propios parámetros pretendidamente universalizadores y centrados en Europa, primero, y en los Estados Unidos después. La dimensión selectiva del discurso de la modernidad incorporó la marca del desarrollo como atributo concomitante; por ello también se define a la modernidad por los niveles de desarrollo socioeconómico.

La modernidad como discurso que remite al campo del espíritu de una época (Hegel), tiempo de nacimiento, de tránsito y de razón, se conformó desdeñando lo que se consideraba lastres premodernos como la fe, la magia o la superstición, que sucumbirían ante el paso apabullante de la educación y la razón, elementos que complementan los componentes analíticos de un concepto que se refrenda en la negación constante, lo transitorio, lo fugitivo.[62]

[62] Véase Agnes Heller y Ferenc Fehér, *El péndulo de la modernidad: una lectura de la era moderna después de la caída del comunismo*, Ediciones Península, Barcelona, 1994; Jürgen Habermas, *El discurso filosófico de la modernidad*, Taurus, Buenos Aires, 1989; Alain Touraine, *Crítica de la modernidad*, Temas de Hoy, Madrid, 1993.

*El pueblo* se construyó en complejos procesos de integración y resistencia con el surgimiento de los grandes Estados nacionales modernos que integraban a nacionalidades heterogéneas con diferentes matrices y experiencias culturales. El concepto de pueblo alude a fuertes procesos de descampesinización y de urbanización de las poblaciones concentradas en ciudades de la segunda mitad del siglo XVIII.

La confrontación de la normatividad estatal y las culturas dominantes asociadas al Estado moderno impulsaron la lógica de la modernidad iluminista destacando el predominio de la razón y la educación frente a las perspectivas tradicionales de conformación de sentidos de la vida donde la fe, la superstición, la magia, la tradición y la irracionalidad eran los enemigos a vencer.

Con esta lógica subordinada de los pueblos y grupos integrados en la égida de los proyectos dominantes, definidos desde los poderosos Estados nacionales, se conformarían las culturas populares como matrices de sentido desprovistas de los elementos ponderados por el discurso de la modernidad. Las culturas populares remitían a rutinas de vida conformadas a partir de antiguas matrices de sentido que frecuentemente chocaban con la normatividad y las disposiciones establecidas desde el Estado nacional.

Los procesos de urbanización de amplios sectores provenientes de las regiones rurales con sus representaciones bucólicas, sus marcas regionales, su condición fundamentalmente analfabeta, sus formas específicas de religiosidad y de fe, sus tradiciones y prácticas ritualizadas y sus cosmovisiones, dieron forma a nuevos arreglos y articulaciones entre la propuesta sociocultural conformada por los grupos dominantes y otras formas de construcción de los sentidos de vida. Los elementos de homogeneización desarrollados se conformaron a través de enclasamientos que fueron produciendo nuevas representaciones derivadas de condiciones situacionales compartidas y del conjunto de sentidos que desde ahí se fueron construyendo, como fueron las diferentes perspectivas de clase o gremiales. Otro eje importante derivado de la situación social fue la conformación de nuevas representaciones regionales originadas en la convivencia del barrio o el pueblo y los nuevos mapas de representaciones. En el campo cultural se produjeron formas de representación inéditas, principalmente por su construcción e inserción en nuevos discursos ideológicos entre los cuales destacaban las dimensiones obreristas clasistas, anarquistas, marxistas, etcétera.

Estas nuevas formas de adscripción sociocultural de los grupos depauperados que llegaban a las ciudades fueron dando sentido a inéditas fronteras frente a la normatividad establecida y frente a las culturas dominantes; así las culturas populares adquirieron nuevas dimensiones fuertemente vinculadas con los procesos de masificación urbana, de donde surgieron diversas reacciones de condena y sublimación romántica. Hasta ahora hemos hecho una interpretación cargada por un sesgo fuertemente eurocéntrico. En América, como ya señalamos, este proceso se vinculó con profundos procesos de subordinación de los pueblos indígenas, participantes centrales en la conformación de los sectores populares frente a los nuevos Estados nacionales, mayormente controlados por españoles y criollos.

El alma colectiva que Le Bon atribuyó a estos conjuntos humanos expresa un campo particular de preocupación de las sociedades de finales del siglo antepasado, donde los grandes conglomerados que habitaban las ciudades estarían sujetos a una suerte de conversión súbita en sus actuaciones colectivas que los llevaba a comportarse y asumir conductas divergentes de las que asumirían las personas de manera aislada. Las masas devinieron conglomerados problemáticos, inmaduros, desbordados.

El desarrollo de los medios de comunicación de masas de principios del siglo XX propició nuevas e intensas discusiones sobre su participación en la conformación de sentidos colectivos, la definición de la relación entre culturas populares y dominantes, su función como instancia de apoyo a los poderes establecidos, su función enajenante y uniformadora de las audiencias, la redefinición de los parámetros de valoración del arte y su relación con el público. Este debate se vio fuertemente influido por el contexto social caracterizado por el desarrollo del fascismo, revoluciones y dos guerras mundiales con sus secuelas de muerte, dolor y conflictos existenciales.

A partir de los años veinte diversos trabajos destacaron la función hipnótica de los medios de comunicación, su dimensión agresiva que bombardeaba al espectador individual con mensajes eficaces, contundentes. En estos trabajos se destacó la función de la propaganda y sus efectos insoslayables sobre los miembros individuales del público en sociedades de masas afectadas por una modernización que conllevaba industrialización, urbanización poblacional, desarrollo del transporte e importantes avances tecnológicos.

Frente a estos nuevos actores de la vida urbana reaccionaron algunos pensadores conservadores como José Ortega y Gasset,[63] inscrito en esta perspectiva ideológica a pesar de sus constantes autodefiniciones como apolítico y su desprecio a las personas de derecha y de izquierda, a quienes consideraba víctimas de imbecilidad y hemiplejía moral. Ortega consideraba que el advenimiento de las masas al pleno poderío social en Europa era un hecho innegable, pero estas masas eran incapaces de dirigir su propia existencia, lo cual producía la más grave crisis de un pueblo, nación o cultura: *la rebelión de las masas,* el problema de la aglomeración. A Ortega y Gasset le irritaba la concentración de las muchedumbres, su visibilidad, su instalación en lugares preferentes de la sociedad, su asalto a los espacios de las élites, la irrupción del coro al sitio reservado para protagonistas.

La muchedumbre es la masa social, los colectivos que destacan por su dimensión cuantitativa y visual. La masa es el hombre medio que se identifica por sus características indiferenciables de los grandes colectivos que pueblan las ciudades y atentan contra los ámbitos exclusivos de las minorías, de los hombres selectos que siempre se exigen más, los excelentes que conforman una *clase de hombre especial.* Las minorías se contraponen ejemplarmente al alma vulgar de la masa ostentosa que se regodea proclamando su derecho a la vulgaridad. Ortega y Gasset defiende la condición aristocrática de la sociedad y entre la indignación y el desdén aparece su añoranza nostálgica por los rincones de los *happy few.* El problema central de la masa, además de su vulgaridad, su falta de esfuerzo y la ostentación de su "naquez", es la inmoralidad,[64] elemento de fondo que subyace en la crítica de Ortega y Gasset al *hecho psicológico* que conforman las masas.

Desde otra perspectiva y abrevando en la psicología conductista, las llamadas teorías hipodérmicas de la comunicación consi-

[63] José Ortega y Gasset, *La rebelión de las masas*, Orbis, Barcelona, 1983.

[64] La moral, desde la perspectiva de Ortega y Gasset, es la presencia y los sentimientos de sumisión a algo, una conciencia de servicio y obligación.

deraron a las masas como la agregación de múltiples elementos indefensos y vulnerables a la influencia de los medios de comunicación masiva. La masa ha roto con sus antiguos anclajes comunitarios, es un agregado sin nexos identitarios fuertes que no se reconoce más en las antiguas culturas locales o regionales y se encuentra a merced de los mensajes con los cuales se relacionan desde una lógica reduccionista de estímulo-respuesta. La influencia más destacada corresponde al modelo de Lasswell basado en las premisas de un emisor activo generador de estímulos intencionales con fines precisos de obtener efectos esperados y la masa pasiva que los recibe y reacciona aisladamente, sin considerar relaciones sociales, contextos históricos o características culturales.[65]

Aunque estas perspectivas no establecen el contexto sociohistórico de los procesos de comunicación, ni los ámbitos culturales en los cuales se produce, poseen de manera implícita una idea de sociedad, la sociedad de masas; por ello trabajos posteriores profundizaron en el estudio de los fenómenos psicológicos que conforman la relación comunicativa, los elementos de mediación entre individuo y medios de comunicación y la relación entre individuo, sociedad y *mass media*.[66]

La investigación de la relación entre los procesos sociales y los medios de comunicación masiva ha seguido rutas diferenciadas que intentaron romper la perspectiva lineal de los trabajos pioneros definidos por la búsqueda de la relación causa-efecto. La corriente empírico-experimental incorporó los procesos psicológicos que participan en la comunicación y que influyen en las posibles respuestas, rompiendo la visión unívoca de la perspectiva anterior. La investigación se orientó a la búsqueda de los efectos del proceso comunicativo. Por otra parte, los estudios empíricos orientados desde la teoría psicológico-experimental subrayaban los efectos limitados de los medios de comunicación y orientaban

[65] Mauro Wolf realiza un útil recuento crítico de las principales perspectivas teóricas del debate sobre la comunicación de masas, analizando las teorías hipodérmicas, las teorías de las visiones empírico-experimentales, las teorías derivadas de la investigación empírica sobre el terreno, las teorías estructural-funcionalistas, la teoría crítica, la teoría culturológica, los *cultural studies* y las teorías comunicativas. Mauro Wolf, *La investigación de la comunicación de masas: crítica y perspectivas*, Paidós, México, 1994.

[66] *Idem.*

la investigación a su capacidad persuasiva conjuntamente con otros elementos sociales. Subrayaron la necesidad de identificar los contextos sociales y sus efectos sobre los medios, que participan reforzando valores, conductas y posiciones, además de los ámbitos amplios donde éstos operan.

En *Comunicación de masas, gusto popular y la organización social,* publicado a finales de los años cuarenta, Merton y Lazarsfeld[67] relativizaron la dimensión cuasimágica que se les atribuyó a los medios de comunicación, pero sin dejar de reconocer que la persuasión tenía un papel creciente en el control de opiniones y conciencias. Destacaron lo que era el núcleo central de las preocupaciones sociales sobre los *mass media,* acerca de su poder, su ubicuidad, sus efectos sobre el público, especialmente respecto de la generación de conformismo, pérdida de capacidad crítica y deterioro de gustos estéticos y de los patrones culturales populares.

La perspectiva estructural-funcionalista sobre los medios de comunicación masiva, de la cual Merton y Lazarsfeld son sus mejores exponentes, se preocupa por la influencia de la comunicación de masas en la acción social, por sus formas de funcionamiento y usos. Merton y Lazarsfeld se interesaron por los efectos de los medios sobre los 70 millones de estadunidenses que semanalmente acudían al cine, los 34 millones que tenían radio y diariamente la escuchaban dos o tres horas en promedio, y por la circulación de cerca de 46 millones de periódicos. Los *mass media* confieren poder, y sus principales funciones son la atribución de estatus (pues otorgan prestigio e incrementan la autoridad) y el reforzamiento de las normas sociales, pero también generan disfunciones al contribuir al conformismo social de acuerdo con los intereses de los grandes poderes que los sustentan y los convierten en narcóticos sociales. Los medios impactan los gustos populares, los corrompen, por ello los autores concluyen que los *mass media* trabajan más para el mantenimiento de la estructura sociocultural que para su transformación.

Una de las vertientes más sugerentes en este debate fue desarrollada por la Escuela Crítica de Francfort, especialmente con la

[67] Robert K. Merton y Paul Lazarsfeld, "Comunicaçao de massa, gosto popular e a organizaçao social", en Luiz Costa Lima, *Teoría da cultura de massa*, Paz e Terra, Rio de Janeiro, 1990.

publicación de *La industria cultural o el iluminismo como mistificación de masas* de Max Horkheimer y Theodoro W. Adorno, quienes cuestionaron las tesis que señalaban que la pérdida de apoyo de la religión y la destrucción de los remanentes precapitalistas, la diferenciación técnica y social y la fuerte especialización conllevaban al caos cultural. Para ellos la civilización homogeneiza, "confiere a todo un aire de semejanza". Los sectores se armonizan y los medios de comunicación masiva conforman un sistema. Las diferentes esferas de la vida atrapan al individuo en el poder del capital, y los medios masivos, como el cine y la radio (autodefinidos como industrias), son negocios al servicio de la ideología dominante, perdiendo su sentido como arte.

Las industrias culturales involucran a millones de personas en un campo que impone sus métodos de reproducción, de satisfacción de necesidades estandarizadas. Las industrias culturales manipulan las necesidades. Para Horkheimer y Adorno, la racionalidad técnica es la racionalidad del propio dominio, "es el carácter represivo de la sociedad que se autoaliena". La técnica de la industria cultural, con su estandarización de producción en serie, sacrificó lo que diferenciaba a la obra de la lógica del sistema social, construyendo diferencias artificiales.

Las industrias culturales atrapan incluso el tiempo libre de las personas, las envuelven, las incorporan en su propia lógica, les expropian sus sueños sometiéndolos a una visión definida por lo elemental y la previsibilidad. Las industrias culturales construyen nuevos parámetros de relación con las representaciones sociales de la vida, generando un denso y abigarrado vínculo entre la duplicación de objetos reales y la realidad conformada por las industrias culturales, pretendiendo que aquéllos son una extensión de esta realidad.

Las industrias culturales afectan a los consumidores, quienes se regodean en el consumo estandarizado, por ello las industrias culturales se fortalecen en su correspondencia con las necesidades creadas. A partir de éstas, las industrias culturales atrapan *brutalmente* a los consumidores, guiándolos y disciplinándolos. Según Horkheimer y Adorno, para el capitalismo tardío la vida es un rito permanente de iniciación donde deben demostrarse las identificaciones sin la mínima resistencia a los poderes dominantes, por ello el individuo es ilusorio, sólo tolerado por su difuminación en la estandarización, donde las industrias culturales juegan un papel importante.

Las técnicas de reproducción de las obras artísticas conformaron un eje fundamental en la reflexión de Walter Benjamin, quien en *La obra de arte en la época de su reproductividad técnica* analiza los cambios en los conceptos estéticos originados en las técnicas de reproducción de la obra, que influyeron en los elementos que definían la idea de belleza estética clásica: el aura,[68] el valor cultural y la autenticidad.

Si desde los inicios la obra de arte fue susceptible de reproducción mediante diversas técnicas (fundición, relevo por presión, reproducciones en bronce y barro cocido, grabado en metal, impresión, agua fuerte, litografía), Benjamin destaca que en el siglo XX las posibilidades de reproductibilidad técnica acentúan enormemente estas dimensiones afectando la autenticidad de la obra en la medida en que la reproducción técnica se volvió más independiente del original. También el aura social ha sido fuertemente afectada en virtud de que las obras se vuelven espacial y humanamente más próximas a las masas, quienes acogen las reproducciones y desdeñan el carácter de aquello que se presenta una sola vez.[69]

Por su carácter mágico liminal, la obra de arte se encontraba al servicio del culto, y en la medida en que se separa de esa función prístina incrementa su exposición a la mirada. Las nuevas técnicas de reproducción del arte trastocaron estas características, con lo cual se transformó la propia naturaleza de la obra artística. La cualidad del aura en la obra de arte pierde su papel. Ésta deviene mercancía y el aura la abandona, a pesar de los intentos del cine —destacados por Benjamin— por construir artificialmente el culto a los actores y actrices, como culto a *las estrellas.* Las técnicas de reproducción aplicadas a las obras de arte transforman la actitud de las masas frente al arte que antes interpelaba al espectador, pero ahora la masa es invadida por la obra de arte investida de

[68] Benjamin define al aura como una realidad siempre lejana, independientemente de lo próxima que pueda estar. El aura es esencialmente lejana por inaproximable.

[69] La fotografía que alude a realidades fugaces anteriores que pueden reproducirse indefinidamente se contrapone a los atributos de la imagen artística vinculada con la unicidad y la duración. Por ello la autenticidad ya no es aplicable a la obra artística y se subvierte la función del arte que no se apoya en el ritual sino en la política.

diversión. La creciente proletarización del hombre y el aumento de la importancia de las masas obedecen a un mismo proceso histórico; por ello Benjamin concluye que la respuesta al consumismo es la politización del arte.

La teoría crítica propone una teoría de la sociedad que analice los fenómenos "culturales" o "superestructurales" sin desvincularlos de los llamados aspectos estructurales. A pesar del desmesurado peso otorgado a la capacidad de manipulación de las necesidades sociales por el capitalismo (apoyado en las industrias culturales), la teoría crítica permite ubicar nuevos espacios de interrelación entre las tendencias de masificación social, el desarrollo de los medios de comunicación masiva y procesos más amplios de socialización.

Durante la segunda mitad de la década de los años sesenta, McLuhan[70] alertaba sobre los efectos del dinámico desarrollo de los medios de comunicación que moldeaban y restructuraban patrones sociales de interdependencia en todos los aspectos de la vida. Esto obligaba a reconsiderar y reevaluar pensamientos, acciones y, en general, sugería la necesidad de repensar la sociedad. McLuhan constató y alertó sobre la "dramática" velocidad de los cambios, señalando que éstos abarcaban todas las esferas de la vida: la familia, el barrio, la educación, el trabajo, el gobierno, la relación con "los otros".[71] Señaló que las sociedades han sido moldeadas más por la naturaleza de los medios mediante los cuales el hombre se comunica que por el contenido de la comunicación, y destacó la imposibilidad de entender los cambios sociales y culturales sin un conocimiento del funcionamiento de los medios de comunicación.

Los cambios registrados en las sociedades durante las últimas cuatro décadas han producido confusión y sentimientos de desesperación, que propician situaciones anómicas, neurosis y ansiedad. Lo anterior tiene un sentido diferenciado por el nivel de desarrollo socioeconómico y por el sector social de pertenencia, pues su presencia es conspicua en países desarrollados, así como en los sectores sociales medios y altos de las zonas urbanas.

Lo que está en juego en este planteamiento es la pérdida de

[70] Marshall McLuhan y Quentin Fiore, *The Medium is the Massage*, Bantam Books, Estados Unidos, 1967.

[71] *Ibidem*, p. 8.

fundamentos y de referentes convencionales para la configuración de un orden y sentido de la realidad social y personal de amplios sectores humanos, con lo cual surge de manera destacada la necesidad de actualizar las identidades (mediante reforzamiento, recreación o cambio).

Los medios de información masiva participaron en la construcción de nuevos escenarios en los cuales se confrontaron inercias culturales tradicionales y el presentismo de la vida juvenil. Pero también se constituyeron en elementos importantes para la articulación de nuevas identidades mediadas por las industrias culturales y la ponderación delirante del consumo. Estos procesos de cambio se han desarrollado en forma paralela con los que viven amplias capas sociales cuyas prácticas culturales se definen por ordenamientos simbólicos tradicionales. Las transformaciones tecnológicas de los años sesenta incidieron en un escenario social que registraba un importante incremento de sectores de la población juvenil que desarrollaban formas de vida marcadamente diferenciadas de las de sus padres, incrementándose la alienación y los conflictos intergeneracionales.

El ambiente cultural devino un caleidoscopio de situaciones interrelacionadas. Los modernos flujos informativos aceleran el cruce intergeneracional de códigos y símbolos. La televisión actualiza y transmite información a personas de diferentes edades, permitiendo la escenificación a domicilio de guerras, problemas económicos, conflictos, horrores y tragedias. También construye nuevas referencias y puntos de contacto entre realidades heterogéneas en los ámbitos territorial, cultural, lingüístico, generacional o de género.[72]

De todo lo expuesto, destaca la abigarrada configuración de experiencias sociales en el mundo contemporáneo, cuya comprensión requiere no sólo conocer elementos centrales de la teoría de la comunicación sino, además y necesariamente, que esta estructura conceptual se inscriba en una teoría de la sociedad. Los modernos medios de comunicación no son meros canales de flujo

[72] M. McLuhan y Q. Fiore, *op. cit.*, p. 122. En el marco señalado, McLuhan considera que ha terminado la etapa del público, entendida como la formación de un gran consenso entre diferentes puntos de vista, para dar paso a su sucesor: la audiencia de masas, concepto que alude a una nueva forma de interacción entre los actores del proceso de comunicación.

informativo, también implican formas de organización del tiempo social, relaciones de poder, son vehículos de organización del consenso y el conflicto, elementos de socialización, nuevas formas de interacción entre el mundo cotidiano y sistémico y entre los espacios públicos y privados.

De acuerdo con la atinada imagen de McLuhan, los cambios son tan rápidos que rebasan nuestra capacidad para interpretarlos, generando la sensación de que miramos el presente a través de un espejo retrovisor, afectando a las identidades tradicionales y provocando la pérdida de referentes que participan en la configuración del sentido de la vida.

Si McLuhan definió a *la media* como una extensión del hombre, actualmente, en muchos sentidos, la realidad se nos presenta como una extensión de los medios. Una prueba conspicua de lo anterior lo encontramos en la Tormenta del Desierto, donde el mundo entero se familiarizó con una visión selectiva de la guerra. Fueron transmitidas exclusivamente las imágenes autorizadas por el Pentágono, sin permitirse el conocimiento de otras filmaciones o de otros discursos. Lo que observamos fue una recreación, la puesta en escena de una realidad que posiblemente nunca conozcamos a profundidad. Sin embargo, las imágenes que reiteradamente fueron ofrecidas han sido elementos centrales (en muchos casos los únicos) en la construcción del punto de vista sobre el bombardeo a la población iraquí.

Cuando se habla de las llamadas sociedades posindustriales, se señala de manera reiterada que en ellas la electrónica ha modificado los lenguajes expresivos.[73] Se ha subrayado el papel de la imagen electrónica, considerándosele como un elemento que imprime dimensiones fantasmagóricas a la realidad, recreándola en imágenes escenificadas. La *escenificación audiovisual* es un concepto con el cual defino al proceso a través del cual los medios de comunicación audiovisual modernos resemantizan la realidad presentándola en marcos contextuales impuestos, ficticios o caprichosos (quizá tan sólo diferentes), que implican procesos de recreación de lo real. Éstas son escenificaciones a través de las cuales realidad y ficción participan en la preformatividad de la

[73] Anceschi Baudrillard *et al.*, *Videoculturas de fin de siglo*, Cátedra, Madrid, 1989.

vida social.[74] Para Renaud las recientes tecnologías de la imagen posibilitan la construcción de nuevas relaciones con lo visible, con la imagen que permite anticipar activamente lo real físico, reproducirlo y manipularlo mediante simulación interactiva.

Esto nos conduce a pensar en un concepto de *visión cultural*, que se construye a partir de la interacción entre imagen y estructura cultural. Esta relación permite la interpretación y decodificación del discurso visual, relativizando la fuerza omnímoda de mensajes que se insertan en códigos preconstruidos que posibilitan la selectividad, discriminación y oposición al discurso visual.

Jesús Martín Barbero profundiza la discusión de lo popular ubicándolo en el marco histórico de la conformación de lo masivo.[75] Identifica diversos campos de producción cultural para los sectores populares desde el siglo XVII que "media y separa las clases". Entre otras formas de producción cultural Barbero considera que la literatura de cordel permitió que las clases populares transitaran de lo oral a lo escrito y, con ello, de lo folclórico a lo popular. Otro de los cambios importantes se produjo con el desarrollo de lo popular urbano que construyó nuevos sentidos de lo popular conformado desde mestizajes y reapropiaciones.[76] Lo popular se redefine en el campo amplio de la cultura como proceso de producción de significaciones; es la revalorización de las articulaciones y mediaciones de la sociedad civil. Por lo tanto, lo

[74] Autores como Alain Renaud han considerado estos procesos como de desrealización de lo real. También ha destacado que la imagen se hace "imagerie" (producción de imágenes) dinámica y operacional que integra el sujeto en una situación de experimentación visual inédita. Alain Renaud, "Comprender la imagen hoy, nuevas imágenes, nuevo régimen de los visible, nuevo imaginario", en Anceschi Baudrillard *et al.*, *op. cit.*

[75] Jesús Martín Barbero, *De los medios a las mediaciones: comunicación, cultura y hegemonía*, G. G., Barcelona, 1987. Aquí Barbero analiza los "procesos de constitución de lo masivo desde las mediaciones y los sujetos", con lo cual alude a la específica vinculación de prácticas comunicativas y movimientos sociales. Martín Barbero destaca un proceso de cambio cultural en el que, sin ser originado por los medios, éstos participan de manera importante.

[76] Si las *imágenes* conformaron el libro de los pobres en la Edad Media, y el melodrama fue el espectáculo popular por excelencia desde finales del siglo XVIII en Francia, desde la segunda mitad del siglo XIX se producen cambios importantes señalados por Barbero, como la disolución del sistema tradicional de diferenciación social, la conformación de las masas en clase y el surgimiento de una nueva cultura de masa. Ejemplificando lo anterior, cita el desarrollo de la tecnologías de impresión y el nacimiento del folletín en 1830, al que considera el primer texto escrito en formato popular de masas. *Ibid.*, p. 116.

popular debe pensarse desde lo masivo y como proceso histórico, pues lo masivo se ha convertido en una nueva forma de socialidad, que implica nuevas formas de producción de la hegemonía.

Hemos cuestionado los esquemas de las teorías hipodérmicas, o los trabajos funcionalistas que reducían el campo de conocimiento a la experiencia específica, pues los consideramos procesos comunicativos que se conforman dentro de mundos de vida estructurados, mecanismos de decodificación del mensaje a partir de elementos situacionales y de preconstruidos culturales que orientan o influyen en la formación del sentido social, al mismo tiempo que son producidos por los imaginarios sociales.

Los modelos culturales se configuran a través de múltiples y complejos procesos de socialización y resocialización entre los cuales se encuentran los medios. Sin embargo, no debemos sobrevalorar la capacidad de los medios en la configuración de los modelos culturales, dada la profunda influencia que sobre ellos tienen los procesos íntimos de socialización en la familia, la escuela, el barrio, las acciones sociales. Lo anterior nos obliga a relativizar la capacidad de los medios y pensar en lecturas visuales mediadas por modelos culturales histórica y socialmente delimitados. Esta relativización permite evitar simplificaciones o determinaciones mecánicas al estilo de las que realiza Giovanni Bachelloni, quien subraya con énfasis el papel de la televisión en la ordenación del sentido de vida.[77]

Los medios audiovisuales son aparatos estructurados y estructuradores de hábitos y modelos culturales; son instrumentos privilegiados de transmisión de flujos informativos que atienden a audiencias masivas. Los medios audiovisuales y, especialmente la televisión, poseen connotaciones plurales entre las cuales destaca su papel como vehículo de diversión y entretenimiento, de des-realización de la realidad y espectacularización de la misma.

Cuestionamos el carácter lineal y determinista de las teorías hipodérmicas por subestimar la capacidad de decodificación del discurso; sin embargo, también debemos reconocer su relativa capacidad de generación de credibilidad a partir de la configuración de ámbitos culturales cuyos refrendos no son la "realidad

[77] Giovanni Bechelloni, "¿Televisión-espectáculo o televisión-narración?", en Ancenshi Baudrillard *et al.*, *op. cit.*

real", sino el propio espectáculo, y remite a dimensiones de lo real difícilmente contrastables con la experiencia cotidiana de las grandes audiencias.

La televisión satisface y participa en la producción de necesidades sociales. La televisión, el cine y el video también participan en la construcción del presentismo cultural contemporáneo. Su transmisión y reproducción inmediata han desbordado con mucho los referentes de Horkheimer, Adorno y Benjamin. Los medios audiovisuales participan en la delirante obsolescencia súbita que caracteriza a la vida contemporánea en la cual circulan modas, personajes, temas, noticias, guerras, etc., como parte de una fase amplia de frivolidad cultural y de escenificación de lo real, en la cual frecuentemente los hechos de la vida cotidiana no son verdaderos si carecen de repetición instantánea.

Esta situación configura la cualidad de los hechos factoides (semejantes a lo real) de los que habla Ugo Volli. Al mismo tiempo, los medios audiovisuales estrechan las dimensiones del mundo, permiten mayor frecuencia de contactos culturales y mayor intertextualidad entre imaginarios sociales y comunidades hermenéuticas. Lo anterior no necesariamente se traduce en una participación que apoye la dilución de las fronteras simbólicas, pues en muchos casos los medios participan en su fortalecimiento y mayor estereotipamiento. También participan en una fuerte fase de redefinición entre el mundo sistémico y el mundo cotidiano; es una nueva forma de inclusión de los ámbitos públicos en la esfera privada y, a través de ellos, se presenta una vinculación más estrecha entre los ámbitos genéricos y cotidianos.

Dentro de este proceso el video también juega un papel destacado en la medida en que profundiza el estrechamiento de los ámbitos de interacción, pues permite un mayor control sobre lo que se ve, tanto en la capacidad para seleccionar, como en las posibilidades de definir tiempos (a qué hora), escenarios (con quién y en dónde) y ritmos (se puede adelantar, regresar, detener, cambiar, reproducir). Pero al mismo tiempo, el video puede fungir como registro y constancia de participación social. Es parecido el papel que en otros tiempos tuvieron el corrido y la fotografía, y que ahora, mediante el manejo relativamente sencillo de una cámara de video, permite la captura y sacralización de estampas selectivas de la vida.

El mundo contemporáneo se caracteriza por una importancia creciente de los medios de comunicación en los ámbitos cotidianos y genéricos, así como en las esferas públicas y privadas, lo cual alude a una reorganización de los ámbitos de interacción social, donde los elementos sistémicos invaden los espacios íntimos mediante diferentes recursos pero, de manera destacada, mediante los medios de comunicación masiva que, conjuntamente con la redefinición de los usos de los espacios públicos y la diversificación de ofertas culturales lúdicas y recreativas, participan en la configuración de nuevas formas de estructuración de las interacciones humanas.

Algunos ámbitos de las sociedades contemporáneas presentan redefiniciones de los referentes simbólicos de sus identidades colectivas. Los elementos *modernizantes,* las industrias culturales y, particularmente, los medios de comunicación masiva, participan en los procesos de transformación de los imaginarios sociales, de escenificación de la realidad, de comercialización de las actividades lúdicas y culturales, y de reordenación de los referentes de la vida privada.

## Repensar lo popular

La definición de lo popular ha sido objeto de amplios debates principalmente referidos a la definición del concepto de *pueblo,* a la delimitación de sus umbrales con lo culto o elitista, o a la impugnación del concepto por su pretendido carácter homogeneizante de una amplia gama de expresiones culturales. La connotación relacional del concepto nos lleva a evitar alusiones esencialistas o meramente descriptivas y ubicar la discusión en el ámbito de relaciones donde se definen y redefinen los límites de adscripción/diferenciación entre los grupos populares y los dominantes u oficiales.

Consideramos como culturas populares la construcción de un ordenamiento y sentido socialmente significativo de los sectores sociales no dominantes o subalternos, independientemente del origen de los componentes simbólicos que participan en la configuración de ese orden significativo. Esto nos lleva a matizar posiciones que presentan de manera binaria las relaciones entre lo culto y lo oficial, pues consideramos que las demarcaciones de clase juegan un importante papel en la conformación de las fronteras porosas entre lo oficial y lo popular.

Las culturas populares remiten a ámbitos de interacción social donde se construye un sentido colectivo y se establecen identificaciones entre quienes conforman el grupo, así como diferenciaciones y exclusiones frente a los grupos oficiales y dominantes. Esta relación puede asumir características de resistencia y disputa con las culturas dominantes, pero también puede integrar aspectos comunes.

Los profundos cambios culturales de las últimas décadas obligan a repensar la relación entre culturas de masas y culturas populares. Tanto los procesos de globalización económica como el dinámico flujo de información a través de los medios de comunicación masiva y los desplazamientos humanos acelerados con el desarrollo de los medios de transporte permiten una más intensa circulación cultural transnacional, transregional y transclasista que se integra en matrices culturales diferenciadas. A partir de éstas se reproducen límites de adscripción grupal que permiten el reconocimiento de expresiones culturales estratificadas identificadas por Gramsci, aunque preferimos utilizar el concepto de expresiones culturales diferenciadas para evitar una falsa noción de estratos verticalmente segmentados.

Lo popular remite a una condición situacional que define prácticas socioculturales propias, apropiadas, negociadas o recreadas de los sectores subalternos. Las culturas populares cobran forma y sentido en redes de habituación social donde destacan aquellas referidas a los ámbitos de naturaleza íntima o cotidiana como la familia, el barrio y las redes de relaciones intensas (familiares y afectivas), que muchas veces se encuentran en disputa con los procesos de socialización institucionales u oficiales.

Plantear la discusión de las culturas populares a partir del análisis de formas específicas de configuración de un orden significativo, evita el camino pantanoso sobre el cual se construye la discusión en torno a las diferencias y los elementos culturales compartidos con las culturas oficiales. No es el recuento de bienes, prácticas o referentes simbólicos lo que define a lo popular, sino el sentido que el grupo les asigna en el marco de sus relaciones con los grupos dominantes u oficiales. Esto no necesariamente refiere a demarcaciones de disputa (como planteaba Bajtín), sino a una construcción de sentido distinta.

El debate sobre las culturas populares más allá de las dimensiones binarias y dicotomizantes, debe ubicarse dentro de procesos de integración, recreación, negociación, resistencia y disputa cultural, como elementos cotidianos de la específica configuración del orden social significativo que define a los modelos culturales; por lo tanto, el verdadero objeto de atención en el análisis de las culturas populares deben ser los ámbitos de interacción sociocultural y la definición de umbrales de adscripción/diferenciación que delimitan las identidades sociales. Lo popular implica una condición situacional definida por la adscripción social de las clases subalternas y una dimensión simbólica desde la cual se establecen límites de identificación/diferenciación con los elementos culturales de las clases dominantes.

Los albores del siglo XX presentaron una situación definida por amplios sectores depauperados, fuertes condiciones de miseria, migraciones a los polos urbanos, conflictos y revoluciones sociales, ejércitos de "pelados" o miserables urbanos, segregación social. La Revolución trastocó la vida social y propició un enorme incremento de migraciones campesinas hacia las ciudades, mientras que el proceso de urbanización generó la periferización de la miseria, condición que alude a la expulsión de los pobres a las orillas de las ciudades.

Estos movimientos expresaban una realidad marcada por la depauperación campesina; por el trastocamiento de formas tradicionales de organización del trabajo agrícola y la vida del campo; por la descomposición de las relaciones sociales agrícolas producidas por la penetración capitalista; por los fuertes procesos de proletarización o semiproletarización de los campesinos; por la expropiación o despojo de sus terrenos familiares y comunitarios; por la migración y sus consecuencias expresadas en una fuerte vulnerabilidad y desventaja de la población del campo que se trasladó a los centros urbanos donde enfrentó severas condiciones de pobreza, miseria, desempleo y subempleo, ausencia (o deficiencia) de servicios públicos y condiciones de vida insalubres. También aparecieron los primeros movimientos *urbanos* y nuevas formas de identificación social conformadas desde referentes distintos de las imágenes bucólicas tradicionales.

Contrariamente a lo pronosticado por diversos autores que sucumbieron ante las perspectivas evolucionistas conformadas con esquemáticas imágenes seductoras de desarrollo o globalización, las culturas populares no han desaparecido con las transformaciones económicas, la urbanización y la ampliación de los campos culturales globalizados, sino que muestran una importante capacidad de recreación y resistencia cultural.

Los cambios económicos y sociales presentados no tienen una correspondencia lineal con los que se producen en las representaciones colectivas, los imaginarios sociales o los procesos de identificación construidos por los grupos populares. No es sólo el peso fundamental de las tradiciones sino la incorporación de elementos simbólicos provenientes de las industrias culturales en complejas matrices identitarias donde adquieren nuevos sentido.

En las últimas décadas hemos visto fuertes transformaciones de conceptos fundamentales del proyecto nacional como son los de soberanía y autodeterminación, entre otros. Frente a esta situación, además de los procesos desencadenados por las industrias culturales y la agudización de dinámicas de globalización económica, simbólica e informática, los sectores populares incorporan nuevos elementos sin que necesariamente deban romper los umbrales de adscripción desde los cuales construyen y reproducen sus identidades.

# *Función corrida*
# *(El cine mexicano y la cultura popular urbana)*

Carlos Monsiváis

Hablar de las representaciones de la cultura popular en el cine mexicano equivale, en primera y última instancia, a hablar del cine mexicano. Son unas cuantas las excepciones evidentes: la vanguardia efímera y ejemplificada por *Dos monjes* de Juan Bustillo Oro, intento de cine expresionista, una parte considerable de la filmografía de Luis Buñuel, de *Los olvidados* a *El ángel exterminador,* el vanguardismo de 1965 a 1972, *La fórmula secreta* de Rubén Gámez, los filmes de Alejandro Jodorovski y Rafael Corkidi, el fallido cine intimista de clase media (el más rápidamente desaparecido de la memoria cinematográfica) y algunas cintas experimentales. El público de vanguardia en rigor no existe, y en su conjunto el cine mexicano de un periodo, la Época de Oro del cine mexicano, es cultura popular, porque unifica en sus espectadores la idea básica que tienen de sí mismos y de sus comunidades, y consolida actitudes, géneros de la canción, estilos del habla, lugares comunes del lirismo o la cursilería, las tradiciones a las que la tecnología alza en vilo, "a todo lo que permite la pantalla"; en suma, todo lo que un amplio número de casos termina por institucionalizarse en la vida cotidiana.

Según Emilio García Riera *(Breve historia del cine mexicano, primer siglo 1897-1997),* no hay dudas: "Suele hablarse de una época de oro del cine mexicano con más nostalgia que precisión cronológica. Si esa época existió, fue la de los años de la segunda Guerra Mundial: 1941 a 1945". Y las pruebas: entre 1941 y 1945 disminuye la exhibición de filmes norteamericanos y aumenta la de filmes mexicanos, hay nuevas compañías productoras, nuevos directores, nuevas figuras. Sin embargo, además del criterio de García Riera hay otro, un tanto ajeno a las consideraciones industriales que se desprende de homenajes, evocaciones y valoraciones, y que ve en la Época de Oro un convenio cultural en el más amplio sentido del término. Este criterio, en síntesis, define a la Época de Oro como: *a)* la etapa más brillante de la alianza entre la industria y la fe religiosa en la pantalla; *b)* el tiempo de la feliz integración entre dos comunidades: la de la pantalla y la de las butacas o el sillerío; *c)* los años donde la contigüidad psíquica y cultural entre una industria y sus frecuentadores da por resultado una "nación alternativa" sustentada en canciones, secuencias melodramáticas, sentido compartido del chiste y gozo ante una acústica en donde participan el habla y los ruidos callejeros. En rigor, y en última instancia, no se trata de la Época de Oro del cine sino de su público. Sumergidos en la oscuridad, los espectadores se sienten construyendo y compartiendo la unidad familiar, la valentía, la sensibilidad y la belleza o el atractivo de las estrellas.

## ¿A QUIÉN LE DAN PAN QUE LLORE Y RÍA AL MISMO TIEMPO?

Desde el principio, en pos de su estrategia de ampliación y retención del público, la industria fílmica quiere ser el gran espejo de logros, rituales, mitos, prejuicios, gustos, actitudes ante la fiesta y búsquedas de la esencia nacional del pueblo. Si el cine es por excelencia asunto de las masas, a la industria (productores, directores, argumentistas, actores, compositores, escenógrafos) le importa centralmente recrear, reflejar, adular o —las menos de las veces— criticar con discreción a su público y las costumbres en que está inmerso, y que las películas enriquezcan, modifiquen y afinen. Todo es cultura popular o tiene que ver con ella.

Elijo como Época de Oro la que va de 1932 (cuando se filma la primera película sonora, *Más fuerte que el deber)* a 1955, aproximadamente, cuando la industria deja de vincularse orgánicamente a su público. En ese periodo se producen algunas obras maestras, centenares de filmes valiosos o rescatables de modo fragmentario, con actores y atmósferas extraordinarios e informaciones valiosas y divertidas sobre modos de vida, estilos lingüísticos, actitudes nacionalistas, versiones del turismo interno, formas elevadas o degradadas de la cultura popular, ratificaciones y desintegraciones de la moral familiar. Todo esto en medio de un panorama de fracasos involuntarios y voluntarios, de exaltaciones del machismo y la intolerancia, de racismo interno y de elogio a la sabiduría de Dios que dividió eterna y justamente al mundo en pobres (que sufren porque así son más felices) y ricos (que son desdichados porque no tienen por qué sufrir). Este cine determina inexorablemente a su público, las masas reverentes o soliviantadas, convertidas en gran intérprete de las Pasiones y los Fatalismos de la Raza.

De alcances con frecuencia más sociológicos que artísticos, pero con logros artísticos que se reconocen paulatinamente, la industria fílmica se caracteriza, entre otros, por los siguientes rasgos:

— el azoro ante los poderes tecnológicos ("la rendición ante la magia" del nuevo medio);
— la conquista de la credibilidad y la credulidad, que requiere de idealizaciones de la provincia y el medio rural, de "satanizaciones" y glorificaciones visuales del medio urbano, y de elogio verbal a ultranza de la familia;
— la censura eclesiástica y de la derecha confesional que, además de volver atractivo lo que prohíbe por intercesión de la dinámica del morbo, obliga a la industria a manejar las dificultades para exhibir los encantos del "pecado". Si evita la madurez temática, la industria despliega los encantos de la fantasía;
— la unificación de tratamientos morales a que da lugar el pacto entre el Estado, la Iglesia católica y (los reflejos condicionados de) la Familia, y la diversificación a que obliga la necesidad de retener al público poniéndolo al día de las transformaciones sociales y desafiando y adulando su libertad de criterio;
— el atraso de grandes zonas del público, que no exigen con tal de seguir entendiendo lo que ven;
— la formación de imágenes comunitarias sorprendentemente eficaces y perdurables (el "cine de los pobres");
— el éxito en los países de habla hispana, y el fracaso internacional (excepciones: la primera etapa de Emilio Fernández *el Indio*, las películas de Buñuel a partir de *Los olvidados);*
— la indiferencia del Estado que entrega el cine a la iniciativa privada, previa seguridad de control en lo político;

— la fuerza de la cultura oral que se rehace en el cine junto con "el sonido de lo Mexicano rural y urbano";
— el analfabetismo real y/o funcional de mucha de su clientela que le impide, por ejemplo, seguir con la rapidez debida los subtítulos en español.

## "Cuando no había cámaras de cine, no sabíamos a dónde dirigir el rostro bañado en lágrimas"

En el siglo xx la cultura popular mexicana —urbana y rural— se transforma y se unifica hasta donde es posible gracias al cine, la radio, la industria disquera y la televisión. El cine influye sobremanera sea cual sea la definición adoptada de cultura popular, se trate de catálogos de gustos mayoritarios que prevalecen y permanecen, de prácticas institucionales de las comunidades, de calendarios de fiestas y rituales, de métodos de resistencia contra los poderes constituidos, del haz de costumbres, de tradiciones del humor, el apetito y la sensualidad, de la banalización de las realidades de clase, género y raza, o simplemente de aquello que es adoptado orgánicamente por un gran número de personas por demasiado tiempo. El proceso es muy complejo, y en el proceso de las colectividades interviene, paisaje inescapable y eje del determinismo político, la Revolución mexicana, el ámbito de hechos históricos, instituciones gubernamentales, versiones de la Historia, mitologías y formaciones autoritarias de las cuales la más importante es el Partido Revolucionario Institucional (PRI). Pero el gran estremecimiento de la cultura popular, desde mi perspectiva, su gran metamorfosis, se le debe a los medios electrónicos y muy en especial al cine.

Todavía en 1940 la cultura popular es mayoritariamente rural, de moldes religiosos muy estrictos, de gustos repetitivos que son por fuerza rituales iniciáticos y devociones terminales, de autoritarismo interiorizado a fondo. Pero el crecimiento de las ciudades, la erosión de las tradiciones y el ritmo de la industrialización, modifican los vínculos con risa y melodrama, y vigorizan la secularización, impulsada también por la tecnología, el desarrollo educativo, el crecimiento demográfico y los procesos culturales donde interviene la crítica al autoritarismo. En esto resulta incomparable el papel de la industria fílmica. Entre otras cosas, a ella se le deben:

— La imagen a fin de cuentas entrañable de *lo popular,* creación en donde interviene el origen social de casi todos los hacedores de la industria.
— La sensación de colectividad nacional, hasta entonces dependiente de la proyección estatal de la patriótica, de la Historia como experiencia familiar, de los sedimentos de la escuela primaria y secundaria y de la (difícil y escasa) relación con la política. El público se "nacionaliza" de nuevo y compulsivamente, en un proceso donde disminuye el énfasis en lo patriótico y se acrecienta el fervor nacionalista. Ya no se quiere dar la vida por México, sino acrecentar el júbilo por la condición de mexicano.
— La autocomplacencia del público que, si como suele suceder, es pobre, se sentirá partícipe de la hazaña de ver a los suyos como intérpretes centrales; si es sentimental se considerará sujeto y objeto de poesía o de lo que haga sus veces; si es prejuicioso se sentirá juicioso. Esta autocomplacencia, al teatralizar los impulsos, ayuda al cambio pacífico de tradiciones y comportamientos.
— La implantación del melodrama como técnica de relación intrafamiliar. Ideal para darle un sentido protagónico a las mujeres, víctimas predilectas de los climas del martirio y la ejecución, el melodrama es el género expiatorio con un fin inapelable: defender a la familia recordándole los peligros de lo secular: el adulterio, el menosprecio a la honra, la rebelión de los hijos, la compra y la seducción como trampas en donde demasiadas jóvenes extravían la vida, la mutación de hábitos que devasta la tradición o la sepulta en el ropero.

Y al repertorio de temas, personajes y situaciones, los circunscribe una certidumbre detallada. El público es así y no de otra manera. Venid aquí, madres deshechas por el llanto y rehechas por la autocompasión; prostitutas que aprovechan su agonía para obtener la redención a bajo precio; curas que dirigen vidas con técnicas de semáforos; padres severos que son embajadores de Dios en la sobremesa; policías buenos como el pan; gángsters que a hierro mueren por exigencias de la censura; familias que se desintegran porque nadie les informó a tiempo de la separación de almas y cuerpos; galanes y actores cómicos de simpatía auspiciada por su semejanza con los espectadores; rumberas que pervierten el cabaret con su vendaval lascivo; charros altaneros de rancho grande; revolucionarios que cavan su propia tumba sin fijarse en las medidas. Involuntariamente satírico, voluntariamente chistoso y sentimental, el repertorio de la cultura popular de 1920 a 1960 exhibe los rasgos positivos (ideales) y negativos (sancionados por la costumbre) de las comunidades que lo sustentan. Según ese cine, la manera de ser de los mexicanos es generosa, prejuiciada, violenta, tanto más emotiva cuanto menos pensante, resignada, racista hacia afuera y hacia adentro, beata y mocha, enemiga de las beatas y más liberal de lo que declara, genuflexa ante el señor amo y el señor licenciado, rebelde hasta donde se puede, creyente en el chiste memorizado y atenta a los estímulos humorísticos que los cómicos encarnan más allá de los muy pobres *scripts.*

## Al público lo que quiera, que al fin siempre va a querer lo mismo

En México como en cualquier país, la industria de Hollywood es el modelo inevitable. Si el *Star System* —el culto a los rostros y las personalidades excepcionales, la "divinización" de las primeras figuras— tarda en implantarse, desde un inicio se desea entretener sin pretensiones, reiterar procedimientos para crear hábitos. La imitación, además, es producto de la observación directa. En Hollywood se educan los utileros que serán directores, los extras que terminarán como productores, los desempleados a los que les basta una década para volverse primeras figuras en México. De Hollywood se importan los géneros, las convenciones estilísticas, el juego hipócrita con la censura, y el escamoteo predilecto: mediante el juego de imágenes contradecir los llamados al arrepentimiento, apostarle a las virtudes económicas del "escándalo" y diluir el "escándalo" con moralina. Y de Hollywood se copian, como se puede, las técnicas publicitarias, el uso del *suspense,* la manipulación de la música, el desdén por la calidad histriónica, la improvisación de directores y actores.

La empresa fundacional del cine mexicano es la "nacionalización" de Hollywood. Hay géneros intraducibles: la *screwball comedy*, el *thriller* y, en última instancia, el *western*. Y hay un género en lo básico autóctono, el melodrama, importantísimo, porque una tradición culminante de la cultura popular se funda en la técnica esencializadora: la catarsis. Por eso, a fines de la década de 1930 la industria define su estrategia: la mera imitación es suicida y es imposible. Sí, conviene acatar la práctica internacional: que semblantes, paisajes, tramas, modos de hablar y costumbres sean intensamente localistas, y que, en lo posible, la estructura de las películas derive de Hollywood. (En lo posible, con frecuencia, la improvisación desenfrenada desbarata cualquier asomo de estructura.) Pero en cuanto a los escenarios y los sonidos familiares, que no se abandone lo ya conocido, la mecánica de los chantajes sentimentales, de los esquemas repetidos hasta el fastidio y, casi por lo mismo, hasta el goce, de la escasez de recursos que es pobreza y cumplimiento de las expectativas de la gente. (En México, el lujo de las superproducciones suele ser cortesía de quienes no se inmutan si ven en pantalla castillos de cartón y multitudes de 15 personas.)

¿Es excesivo señalar las correspondencias entre industria cinematográfica y nacionalismo cultural? Si a este último se le define como invención de un orgullo que mediante la idealización ilumina con grandilocuencia temas, lenguajes, apariencias, escenarios, vestuarios, pasado histórico, proyectos colectivos, etcétera, se entenderá su fuerza. Si el chovinismo está por demás (el "Como México no hay dos" es, desde el comienzo, un chiste), aún se necesita inventar detalladamente una nación para pertenecer a ella con enjundia. Sin esa confianza *previa* en la nación, no se logra creer en la sociedad y sus individualidades.

El Mercado —entonces llamado la Taquilla— define el rumbo de la industria, descarta actores y actrices, hace de la repetición de estilos, temas y tratamientos su fortaleza inexpugnable, quiere introducir "de contrabando" las cargas sensuales, descarta la complejidad cultural, le hace caso a la censura. Sin embargo, en la Época de Oro el Mercado no es la determinación cuasi científica que procede con estudios del gusto por *age-groups* o con análisis de las tendencias dominantes según la época del año. Más sencillamente, es el registro del éxito en la ciudad de México, en la provincia y en el mundo de habla hispana, donde la afición a los filmes mexicanos se da desde *Allá en el Rancho Grande.*

¿Por qué calificar de "cultura popular" a muchísimos de los filmes de esos años y al conjunto de la cinematografía? Porque expresan, más que reflejan, las apetencias, las aficiones, el sentido del humor, la idea de sensualidad, las nociones de respeto y devoción, y, muy centralmente, la idea de familia y las prácticas de clase social, en un momento en que se valúa el comportamiento de clase. El público y cada uno de los espectadores son, junto a la industria, coautores de los ídolos, en la cercanía que convierte cada función de cine en una mezcla de mitin, fiesta del pueblo, terapia de grupo, referéndum sobre predilecciones y fobias. El público decide en un grado amplísimo lo que quiere ver y a quiénes y qué tratamiento de los géneros fílmicos desea seguir admirando.

En la definición de cultura popular no se aplica en esta etapa la "resistencia" de Abajo a las imposiciones de Arriba. Más bien, en la mayoría de los casos, se acepta Arriba, al principio a regañadientes, las decisiones de Abajo. En el cine mexicano, el criterio de *lo popular* no ofrece resistencia a las decisiones de Hollywood y sus hábitos de consumo. Lo que se hace es imitar y asimilar las modas y "nacionalizarlas", en plazo breve o desde el inicio. Pero si no se resiste, sí en una zona amplísima se subraya el homenaje a lo que va desapareciendo, y en este sentido la nostalgia juega un papel múltiple. Por un lado, elogia los valores que ya no funcionan; por otro, convierte al pasado tradicionalista en un museo. Si los costumbristas del siglo XIX están seguros de la desaparición inminente de lo que cronican, la industria fílmica está muy convencida de su táctica: al elogiar el pasado se asegura de que no vuelva; al estilizar las costumbres evanescentes las mitifica y acrecienta su valor cinematográfico. La mejor muestra de esta operación son las películas centradas en Joaquín Pardavé: *Ay qué tiempos, señor don Simón,* de Julio Bracho, y *México de mis recuerdos,* de Juan Bustillo Oro.

El nacionalismo cultural suele mantener una visión estereotipada de lo popular pero un elemento transtorna las visiones inmovilistas y éste es el impulso creativo de colectividades que, con regocijo y pena, viven la modernidad y la tradición como entidades simultáneas. Modernidad es el hecho mismo de la tecnología fílmica y los paisajes, las costumbres, las emociones y los sentimientos que contiene. En cada sesión de cine la tradición se aleja, sobre todo en sus versiones aislacionistas. Y el espíritu de las grandes festividades, esa sensación incomparable de unidad, se reproduce a escala doquiera que haya un proyector.

En la Época de Oro el cine es el vehículo más extraordinario de la modernización desigual y combinada que actualiza los gustos, las veneraciones y los prejuicios de su público. (Poner al día los prejuicios es acercarse sinuosamente a la tolerancia.) Entre 1935 y 1960 este cine, más que ningún otro instrumento cultural, "internacionaliza" a sus espectadores, trastoca la idea de *Mexicanidad* al difundir el nacionalismo como *show*, despide con grandilocuencia y duelo fingido las tradiciones ya inoperantes, y saluda con risas y regaños verbales a las que se inician.

## Del público como la nación que nos corresponde

El espectáculo del público en los galerones inmensos remite a la cita del antropólogo Marcel Maus:

> Los cuerpos se mueven todos al mismo vaivén, los rostros llevan todos la misma máscara y las voces producen el mismo grito. Al ver en todas las caras la imagen del deseo y al oír de todas las bocas la prueba de su certeza, cada uno se siente unido, sin resistencia posible, a la convicción común. La creencia se impone porque la sociedad gesticula, y ésta gesticula debido a la creencia. [Citado en *Los ejercicios del ver*, de Jesús Martín-Barbero y Germán Rey.]

El eje de la cultura popular que se desprende del cine se localiza sin duda en las comunidades en torno a una pantalla. Allí a diario y, más precisamente, los fines de semana, la unidad nacional se afianza, guiada por desgarramientos familiares, chistes, lenguajes corporales, primeros planos de las estrellas, convenciones de los géneros fílmicos que pasan a ser instituciones del imaginario colectivo. ¿Qué se obtiene de estas películas de ingenuidad exasperante en su mayoría, colmadas de ineptitud técnica (en especial de directores y "primeras figuras")? Se consigue demasiado, en parte porque la falta de exigencia crítica del público las redime, y convierte al cine durante un periodo largo, más que en arte o espectáculo, en el genuino esclarecimiento de la vida cotidiana, la explicación más entrañable del sentido ideal de sus vidas.

Entre 1930 y 1960 las salas de cine o los jacalones que hacen sus veces cumplen una doble función: son los clubes y casinos del pueblo o del barrio (los desahogaderos sentimentales de la ciudad), y son recintos de *la otra educación,* al alcance de la carcajada al unísono, de la solidaridad teatralizada, del encuentro sexual previo al coito o posterior al onanismo. Allí se prueba el ingenio, se aprovechan las complicidades de la oscuridad, se legaliza el faje, y todo bajo una divisa: ser los feligreses de la religión nueva. Hoy es imposible reconstruir la multitud de cometidos del cine de barrio o de pueblo, que propicia un sentido distinto de comunidad (válida por cinco horas, tres películas por un peso), y le aporta fantasías extraordinarias a los campesinos en vías de volverse parias urbanos, a las familias de clase media que representan el decoro vecinal, a los burócratas menores, a los muy machos, a las sufridas mujeres.

En el cine de barrio se adquiere lo que ayuda a vivir en la ciudad en expansión: el sentido de intimidad dentro de la multitud, la pertenencia al todo del que se es una porción divertida y relajienta. Cada fin de semana el individuo se suma con estrépito o se sustrae ocasionalmente a las reacciones del conjunto, esmera su ilusión de refinamiento y ve transcurrir ligues o noviazgos entre imágenes apenas vislumbradas, diálogos febriles y manos que suben y bajan, se estacionan, se aceleran, se indignan ante oposiciones virtuosas o rendiciones instantáneas.

Durante 40 años, el cine de barrio es el genuino "castillo de la pureza", la catarsis múltiple de la que gozan el solitario que sueña con la beldad inaccesible; el homosexual que venera los *close-ups* y se desquita de su aislamiento monopolizando el mensaje de lo "exótico"; la "palomilla brava" (ese antecedente discontinuo de los chavos banda) que ensaya sus ritos melancólicos y frenéticos; las familias que se unifican en los gustos, y en el amor a las causas perdidas, la primera de las cuales son ellos mismos.

*¡Chocolat's, muéganos, palomitas, marquesotas! ¡Hay palet's, palet's!* El vendedor emite sus pregones, y es la genuina voz de la tribu. Los olores se almacenan en el local y en la memoria, el piso resbaloso informa de concupiscencias, incontinencias y faltas de urba-

nidad. Y al irse la luz, al confundirse los rollos, al omitirse las escenas culminantes, emergen gritos de guerra y victoria. "¡Cácaro, luz! ¡Cácaro, deja la botella! ¡Cácaro, compórtate!"

En el cine se aprende y, en buena medida, se genera el nuevo lenguaje de la vida urbana. La modernización es superficial, pero estos barnices ayudan a entenderse con cambios trascendentes que afectan a las clases populares. Y lo obtenido en esta etapa de creación, casi conjunta, de una industria y su público, al combinarse con el impulso correspondiente en la música popular, el teatro de revista y la radio, dan por resultado la tradición de la cultura popular urbana en el México del siglo XX.

## "NO SUFRAS TANTO, GUADALUPE, QUE APENAS COMIENZA LA PELÍCULA"

Es usual calificar a buen número de los productos de la Época de Oro de *costumbristas.* Lo son en alguna medida, al inventariar parcialmente lo que está sucediendo, y al darle a las prácticas y rutinas de lo popular la condición de fijeza que no necesariamente tenían antes del cine. Varios fenómenos coinciden en un lapso breve de tiempo:

— Con el estallido demográfico y con la revolución tecnológica, viene a menos la cultura oral en su dimensión más imaginativa, de aliento a la fantasía y a las tradiciones perpetuadas a la luz de las reuniones. Y mucho de esta cultura comienza a ser reelaboración de las películas, un tanto en la índole de los diálogos de los dos presos en *El beso de la mujer araña* de Manuel Puig. Walter Ong, el gran especialista en oralidad, describe las similitudes y las diferencias entre *la oralidad primaria* de las sociedades preliterarias y *la oralidad secundaria,* generada por los medios electrónicos en las sociedades literarias.

— Las migraciones del campo a la ciudad recomponen el país y, para asimilar el *shock* migratorio, los migrantes sólo cuentan con el cine y la música popular. En gran medida, la asistencia al cine es una gran técnica de adaptación al nuevo hábitat.

— El melodrama, antes de la fragmentación televisiva, depende en altísimo grado de la palabra y de la educación literaria de sus autores. Por eso, el melodrama fílmico de la Época de Oro es la escuela de gestos y de frases líricas (del nivel que sea) de las comunidades que luego, al introducirse el tremendismo, verán reducir su lenguaje. En el cine, en el teatro, en la canción, en la radio, el melodrama es el gran diccionario de oyentes y espectadores. Lo que allí se escucha en algo compensa por lo que no se ha leído.

En el periodo 1930-1960, mientras se desintegran muchísimos de los lazos locales y regionales, la cultura popular urbana se convierte en el gran elemento cohesionador de la sociedad. Y allí el cine es determinante. (Recuérdese el símil de Roland Barthes: "La ideología es el cine de la sociedad".) Así, aunque el cine no organiza la resistencia, la cultura popular en su conjunto sí es una respuesta a la modernización y el capitalismo salvaje. El mensaje ideológico es muy sencillo: los valores comunitarios (ética, gustos, relativismo moral) nos preservan al arraigarnos en nuestra zona de satisfactores y esperanzas. Y resistir es, de acuerdo con nuestras posibilidades, poner al día los valores comunitarios, modernizarlos.

La ensayista Jean Franco, en un trabajo brillante, "La globalización y la crisis de lo popular", sintetiza el proceso:

> Antes "lo popular" fue un indicador de la diferencia latinoamericana, una diferencia que según la clase más cercana a la metrópolis se determinaba por la *distancia* de la metrópolis y que se percibía como el fundamento de la categoría de nación, ya fuera el gancho independiente o la población rural auténtica. Pero la cultura popular servía igualmente como indicador de subdesarrollo; era pre-Ilustración, pre-alfabetismo, era tradición como lo opuesto a progreso, atraso como lo opuesto a modernidad, y *malandrage,* chote o relajo como lo opuesto a ética del trabajo.

El cine es el puente entre las dos concepciones. En el fondo de la Época de Oro se moviliza el cúmulo de presiones y pulsiones que desembocan a los pies del tótem de la modernidad. El cine, en todas partes, es vanguardia de las modernizaciones, y lo es aún más en países periféricos donde promueve la tradición inminente o instantánea, las costumbres y las mentalidades que, especialmente si son norteamericanas, terminan imponiéndose. Y el cine promueve por doquier la mitología de la cohesión indispensable ante las devastaciones de la modernización. Esto se advierte en los Estados Unidos con cineastas de la categoría de John Ford y Frank Capra, y en México con los melodramas de, entre otros, Emilio Fernández *el Indio,* Ismael Rodríguez y Alejandro Galindo. A este cine se le acusa de populista y de sensiblero. Puede serlo, pero es también el método de vigorización, uno de los últimos, de la conciencia comunitaria y logra películas magníficas.

La fortaleza de la Época de Oro se debe a la unidad profunda que suscita. No admite en su público divisiones de edad, género, clase social, estratos culturales. Para lograr ese indestructible lazo común, recurre a una estratagema: situar a la Familia no como la célula básica de la sociedad, sino como la sociedad entera. Una tras otra, las películas, aun aceptando su destrucción ocasional, elogian a la Familia que todo lo contiene: amor, recelo, enfrentamientos, lealtades, traiciones. Fuera de la Familia comienza lo insondable: la calle, las reyertas, la soledad, lo desconocido. La filmografía de Fernando Soler, Joaquín Pardavé, Pedro Infante, David Silva, Sara García, Marga López, Pedro Armendáriz, Gloria Marín, gira en torno a la Familia. Aun las excepciones —la filmografía de María Félix, parte de la filmografía de Dolores del Río, el cine de rumberas— alaban en su aparente heterodoxia a la Familia, negada por aquellas que, al final, siempre buscan volver. Y la Pareja es en todas las ocasiones un proyecto de gran Familia.

### "No me mire así, jefecita, que voy a creer que se va al cielo creyéndome un desagradecido"

¿Qué le aporta el cine a las tradiciones del machismo y el patriarcado, indiscutibles en la primera mitad del siglo xx? Si en el cine mudo la Mujer es el rostro sacralizable y la exasperación dócil y docilizable, en el cine sonoro la Mujer, arquetipo y estereotipo, es la depositaria de la veneración abstracta y el desprecio, intimida y es intimidable, y se sitúa en sus nichos: el sufrimiento, la coquetería, la revancha, el placer, la frivolidad, la inconsciencia. No obstante lo anterior, y a pesar de lo imperioso del machismo, los cambios son profundos, porque las imágenes trascienden necesariamente a los códigos del tradicionalismo.

El cine mexicano se funda en un apotegma: de la matriz de la Mujer surge la Raza, y el desenvolvimiento de la Raza es asunto exclusivo del Hombre. Sin embargo, atenerse a los credos del patriarcado no le resuelve al Público su ansiedad predominante: ver incrementados y ratificados sus vínculos con la modernidad. Y eso explica las mutaciones de la imagen femenina, en consonancia lejana y cercana con los cambios sociales. Las mujeres participan más activamente en la economía, ingresan crecientemente a la educación media y superior, obtienen las libertades que propician las grandes urbes. Por consiguiente, y de manera simultánea, las mujeres van desprendiendo del cine los impulsos de autonomía que se inician con su lugar predominante en la pantalla.

La correspondencia entre modernidad y patriarcado no es mecánica, y durante un tiempo sólo las quejas de los tradicionalistas dan noticia de los avances: "Ya nada es como antes, no hay temor de Dios ni respeto a las buenas costumbres". Y desde luego figuras de la singularidad de María Félix y Ninón Sevilla, no son expresión directa de realidades sociales, sino en todo caso el aura mítica a procesos de enorme complejidad.

## MORAL Y CULTURA POPULAR: "VETE Y NO PEQUES MÁS PORQUE ME EXCITAS"

Para disminuir sus provocaciones y a modo de compensación, la industria fílmica recomienda explícitamente el aplastamiento del instinto y la servidumbre moral. (Una gran excepción en los años treinta: *La mujer del puerto,* de Arcadi Boytler, centrada en el incesto y en la imagen de la prostituta como culminación de la elegancia.) También explícitamente aunque prescindiendo de lo verbal, la industria va sexualizando su mensaje.

En el cine, la moral tradicional (dogmatismo religioso y sometimiento al patriarcado) pierde el gran elemento conminatorio de su dominio en el teatro: la contigüidad física de actores y espectadores. El *close-up* exalta a las pecadoras y los movimientos de las "pecadoras" ridiculizan a los paladines de la moral. Mientras la palabra (los imposibles diálogos y monólogos de la virtud) interpreta a la sociedad ofendida, la cámara hace las veces del otro interlocutor, más persuasivo. Esto no ahorra la obviedad (según como se fotografíe a un rostro desencajado, se sabe si lo que sigue es el perdón o la condena), pero sí le da entrada a las apetencias eróticas. Por un lado, un levantamiento de cejas o una inflexión de la voz transmiten el sometimiento desgarrado a "la voluntad de Dios", idéntica en todo al "destino ciego" y la insolencia patriarcal; por otro, mientras la pecadora se arrodilla o el pecador se arrepiente, los espectadores, más feligreses que cinéfilos, y al margen de su predicamento moral, siguen deseándolos y admirándolos porque para ellos los rostros y los cuerpos en la pantalla no encierran ideas sino, y de allí su carácter relevante, comportamientos.

El cine pacta con la Familia en las Butacas: ensalzaré las convicciones que dices tener si aceptas medir todos los actos en tu vida con los criterios de la intensidad o la falta de intensidad cinematográficas. Al cabo de unos años, las convicciones se diluyen o se vuelven relativas, las imágenes anulan las certidumbres teóricas y lo que se aplaude refuta a lo creído previamente. ¿Qué vale más: la liturgia fílmica o la prédica? Una procesión deslumbra; la escenificación de la ortodoxia familiar deprime. Ni el vértigo del montaje ni el *Star System* admiten por mucho tiempo el sermoneo, y un regaño que dure más de un minuto es inadmisible. Transmitidos por la tecnología, las recomendaciones y los reproches ancestrales se modifican: en la oscuridad se disuelve el reproche facial de los espectadores, la pantalla agiganta los ofrecimientos del Pecado. En la Época de Oro del cine mexicano las letanías del regaño se abrevian y lo que para una generación son "catástrofes del alma" (la vileza sin nombre de la prostitución, la tragedia del adulterio y el terremoto de la pérdida de la virginidad), para la siguiente resultan episodios humorísticos.

## No te me muevas, paisaje, que así no vuelve a mi casa

En la cultura popular urbana, el cine es influencia definitiva, "universidad de creencias y costumbres". De hecho, más que a ningún otro medio, al cine se le debe la visión de conjunto del país, y lo que se tenga de conciencia internacional. En este proceso, la industria del cine se concentra en una imagen de su público que es sustancialmente un autorretrato de sus hacedores. La industria le da por su lado a su audiencia, la halaga en su afición mórbida por el melodrama, alimenta sus prejuicios... y la va modificando insensiblemente. A su clientela, el cine, de ninguna manera considerado un "arte", la provee del estímulo fundamental: la garantía del acercamiento divertido o llorosamente divertido a las imágenes del mundo.

El primer encontronazo es con la tecnología. De alguna manera, el pasmo ante las "maravillas de la técnica" es la definición nacional de las limitaciones. Con el paso del cine mudo al cine sonoro se aclara la intuición: lo que sucede en pantalla es la realidad más real. No nos rechaza, nos permite la identificación instantánea, se dirige en primera instancia a nosotros, nos hace compartir su idea de nación, familia y sociedad (hasta cierto punto la televisión hereda esta indistinción entre producto tecnológico y realidad, pero con el distanciamiento de los comerciales, que se intensifica con el *zapping* o monitoreo).

Se va al cine no para reafirmar las certezas tradicionales, sino por lo opuesto: a vislumbrar lo que vendrá irremisiblemente, los estilos de vida que al principio amedrentan y luego fascinan, las transgresiones que vuelven irreconocible al país devoto del patriarcado y temeroso de Dios. En la Época de Oro el cine construye a su público elaborando como visión utópica la perspectiva cotidiana: "El paraíso al que puedes llegar está en tu vecindad", y las películas se hacen cargo de la urgencia de los espectadores: oír su habla con entusiasmo y contemplar transfigurados sus paisajes y sus situaciones (a sus horas y ya con cierto humor). Lo principal es ratificar las certezas: sigue vigilada tu propiedad (así no exista), tu lenguaje y tu trato son tan graciosos y afortunados como los de tus padres y tus abuelos, y tu visión del mundo es tan incandescente que una cinematografía le dedica película tras película.

### Atmósferas: las zonas (casi) sagradas

Éstos son algunos escenarios básicos de la "nación alternativa":

— *El cabaret,* infierno moral y cielo sensorial, donde se normaliza "lo prohibido" y —por vía de los estilos vocales— se convierte a canciones levemente heterodoxas en himnos a la disipación, mientras las orquestas tropicales manan el sonido libidinal que luego será arte popular.

— *El salón de baile,* el "ágora ateniense de Tenochtitlan", el espacio por excelencia de la relevancia social de los pobres.

— *La cantina* (de preferencia rural) como la experiencia límite, uno de los tres grandes recintos del dolor (los otros: los templos umbríos y las recámaras en penumbras). En la cantina se forja el temple viril y se fragua el derrumbe psíquico, se toman las decisiones fatales y las canciones devienen edictos de la autodestrucción.

— *La Historia Patria,* fiesta de disfraces y alegatos conmovedores recitados con abulia.

— *El campo (el paisaje idílico, el vivac, la serenata),* la gran escenografía en donde son indistinguibles el primitivismo y la pureza.

— *La Fiesta Mexicana,* con aluvión de charros y chinas poblanas, de mariachis y tríos, de hembras bravías y gallos de pelea.

— *La-fantasía-a-lo-Broadway,* donde, por ejemplo, la desmesura se despreocupa de la fidelidad histórica, se americaniza y anticipa el auge de la danza folclórica.

— *La hacienda,* la visión idílica del latifundismo, el elogio a la sumisión de mujeres y peones.

— *La calle de las prostitutas,* en donde por encima de la desolación impera el descubrimiento de las ofertas citadinas.

— *El prostíbulo,* donde las almas nobles se enfangan con tal de añorar la inocencia.

— *La vecindad,* como la sociedad al alcance de los pobres, que se concreta por la intercesión de los géneros corales: el melodrama donde el barrio es la fatalidad, y la comedia, donde el barrio es el principio y el fin.

— *La pareja en la cama,* la confesión desgarrada de pudor que inhibe el voyeurismo del público.

— *Xochimilco,* el paraíso perdido. *Jalisco:* el paraíso que defiende con elocuencia varonil su identidad.

— *La hacienda del "gótico mexicano",* la secularización del Más Allá que se expresa con vampiros, momias aztecas, hombres lobos, sacerdotes del culto a Huitzilopochtli.

— *El ring,* metáfora de la lucha por la vida (más bien a la inversa).
— *La capilla, el curato, el confesionario:* el mundo entendido a través de la voz baja, las prohibiciones totales como privilegio de la mirada en el piso.

## Género culminante: la comedia ranchera

El invento que instala al cine mexicano en la cultura popular es la comedia ranchera. En 1936 Fernando de Fuentes dirige *Allá en el Rancho Grande,* con fotografía de Gabriel Figueroa, intervenciones protagónicas de Tito Guízar y Esther Fernández, actuaciones de Emma Roldán y Carlos López *Chaflán.* La trama es simplísima: la vida en una hacienda "típica" entre 1920 y 1935. El hijo del patrón, el hijo del caporal y una niña huérfana crecen juntos, inseparables. Luego la diferencia de clases los separa y la nobleza del alma rural los hermana de nuevo. A eso agrégase la sombra malévola de una alcahueta, el duelo de canciones, el desafío por el honor personal y familiar, la carrera de caballos, la aclaración del enredo y el final feliz. En este conjunto elemental el cine mexicano localiza su destino y su porvenir, no radicado en la eficiencia técnica o artística sino en el candor de la trama. (Un rasgo del cine mexicano es el nivel educativo que los productores le atribuyen fatalmente a los espectadores.)

*Allá en el Rancho Grande* lo idealiza todo: la pureza de las doncellas, el carácter campesino, la bondad del hacendado, el ánimo perpetuo de fiesta, las ventajas de no enterarse siquiera de los encantos de la modernidad. Y en *Allá en el Rancho Grande,* los personajes, las canciones, la Fiesta del Rancho y las bondades esenciales de lo rural, conquistan a un público en México y, de manera importante, en el resto de América Latina. El género de la comedia ranchera se expande, produce dos figuras de resonancias extraordinarias (Jorge Negrete y Pedro Infante), y prodiga comedias o dramas cuyo eje es la evocación del tema por excelencia del cine mexicano, el Paraíso Perdido, situados en la época abstracta donde los hombres eran estrictamente hombres, y las mujeres definitivamente hembras, en medio de un paisaje que alterna o combina la violencia teatralizada y la dicha, el Nirvana acompañado por una guitarra.

Gracias a la comedia ranchera, y con rapidez, los espectadores en México y en América Latina desatienden lo ideológico, entusiasmados ante el candor de la inocencia perfecta. En 1936, pese al empuje del nacionalismo revolucionario, a pocos les afecta la indiferencia del cine ante la desigualdad. Se habla de lucha de clases y las masas desfilan en las calles, pero no acongoja la presencia de los prejuicios clasistas y racistas. A un público de ingenuidad profesional la comedia ranchera le ofrece arquetipos y estereotipos, nociones divertidas de la vida campirana, un esquema "romántico" y frases memorizables que compendian estilos de vida.

## Mitos: las transfiguraciones de la pantalla

En el cine mexicano el mito es la conversión del estereotipo en arquetipo, algo indispensable para un público formado en la comprensión personalizada *al extremo* de la política, la historia y la sociedad. Para consolidarse, el cine mexicano requiere de los mitos (Jorge Negrete, Dolores del Río, Pedro Armendáriz, María Félix, Mario Moreno *Cantinflas*, Joaquín Pardavé, Pedro Infante, Arturo de Córdova, Germán Valdés *Tin Tan*, Ninón Sevilla) y del traslado a la pantalla de seres y situaciones cotidianos. De tanto repetirse, los estereotipos se vuelven personajes hogareños. A la cuarta película, los intérpretes Sara García y Fernando Soler son ya los vecinos o los parientes irremplazables o incluso los padres o los abuelos de los espectadores. Y la eficacia interpretativa se arma al integrarse la figura conocida y el estereotipo.

Afirma el crítico norteamericano Gilbert Seldes:

> Si uno ha creído que los cultos y las idealizaciones populares son expresiones aisladas de una clase especialmente estúpida, será inevitable el enfoque satírico… Pero si uno toma esos cultos y movimientos como anormalidades estrechamente ligadas a la vida normal, parte de la existencia ininterrumpida de la nación, uno necesitará tan sólo describirlos y ponerlos en su verdadera perspectiva.

La estética del cine mexicano se funda en su semejanza con la vida ideal de sus espectadores, la costumbre suele ser el otro nombre de la belleza y las imágenes redescubren el punto de vista entrañable sobre los paisajes circundantes.

## Los mitos: Pedro Infante. "Cariño que Dios me ha dado para quererte"

A la industria le sirven magníficamente los arquetipos: la Sufrida Mujer, la Prostituta de Corazón de Oro, el Macho Generoso, el Hombre Primitivo que aspira a la Justicia, el Héroe Cómico que Nunca Abandonará su Sitio Social. De todos, el de mayor persistencia y arraigo es Pedro Infante, figura no susceptible de exportación, el Hijo del Pueblo que, nutrido de localismo, hace de sus limitaciones la virtud que corona las demás: solidaridad, apostura, entrega, arrojo, simpatía, buena voz, dones urbanos y rurales. Si Infante encarna con tal naturalidad a un perdedor es, entre otras cosas, porque desde las butacas no suelen contemplarlo vencedores. Resultado del propósito de elegir símbolos e interlocutores del pueblo, Infante, al principio, es el Macho desbordante de simpatía que cautiva y deslumbra con canciones y actitudes. Hoy es una suerte de museo dinámico del México que desaparece, y representa el país donde la gente vivía sentimientos que sus antepasados hubiesen identificado con facilidad.

## Lugar común: el cine, elemento de unión nacional

Un Estado laico, un proceso de secularización que le quita el centro del escenario a la institución religiosa (sin tocar los sentimientos religiosos), un cine que enlaza las convicciones profundas del auditorio con las imposiciones de la modernidad. El Estado fuerte es dueño de la educación formal y las claves de interpretación de política, economía, sociedad. Sólo deja fuera, para quien se interese, la vida cotidiana. De las esperanzas ultraterrenas se encarga la Iglesia; de las ilusiones terrenales el cine, la radio, la industria del disco, los comics y, luego, la televisión. Repartición de labores: el control de la conducta del pueblo (el trabajo y la política) es asunto del Estado; el sentido final de la vida (lo que le pasa al pueblo cuando se muere) es privilegio de la religión; lo que hace el pueblo en sus "horas libres" le toca a la industria cultural.

El cine resulta decisivo en la integración nacional, al mediar entre el Estado todopoderoso y las masas sin tradición democrática, cohesionadas por la educación sentimental. Si no hay democracia, que fluyan risas y lágrimas. Si la buena sociedad excluye a los espectadores, que el cine, la radio, las historietas forjen una sociedad que los acepte. Si no hay hábitos de lectura, que se derramen los reflejos condicionados del espectáculo.

Un público que no viaja, iletrado o lector dificultoso, no le encomienda a las películas norteamericanas la escenificación de sus experiencias más profundas; que amplíe y modernice sus fantasías, sí, pero que no toque sus vivencias básicas. Prefiere que su cinematografía le allegue lo insustituible: los *giros* del idioma, los *sets* de la pobreza, los-rostros-como-espejos, las delicias del melodrama, los paisajes poéticos al alcance de sus recursos turísticos, la música que lo acompaña el día entero.

La tierra firme del cine mexicano es una idea implícita y explícita: *la Nación* prolonga a *la Familia,* la Familia anticipa a la Nación, es su representación más cierta. El nacionalismo y la ideología familiarista son reales y calumniosos, falsos y genuinos, estimulantes y opresivos. Expresan a un Estado autocrático y se explican por la debilidad política y social de una mayoría que acepta todo lo que la unifica y es capaz de transformar en cultura gozosa lo que se le ofrece con gran descuido.

## Atmósfera: la Revolución mexicana

Un recurso de la industria: la compasión teatral del "civilizado" por el "primitivo". Los espectadores, sin considerarse alojados en el "primitivismo", se identifican con lo rechazado o lo observado conmiserativamente. A eso se agrega una convicción nunca expresada del modo siguiente pero implantada por doquier: en el siglo XIX mexicano las figuras de la Historia son de hecho los únicos protagonistas de la cultura popular o, como se decía entonces, del folclor: Hidalgo, Morelos, Santa Anna, Guerrero, Iturbide, Juárez, Maximiliano, Miramón, Porfirio Díaz. Héroes o villanos son lo que se tiene en el repertorio de las comparaciones diarias y los rumores. En el siglo XX, al lado de los gigantes de la Historia (Madero, Zapata, Villa, Carranza, Obregón, Calles, Cárdenas), están algunas figuras del deporte y los ídolos cinematográficos. Y para entenderse más fluidamente con la Historia del siglo XX conviene incrustar a la Revolución mexicana en paisajes del cine.

Se inventan sin escrúpulo los acontecimientos en los campos de batalla entre 1910 y 1917, las cargas de caballería, las tomas de ciudades, la bravura ante el pelotón de fusilamiento, el arrojo de las soldaderas y las coronelas, la gallardía de los generales enfrentados al ejército federal de Huerta. La Revolución aún es rentable, qué agasajo visual esa conjunción de polvo y sangre, de cuerpos que se desploman y gritos de triunfo, de trenes villistas y adioses porfiristas. So pretexto de rendirle tributo a la épica del pueblo en armas, la industria fílmica celebra el machismo, "adecenta" y extrema el pintoresquismo del pasado y convierte a un levantamiento portentoso en paisaje de *western.*

La cultura popular se nutre de estas versiones melodramáticas y acepta el trueque, donde hubo el movimiento social más intenso se levanta el desfile espectacular. Esto no sucede al principio, con las obras maestras de Fernando de Fuentes *(El compadre Mendoza, Vámonos con Pancho Villa)* y de Emilio Fernández *el Indio (Flor Silvestre),* pero pronto la industria se rinde a la evidencia: lo que interesa no es la fidelidad histórica, sino la cercanía de la Revolución con el cine.

El gran apoyo del escamoteo es un personaje: Pancho Villa; son obvias las razones: no es sacralizable, en él —se investigue lo que se investigue— son indistinguibles leyenda y verdad, no funda instituciones como Carranza, no estabiliza como Obregón y Calles, no es mártir puro como Zapata. Por si fuera poco, invade Columbus en Estados Unidos, llora en los entierros, manda fusilar primero y averiguar después, suscita el fanatismo en su tropa, posee un nombre sonoro, fue bandolero social, concentra por figura y desplantes la atención mundial. Gracias a Villa y al villismo, el cine usa a la Revolución mexicana sin comprometerse en lo mínimo con una perspectiva ideológica. Y el público dispone de una referencia extraordinaria.

## Atmósferas: la pobreza

El cine mexicano hace de la pobreza su razón de ser. No por razones políticas sino escenográficas y presupuestales. Si es inútil competir con Hollywood, no importan torpezas de argumentistas y "Estrellas", fallas de estructura del guión, derroche de improvisación, etcétera. De tal escasez surge una estética ardorosamente vivida por millones de espectadores en México y en América Latina. La pobreza de los escenarios los acerca al cine y suspende cualquier intimidación cultural o social. Voluntaria o involuntariamente, el cine mexicano copia las estructuras de Hollywood pero sin posibilidad alguna de superproducciones. Que se note la falta de escenarios majestuosos. Ni tenemos ni podemos disponer de un Griffith o un Cecil B. de Mille, de miles de extras o de la escenografía babilónica de *Intolerancia.* Nos corresponde imitar ("nacionalizar") géneros, formatos, técnicas de presentación de las primeras figuras, tramas inolvidables. La verdad está en la repetición: a fuerza de ver los mismos *sets* y los mismos rostros, el espectador los declara genuinos: nos han sido leales, han permanecido al cabo del desfile de tramas y situaciones, han sobrevivido a los desastres artísticos. La repetición conmueve, y al reiterarse los tres o cuatro argumentos básicos, los espectadores localizan su identidad memorizando sus propias reacciones. "Lloro porque soy sentimental; me indigno porque soy muy hombre; río porque de lo mismo ya me he reído antes." La estrategia de la circularidad engendra confianza. Lo que no varía es digno de crédito, es *espectáculo para familias,* y en la expresión *espectáculo para familias* culmina un "juego de espejos": la familia mexicana ve en el cine el reflejo de su eterna unidad y la industria da por descontada la inmovilidad de la familia, atada a sus semejanzas con lo que pasa en la pantalla. Ni siquiera deshace el ensueño la convicción de que el cine es la vanguardia obligatoria de la época. Sólo el auge de la televisión independiza al cine de sus cuidados hogareños.

## Mitos: María Félix y Dolores del Río

La belleza cruel y la belleza irreprochable. La mujer que exige su lugar de honor (y deshonor) y el sometimiento que encumbra la figura. La devoradora y el ave del paraíso. Doña Bárbara y María Candelaria. Si Dolores del Río es la fragilidad que hace de la belleza su fortaleza invencible, María Félix es la hembra que se vuelve macho para sobrevivir y humillar a las demás mujeres, las que no son hermosas, las carentes de personalidad, las incapaces de manejar el látigo. Ambas definiciones de la mujer hermosa ocultan y posponen a todas las demás.

De Dolores del Río y María Félix atrae el carácter irrepetible de sus figuras y de sus facciones, y su cualidad de estrellas de una época donde el cine magnifica y encauza un ánimo religioso. En el siglo formalmente laico, el cine representa una persistencia mística, la adoración de vírgenes y santos, la transformación catedralicia de héroes y heroínas, la canonización de la Pareja, la asunción y resurrección del Rostro, la piedad para cortesanas y bufones, el estremecimiento beatífico ante la presencia del mal y del horror que, desde las butacas, se revelan como Milagros Travestidos, las Apariciones de Nuestra Señora Sedienta de Sangre. "We had faces then", aclara con orgullo la diva del cine mudo Norma Desmond (Gloria Swason) en *Sunset Boulevard* de Billy Wilder, la película que marca la transición de Hollywood de Iglesia onírica a pasión cultural. Sí que disponían de rostros entonces, concedidos por la naturaleza, recreados en los estudios, mantenidos por el esfuerzo sacrificial de las propietarias... y por un conjunto de maquillistas, modistas, iluminadores, fotógrafos, los expertos en el trasvasamiento de luces y sombras, en la técnica que le otorga al *close-up* el don de liberar y exigir nuestro candor. Dolores y María son las mujeres más bellas de este siglo mexicano, y la *belleza,* aquí, es término que mezcla la hermosura evidente, y el arte de la apariencia y la voluntad. Ninguna nativa ha sido tan definitiva (e irreal) como Dolores del Río en *Flor Silvestre.* Ningún cacique ha trasladado el tono imperioso a las facciones como María Félix en *Doña Bárbara.* María y Dolores son deslumbramientos transformados en ideas; son ideas que nos persiguen como deslumbramientos.

## ATMÓSFERAS: LA COMICIDAD

En el cine mexicano, un cómico necesita:

— Pertenecer desde el aspecto a las clases bajas y expresarlas verbal y socialmente, ser simpático pero obediente, lascivo pero dominante, pícaro pero honesto. Si por características de formación actoral y por temperamento el cómico —el caso paradigmático de Joaquín Pardavé— interpreta a gente de la burguesía o de las clases medias, debe ser anacrónico a todas luces. Sólo en los años sesenta, ya transcurrida la Época de Oro, aparece un galán cómico, Mauricio Garcés, ostensiblemente de clase media.

— Representar no el conflicto de clases sino las limitaciones de los desposeídos, su timidez o su falsa arrogancia o su mitomanía. Lo principal es convertir el rencor social en folclor obsequioso, hacer del humor una técnica que amortigüe impulsos rebeldes o levantiscos. Esto sin embargo no se logra.

— Vivir los conflictos amorosos de modo que se vea en la comicidad una prolongación del sentimiento. El chiste es un paréntesis de la emotividad y las risas ocultan el llanto (aunque no a la inversa).

— Mantener su principal atractivo, es decir, su personalidad anterior, la que lo condujo al cine desde el teatro o la carpa o la televisión (son excepcionales los cómicos *originados en el cine).* Sus recursos del origen (expresiones, voz, sobrenombre, modales) son sus recursos finales en un medio reacio al *gag* o chiste visual.

— Permanecer, pase lo que pase, en el mismo ámbito. Del arrabal al arrabal al arrabal (con una estancia en la riqueza, obligadamente breve). Y la mayoría, pese a los talentos demostrados, interviene como contrapunto de la Pareja Inmaculada o de la Pareja Trágica. Las grandes excepciones son *Cantinflas* y *Tin Tan.* Entre 1925 y 1935, *Cantinflas* inventa un habla —ese decir que no se dice porque ya se dijo lo que nomás no y quién lo iba a decir—, y es identidad radical de quienes quieren sentirse distintos para ascender en la escala social. Los periódicos lo llaman "El peladito inmortal" y "El genial

> mimo", y *Cantinflas* en 1936 o 1940 le descubre al país la gracia de la expresión verbal y gestual de los pobres. Sus primeros espectadores lo admiran por su forma de ser, su modo de relacionarse y su asechanza del prójimo, al que enreda con cachondería acústica. En torno suyo actúa otra unidad nacional, y burgueses, clase media y clases populares se alborozan con la novedad prontamente bautizada en su honor, el cantinflismo, el mucho decir para jamás comunicar. *Cantinflas* se entrega al sacudimiento facial y verbal (mímica y laberinto): las cejas interrogan, los brazos se resignan y el cuerpo desvaría ante las calidades autónomas de verbos, sustantivos y adjetivos. En los años de su primer triunfo, es una revelación, el ser extravagante que califica astucias y habilidades de la marginalidad capitalina. Todo en *Cantinflas,* en las carpas y en el teatro frívolo, deslumbra: el humor, la mímica, el donaire, la irreverencia del "peladito" o paria urbano.

Sexo y política. Espiritualidad y carnalidad. Risas y protestas. El espectador se pierde gustoso en el enredijo de lo sensual, lo humorístico, lo contestatario, y el público, que nomás oye de política retorna a su condición primigenia de pueblo, le da al sarcasmo de *Cantinflas* las calidades de la protesta en la Plaza Mayor y festeja las "irreverencias" contra los de Arriba, los que no se nombran pero a los que se alude con el sarcasmo. ¿Quiénes más podrían ser? Y el humor urbano se va haciendo con albures y gracejos y juegos con lo equívoco y lo ambiguo y el movimiento corporal "que no deja lugar a dudas respecto a lo que ustedes quieran y manden".

Germán Valdés *Tin Tan* es la excepción que confirma la regla. Con él entra a escena la modernidad que combina habla fronteriza (el *spanglish),* humor que se desprende del desquiciamiento de la solemnidad, atuendo de pachuco o joven "al día", lenguaje corporal de "fauno" y estilo vocal que influye poderosamente en sus admiradores. *Tin Tan* es un adelantado de la "chicanización" de México, y el primer capítulo de la nueva cultura popular, la que no depende de hallazgos geniales como el de *Cantinflas.* Este humor se combina con el proveniente de las carpas y el teatro frívolo.

## Atmósferas: la canción popular

El cine mexicano depende exhaustivamente de las canciones, son parte indisoluble de su razón de ser, el elemento que subraya la imposibilidad de melodrama "a la antigua" o de escenarios de comicidad que no recurra a la sensiblería. Algunas de la grandes figuras cantan (Negrete, Infante, *Tin Tan*), y en la mayoría de los filmes las canciones evitan la pena de no tener qué decir.

Los géneros más frecuentes son la canción ranchera, llevada a su culminación por Lucha Reyes, Jorge Negrete y Pedro Infante, y el bolero. Y grandes secuencias de la Época de Oro se centran en canciones: Pedro Infante canta "Amorcito corazón" y Blanca Estela Pavón lo acompaña con silbidos *(Nosotros los pobres); Tin Tan*, borracho, le canta "Contigo" a Silvia Pinal *(El rey del barrio);* Negrete llega a la fiesta y su versión de "Ay Jalisco no te rajes" se vuelve el himno instantáneo del machismo *(Ay Jalisco no te rajes);* Joaquín Pardavé canta y baila "El Makakikus" *(México de mis recuerdos); Cantinflas* y Manuel Medel entonan a dúo "¿Qué te pasa, mujer?" *(El signo de la muerte);* María Félix canta, con la voz de Ana María González, una canción de Agustín Lara *(La diosa arrodillada);* Andrea Palma y Pedro Armendáriz bailan mientras Ana María González canta "Cada noche un amor" *(Distinto amanecer)...*

Sin las canciones la cultura popular de la Época de Oro habría carecido de proyecto ideológico.

## Atmósferas: el melodrama

El gran aprendizaje de la irrealidad, central a la cultura popular, se da gracias al melodrama, el impartimiento de la lección primordial: "Ya que a este valle de lágrimas vinimos a sufrir, convirtamos el sufrimiento en espectáculo". El cine de la Época de Oro desborda melodramas que a sus espectadores les regalan frases exterminadoras autodestructivas, gestos que resumen las enseñanzas de todo un árbol genealógico, manejos de la voz en las escenas de la vida real. El melodrama es el registro fiel de la cultura popular en los hogares, a la hora de la armonía, los pleitos y la intromisión de la dicha, y en este sentido la cumbre probada son dos filmes de Ismael Rodríguez: *Nosotros los pobres* y *Ustedes los ricos*.

En este orden de cosas, *Tin Tan*, por ejemplo, es el profeta de la chicanización de México: "No me mire así, jefecita, que voy a creer que se lleva su rencor al cielo". La cultura popular posee una gran vertiente machista, propia de la época en América Latina. En las primeras décadas del cine sonoro a la Mujer, arquetipo y estereotipo, la sojuzga el desprecio, es intimidada e intimidable, es sufrida mujer o hembra placentera y vengativa y es también el origen mítico: de su matriz surge la raza. Y el aluvión trae a la memoria la frase de Roland Barthes: "La ideología es el cine de la sociedad".

Me resulta evidente que la cultura popular mexicana —urbana y rural— se transformó de manera drástica y se fue unificando en este siglo gracias a la influencia del cine, la radio, la industria disquera y la televisión. Sea cual sea la definición que se adopte de cultura popular (prácticas institucionalizadas de las comunidades, catálogo de rituales y predilecciones, métodos de resistencia contra los poderes constituidos, folclorización de las realidades de clase, raza y género, o aquello simplemente que se dirige a un gran número de gente).

En las primeras décadas del siglo XX, la cultura popular era básicamente rural, de moldes religiosos, de autoritarismo interiorizado a fondo, y llega al fin del siglo vuelta cultura urbana, muy secularizada por la tecnología y la sociedad de masas y con zonas crecientes de crítica al autoritarismo. En este proceso, la industria del cine se concentró en una imagen previa de su público que en mucho correspondía a la realidad por el origen de sus creadores. La industria le dio por su lado a su audiencia, la halagó en su afición mórbida por el melodrama, alimentó sus prejuicios y lo fue modificando insensiblemente. Por lo común, las actrices interpretaban personalidades subordinadas que, de conocerla, hubiesen aprobado la descripción de John Berger en su novela G.

> La presencia de una mujer era el resultado de haber sido dividida en dos y del aherrojamiento de su energía. A una mujer siempre la acompañaba, excepto cuando se hallaba absolutamente sola, la imagen de sí misma, sea que atravesase un cuarto, o sea que sollozase por la muer-

te de su padre, ella no podía verse caminando o verse llorando. Desde la más temprana niñez se le había enseñado, persuasivamente, a vigilarse de continuo, y así, ella llegó a considerar que su yo dividido, la vigilada, quien la vigila, constituían elementos distintivos de su identidad como mujer. Este mundo subjetivo de la mujer, este ámbito de su presencia algo garantizaba. Ninguna acción por ella emprendida gozaría de integridad cabal. En cada acción se manifestaba una ambigüedad que correspondía a una ambigüedad del yo, dividido entre la vigilada y quien la vigila.

El espacio ideal para representar a la mujer en esta cultura es el melodrama, el género expiatorio que defiende a la familia, recordándole los peligros de lo secular: el adulterio, la rebelión de los hijos, la perdición de las jóvenes que no resisten la seducción o la compra, la mutación de costumbres que devasta la tradición, o la sepulta en el ropero. Esto en un nivel; en otro, el cine encumbró a la mujer de un modo hasta entonces inconcebible. La extrajo de los templos y la llevó al *close-up*. El *close-up* magnifica la experiencia de la hermosura, la cámara se pone al servicio de andares y gestos, y así, sujeta a esclavitud, las heroínas refulgen. El cine maltrata y minimiza a la mujer, el cine encumbra el arquetipo femenino.

La industria cinematográfica de México, en los años de la llamada Edad de Oro, imita en lo que puede a Hollywood: en géneros, estilos, formatos, intentos de cuajar un *Star System.* Lo imita en todo menos en la representación de la mujer. Para empezar, durante tres décadas casi no se registra la perspectiva femenina; la mujer es mirada, es observada, con desprecio o con afecto o cachondamente, pero la mujer no mira, al punto de que los espectadores, lo sepan o no, la consideran durante esta etapa parte del paisaje, seres-objeto, refractarias a la individualización. No se dan en el cine mexicano los personajes independientes que en la misma época consagran en Hollywood a Katherine Hepburn, Rosalind Russell, Joan Crawford o Jean Arthur. Y si hay diosas de la pantalla, Dolores del Río y María Félix, no disponen de la ambigüedad de Greta Garbo y Marlene Dietrich. No construyen su aura de poder a partir de las zonas misteriosas de su feminidad. Dolores del Río, bellísima, intangible, es la víctima en la cúspide, el deslumbramiento, que para mejor serlo, conocerá la humillación. En su filmografía mexicana, en *Flor Silvestre, María Candelaria, Bugambilia, Las abandonadas, La malquerida, La otra, La casa chica, Deseada, La selva de fuego* o *La cucaracha,* Dolores carece de voluntad. Ella es la forma suprema, pero el sentido de su existencia yace en otras manos. Y el personaje de María Félix se alimenta desmedidamente de, y alimenta a, la persona María Félix. En ella la actitud, el tono imperioso que somete y desmiente el papel asignado, la voz categórica, el ademán esclavizador, desbaratan los abajamientos que el guión señala. Y la operación de encubrimiento e igualación se efectúa a ojos vistas. El personaje de María Félix concreta su perdurable apogeo en *Doña Bárbara* (1945, de Fernando de Fuentes) porque allí María Félix asume los rasgos del cacique, es dueña de sí porque ha renunciado a la feminidad convencional. Y el proceso es tan vigoroso que en la memoria de los espectadores queda doña Bárbara, la señora del llano, y se desvanece su presunto vencedor, Santos Luzardo, tan lánguidamente interpretado por Julián Soler.

En *La mujer del puerto* (1932, de Arcady Boytler), Andrea Palma es sometida a la cirugía "plástica" que la convierte en una Marlene Dietrich tropical, cuya ambigüedad depende por entero del estilo distante, la fotografía del glamour, la noción del pecado, que la envuelve como una melancólica segunda piel. Pero el público no admite entonces mujeres de reacciones imprevisibles, quiere heroínas de virtudes declamadas, frágiles, virtuosas, dichosas porque lloran, tristes porque la resistencia a la seducción contraría el espíritu femenino. Recuérdense las protagonistas de melodramas y comedias, con su dicción penosa, su belleza que la voz inexpresiva deshace de inmediato, su carácter monocorde: Esther Fernández, Gloria Marín, Columba Domínguez, Amanda Ledesma, Marina Tamayo, Rosita Quintana (incluso si la dirige Buñuel), María Elena Marqués, Blanca Estela Pavón, Amanda del Llano, María Luisa Zea, Irasema Dillian, Miroslava, Elsa Aguirre. Son excepciones muy parciales Marga López, Lilia Prado, Leticia Palma y Silvia Pinal. En todo momento a las actrices, que casi nunca lo son, se les pide encarnar lo opuesto al hecho mismo del cine. Si el cine es la modernidad, las heroínas del cine mexicano son la premodernidad, o aquello que se opone a la modernidad. Por eso habitan el espacio anacrónico por excelencia: el del chantaje sentimental, el de la indefensión como red protectora.

Blanca Estela Pavón, y pongo un ejemplo mitológico, *la Chorreada* de *Nosotros los pobres* y *Ustedes los ricos,* la noviecita santa por antonomasia, es leal, solícita, fiel de aquí a la siguiente humillación. Son suyas todas las virtudes menos las de la psicología individualizada, las de la apropiación de sí misma: no puede protestar, carece de iniciativas y sólo marca su presencia de manera servil o servicial. Al ver su desventura, las espectadoras aprueban su comportamiento porque responde a su tradición, expresa su cultura popular y de algún modo justifica su sometimiento. Y el chantaje se acrecienta cuando no existen, para el público, manifestaciones de sensualidad. La madre desgarrada, cuya apoteosis lacrimógena es Sara García, es la feminidad como ancla, la cadena de crucifixiones, la obediencia al señor de la casa, o al Señor del cielo ("Si te lo llevaste por algo sería, Diosito"). Y el cine mexicano produce hazañas, las parodias de estereotipo. Eso es Dalia Íñiguez, la madre que jamás protesta por vejación alguna en *La oveja negra* de Ismael Rodríguez, la parodia de la gran parodia que es Sara García. En otros niveles, el cine mexicano le permite a unas cuantas actrices tener psicología propia, a cambio de admitir, gozosamente, su grotecidad: el dúo de teporochas o lumpen, *la Guayaba* y *la Tostada,* Amelia Wilhelm y Delia Magaña en *Nosotros los pobres;* las cómicas del tipo de Vitola, cuya razón de ser es la necesidad de que se les ofenda, o las extras que aparecen para que el cómico, nomás viéndolas, se muera del susto. En el caso de *la India María,* su punto de partida es el humor racista. *La India María* no es un producto de la observación de las migraciones y de las indias mazahuas, eso es posterior, ella viene de la tradición del teatro frívolo en donde la risa fácil se obtiene imitando la búsqueda afanosa del lenguaje por parte de los indios, que, por cierto, está también en *Cantinflas. Cantinflas* es el puro flujo verbal que en la abundancia de palabras trata de hallar sentido. Él se oculta en el flujo del lenguaje, pero no es por una táctica muy pensada, sino porque el lenguaje tal y como lo requiere el mundo al que se enfrenta no le es dado.

## "Canonicemos a las putas"

De no ser grotescas, las mujeres marginales deben asumir el estereotipo de la deshonra (en sí mismo una trampa) a la representación de la prostituta que a un tiempo configura el deseo alquilable, y la institución degradada que protege a la familia. "Canonicemos a las putas", escribió famosamente Jaime Sabines. De *Santa* a *Amor a la vuelta de la esquina* y a lo largo del siglo precondónico, la prostituta fílmica responde con creces a los "exvotos" heterodoxos de la cultura popular. Es brutalmente atractiva, veleidosa, proclive al sacrificio, inmersa en la venganza, y sus simulacros del coito a la hora de la rumba escenifican los muy prohibidos actos sexuales. De algún modo, cada meneíto de Ninón Sevilla podría verse a la luz de la teoría de Eisenstein de la *pars pro toto,* la parte por el todo. Así como Eisenstein ponía el ejemplo de los espejuelos del oficial que significaban su liquidación en la revuelta del acorazado Potemkin, así en un meneíto de Ninón Sevilla se representan todos los acostones que la censura prohibía. De hecho, el cambio de mentalidad se nutre de la prostituta en su dimensión de rumbera, y del extremo, el patetismo del ama de casa. Ninón Sevilla en *Aventurera, Sensualidad, Aventura en Río, Revancha, Víctimas del pecado* es la *Vamp* que no pudo darse en los años veinte y es la imagen apoteósica de la Querida, aquella que no confiere respetabilidad pero sí prestigio: "No se la presentaría a mi madre pero que lo sepan todos mis amigos". Y esto también se aplica a Meche Barba, Lilia Prado, María Antonieta Pons y Rosa Carmina, que, en conjunto, y cada una por su lado, encarnan el valor de cambio de la mujer en el momento de la moral única.

"No me imagino a una mujer dirigiendo películas porque a las mujeres les falta la ternura y la vulnerabilidad del hombre." Para una mujer que dirige cine en la primera mitad del siglo, sea Dorothy Azner en Estados Unidos, o Matilde Landeta en México, el escollo principal es el peso normativo de la cultura popular, que al convertir en minoría social a la mayoría demográfica, le da a la participación femenina los beneficios del respeto paternalista, el choteo o la incredulidad. Y esto exacerba durante medio siglo la dificultad para desde el cine decir Yo para afirmar el punto de vista individual que regirá a la película. *El Indio* Fernández —el machismo como teatro y autoescarnio— implantó sin problemas en cada película su forma personalísima y amor por el lábaro patrio, su ridícula y en momentos magnífica mitología patriarcal. Pero a Matilde Landeta, que dirigió *Lola Casanova, Trotacalles* y *La negra Angustias,* no le fue dada, como ella ha referido, la oportunidad del pleno desenvolvimiento, y su Yo quedó en penumbras.

Pero si el suyo no es cine de autor, para mencionar la etiqueta prestigiosa de los años sesenta, algo y mucho consigue sin embargo: la presentación de la belleza masculina desde el punto de vista de la mujer: Armando Silvestre en *Lola Casanova,* la eliminación del final mezquino de la novela *La negra Angustias* de Francisco Rojas González que describía a la antigua coronela de la Revolución convertida en la sombra obediente que le lleva comida a su marido albañil. Matilde Landeta muestra a María Elena Marqués lanzándose al combate. Pero el tono distinto no consigue establecerse. Entre Matilde Landeta y Marcela Fernández Violante y María Novaro se interpone un periodo de cambios en donde el impulso más radical viene de la feminización de la economía, del ingreso masivo de la mujer a la industria, las universidades, la administración pública, así sea entre las desigualdades que perduran.

A la cultura popular mexicana en su versión urbana la afectan en este periodo diversos hechos: el ingreso de México y América Latina a la cultura mundial por vía de la americanización, la reducción creciente del analfabetismo femenino que superaba con creces al masculino, la desintegración o el reacomodo perentorio de la familia tribal, la desaparición del peso dramático de la honra y del mito de la virginidad, la difusión sexológica freudiana y posfreudiana, las nociones de las teorías radicales sobre clase, género y raza, el debilitamiento del melodrama que para sobrevivir se torna *gran guignol,* la identificación entre modernidad y actitud crítica, la literatura y el cine de los Estados Unidos, Francia, Inglaterra de rica calidad, el centro inevitable de Revisiones, el admirable trabajo de Gabriel Figueroa, de *Allá en el Rancho Grande,* las argumentistas, las directoras y sobre todo las espectadoras, sean o no conscientes de las tesis básicas y el desarrollo teórico del feminismo, pero de *Amor libre* de Jaime Humberto Hermosillo a las películas de la narcofrontera, para señalar el nivel más bajo, se reconsidera el papel de la mujer que se inspira, las más de las veces casi sin saberlo, en tesis y reiteraciones del feminismo: la autonomía corporal, la crítica al patriarcado, el cuestionamiento de la esclavitud doméstica, la emancipación de la familia entendida como yugo, la crítica al doble estándard, las transformaciones del habla, el habla unisex que surge en los años sesenta, que desbarata la idea de malas palabras y crea una nueva dinámica social casi por sí misma.

## "A mí no me gusta pegarle a mi marido"

El machismo sigue ahí, pero ya no invicto ni apoyado en forma inmediata por todo el público o sólo apoyado por risas de vencido (como sucede en las películas de albures), y los acontecimientos recientes: la fuga del público de las salas de cine, el imperio del videocasete, la destrucción de muchos tabúes, el arrinconamiento de la censura moral (la censura política, dígase lo que se diga, continúa intacta), el fin del ir al cine como aventura familiar, el surgimiento de nuevas generaciones universitarias, el incremento del número de mujeres que quiere hacer cine y video, informa de una transformación sin precedentes.

La devastación económica devuelve las cosas a su punto de partida, todo en esta sociedad es cultura popular porque además la cultura popular se ha enriquecido y diversificado hasta donde lo permiten las capacidades adquisitivas y ya incluye numerosos elementos de lo que antes era el gesto de la alta cultura. Las cineastas tienen ya la oportunidad, antes denegada, de elegir temas y actitudes sin necesidad de justificarse.

Si la sociedad al amparo del neoliberalismo se privatiza al concentrar al máximo los privilegios, la vida cotidiana, por la fuerza misma de la catástrofe económica y sobre todo de la resistencia a convertir esta catástrofe en ideología, se hace pública, con naturalidad, sin necesidad de provocaciones. Y muchas cineastas abordan la condición femenina con el desafío que supone el análisis de ritos, formaciones sociales, aprendizajes de la sobrevivencia. Si ya la idea de heroína no tiene sentido, tampoco tiene caso la antiheroína, y procede democratizar a los personajes. En las salas de cine transcurrió la educación sentimental de varias generaciones. Hoy el poderío del cine y del video tiene efectos distintos pero que supongo igualmente extraordinarios. Ya no es la multitud pequeña de los años cuarenta que ensayaba al unísono sus reacciones morales, su capacidad de identificación, su emotividad, su sentido del humor. Ahora es el paisaje de familias y grupos reducidos o el paisaje de solitarios ya secularizado respecto al cine. Se acabó la religión de la pantalla, no más dioses ni intercesoras ante el Edén. Todavía en los años sesenta la tesis del cine de autor prologó en núcleos el sentimiento religioso o pararreligioso en el cine, y se veía con devoción parroquial las admirables películas de Bergman, Kurosawa, Godard, Orson Welles. Pero la televisión es un flujo que no permite concentraciones devotas, ni siquiera a la hora de ese rezo colectivo, las telenovelas, y se quiera o no la frecuencia televisiva traslada sus reglas a la contemplación del cine y el video, lo que explica, según pienso, el carácter ferozmente efímero de muchas de las producciones de estos años que para el espectador son apenas programas de televisión sin censura. En este sentido, una película que arraiga al espectador desde el primer momento es aquella donde no se tiene la impresión de un programa de televisión.

No estoy seguro de que sea posible crear una estética de la mujer, una estética chicana, una estética fronteriza. La estética urbana es una realidad plena desde hace dos siglos, pero por lo mismo es también un sobrentendido, si todo es ya ciudad, la estética urbana es finalmente un sinónimo de las resonancias culturales en la vida cotidiana. Creo en un cine con temática femenina y feminista, temática chicana, temática fronteriza, y las actitudes correspondientes de política cultural, pero no concibo la presencia de escuelas o tendencias artísticas fundadas en temas o en la condición sexual o geopolítica de sus creadores. Incluso una película tan estilizada como *Zoot Suit* de Luis Valdez, que de la suavidad peligrosa del pachuco, tal y como lo interpreta Edward James Olmos, extrae consecuencias coreográficas y escenográficas, no pertenece a la "estética chicana". Más bien, es un buen filme donde el tema de una comunidad se aborda desde su tradición reciente. Ni la formidable producción plástica de los chicanos me autoriza a referirme a una estética chicana porque eso equivaldría a crear un canon con todo y sus respectivas intolerancias.

# *Culturas urbanas. Balance de un campo de investigación*

Héctor Rosales

## Horizonte y sentido de la tarea

En el contexto de las transformaciones que ha vivido la sociedad mexicana en los últimos 20 años, hemos asistido a múltiples situaciones paradójicas. Entre ellas hay una que nos concierne directamente: al mismo tiempo que en el ámbito académico se ha extendido el reconocimiento acerca de la importancia de los fenómenos culturales, o de manera más precisa, de la *dimensión cultural*, como constitutivos de todas las prácticas sociales, desde la fase neoliberal iniciada en los años ochenta, las políticas aplicadas al campo cultural se caracterizan por su segmentación y diversificación, de acuerdo con criterios de mercado y ya no con la concepción unitaria que se originaba en el Estado-nación. Esta situación no es ajena a otra paradoja: con la creación del Seminario de Estudios de la Cultura en 1991, el Consejo Nacional para la Cultura y las Artes ha apoyado la generación de cientos de estudios culturales que ofrecen hoy un acervo muy valioso para actualizar las preguntas y las acciones en este campo. De igual manera, en el ámbito internacional se realizan reflexiones innovadoras y cada vez más comprensivas del significado profundo que tiene lo urbano en los cambios civilizatorios.[1] De allí el sentido de la tarea que nos hemos propuesto, al hacer este balance colectivo sobre los estudios culturales.

[1] "Las ciudades crecen y la población mundial se concentra cada vez más en las zonas urbanas. Las ciudades se convierten en el principal asiento de la diversidad cultural, de los contactos y la creatividad culturales. Pero esta diversidad implica un desafío: encontrar los medios institucionales capaces de garantizar la intercul-

En este texto se revisan los productos de investigación ubicados en el tema general de las culturas urbanas. Una decisión inicial de este trabajo fue tomar sólo como referente contextual la década de los años sesenta, cuando se da la masificación de los procesos sociales y urbanos en México y en América Latina, para concentrarnos en discutir con mayor profundidad las aportaciones de investigaciones realizadas en la última década. En lo que se refiere a los años setenta y ochenta remitimos al lector a los balances previamente realizados y reportados en la bibliografía.[2] En el plano teórico, postulamos que el campo de investigación de las *culturas urbanas* rebasa las fronteras disciplinarias, pero la organización del campo intelectual mantiene la autonomía y la legitimidad de las especialidades profesionales.

Los criterios enunciados nos llevaron a revisar, en un primer momento, los aportes de la antropología, la sociología, la psicología y la comunicación, para repensar la ciudad y lo urbano, al mismo tiempo que se identifican los temas, conceptos y cuestiones metodológicas que configuran una agenda de investigación interdisciplinaria.[3] En un segundo momento, nos ocupamos de los "estudios culturales urbanos" que en la última década han ganado la densidad y la legitimidad necesarias para constituirse como especialidad, al generalizarse el conocimiento de autores paradigmáticos de la sociología de la cultura, a través de algunos espacios y grupos institucionales.[4]

La estructura de este trabajo se divide en tres partes. En la primera se exponen las premisas epistemológicas que orientan

turalidad, en un espíritu de paz y democracia". Elizabeth Jelin, "Ciudades, cultura y globalización", en Lourdes Arizpe (coord.), *Informe mundial sobre la cultura. Cultura, creatividad y mercados*, UNESCO/Acento, Madrid, 1998, p. 123.

[2] Emilio Duhau, "La sociología y la ciudad. Panorama y perspectivas de los estudios urbanos en los años ochenta", *Sociológica*, núm. 15, UAM-Azcapotzalco, México, enero-abril de 1991, pp. 211-280; Miguel Ángel Aguilar Díaz y Amparo Sevilla (coords.), *Estudios recientes sobre cultura urbana en México*, Plaza y Valdés, México, 1996.

[3] En los límites de este trabajo no se incluyó una revisión específica del discurso de los urbanistas y de los arquitectos, aunque sin duda algunos de ellos se han aproximado a temas que configuran a las culturas urbanas como tema de investigación transdisciplinario. (Véase Droadbent, 1991 [sin referencia]; Óscar Olea, *El arte urbano*, UNAM, México, 1980; Fernando Tudela, *Arquitectura y procesos de significación*, Edicol, México, 1980.)

[4] Las referencias en los estudios culturales urbanos remiten a la obra de autores como Bourdieu, Williams, Thompson, Maffesoli, Hannerz, Giménez, García Can-

nuestra revisión crítica de la investigación urbana desde un ángulo de lectura previamente definido. En la segunda parte se subraya la conformación del estudio de las culturas urbanas como un tema lo suficientemente importante y complejo como para trabajarse a nivel de posgrado en diferentes universidades. Finalmente, se anotan algunas ideas que pudieran orientar indagaciones futuras.

## Lo epistémico como clave de lectura

La reflexión epistemológica es constitutiva de las ciencias sociales. En los trabajos fundantes de cada especialidad, la articulación entre objeto, método y conocimiento ha sido resuelta de manera creativa aunque siempre de modo provisional. Esto quiere decir que el quehacer científico, y en particular el pensamiento sobre lo social, se encuentra ubicado temporal y espacialmente, se trata de un pensamiento epocal y en algunos casos coyuntural. Las ideas previas nos dan el marco inicial para plantear la complejidad implícita en las tareas de reconstrucción, análisis y periodización de la investigación realizada sobre los procesos culturales urbanos en la última década.

El primer reto es seleccionar un *corpus*, representativo de la diversidad disciplinaria, que ilustre los temas y problemas abordados, ya que el volumen de la producción publicada obliga a que toda reseña sea parcial. El segundo reto es precisar el *locus* epistemológico que permite evaluar la producción intelectual seleccionada. ¿Es posible ubicarnos en la época en la que se produjo un discurso "científico" sobre la realidad urbana, olvidando provisionalmente las hipótesis y los conocimientos disponibles en la actualidad? En este trabajo consideramos que son las determinaciones objetivas y subjetivas que actúan en el presente las que operan como principios selectivos e interpretativos. Esto quiere decir que cada *balance* remite a los intereses cognoscitivos particulares de un sujeto que representan, a su vez, un recorte de los intereses cog-

clini, Martín-Barbero, Silva, Ortiz, Brunner, que en el espacio de este trabajo no nos corresponde reseñar. Lo que se observa, más allá de un aparente eclecticismo, es el uso creativo de múltiples fuentes teóricas que pueden ser articuladas cuando se ejerce un control epistemológico fundamentado en la construcción de un objeto, tarea que justifica la realización de una investigación particular.

noscitivos generales identificables en la comunidad académica en que participa. Es en el diálogo interdisciplinario y en el trabajo colectivo donde pueden obtenerse aproximaciones historiográficas más completas a los procesos urbanos reales y a los discursos producidos en la investigación que los han dotado de sentido.

La especificidad de esta revisión radica en que el interés cognoscitivo está centrado en observar el proceso de constitución de un subcampo de investigación transdisciplinario, lo cual plantea la exigencia metodológica de partir de la imagen actual que tenemos acerca de este subcampo, y de los sujetos, agentes, redes e instituciones que ocupan un lugar legitimado en él, gracias a su experiencia, sus publicaciones, sus capacidades organizativas y sus prácticas.

La complejidad del objeto "ciudad" convoca saberes y especialidades que no siempre dialogan entre sí. Entre los discursos vigentes que compiten por nombrar legítimamente la realidad urbana destaca precisamente el de los urbanistas, que son los profesionales dedicados en lo fundamental al diseño urbano y al desarrollo de proyectos de urbanización; a su lado están los "urbanólogos", esto es, quienes estudian las ciudades y los procesos de urbanización desde la perspectiva de las ciencias sociales.[5] Esta diferenciación en el interior del campo es quizá lo que le da su dinamismo y vitalidad a la investigación urbana porque hay en ella una confrontación permanente entre las transformaciones inducidas, o al menos acompañadas por los poseedores de los saberes y las prácticas "expertas", y el conjunto diverso de sujetos que se sitúan como críticos, hermeneutas y descifradores del sentido de esas transformaciones. Desde una posición epistémica crítica, puede postularse que no hay una teoría general de la ciudad o de lo urbano, porque lo que se pone en juego allí son temas y problemas que afectan a lo humano en sus expresiones sociales y existenciales. Las ciudades son nodos de una vasta red donde se intercambian bienes, símbolos e información, y sus transformaciones

[5] Coincidimos en este punto con Emilio Duahu: "Los resultados de la investigación a los cuales hacemos aquí referencia bajo la denominación de 'estudios urbanos', corresponden al trabajo desarrollado por quienes los urbanistas, es decir aquellos profesionales dedicados fundamentalmente al diseño urbano y al desarrollo de proyectos de urbanización, suelen llamar 'urbanólogos', es decir, los estudiosos de la ciudad y el proceso de urbanización desde la perspectiva de las ciencias sociales" (Duahu, *op. cit.*, p. 212).

internas se ven más o menos afectadas por el lugar que ocupan en el sistema nacional o internacional de ciudades.[6]

## El proceso de constitución del subcampo de los estudios culturales urbanos

Las estrategias metodológicas que hemos seguido para esbozar el proceso de conformación de este subcampo académico incluyen: el trabajo de definición del subcampo mismo, el uso transdisciplinario y diversificado de las fuentes, y la ilustración de las perspectivas existentes para la consolidación de esta especialidad a través de los sujetos que cuentan con el potencial académico y de intervención que demanda la pluralidad de universos que coexisten en las ciudades de México.

### *Delimitación y construcción del objeto*

La trayectoria de los estudios culturales urbanos está íntimamente relacionada con las diversas formas de conceptualizar a lo urbano, a las ciudades y a la cultura. Algunas modalidades de investigación que coexisten y se mantienen vigentes a través de agentes e instituciones especializados en la investigación de los procesos culturales urbanos son las siguientes:

*a)* Las que se interesan por la cultura entendida como un conjunto de bienes simbólicos y materiales. Con este enfoque se estudian los lugares, bienes inmuebles y equipamientos de calidad excepcional, generalmente considerados como un patrimonio

[6] Como se sabe, todo discurso actual sobre lo social, y en este caso sobre lo urbano, debe atender a los procesos de globalización en curso. Aunque no podemos desarrollar esta cuestión *in extenso,* debemos anotar que las ciudades son el entramado que viabiliza la globalización. De allí que toda reflexión sobre lo urbano lo sea también sobre las sociedades contemporáneas. Según Mabel Piccini, lo urbano es "un sistema operatorio que se desarrolla en todos los lugares, en las ciudades y en el campo, en los pueblos y en los barrios, a partir de redes materiales e inmateriales y de un conjunto de objetos técnicos que ponen a circular un mundo de imágenes e informaciones que transforman los vínculos que las sociedades mantienen con el espacio, el tiempo y los individuos". Las sociedades contemporáneas, en consecuencia, sólo pueden ser concebidas como el triunfo de lo urbano en el ámbito mundial (Mabel Piccini, "Ciudades de fin de siglo. Vida urbana y comunicación", *Versión,* núm. 9, UAM-Xochimilco, México, abril-junio de 1999, p. 13).

que debe cuidarse e incrementarse. En los análisis urbanos este concepto se actualiza cuando se discute acerca del valor artístico de edificios y monumentos, considerados como un patrimonio cultural tangible, sujeto a reglamentaciones especiales. Ésta es una de las acepciones que tienen mayor legitimidad en el campo intelectual que se ocupa de los bienes arquitectónicos y que procura que las ciudades sean reconocidas como parte del conjunto general del patrimonio cultural.[7]

*b)* Otra modalidad, predominante hasta la década de los setenta en la antropología y en la sociología, entiende a la cultura como los modelos y las pautas de comportamiento que facilitan los procesos de adaptación al medio natural y social. Actualmente se sigue utilizando esta noción para objetivar las estrategias que siguen los grupos subalternos para subsistir en nichos específicos: barrios, colonias, vecindades, periferias.[8] Una variante dentro de esta modalidad es el estudio de la conformación de modos de vida urbanos a partir de la interacción entre la vida cotidiana de las familias y la relación trabajar-residir.[9]

*c)* La cultura ha sido pensada también como un factor aglutinante e innovador en los movimientos sociales. La presencia y la participación de amplios contingentes humanos en las ciudades abrió la percepción académica a nuevos sujetos y a nuevas prácticas, especialmente jóvenes[10] y mujeres.[11] La dimensión cultural

[7] Salvador Díaz-Berrio Fernández, *Protección del patrimonio cultural urbano*, INAH, México, 1986; Rosas Mantecón, 1990 y 1998 [sin referencias]; Patrice Melé, "Sacralizar el espacio urbano: el centro de las ciudades mexicanas como patrimonio cultural no renovable", *Alteridades*, núm. 16, UAM-Iztapalapa, México, julio-diciembre de 1998, pp. 11-26.

[8] Lomnitz, 1980 [sin referencia]; Marroquín, 1985 [sin referencia]; Eduardo Nivón, 1996 [sin referencia] y "De periferia y suburbios culturales. Territorio y relaciones culturales en las márgenes de la ciudad", en Néstor García Canclini (coord.), *Cultura y comunicación en la ciudad de México. Primera parte*, Grijalbo, México, 1998, pp. 205-233.

[9] Alicia M. Lindón Villoria, "El trabajo y la vida cotidiana en la conformación de los modos de vida. El Valle de Chalco", *Informe de Investigación para el Seminario de Estudios de la Cultura*, mimeo, Seminario de Estudios de la Cultura, México, 1996.

[10] Valenzuela, 1988 [sin referencia]; Regillo, 1990 [sin referencia]; Urteaga, 1995 [sin referencia]; Héctor Castillo Berthier, "Juventud, cultura y política social", tesis de doctorado en sociología, Facultad de Ciencias Políticas y Sociales, UNAM, México, 1998.

[11] Alejandra Massolo, "Las mujeres en los movimientos sociales urbanos de la ciudad de México", *Iztapalapa*, núm. 9, UAM-Iztapalapa, México, 1983, y *Por amor y*

en el movimiento urbano popular fue teorizada en diferentes momentos.[12]

*d)* Una cuarta modalidad plantea que en todas las prácticas sociales existe una dimensión semiótica, de significación o sentido que puede distinguirse en términos analíticos como *la* dimensión cultural. Ésta es la acepción que ha ofrecido más posibilidades heurísticas.

*e)* Cuando se mira la realidad urbana desde los procesos de significación, surge la pregunta sobre cómo se organizan los espacios sociales desde necesidades y formas de simbolizar (y por tanto estar en) lo cotidiano en condiciones de diferencia y alteridad.[13] En este cruce entre *semiosis* y diversidad, el concepto de cultura se difracta y se pluraliza. Las investigaciones hablarán ahora de culturas urbanas, no sólo de aquellas que tienen referentes territoriales, sino de las que surgen de los recorridos, las formas de consumo y los espacios públicos.

Para comprender el desplazamiento conceptual descrito arriba debemos recordar que en el epicentro de las investigaciones realizadas sobre las culturas urbanas, es la forma simbólica *ciudad* la que se encuentra en el entramado de las significaciones y valoraciones. Se trata de un objeto complejo que nos remite a lo urbano.

Lo urbano, así como lo cultural, sugiere un recorte analítico, aunque de otra índole. Si para el caso de la cultura la *semiosis* social remite a las relaciones hombre/naturaleza, lo urbano surge de las interrelaciones hombre/naturaleza/sociedad y espacialidad; de allí el grado de complejidad que presenta lo urbano, ya que remite a un conjunto movedizo y mudable de procesos. Una clave de entendimiento proviene de las palabras constituyentes del objeto que parece dotado de las cualidades objetivas y subjetivas para funcionar como enigma y como dispositivo de integración cognoscitiva: *la ciudad*.

Noé Jitrik ha formulado varias hipótesis muy sugestivas acerca del origen de los discursos científicos sobre la ciudad y de las palabras constituyentes de la ciudad misma: *civitas* (ciudad, ciu-

*por coraje. Mujeres en movimientos urbanos de la ciudad de México*, El Colegio de México, México, 1992.

[12] Núñez, 1991 [sin referencia]; Ramírez, 1994 [sin referencia]; Sevilla, 1990 y 1994 [sin referencias].

[13] Miguel Ángel Aguilar Díaz, "La cultura urbana como descubrimiento del lugar", *Ciudades*, núm. 27, RNIU, México, julio-septiembre de 1995, p. 52.

dadela, ciudadanía, civil/civilización); *urbis* (urbanismo, urbe *versus* orbe, urbanidad); *polis* (sentido, ideología, trascendencia, asociación, cosmopolitismo).[14] Su contribución nos advierte que los usos de la palabra "ciudad" remiten, por los senderos más diversos, a la vida social toda.

En síntesis, podemos ubicar el origen del subcampo de los estudios culturales urbanos en el movimiento convergente de varias trayectorias de teorización. Una indagación genealógica sobre el origen de los discursos que convierten a las ciudades en objetos "naturalmente espaciales" debería explicar la operación epistemológica y fenomenológica que logra considerar a la ciudad como fenómeno. Esta línea de investigación tendría en la obra de Michel Foucault su fuente de inspiración y de orientación. Por ejemplo, en esta vía se podrían ubicar los límites que tiene el paradigma urbanístico occidental para explicar e interpretar la realidad urbana de algunas ciudades de América Latina que tienen un origen civilizatorio distinto, entre ellas la ciudad de México, una ciudad que no tiene diseño, ni plan, ni función: un camino es estudiarla al estilo de la fragmentación occidental; lo difícil y necesario sería explicarla desde una posición posoccidental, es decir, desde otros paradigmas y marcos conceptuales congruentes con una lógica adecuada a su origen y a las transformaciones de su temporalidad interna.[15] Se trata, ni más ni menos, de repensar la realidad a partir de la especificidad histórica de nuestras ciudades.

A continuación, caracterizamos las etapas que distinguimos en la conformación del campo de los estudios culturales urbanos en México.

## Contribuciones a la conformación del subcampo de estudios culturales urbanos

### *La crónica, el ensayo, el periodismo*

Es conveniente reconocer la importancia de los trabajos ensayísticos de autores como Carlos Monsiváis, José Joaquín Blanco, Her-

[14] Noé Jitrik, "Voces de ciudad", *Versión*, núm. 5, UAM-Xochimilco, México, abril de 1995, pp. 45-58.

[15] *Vid.* Jorge Morales Moreno, "Discurso, urbanismo y ciudades: de la ciudad de la razón a la ciudad de México", *Sociológica*, núm. 6, UAM-Azcapotzalco, México, primavera de 1988, pp. 35-72.

man Bellinghausen y una larga lista de escritores especializados en el periodismo y en la crónica urbana, entre los que destacan David Siller, José Blanco y Ángel Mercado.

La memoria primaria de cada ciudad se instituye narrativamente: la vida cotidiana, las calles, plazas y mercados, la documentación de la "acre resistencia a la opresión",[16] los cambios de costumbres y pautas de alimentación y diversión, las tecnologías y la "contemporaneidad continua, cambiante, a la vez volátil y arraigada como un fresco con muchas capas de pintura, como una pared tapizada de carteles y pintas de todas las edades vivas",[17] son temas y referentes que nos remiten a una primera definición descriptiva y fenomenológica: las culturas urbanas son, están allí, existen como un hecho socioantropológico, nacen, mueren y se reciclan en la historia de cada ciudad. En una primera acepción, "cultura urbana" designa los efectos catastróficos de una modernidad inconclusa y una forma de industrialización salvaje.[18] De manera paulatina, con el surgimiento de movimientos sociales y vecinales y el protagonismo incipiente de la sociedad civil, "cultura urbana" servirá también para hablar de las actitudes, valores y prácticas de una ciudadanía naciente.[19]

## *Antropología*

La investigación antropológica ocupa un lugar importante en México, por su historia entreverada con las instituciones oficiales de cultura y por los esfuerzos de sus integrantes para darle autonomía y legitimidad. Tal vez por estas razones la antropología se ha ocupado con cierta frecuencia de cuestionarse sus objetos y métodos de estudio. La conformación de la antropología urbana como subespecialidad, por ejemplo, ha reconstruido la historia

[16] Adolfo Gilly, "La acre resistencia a la opresión (Cultura nacional, identidad de clase y cultura popular)", *Cuadernos Políticos*, núm. 30, México, octubre-diciembre de 1981, pp. 45-52.

[17] Herman Bellinghausen, "La cultura urbana", en Emilio Pradilla (comp.), *Cultura urbana*, Plaza y Valdés/Asamblea de Representantes, México, 1990.

[18] José Joaquín Blanco,"Identidad nacional y cultura urbana", *La Cultura en México*, núm. 1024, México, 11 de noviembre de 1981.

[19] Carlos Monsiváis, *Entrada libre. Crónicas de la sociedad que se organiza*, ERA, México, 1987.

del pensamiento antropológico para explicar, de esta manera, sus transformaciones. Destaca en particular el coloquio "Antropología y ciudad",[20] donde se presentó un conjunto de trabajos sobre el estado del arte de la investigación antropológica urbana en México. Para los fines de este trabajo interesa anotar las ideas que nos permiten percibir ciertas pautas temáticas y metodológicas:

*a)* Se identifica a la *modernidad*, sus procesos culturales y sus transformaciones como el tema unificador de los conocimientos adquiridos por la antropología mexicana en relación con la ciudad.

*b)* Se plantea la dificultad de pensar la articulación entre lo concreto y lo abstracto. El interés de la antropología por la especificidad y la historicidad de cada ciudad permite matizar los efectos de la industrialización y de la urbanización como procesos generales del cambio social.

*c)* Las diferencias de escala y de complejidad entre los fenómenos metropolitanos, los de las ciudades medias, y los de escala local o barrial, proporcionan un criterio para clasificar las investigaciones. Por ejemplo, un tema recurrente como el de la identidad tendría que trabajarse de manera distinta en cada nivel, en consonancia con la existencia y la transformación de imaginarios barriales, citadinos, pueblerinos, regionales o metropolitanos, observables a nivel de prácticas sociales, discursivas, organizativas, económicas y políticas realmente actuantes.

*d)* La aproximación antropológica enseña que el fenómeno "ciudad" remite al problema de pensar de manera nidificada lo diverso.

*e)* Lo espacial aparece como escenario y como territorio, pero la dimensión cultural de la experiencia urbana remite al ámbito de la significación, esto es, a los sujetos y actores que en cada época y en cada coyuntura viven las ciudades desde su subjetividad y su posición en la estructura social.

Un balance reciente sobre la antropología urbana[21] señala las transiciones que han caracterizado a esta disciplina: de lo urbano-territorial a las relaciones sociales fluctuantes como organizadoras del espacio urbano; del ámbito de la producción, el trabajo o

[20] Realizado en marzo de 1991.

[21] Patricia Arias, "La antropología urbana ayer y hoy", *Ciudades*, núm. 31, RNIU, México, julio-septiembre de 1996, pp. 3-10.

la residencia, a los fenómenos de reproducción social, el consumo, los procesos simbólicos y la participación ciudadana en movimientos sociales múltiples; de una concepción de cultura que subrayaba las homogeneidades y los consensos hacia otra concepción que la imagina hecha de heterogeneidades y conflictos; de una antropología fundamentalmente metropolitana hacia el interés por describir y entender procesos urbanos en las ciudades medias; de los estudios sobre la familia y la mujer hacia la separación analítica entre el trabajo y la condición femenina. En el plano teórico estos movimientos tienen como eje aglutinante el destino de la ciudad y sus transformaciones.

### *Sociología*

A diferencia de la llegada relativamente tardía de los antropólogos a la ciudad, puede decirse que los sociólogos siempre estuvieron allí. De hecho ciertas cuestiones centrales de la teoría sociológica surgen como respuesta a la novedad que introdujo en la realidad de las sociedades modernas la industrialización y la ciudad concebida como una máquina. Por ejemplo, la organización de la economía en términos del trabajo asalariado y la transformación de los medios de producción en capital; la constitución del Estado moderno bajo el supuesto de la progresiva nivelación de los derechos políticos; el proceso de racionalización social específico del Occidente capitalista, y las formas de solidaridad e integración social propias de las sociedades modernas.[22] Temas trabajados por los clásicos de la sociología: Marx, Weber y Durkheim. En síntesis, puede afirmarse que a lo largo de la historia occidental la ciudad ha estado en el centro del pensamiento moderno en su versión iluminista y racionalista. Algunos de los debates contemporáneos sobre la ciudad son variantes de las tesis pioneras de Tönnies y Simmel.

En la terminología actual puede afirmarse que el espacio urbanizado brinda la posibilidad de analizar las formas características que asumen los procesos de modernización en cada sociedad y que la ciudad expresa en las sociedades modernas la escisión,

[22] Duhau, 1990, p. 10 [sin referencia].

consustancial a dichas sociedades, de las esferas de *lo público* y *lo privado*. Aclarando que la definición de lo público y lo privado no puede darse en forma apriorística, sino que siempre es el resultado de procesos de lucha y negociación entre diferentes clases y grupos sociales, y de la acción estatal.

Este planteamiento tiene una gran vigencia en el contexto de la modalidad actual de la modernización, entendida como un proceso complejo de adecuación de las sociedades y de las economías a nuevas pautas de acumulación a escala mundial que conllevan el relativo anacronismo del modelo fabril industrial para dar paso a la *ciudad-empresa* caracterizada por nuevas formas de producir, consumir, habitar, transportarse, relacionarse, reproducirse y morir, esto es, por la imposición de una cultura que refuncionaliza las formas de dominación y que se caracteriza por los siguientes rasgos, a partir de la aparición de la realidad metropolitana: explosión de la movilidad motorizada; hiperespecialización funcional de los espacios; segregación espacial por clases y sectores sociales; empobrecimiento de las relaciones humanas, dificultades para la intercomunicación; privatización de los espacios y control a su acceso; altas rentas del suelo de los centros urbanos; nuevas técnicas disciplinarias; normalización de los comportamientos sociales; naturaleza esquizoide de la nueva personalidad urbana: superficialidad de los contactos, carácter transitorio de las relaciones sociales, individualismo, soledad; incremento del vandalismo, de la violencia, la criminalidad, la locura y la marginación; nuevas formas de pobreza, vacío de la vida cotidiana.

A escala mundial la transformación de los espacios y de los intercambios en flujos informativos tiende a hacer que lo urbano pierda cualquier significado que se base en la experiencia. La nueva división internacional del trabajo provoca la escisión entre las ciudades globalizadas del norte respecto de las megaciudades del sur, o entre zonas privilegiadas que son incluidas en las redes telemáticas y zonas desurbanizadas condenadas al deterioro material y simbólico. La gravedad de la situación es que estos cambios y mutaciones ya no responden a la rectoría nacional sobre las transformaciones territoriales. ¿Hasta qué punto es reversible esta situación?

Sin duda el pensamiento urbanístico y sociológico en México

se ha visto desafiado por la situación descrita, pero en su agenda temática ha estado ausente una referencia explícita a la dimensión cultural de las transformaciones sociales y urbanas y, por lo mismo, no es frecuente el uso de la cultura como categoría teórica. La agenda temática tiende a fragmentar la realidad urbana en sus componentes materiales, sociales y políticos: agua, transporte, abasto, vivienda, ambiente, gobernabilidad, participación ciudadana, empleo, calidad de vida, innovaciones tecnológicas, movimientos sociales, pero se carece de conceptualizaciones que logren establecer los nexos y las articulaciones que expliquen de manera diacrónica esa fenomenología. ¿La incorporación del concepto de cultura podría renovar la sociología? Tal vez sea el momento de proponer la reformulación del concepto de *cultura urbana* para que designe las significaciones (traducidas en prácticas, sujetos y estructuras) que se ocupan de modelar y modular el sentido de la espacialidad. Las expresiones culturales urbanas serían aquellas que, implícita o explícitamente, se proponen luchar por la definición legítima del orden espacial en las ciudades.

### *Convergencia interdisciplinaria: sociología, psicología social, antropología*

De 1991 a 1993 tuvo lugar un esfuerzo colectivo que reunió a antropólogos, sociólogos y psicólogos sociales en un Seminario Interdisciplinario de Cultura e Identidad Urbana, donde se seleccionaron como ejes para la discusión: el concepto de cultura urbana, la construcción de identidades en el espacio urbano, la comprensión de la ciudad en términos sociales y culturales, las organizaciones populares y la vida cotidiana, así como la contradicción tradición/modernidad en el desarrollo urbano.[23] Ese espacio fue útil para hacer un balance sobre los estudios acerca de la cultura urbana en los años ochenta y contribuyó, sin duda, a identificar temas y problemas que serían desarrollados por cada participante en una etapa posterior. En el Noveno Encuentro de la Red Nacional de Investigación Urbana,[24] este colectivo tuvo la

[23] Miguel Ángel Aguilar y Amparo Sevilla (coords.), *Estudios recientes sobre cultura urbana en México*, *op. cit.*

[24] Celebrado en el Distrito Federal en 1991.

oportunidad de subrayar la importancia de los estudios de cultura urbana para recuperar las interpretaciones que los sujetos tienen acerca de lo urbano, con lo cual se podría ampliar el horizonte de comprensión sobre esta cambiante realidad.

## Configuración actual del subcampo

En los estudios culturales urbanos coexisten investigaciones referidas a las distintas escalas de existencia de lo urbano, a los microespacios y las relaciones intraurbanas,[25] o al intento de aprehender holísticamente ciudades medias,[26] o bien, macroestudios que se orientan a conocer una espacialidad social que se construye a partir de prácticas sociales y culturales de grupos no residenciales.[27] La desigualdad regional, los distintos ritmos de crecimiento y la historicidad particular de cada ciudad ofrecen un universo vasto e inagotable de situaciones susceptibles de ser transformadas en objetos de investigación.

En el ámbito intraurbano siguen siendo de interés los siguientes temas: los tipos y modalidades de relaciones vecinales,[28] el valor político de la convivencia,[29] la capacidad de gestionar lo elementalmente urbano,[30] y de manera muy significativa el universo barrial: sus mitos, ritos, leyendas, formas de organización y comunicación. La vigencia de estos estudios radica en que resultan de una escala adecuada para los trabajos de tesis que general-

[25] Lee y Valdés, 1994 [sin referencia].

[26] Icazuriaga [sin referencia].

[27] Néstor García Canclini, *Consumidores y ciudadanos. Conflictos multiculturales de la globalización*, Grijalbo, México, 1995.

[28] Suzanne Keller, *El vecindario urbano. Una perspectiva sociológica*, México, Siglo XXI, 1979; Lomnitz, 1979 [sin referencia]; Ángela Giglia, "Significación y contradicciones de un espacio público autoconstruido", *Ciudades*, núm. 27, RNIU, México, julio-septiembre de 1995, pp. 18-23, y "Vecinos e instituciones. Cultura ciudadana y gestión del espacio compartido", en Néstor García Canclini (coord.), *Cultura y comunicación en la ciudad de México. Primera parte*, Grijalbo, México, 1998; Héctor Rosales, "Cómo ser buen vecino y no morir en el intento (Notas para teorizar la vida cotidiana desde una de las periferias de la ciudad de México)", en Miguel Ángel Aguilar *et al.* (coords.), *Territorio y cultura en la ciudad de México*, Plaza y Valdés/UAM-Iztapalapa, México, 1999, pp. 85-98.

[29] Murrieta, 1986 [sin referencia].

[30] Jorge A. González Sánchez, "Frentes culturales urbanos (Notas varias sobre la construcción de la hegemonía en la ciudad: a medio camino entre el pavimento y el smog)", *Iztapalapa*, núm. 9, UAM-Iztapalapa, México, 1983, pp. 79-86.

mente no cuentan con financiamiento, al mismo tiempo que satisfacen una necesidad de conocimiento de las ciudades porque resaltan la importancia de lo cotidiano, de la oralidad y de la historia local, estableciendo articulaciones entre identidad, barrialidad y producciones discursivas.[31] Recientemente, la publicación del libro *La ciudad y sus barrios,* coordinado por José Luis Lee y Celso Valdés, actualiza el debate sobre las expresiones culturales territoriales, si se le sitúa en las cuestiones que interesan hoy a las ciencias sociales, por ejemplo: el concepto de modernidad, la polémica sobre las perspectivas estructurales y la microhistoria o las contradicciones presentes en la cultura popular urbana.[32]

Sobre las ciudades medias y pequeñas de México existen múltiples contribuciones en la revista *Ciudades* de la Red Nacional de Investigación Urbana. En 1993, El Colegio de Michoacán dedicó el Decimoquinto Coloquio de Antropología e Historia Regionales al tema "Ciudades provincianas de México: crisoles del cambio". En la diversidad de las ciudades medias se observan las modalidades que adopta la modernización en condiciones donde todavía prevalecen relaciones sociales y formas de producción que remiten a una temporalidad propia y donde los actores urbanos son sujetos reconocibles porque participan en redes familiares que forman parte de la historia local. A esta escala, las transformaciones que impone lo global son más visibles y contrastantes con las arquitecturas monumentales y vernáculas, lo que origina una sensibilidad ante los cambios que a veces se traduce en movimientos sociales y ciudadanos.[33]

En relación con la metrópoli, la magnitud y complejidad del objeto lo vuelven inabarcable, de allí que la opción seguida por los investigadores es estudiar zonas susceptibles de ser pensadas como unidad. En este caso se ubica el estudio de Alicia Lindón sobre la conformación de los modos de vida en el Valle de Chalco. Esta investigación es importante porque actualiza y recrea una de las conceptualizaciones más conocidas sobre la cultura urbana,

[31] Ariel Gravano, "La identidad barrial como producción ideológica", *Folklore Americano,* Instituto Panamericano de Geografía e Historia, México, julio-diciembre de 1988, pp. 133-168.

[32] Sergio Tamayo, "La ciudad y sus barrios", *Anuario de Estudios Urbanos,* núm. 3, UAM-Azcapotzalco, México, 1996, pp. 263-271.

[33] Lian Karp, *Movimientos culturales en la frontera sonorense,* El Colegio de Sonora, Hermosillo, 1991.

cuando se le asoció, en la obra de Luis Wirth, con el modo de vida. El trabajo de Lindón logra combinar las principales vertientes de la sociología del trabajo, de la familia, de la vida cotidiana y de lo urbano, desarrolladas en Francia, de manera alterna a la "economía política de la urbanización". La inclusión de la geografía de las representaciones le permite a Lindón redefinir su objeto como la conformación de modos de vida urbanos, donde las personas tienen un papel activo, esto es, los modos de vida dan cuenta del proceso de producción de una praxis y de un sistema de significaciones. Este estudio es una contribución creativa para comprender cómo viven los sectores populares de nuestras grandes ciudades.

En otra vertiente se ubica el trabajo de teorización realizado en Guadalajara por autores como Juan Manuel Ramírez Sainz, Guillermo de la Peña y Rossana Reguillo, y en la ciudad de México por autores como Eduardo Nivón, Raúl Nieto, Patricia Safa y Néstor García Canclini. En cada caso particular se observa que la originalidad intelectual depende del vínculo que establecen los sujetos con la situación cognoscitiva que les ha tocado vivir; si bien cada investigador inicia su trayectoria desde una ubicación disciplinar, por distintos caminos se ha visto impulsado a ensayar miradas múltiples sobre los fenómenos urbanos, utilizando los horizontes teóricos proporcionados por la ciencia política, la antropología, la comunicación y la sociología, los cuales coinciden en entender a la cultura urbana como una estructura de significación socialmente establecida. Esta confluencia transdisciplinaria ha sido posible gracias a la inclusión de la concepción semiótica de cultura que permite estudiar las representaciones y visiones del mundo tanto del pasado como del presente y que son expresiones de la simbología social elaborada por sujetos sociales específicos.

Los estudios culturales urbanos ubicados y realizados desde este horizonte epistémico se ocupan en describir, formalizar, analizar e interpretar la producción de la *semiosis social*, en este caso la que convoca el objeto *ciudad*, el cual se caracteriza por su complejidad, heterogeneidad y fragmentación.

Desde la antropología, destaca el esfuerzo teórico realizado por Eduardo Nivón, para acceder a una visión global de la cultura urbana. La trayectoria de este autor ejemplifica el camino seguido por muchos otros: desde la identificación de los obstáculos epistemológicos para realizar la tarea, como lo fueron las identificaciones de la cultura con la ideología y de la modernidad con el capitalismo, hasta la formulación dominante de una concepción sustantiva de ciudad. La estrategia para hacer pensable a la cultura urbana fue asociarla al surgimiento de la sociedad de masas como una sociedad inclusiva, con una cultura conflictiva donde opera la lucha por imponer contenidos hegemónicos y en la que se combinan elementos de enajenación y de resistencia. De este modo, *la ciudad* no sólo era pensable como la delimitación del marco espacial o nicho ecológico en el que la diversidad opera, sino como escenario de confrontación cultural entre lo moderno y lo tradicional, donde se intenta imponer procesos de eficiencia racional a pesar o en contra de las identidades colectivas, y de las formas en que se resuelve la paradoja entre la búsqueda de su incorporación a la sociedad formalizada de las masas urbanas y el deseo virtual de mantener su autonomía. Según Nivón, estos elementos son los que darían pautas concretas para el tratamiento de la cultura urbana.

En el trabajo de investigación de Rossana Reguillo sobre las consecuencias sociales y políticas de las explosiones del 22 de abril de 1991 en Guadalajara, la cultura urbana es concebida como un espacio pluridimensional en el que coexisten identidades y proyectos diferenciados; la ciudad aparece entonces como una gran red de comunicación que interpela a los actores diferencialmente:

> La cultura urbana se entiende como el conjunto de esquemas de percepción, valoración y acción de actores históricamente situados en un contexto específico, sujeto a un marco de regulación y ordenamiento [...] La cultura urbana es la articulación densa y compleja de un "escenario" que incluye la posición de los actores, las reglas y el dominio que poseen los actores sobre dichas reglas, además de los objetos materiales y simbólicos sobre los que operan los actores.[34]

De esta manera, se logra superar la conceptualización de la ciudad como un mero horizonte espacial, o como un imperativo territorial. Las diversas posiciones estructurales y situaciones de

[34] R. Reguillo, 1996 [sin referencia].

vida originan concepciones conflictivas sobre la ciudad que se expresan a través de sujetos que detentan identidades históricamente configuradas. Toda identidad se encuentra situada y confrontada siempre a otras identidades en una red intersubjetiva y, al mismo tiempo, es la sede de la competencia discursiva y cultural de los actores sociales.

En esta vertiente se convocó a un grupo de investigadores para discutir la relación entre iniciativas culturales y cuestión urbana a fin de caracterizar a las organizaciones sociales que han elaborado discursos propios sobre las ciudades y que han incorporado a sus estrategias y a sus prácticas —de manera implícita o explícita— determinadas concepciones sobre la cultura y la identidad.[35]

En los trabajos de Néstor García Canclini, considerado como sujeto epistémico,[36] es observable una trayectoria de investigación sistemática y creativa que va desde el estudio del arte, el arte popular y las artesanías, hasta la formulación polémica y exitosa del concepto de *culturas híbridas*, y que desemboca en la cultura urbana como tema estructurador del posgrado en antropología que se imparte en la Universidad Autónoma Metropolitana-Iztapalapa. De acuerdo con el propósito de este balance, nos limitamos a mencionar los textos donde se refiere de manera explícita a la cultura urbana.

Interesados por el tema general de los cambios culturales en las ciudades fronterizas, Safa y García Canclini reportan en su estudio sobre Tijuana que se trata de una ciudad plural, donde se da el entrecruzamiento de muchas vertientes culturales. Los usos del espacio urbano se hicieron investigables utilizando la fotografía y preguntando a distintos grupos por los lugares más representativos de la vida y la cultura de Tijuana. A fines de 1989 se podía observar que esa ciudad era vivida como una experiencia compartida, a pesar de la heterogeneidad espacial y la diversidad social de sus habitantes. Al mismo tiempo la experiencia

[35] *Vid.* Héctor Rosales (coord.), *Cultura, sociedad civil y proyectos culturales en México*, CRIM/CNCA, México, 1994.

[36] El concepto de *sujeto epistémico* es útil para proponer como objeto de conocimiento la trayectoria y el trabajo discursivo de personas concretas que interesan como especialistas capaces de modular y modelar el sentido de formas simbólicas específicas. En este caso se trata de *la ciudad* y la diversidad de interpretaciones que pueden construirse sobre ella.

formada por olas de migración le permitió a García Canclini preguntarse por el sentido de la desterritorialización de la cultura.[37]

En un trabajo publicado en 1995, García Canclini sintetiza experiencias de investigación previas sobre consumo cultural (1993) y sobre públicos de arte y política cultural (1991), para proponer algunas ideas-tesis que le dan a los estudios culturales urbanos una proyección nueva. La multiculturalidad y la fragmentación aparecen como categorías aglutinantes de una formulación teórica en formación que advierte los cambios de sentido que hoy afectan al concepto *ciudad*. En un plano descriptivo son reconocibles en la ciudad de México varias ciudades entremezcladas: la histórico-territorial, la industrial, la informacional; y la de *videoclip*, por lo cual se plantea la interrogante de cómo se combinan las definiciones sociodemográficas y espaciales con una definición sociocomunicacional.[38]

Ante las transformaciones del objeto "ciudad" los temas de investigación se diversifican para abarcar desde lo barrial, lo doméstico, lo privado y lo vecinal, hasta las nuevas formas de identidad que se organizan en las redes inmateriales, en los procesos de transmisión del conocimiento, en los lazos difusos del comercio y en los ritos ligados a la comunicación transnacional; en síntesis, en la multiculturalidad constitutiva de la ciudad que habitamos.

En un estudio reciente García Canclini, en colaboración con Ana Rosas y Alejandro Castellanos, plantea una serie de preguntas de mayor complejidad. Si la cultura urbana es el sentido que tiene la ciudad para sus sujetos, su multiplicidad nos plantea la existencia de varias culturas urbanas. ¿Cuál es la relación entre

[37] Néstor García Canclini y Patricia Safa, *Tijuana. La casa de toda la gente*, INAH-ENAH/ Programa Cultural de las Fronteras/ UAM-Iztapalapa/Conaculta, México, 1989; Néstor García Canclini, "Escenas sin territorio. Cultura de los migrantes e identidades en transición. La comunicación desde las prácticas sociales. Reflexiones en torno a su investigación", *Cuadernos de Comunicación y Prácticas Sociales*, núm. 1, Universidad Iberoamericana, México, 1990, pp. 40-58.

[38] Néstor García Canclini, "Ocho postales sobre las cuatro ciudades de México", texto introductorio al simposio "Lo público y lo privado en ciudades multiculturales", Programa de Estudios sobre Cultura Urbana UAM-Iztapalapa/Fundación Rockefeller, Galería Metropolitana, México, D. F., 6-9 de mayo, 1996; "Las cuatro ciudades de México", en *Cultura y comunciación en la ciudad de México. Primera parte*, Grijalbo, México, 1998, pp. 19-39.

ellas? ¿Hay verticalidad u horizontalidad? ¿Qué pasa con la dominación, la hegemonía y la legitimidad? ¿Cuáles son los aspectos explícitamente políticos de la cultura urbana? Para responder empíricamente se plantea el viaje como objeto de estudio antropológico; la cultura urbana del "viajero" aparece como un conjunto de tácticas, desvíos y fantasías que remiten a una modalidad de vivir la ciudad transformada en una serie de flujos, donde la experiencia urbana está deslocalizada.

Estos trabajos llevan a proponer los modos de experimentar e imaginar la ciudad como tema para el Programa de Cultura Urbana que coordina García Canclini en la UAM-Iztapalapa. En ese programa el centro de análisis son las culturas de las megalópolis que se estudian en las tensiones observables entre el lugar de residencia y los desplazamientos, entre lo cotidiano y lo imaginario, y entre lo privado y lo público. El conjunto de trabajos derivados de esta iniciativa interrelacionada con la formación de investigadores constituye un abanico muy amplio de opciones teóricas y metodológicas que parecen inaugurar un nuevo ciclo de estudios donde se redefinen las relaciones entre la cultura, lo urbano y la ciudad.

Se trata de estudios que anuncian la búsqueda de distintas maneras de concebir e interpretar la espacialidad de los fenómenos sociales en relación no con territorios físicos más o menos delimitados, sino con la manera en que las relaciones sociales, las modalidades de consumo, los gustos y los trayectos de individuos y grupos deambulando por la ciudad originan formas culturales construidas sobre la base de la interacción y el simbolismo, que remiten más a lo efímero y a la diversidad que a la permanencia y a la homogeneidad.[39] Algunos temas: los salones de baile,[40] la música popular,[41] la vida condominal,[42] las relacio-

[39] Miguel Ángel Aguilar, "La cultura urbana como descubrimiento del lugar", *Ciudades*, núm. 27, RNIU, México, julio-septiembre de 1995, pp. 51-55.

[40] Amparo Sevilla, "Los salones de baile popular: espacios de ritualización urbana", en Néstor García Canclini (coord.), *Cultura y comunicación en la ciudad de México. Segunda parte*, Grijalbo, México, 1998, pp. 221-269.

[41] Vergara, 1998 [sin referencia].

[42] Ángela Giglia, "Vecinos e instituciones. Cultura ciudadana y gestión del espacio compartido", en Néstor García Canclini (coord.), *Cultura y comunicación en la ciudad de México. Primera parte*, Grijalbo, México, 1998, pp. 133-181.

nes culturales en la periferia,[43] y la construcción de lo local en las grandes ciudades,[44] espacio público,[45] música.[46]

Como parte de esta veta de investigación resulta inquietante la propuesta de Miguel Ángel Aguilar, quien concibe a la cultura urbana como un lugar conceptual que se encuentra en un proceso de mutación,[47] y como "descubrimiento del lugar". Esta idea tiene la virtud de volver a plantear la pregunta fundante: ¿en qué consiste la relación entre pensamiento y realidad? En este caso, nos recuerda que la cultura urbana como realidad social y antropológica ha pasado por procesos de cambio y mutación, lo cual pone a prueba la pertinencia y flexibilidad de la cultura urbana como lugar conceptual. La ciudad contemporánea es dispersa, motorizada y tecnologizada, lo cual señala los límites de los sistemas culturales fundados sobre referentes espaciales.

¿Estamos ante la evidencia de que la fenomenología de las ciudades globales y de las megaciudades conducen a una situación poscitadina? ¿Hay esbozos de socialidad nueva, de nuevas percepciones del espacio y del tiempo en los no lugares de los conglomerados citadinos posmodernos?

## Las culturas urbanas como realidad compleja

¿Qué hay detrás de estas diversas formas de conceptualización? Lo que hay, sin duda, es un trabajo reflexivo y acumulativo muy importante acerca del significado que tienen las ciudades en la vida social contemporánea. La ciudad, en tanto espacio pluridi-

[43] Eduardo Nivón,"De periferia y suburbios culturales. Territorio y relaciones culturales en las márgenes de la ciudad", en Néstor García Canclini (coord.), *Cultura y comunicación en la ciudad de México. Primera parte*, Grijalbo, México, 1998, pp. 205-233.

[44] Patricia Safa, "Identidades locales y multiculturalidad: Coyoacán", en Néstor García Canclini (coord.), *Cultura y comunicación en la ciudad de México. Primera parte*, Grijalbo, México, 1998, pp. 279-319.

[45] Miguel Ángel Aguilar, "Espacio público y prensa urbana", en Néstor García Canclini (coord.), *Cultura y comunicación en la ciudad de México. Segunda parte*, Grijalbo, México, 1998, pp. 85-125.

[46] César Abilio Vergara, "Música y ciudad: representaciones, circulación y consumo", en Néstor García Canclini (coord.), *Cultura y comunicación en la ciudad de México. Segunda parte*, Grijalbo, México, 1998, pp. 183-219.

[47] Miguel Ángel Aguilar, "La cultura urbana como descubrimiento del lugar", *Ciudades*, núm. 27, RNIU, México, julio-septiembre de 1995, pp. 51-55.

mensional, representa hoy el más importante escenario en el que transcurren los eventos estructuradores de lo real. La ciudad, especialmente desde la perspectiva "sociocomunicacional", puede ser pensada como una realidad compleja susceptible de hacerse inteligible mediante la investigación. La ciudad como objeto tiene una cara visible, empírica y cotidiana que es accesible para el discurso social común; lo enigmático es su funcionamiento como un dispositivo de poder, de explotación o de hegemonía, y que al mismo tiempo provoca sensaciones, percepciones y experiencias que expanden las posibilidades de lo imaginario, de la expresividad y de la utopía.

En los estudios culturales urbanos se cuenta con un conjunto de experiencias que han logrado articular los elementos necesarios para descubrir y develar zonas opacas de la realidad, con lo cual se vuelve inteligible lo que ocurre en ellas y se abren opciones para la redefinición de lo público y de los intereses ciudadanos.

## Los desafíos del presente y la apertura a lo inédito urbano

¿Qué lugar ocupa la ciudad, entendida como una realidad articulada de múltiples dimensiones subjetivas, temporales y espaciales, en la estructuración de las sociedades capitalistas contemporáneas?

El recorrido que hemos realizado, a través de la literatura disponible en México sobre las culturas urbanas, nos ha conducido por ciertos laberintos epistémicos que podrían incorporarse a la agenda de las ciencias sociales para el nuevo siglo. El dilema epistemológico y político es aceptar la realidad, y en este caso las realidades urbanas tal y como se viven en cada ciudad, como algo dado, estructurado y cristalizado por fuerzas históricas inmodificables, o bien, asumiendo la condición de sujetos, apelar a *lo inédito y potencialmente otro* enraizado en la historicidad, para observar las luchas políticas que se dan entre los sujetos que se disputan el espacio urbano.

Este lugar —político y epistémico a la vez— puede ser eficaz para transformar teórica y prácticamente el significado de lo urbano por quienes padecen sus formas de opresión.

Si la realidad sólo puede ser aprehendida a nivel del pensamiento con un proceso completo de análisis y síntesis, evidentemente lo que nos muestran las diversas investigaciones reseñadas es que cada una de ellas ha sido diseñada a partir de ciertas condiciones particulares que le dan pertinencia y sentido. De allí se desprende una lección: si bien el trabajo teórico y metodológico remite a cierta modalidad de acumulación cognoscitiva, cada nueva investigación ubicada en el subcampo de los estudios culturales urbanos le planteará a su autor desafíos únicos que serán resueltos desde su subjetividad y su ubicación sociohistórica. En todo caso, es importante advertir que en cada modalidad de investigación y en cada elección temática lo que está en juego es una manera de pensar y de hacer política.

En el horizonte contemporáneo, las determinaciones de contexto que no pueden omitirse son: la crisis económica a escala mundial y sus efectos sobre cada país, los límites geopolíticos a la autodeterminación nacional y las restricciones a la democracia. Si se acepta que lo urbano y el futuro de cada ciudad forman parte de las utopías enraizadas en nuestras realidades, entonces se le plantea al estudioso de la cultura el reto de interactuar en el terreno de la opinión pública, con los agentes de la sociedad civil y del Estado, donde las investigaciones puras y aplicadas, las teóricas y las empíricas, puedan ser recuperadas como elementos de un discurso que responda al deseo de vivir en sociedades incluyentes. En otras palabras, se trata de pensar la ciudad, lo urbano y la cultura desde las potencialidades presentes en lo real: las determinaciones objetivas, las capacidades y atributos de los sujetos que construyen y reconstruyen desde lo cotidiano el orden social y, que, de manera paradójica, son los depositarios de una subjetividad *potencialmente antagonista* orientada hacia un orden social distinto.

## EL HORIZONTE ACTUAL. ATISBOS A LA CIUDAD POSCARDENISTA

Con el fin de ilustrar las dificultades de transformación de la lógica de funcionamiento de la ciudad como un dispositivo productivo de socialidad, es importante cerrar este recorrido con una mirada a los tres años de gestión del gobierno cardenista en la ciudad de México desde el ángulo cultural. No hay duda de que estamos en el umbral de una disputa política decisiva para el futuro del país.

En una coincidencia afortunada, meses antes del inicio de la gestión cardenista en el Distrito Federal, se realizó el Primer Congreso Internacional Ciudad de México sobre políticas y estudios metropolitanos, el cual contó con una amplia participación académica. Aunque los trabajos presentados en ese congreso se publicaron dos años después y obviamente no tomaron en cuenta el contexto en que se desempeñó el nuevo gobierno, es posible establecer cierta correlación entre el conocimiento disponible sobre la ciudad y los márgenes de intervención que podían darle sentido a una manera diferente de ejercer el poder en la capital de la República.

En relación con el ámbito cultural, el horizonte reflexivo alcanzado en 1997 muestra la reiteración de varias premisas que consolidan a las culturas urbanas como un campo de estudio que cuenta con una amplia aceptación académica y una confluencia diversificada de perspectivas que van de lo territorial a lo comunicacional, a los espacios de la vida cotidiana, lo tradicional y las microinteracciones en los espacios públicos (de las plazas públicas a los centros comerciales), hasta una revaloración de lo político para incluir no sólo los procesos de la democracia formal, sino la experiencia de gestionar de manera directa algunos aspectos de la vida urbana.[48] También se ha aceptado que este conjunto de procesos se presenta yuxtapuesto, hibridizado y recombinado de maneras múltiples, originando situaciones inéditas para la investigación. ¿Qué sucede en las acciones políticas cotidianas con este conocimiento? Quienes están facultados para tomar decisiones sobre la ciudad, ¿lo toman en cuenta? Los investigadores, a su vez, ¿han ensayado formas eficaces para que su quehacer tenga repercusiones significativas?

En los balances preliminares sobre la gestión cardenista de la ciudad sobresale la situación inédita de que un gobierno de oposición pudiera demostrar que es posible la coexistencia entre un gobierno federal priísta y uno metropolitano perredista. Es evi-

[48] *Cf.* Miguel Ángel Aguilar, César Cisneros, Eduardo Nivón (coords.), *Diversidad: aproximaciones a la cultura de la metrópoli*, Plaza y Valdés/UAM-Iztapalapa, México, 1999, p. 205.

dente que la coexistencia ha sido conflictiva y con momentos de tensión que trascendieron a los medios de difusión. En lo económico, el gobierno de la ciudad de México vio restringido su presupuesto y su nivel de endeudamiento; de esta manera, la gestión tuvo que ser austera y dedicada al mantenimiento de los aspectos del funcionamiento básico de los servicios urbanos. En lo social se modificó el asistencialismo por formas nuevas de participación y corresponsabilidad. Los movimientos sociales, ciudadanos, de organizaciones sociales y vecinales de afiliación o con simpatía hacia el Partido de la Revolución Democrática contaron con un ambiente propicio para su consolidación. Al mismo tiempo los sectores sociales con una cultura política corporativa de filiación priísta (vendedores ambulantes, organizaciones de transporte, colonos) se transformaron en grupos de presión con un activismo que limitó las transformaciones democráticas y ciudadanas en estos sectores. El tema de la inseguridad ocupó los primeros planos y se reactivó el discurso sobre la ingobernabilidad de la metrópoli.

En relación con los aspectos simbólicos, la creación del Instituto de Cultura de la Ciudad de México generó la expectativa de que pudieran ensayarse políticas culturales con una orientación diferente de las políticas de las administraciones previas. En la práctica, y con limitaciones presupuestales, temporales y de organización, las líneas principales en el campo cultural se enfocaron a mejorar las condiciones materiales de los centros sociales y las casas de cultura, a una serie de acciones para democratizar el acceso a los bienes simbólicos, desde la creación de libro-clubes, hasta la realización de festivales masivos o experiencias como el teatro en atril, o concursos de teatro político, o la secuencia de "megas": rosca, ofrenda, ajedrez y rocanrol. La inercia de las políticas culturales vigentes se expresó en la realización de los festivales anuales del Centro Histórico y en la celebración anticipada del cambio de milenio. En síntesis, hay una serie de indicadores que muestran el desfase entre el horizonte discursivo alcanzado en las ciencias sociales y en la literatura sobre los múltiples significados de la experiencia urbana y las acciones emprendidas en el campo cultural por el primer gobierno no priísta de la ciudad de México.

## Cierre

Frente a los escenarios políticos futuros, el campo de investigación sobre las culturas urbanas en México puede jugar un papel estratégico si se establecen formas de intercambio oportunas y eficaces entre investigadores, periodistas, organizaciones sociales, movimientos ciudadanos y funcionarios. Hay muchos territorios inexplorados donde podría reencontrarse el sentido profundo y trascendente de una actividad olvidada: *habitar*.

Frente a las fuerzas que empujan hacia la desterritorialización y la deslocalización, el conocimiento de la singularidad de las ciudades, de los territorios y de las formas sociales de significarlos, puede conjugarse con una búsqueda filosófica, artística y poética abierta a la creatividad social e individual. Las investigaciones sobre las culturas urbanas podrían potenciar sus alcances si son capaces de incluir la riqueza múltiple de lo elementalmente humano presente en el entramado sutil que se da entre lo espacial y lo social, mediado por la condición humana en su devenir: temporalidad, historicidad, utopía.

## BIBLIOGRAFÍA

Abilio Vergara, César, "Música y ciudad: representaciones, circulación y consumo", en Néstor García Canclini (coord.), *Cultura y comunicación en la ciudad de México. Segunda parte*, Grijalbo, México, 1998, pp. 183-219.

Aguilar, Díaz, Miguel Ángel, "La ciudad de México como experiencia urbana: rasgos y tendencias", en varios autores, *Ciudad y campo en una era de transición*, UAM-Iztapalapa, México, 1994, pp. 201-216.

———, "La cultura urbana como descubrimiento del lugar", *Ciudades*, núm. 27, RNIU, México, julio-septiembre de 1995, pp. 51-55.

———, "Espacio público y prensa urbana", en Néstor García Canclini (coord.), *Cultura y comunicación en la ciudad de México. Segunda parte*, Grijalbo, México, 1998, pp. 85-125.

———, Amparo Sevilla y Héctor Rosales, "Cultura urbana en México en los ochenta: notas para un balance", *Sociológica*, núm. 18, UAM-Azcapotzalco, México, enero-abril de 1992, pp. 111-140.

Aguilar Díaz, Miguel Ángel, y Amparo Sevilla (coords.), *Estudios recientes sobre cultura urbana en México*, Plaza y Valdés, México, 1996.

———, César Cisneros, Eduardo Nivón (coords.), *Diversidad: aproximaciones a la cultura de la metrópoli*, Plaza y Valdés/UAM-Iztapalapa, México, 1999, 205 pp.

Arias, Patricia, "La antropología urbana ayer y hoy", *Ciudades*, núm. 31, RNIU, México, julio-septiembre de 1996, pp. 3-10.

Bellinghausen, Herman, "La cultura urbana", en Emilio Pradilla (comp.), *Cultura urbana*, Plaza y Valdés/Asamblea de Representantes, México, 1990.

Blanco, José Joaquín, "Identidad nacional y cultura urbana", *La Cultura en México*, núm. 1024, México, 11 de noviembre de 1981.

———, *Los mexicanos se pintan solos. Crónicas, paisajes, personajes de la ciudad de México*, Ciudad de México Librería y Editora, México, 1990.

Blanco, Manuel, *Ciudad en el alba*, CNCA, México, 1994.

Broadbent, Geoffrey, Richard Bunt y Charles Jencks, *El lenguaje de la arquitectura. Un análisis semiótico*, Limusa, México, 1991.

Castillo Berthier, Héctor, "Juventud, cultura y política social", tesis de doctorado en sociología, Facultad de Ciencias Políticas y Sociales, UNAM, México, 1998.

Cisneros Puebla, César A., "Ciudadanías y modernidad: democratización de espacios metropolitanos", en varios autores, *Ciudad y campo en una era de transición*, UAM-Iztapalapa, México, 1994, pp. 217-237.

Coraggio, José Luis, "Desafíos de la investigación urbana desde una perspectiva popular en América Latina", *Sociológica*, núm. 12, UAM-Azcapotzalco, México, enero-abril de 1990, pp. 153-174.

———, "Rutas para una discusión sobre el futuro de la investigación urbana en América Latina", *Sociológica*, núm. 18, UAM-Azcapotzalco, México, enero-abril de 1992, pp. 141-156.

Díaz-Berrio Fernández, Salvador, *Protección del patrimonio cultural urbano*, INAH, México, 1986.

Duhau, Emilio, "La sociología y la ciudad. Panorama y perspectivas de los estudios urbanos en los años ochenta", *Sociológica*, núm. 15, UAM-Azcapotzalco, México, enero-abril de 1991, pp. 211-280.

———, y Lidia Girola, "La ciudad y la modernidad inconclusa", *Sociológica*, núm. 5, México, enero-abril de 1990, pp. 9-32.

Esteve Díaz, Hugo (coord.), *Los movimientos sociales urbanos. Un reto para la modernización*, Instituto de Proposiciones Estratégicas, México, 1992.

Evers, Tilman, Clarita Muller-Plantenberg y Stefanie Spessart, "Movimientos barriales y Estado. Luchas en la esfera de la reproducción en América Latina", *Revista Mexicana de Sociología*, vol. XLIV, núm. 2, abril-junio de 1982, pp. 703-756.

Fernández Durán, Ramón, *La explosión del desorden. La metrópoli como espacio de la crisis global*, Fundamentos, Madrid, 1993.

García Canclini, Néstor, "Escenas sin territorio. Cultura de los migrantes e identidades en transición. La comunicación desde las prácticas sociales. Reflexiones en torno a su investigación", *Cuadernos de Comunicación y Prácticas Sociales*, núm. 1, Universidad Iberoamericana, México, 1990, pp. 40-58.

———, *Consumidores y ciudadanos. Conflictos multiculturales de la globalización*, Grijalbo, México, 1995.

———, "Ocho postales sobre las cuatro ciudades de México", texto introductorio al simposio "Lo público y lo privado en ciudades multiculturales", Programa de Estudios sobre Cultura Urbana UAM-Iztapalapa/Fundación Rockefeller, Galería Metropolitana, México, D. F., 6-9 de mayo de 1996.

——— (coord.), *Cultura y comunicación en la ciudad de México. Primera parte. Modernidad y multiculturalidad: la ciudad de México a fin de siglo*, Grijalbo, México, 1998a.

——— (coord.), *Cultura y comunicación en la ciudad de México. Segunda parte. La ciudad y los ciudadanos imaginados por los medios*, Grijalbo, México, 1998b.

———, "Las cuatro ciudades de México", en *Cultura y comunicación en la ciudad de México. Primera parte*, Grijalbo, México, 1998c, pp. 19-39.

———, *Tijuana. La casa de toda la gente*, INAH-ENAH/Programa Cultural de las Fronteras/UAM-Iztapalapa/Conaculta, México, 1989.

———, y Mabel Piccini, "Culturas de la ciudad de México: símbolos colectivos y usos del espacio urbano", en Néstor García Canclini (coord.), *El consumo cultural en México*, Grijalbo/Conaculta, México, 1993.

———, Alejandro Castellanos y Ana Rosas Mantecón, *La ciudad de los viajeros. Travesías e imaginarios urbanos en México, 1940-2000*, Grijalbo/UAM-Iztapalapa, México, 1996.

Gazzoli, Rubén, "El barrio, entre la mitología y la realidad", *Nueva Sociedad*, núm. 75, San José, enero-febrero de 1985, pp. 71-77.

Giglia, Ángela, "Significación y contradicciones de un espacio público autoconstruido", *Ciudades*, núm. 27, RNIU, México, julio-septiembre de 1995, pp. 18-23.

———, "Vecinos e instituciones. Cultura ciudadana y gestión del espacio compartido", en Néstor García Canclini (coord.), *Cultura y comunicación en la ciduad de México. Primera parte*, Grijalbo, México, 1998, pp. 133-181.

Gilly, Adolfo, "La acre resistencia a la opresión (Cultura nacional, identidad de clase y cultura popular)", *Cuadernos Políticos*, núm. 30, México, octubre-diciembre de 1981, pp. 45-52.

Gimate-Welsh, Adrián, y Enrique Marroquín, *Lenguaje, ideología y clases sociales. Las vecindades en Puebla*, Universidad Autónoma de Puebla, México, 1985, 249 pp.

González Lobo, Carlos, "Del barrio nostálgico a la ciudad de masas", en José Luis Lee y Celso Valdés (comps.), *La ciudad y sus barrios*, UAM-Xochimilco, México, 1994, pp. 59-66.

González Sánchez, Jorge A., "Frentes culturales urbanos (Notas varias sobre la construcción de la hegemonía en la ciudad: a medio camino entre el pavimento y el *smog*)", *Iztapalapa*, núm. 9, División de Ciencias Sociales y Humanidades, UAM-Iztapalapa, México, 1983, pp. 79-86.

Gravano, Ariel, "La identidad barrial como producción ideológica", *Folklore Americano*, Instituto Panamericano de Geografía e Historia, México, julio-diciembre de 1988, pp. 133-168.

Jelin, Elizabeth, "Ciudades, cultura y globalización", en Lourdes Arizpe (coord.), *Informe mundial sobre la cultura. Cultura, creatividad y mercados*, UNESCO/Acento, Madrid, 1998, pp. 105-124.

Jitrik, Noé, "Voces de ciudad", *Versión*, núm. 5, UAM-Xochimilco, México, abril de 1995, pp. 45-58.

Karp, Lian, *Movimientos culturales en la frontera sonorense*, El Colegio de Sonora, Hermosillo, 1991.

Keller, Suzanne, *El vecindario urbano. Una perspectiva sociológica*, Siglo XXI, México, 1979.

Lindón Villoria, Alicia M., "El trabajo y la vida cotidiana en la conformación de los modos de vida. El Valle de Chalco", *Informe de investigación para el Seminario de Estudios de la Cultura*, mimeo, Seminario de Estudios de la Cultura, México, 1996.

Lima, Francisca, "El espacio y los objetos cotidianos: un texto social a descifrar", *Alteridades. Anuario de Antropología*, UAM-Iztapalapa, México, 1991, pp. 43-88.

López Moreno, Eduardo, y Xóchitl Ibarra Ibarra, "Diferentes formas de habitar el espacio urbano", *Ciudades*, núm. 31, RNIU, México, julio-septiembre de 1996, pp. 29-35.

Manrique, Jorge Alberto, "Barrios y promoción cultural", *Zurda*, núms. 5-6, Colectivo Zurda, A. C., México, enero-junio de 1989, pp. 103-106.

Massolo, Alejandra, "Las mujeres en los movimientos sociales urbanos de la ciudad de México", *Iztapalapa*, núm. 9, UAM-Iztapalapa, México, 1983.

———, *Por amor y por coraje. Mujeres en movimientos urbanos de la ciudad de México*, El Colegio de México, México, 1992.

Melé, Patrice, "Sacralizar el espacio urbano: el centro de las ciudades mexicanas como patrimonio cultural no renovable", *Alteridades*, núm. 16, UAM-Iztapalapa, México, julio-diciembre de 1998, pp. 11-26.

Mercado, Ángel, *Loppe López. Gestor urbano*, UAM-Xochimilco, México, 1989.

Monsiváis, Carlos, "Zócalo, la Villa y anexas. De cultura popular urbana, industria cultural, cultura de masas y al fondo hay lugar", *Nexos*, núm. 2, México, agosto de 1978, pp. 4-7.

———, "Los de atrás se quedarán (Notas sobre cultura y sociedad de masas en los setentas)", *Nexos*, núm. 26, México, febrero de 1980, pp. 35-44.

———, "Cultura y sociedad en los setentas. Los de atrás se quedarán (II)", *Nexos*, México, núm. 28, abril de 1980, pp. 11-24.

———, "Lo popular en el espacio urbano", *La Cultura en México*, núm. 1024, México, 11 de noviembre de 1981.

———, *Entrada libre. Crónicas de la sociedad que se organiza*, ERA, México, 1987.

Morales Moreno, Jorge, "Discurso, urbanismo y ciudades: de la ciudad de la razón a la ciudad de México", *Sociológica*, núm. 6, UAM-Azcapotzalco, México, primavera de 1988, pp. 35-72.

Nivón, Eduardo, "El surgimiento de identidades barriales. El caso Tepito", *Alteridades*, s. n., UAM-Iztapalapa, México, 1989.

———, "La metrópoli como problema cultural", en varios autores, *Antropología y ciudad*, CIESAS, México, 1993, pp. 59-74.

———, "De periferia y suburbios culturales. Territorio y relaciones culturales en las márgenes de la ciudad", en Néstor García Canclini (coord.), *Cultura y comunicación en la ciudad de México. Primera parte*, Grijalbo, México, 1998, pp. 205-233.

———, y Raúl Nieto, *Lo metropolitano y lo periférico: la experiencia urbana. Informe de investigación para el Seminario de Estudios de la Cultura*, mimeo, Seminario de Estudios de la Cultura, México, 1995.

Núñez, Óscar, *Innovaciones democrático-culturales del Movimiento Urbano Popular. ¿Hacia nuevas culturas locales?*, UAM-Azcapotzalco, México, 1990.

Olea, Óscar, *El arte urbano*, UNAM, México, 1980.

Ortiz, Víctor Manuel, *El barrio bravo de Madrigal*, Centro de Estudios de las Tradiciones, El Colegio de Michoacán, México, 1990.

Peña, Guillermo de la, "La cultura política entre los sectores populares de Guadalajara", *Nueva Antropología*, núm. 38, México, s. f., pp. 83-107.

———, y Renée de la Torre, "Religión y política en los barrios populares de Guadalajara", *Estudios Sociológicos*, núm. 24, El Colegio de México, México, septiembre-diciembre de 1990, pp. 571-602.

Perló Cohen, Manuel (comp.), *La modernización de las ciudades en México*, UNAM, México, 1990.

Piccini, Mabel, "Ciudades de fin de siglo. Vida urbana y comunicación", *Versión*, núm. 9, UAM-Xochimilco, México, abril-junio de 1999.

Portal, María Ana, *Ciudadanos desde el pueblo. Identidad urbana y religiosidad popular en San Andrés Totoltepec, Tlalpan, México, D. F.*, Dirección General de Culturas Populares, México, 1997.

Reguillo, Rossana, *La construcción simbólica de la ciudad. Cultura, organización, comunicación. El 22 de abril en Guadalajara*, ITESO, México, 1997.

Reyes, Guadalupe, y Ana María Rosas, "Los usos del pasado: tres momentos en la lucha por el espacio en el centro histórico de la ciudad de México", en varios autores, *Antropología y ciudad*, CIESAS, México, 1993, pp. 297-320.

Rodríguez, Mariangela, *Hacia la estrella con la pasión y la ciudad a cuestas. Semana Santa en Iztapalapa*, CIESAS, México, 1991.

———, "Los rituales políticos son mucho más que puro principio del placer: 5 de mayo en el Peñón de los Baños", *Alteridades*, núm. 3, UAM-Iztapalapa, México, 1992, pp. 21-30.

Rosales, Héctor, *Tepito Arte Acá (Ensayo de interpretación de una práctica cultural en el barrio más chido de la ciudad de México)*, CRIM-UNAM, México, 1986, 58 pp. (Col. Aportes de Investigación, núm. 13.)

———, *Tepito. ¿Barrio vivo?*, CRIM-UNAM, México, 1991, 271 pp.

——— (coord.), *Cultura, sociedad civil y proyectos culturales en México*, CRIM/CNCA, México, 1994a.

———, "Los barrios en la ciudad de masas", en José Luis Lee y Celso Valdés (comps.), *La ciudad y sus barrios*, UAM-Xochimilco, México, 1994b, pp. 73-80.

———, "Cómo ser buen vecino y no morir en el intento (notas para teorizar la vida cotidiana desde una de las periferias de la ciudad de México)", Miguel Ángel Aguilar, César Cisneros y Eduardo Nivón (coords.), *Territorio y cultura en la ciudad de México*, Plaza y Valdés/UAM-Iztapalapa, México, 1999, pp. 85-98.

Rosas Mantecón, Ana, "Historia y vida cotidiana: la apropiación del patrimonio mexica dentro y fuera del Museo del Templo Mayor", *Alteridades*, núm. 3, UAM-Iztapalapa, México, 1992, pp. 11-20.

———, "La invasión de Tepito por el comercio ambulante", *Ciudades*, núm. 27, RNIU, México, julio-septiembre de 1995, pp. 3-9.

Safa, Patricia, "Vida urbana, heterogeneidad cultural y desigualdades sociales: el estudio en México de los sectores populares urbanos", *Alteridades*, núm. 3, UAM-Iztapalapa, México, 1992, pp. 3-10.

———, "El espacio urbano como experiencia cultural", en varios autores, *Antropología y ciudad*, CIESAS, México, 1993, pp. 283-296.

———, "La construcción de las imágenes urbanas: el caso de Coyoacán", *Ciudades*, núm. 27, RNIU, julio-septiembre de México, 1995, pp. 9-13

Safa, Patricia, *La construcción de lo local en las grades ciudades. Transformación del entorno urbano y organización vecinal. Informe de investigación para el Seminario de Estudios de la Cultura,* mimeo, Seminario de Estudios de la Cultura, México, 1995.

———, "Memoria y tradición, dos recursos para la construcción de las identidades locales: el caso del pueblo de Los Reyes, Coyoacán, D. F.", ponencia presentada en el "Simposio lo público y lo privado en ciudades multiculturales", Programa de Estudios sobre Cultura Urbana de la UAM-Iztapalapa/Fundación Rockefeller, México, 6-9 de mayo de 1996.

———, "Identidades locales y multiculturalidad: Coyoacán", en Néstor García Canclini (coord.), *Cultura y comunicación en la ciudad de México. Primera parte,* Grijalbo, México, 1998, pp. 279-319.

Sevilla, Amparo, "Los salones de baile popular de la ciudad de México", *Ciudades,* núm. 27, RNIU, México, julio-septiembre de 1995, pp. 35-39.

———, "Los salones de baile popular: espacios de ritualización urbana", en Néstor García Canclini (coord.), *Cultura y comunicación en la ciudad de México. Segunda parte,* Grijalbo, México, 1998, pp. 221-269.

Signorelli, Amalia, "Clases dominantes y clases subalternas. El control del ecosistema urbano", en Gilberto Giménez, *La teoría y el análisis de la cultura,* Comecso, México, 1987, pp. 345-356.

Tamayo, Sergio, "La ciudad y sus barrios", *Anuario de Estudios Urbanos,* núm. 3, UAM-Azcapotzalco, México, 1996, pp. 263-271.

Thompson, John B., *Ideología y cultura moderna. Teoría social crítica en la era de la comunicación de masas,* UAM-Xochimilco, México, 1993 (1ª ed. en inglés, 1990).

Tudela, Fernando, *Arquitectura y procesos de significación,* Edicol, México, 1980.

Urteaga, Martiza, "Nuevas culturas populares. Rock mexicano e identidad juvenil en los 80", tesis de maestría, ENAH, México, s. f.

Valenzuela Arce, José Manuel, *Empapados de sereno. Reconstrucción testimonial del movimiento urbano popular en Baja California (1928-1988),* El Colegio de la Frontera Norte, Tijuana, 1991.

# *Cultura, género y epistemología*

MARTA LAMAS

HABLAR DE GÉNERO es referirse a un filtro cultural, a una identidad y a un conjunto de prácticas, creencias, representaciones y prescripciones sociales. La comprensión de cómo la simbolización de la diferencia sexual estructura la vida material y simbólica es ese tipo de cortes *(breaks)* epistemológicos que Stuart Hall considera importantes y significativos: "Cuando las viejas líneas de pensamiento son interrumpidas, antiguas constelaciones son desplazadas y los elementos, nuevos y viejos, son reagrupados alrededor de un nuevo conjunto de premisas y temas".

El problema de las implicaciones del género en la producción de conocimiento no ha sido muy trabajado en México. Aunque ya ciertas disciplinas de las ciencias sociales empiezan a dar un lugar central al concepto de género como una relación social, todavía no se le concibe como un constructo epistemológico que tiñe la forma en que comprendemos el mundo. Reconocer la "generización" de nuestra mirada y la "generización" del conocimiento implica un escrutinio continuo de las relaciones de nuestra vida cotidiana.

Ya Homi Bhabha estableció un estrecho vínculo entre el lugar que se ocupa *(location)* y la posibilidad de hablar *(locution)*: dependiendo de la locación que se tenga en las estructuras de poder y privilegio, una persona podrá hablar o no. Por eso no se trata de analizar sólo los discursos, sino también los silencios y, sobre todo, las prácticas. Hay que revisar las relaciones (materiales, sociales, históricas) y las prácticas culturales viendo cómo están posicionados los sujetos, y cómo son marcados por lo que Bourdieu llama la red de relaciones de oposición.

Coincidiendo con las ideas posestructuralistas, pero producto de un largo proceso político, la reflexión crítica feminista se centra en esta labor. La relación entre lo femenino y lo masculino no es definitiva, no está fija; es una experiencia compleja, pero no es la única que determina nuestra subjetividad: nunca somos sólo una mujer o un hombre (somos personas de una raza, clase, etnicidad, orientación sexual, edad, religión, etc.). Además de nuestras múltiples ubicaciones, los seres humanos desarrollamos prácticas simbólicas que transforman la actividad política, la historia y la interpretación cultural. Por eso voces plurales y verdades provisionales cuestionan y reformulan la propia categoría de género.

Desde la formulación psicoanalítica de que la sexualidad es el malestar en la cultura, ¿por qué en México los estudios culturales investigan y reflexionan poco sobre algo tan enigmático? El tabú sobre la sexualidad tiene que ver con la construcción del género. Resulta interesante que en nuestro país la fascinación académica por la identidad haya encontrado su tope en el ámbito de lo sexual y que el discurso político no denuncie la doble moral sexual, el sexismo y la homofobia. ¿Será que el contexto político e intelectual mexicano no respeta ni valora la diversidad sexual porque no ha hecho todavía un cuestionamiento radical sobre el género?

## La percepción de la cultura

Los cambios de orientación de la investigación antropológica no han sustituido la centralidad explicativa del término cultura. Es más, el término cultura ha ido rebasando su utilización antropológica original para convertirse en uno de los conceptos más utilizados para pensar la condición humana en las ciencias sociales y las humanidades. Pero aunque el término cultura aparece en un amplio rango de los escritos de distintas disciplinas sociales, persiste un cierto monismo explicativo. Marilyn Strathern, en un agudo ensayo, señala el riesgo de utilizar la cultura como un concepto totalizador que vuelve todo evidencia de sí mismo: como el contexto de los contextos. Según ella, el término cultura ofrece "la flexibilidad de un concepto que es simultáneamente normativo y comparativo". Por eso, como hoy en día la percepción del papel de la cultura en la vida humana se palpa en todas partes, el concepto cultura se usa cada vez más en el lenguaje coloquial, en la vida cotidiana y en el discurso político. Sin embargo, ¿hay connotaciones nuevas no antropológicas del término cultura, o se trata sólo de aplicaciones del término antropológico fuera de su ámbito? Más bien se trata de lo segundo.

Un ejemplo de ello lo pone la propia Strathern respecto a la creciente utilización de "cultura" en el mundo gerencial y del *management*:

> El concepto [de cultura] apunta a diferencias entre sistemas de valor, al vínculo entre práctica y *ethos*, a la necesidad de cambiar de hábitos si se pretende que la gente cambie su forma de pensar. Por eso en el mundo de la administración, donde se habla de cultura organizacional, se subraya la importancia de la cultura como instrumento para el cambio. Esta acepción es razonable, ya que de lo que trata es de reconocer que particulares prácticas organizacionales están inscritas en una muy específica matriz valorativa.

Este papel que se le da a la cultura como agente de transformación para el cambio opera en contadas ocasiones. Generalmente cuesta trabajo cobrar conciencia de la propia cultura; se requiere dar un paso atrás o "salirse" de ella para poder visualizarla. Constantemente los antropólogos van de manera deliberada de un contexto cultural a otro. Strathern dice que lo hacen con la intención de detectar los elementos culturales del medio cultural que habitan. Este tipo de movimiento es crucial para percibir nuevos significados.

Una de las formas en que las personas adquieren conocimiento es moviendo sus marcos de percepción. Conocimiento es la posibilidad de pasar de un tipo de percepción a otro, de ampliar la mirada. La invisibilidad de cierto rasgo cultural se hace evidente al posicionarse en otro ámbito. Por ello, al percibir nuevas cuestiones, es posible efectuar un proceso transformativo. Si la gente cambia de forma rutinaria la base de su percepción, crea órdenes, escalas, niveles. El hecho de cambiar de perspectiva introduce posibilidades epistemológicas distintas.

El cambio de perspectiva que introdujo el feminismo en los años setenta movió el encuadre de las ciencias sociales. No es de extrañar que la tensión que produjo el feminismo en el escenario político del mundo también se manifestara en el espacio académico, y que afectara la producción de teorías y conocimientos. Al poner el dedo en la llaga del androcentrismo, el feminismo condujo a un cuestionamiento de la supuesta objetividad científica y llamó la atención sobre la determinación sexual de los sujetos productores de conocimiento. Las teóricas feministas se dedicaron a mostrar cómo ciertos postulados del conocimiento establecen la legitimación de ciertos mecanismos de dominación y exclusión.

El objetivo de descentrar los principios epistemológicos que alimentan la historia de las ideas occidentales, en especial la idea de un sujeto supuestamente neutro pero discursiva y lingüísticamente masculino —el Hombre—, condujo a desconstruir las estructuras simbólicas, políticas e institucionales que posibilitan y rigen las prácticas y reflexiones humanas. La desconstrucción fue una herramienta útil para hacer un nuevo tipo de investigación, con un aliento teórico dirigido a cuestionar los códigos patriarcales heredados de la ética y la política.

La comprensión del género fue muy útil para reconocer la dicotomía en la que está fundada la tradición intelectual occidental y que ha tenido como efecto la subordinación política de las mujeres. Ver la diferencia sexual como un eje estructurante de la cultura y explorar cómo la simbolización que las sociedades hacen de ella produce el género, derivó primero en una revisión de los datos y después en introducir una nueva mirada crítica.

Ahora bien, no fue fácil reconocer el esquema de género. Como señala Bourdieu, la división de nuestro mundo está fundada en referencias a "las diferencias biológicas y sobre todo a las que se refieren a la división del trabajo de procreación y reproducción"; dicha división actúa como la "mejor fundada de las ilusiones colectivas". Establecido como "conjunto objetivo de referencias", el *género* estructura "la percepción y la organización concreta y simbólica de toda la vida social".

Por la construcción cultural del género (que produce un conjunto de ideas sobre las mujeres y los hombres) las sociedades definen tanto aspectos individuales no relacionados con la biología —el intelecto, la moral, la psicología y la afectividad— como aspectos sociales —la división del trabajo, las prácticas rituales y el ejercicio del poder—. Esto ha llevado a una división del ámbito público y el privado, y ha relegado a las mujeres a un estatus social y político inferior.

En la base de las epistemologías occidentales está la referencia al Hombre, un sujeto abstracto, universal, sin cuerpo. El feminismo realizó una dura crítica a una ciencia supuestamente objetiva y universal, pero claramente androcéntrica y occidental. En un primer momento, las investigadoras feministas, siguiendo la tendencia empirista, denunciaron la tradición dominante como parcial e incompleta pues excluía a las mujeres. Sin cuestionar los principios fundamentales de la investigación científica, ellas buscaron "complementar" la perspectiva unilateral de la investigación androcéntrica con la mirada de las mujeres para así lograr una ciencia "objetiva".

Mucho del debate epistemológico feminista se centró en la dicotomía absolutismo/relativismo. Ante el argumento de que si se abandona el objetivo de un conocimiento absoluto todo vale, Sandra Harding argumentó una fuerte objetividad *(strong objectivity)* que reconoce el posicionamiento social de la producción de conocimiento pero que al mismo tiempo exige una valoración crítica para determinar qué situaciones sociales tienden a generar las posturas más objetivas.

Pero la opción entre absolutismo *versus* relativismo es un falso dilema. Por eso un conocimiento del mundo social requiere lo que Bourdieu llama "la representación realista de la acción humana". Hasta ahora se ha privilegiado una "neutralidad" que olvida la diferencia sexual y deja fuera a las mujeres. En vez de defender la idea de un sujeto que se constituye por principios morales universales, se requiere ir construyendo un conocimiento que devele la singularidad de la persona sin olvidar que es un ser social.

El feminismo forzó a reconocer la diferencia sexual y a aceptar la existencia de un *yo relacional* que produce un conocimiento filtrado por la operación simbólica que otorga cierto significado a la masculinidad o la feminidad. El género se conceptualizó como el conjunto de referencias simbólicas que una cultura reparte en función de una clasificación de quién es hombre y quién es mujer. La complementariedad reproductiva, recreada en el lenguaje y en el orden representacional a partir del *género*, favorece una conceptualización esencialista de la *mujer* y del *hombre*, de la feminidad y la masculinidad. Así, el feminismo planteó que las prácticas de las mujeres y de los hombres no se derivan de esencias sino que son construcciones culturales pertenecientes al orden del lenguaje y las representaciones. O sea, la investigación, reflexión y debate alrededor del género condujeron a desesencializar la idea de *mujer* y de *hombre*, con todas las consecuencias epistemológicas y políticas que eso implica.

## El género como filtro epistemológico

La cultura marca a los sexos con el *género*, y el *género* marca la percepción de todo lo demás: lo social, lo político, lo religioso, lo cotidiano. El *género* es un filtro, y una armadura: filtra nuestra percepción del mundo y constriñe nuestras opciones de vida. La conceptualización del *género* define a las mujeres como seres cuya capacidad de reproducir las vuelve más cercanas a la naturaleza, mientras que los hombres son representados como seres de espíritu. El sexismo que se deriva de dicha conceptualización se ha ido consolidando en la dicotomía de público/privado, y aunque recientemente empiezan a cambiar las cosas, todavía la ideología sexista establece exclusiones y diferencias con base en el cuerpo de las personas. Bourdieu dice que "para explicar completamente esta mera dimensión de los usos masculino y femenino del propio cuerpo, habría que evocar la división del trabajo entre los sexos y también la división del trabajo sexual en su totalidad".

La esencialización que se construye en torno a la idea de "mujer" y de "hombre" se consolida en la oposición y contraposición solidarias de lo femenino, encarnado en la figura de la Madre, por una parte, y lo masculino, representado en la figura del Guerrero, por otra. Quienes no se ajusten al modelo estarán excluidos o serán reprobados: mujeres con deseos "masculinos" y hombres con aspiraciones "femeninas", mujeres que aman a otras mujeres y hombres que desean a otros hombres, quedan fuera del rígido esquema de *género*. Rara vez encontramos representados seres humanos con sexos distintos como sujetos iguales, con idénticas necesidades humanas. Incluso ciertas tendencias esencialistas del feminismo plantean la superioridad de la mujer, como ser "naturalmente" más sensible y generoso que el hombre. Estos excesos han sido sistemática y rigurosamente criticados por las demás corrientes feministas.

Como la diferencia sexual ha sido el dato olvidado, hoy se pretende "compensar" dicho olvido con una "inclusión" de las mujeres, pero dejando fuera las implicaciones del género como conceptualización estructurante de la cultura. Ahora bien, si se pretende explorar cómo la diferencia sexual transforma el género, es necesario hacer referencia a las condiciones de producción de los sujetos.

Mujeres y hombres no son un reflejo de la realidad "natural", sino resultado de una producción histórica y cultural basada en el proceso de simbolización. La *diferencia sexual,* un hecho real, produce, como significante, un universo de prácticas y representaciones. O sea, el *sujeto* no existe previamente a las operaciones de la estructura social, sino que es producido por las prácticas y representaciones simbólicas dentro de formaciones sociales dadas.

El conocimiento se produce en el marco de la matriz cultural. Por eso un método de conocimiento científico que pretenda ir más allá de los parámetros epistemológicos ya dados, deberá aceptar el señalamiento de Bourdieu sobre la lógica del *género* inmersa en el orden social. Según Bourdieu se trata de "[...] una institución que ha estado inscrita por milenios en la objetividad de las estructuras sociales y en la subjetividad de las estructuras mentales..."

El orden social está tan profundamente arraigado que no requiere justificación: se impone a sí mismo como autoevidente y es tomado como "natural". En la forma de pensarnos, en la construcción de nuestro conocimiento, utilizamos los elementos y las categorías de la lógica de *género:* nuestra conciencia ya está habitada por el discurso social. La cultura instala la lógica del *género* en nuestra percepción. Para transformar este estado de cosas, de manera tal que no sea una simple inversión del modelo vigente, hay que cuestionar los principios epistemológicos sobre los que está fundada su legitimidad.

La ceguera de género a la que alude Bourdieu significa nada menos que tomar por natural lo que es construido. Por eso Ardener, en un trabajo pionero, atribuyó el problema de la mujer dentro de la antropología no a la falta de datos empíricos, sino a los marcos conceptuales de los propios antropólogos. Esto nos remite a que el trabajo de quien hace ciencia social también está teñido por su experiencia de género. Las diferencias de género establecen distintas pautas de relaciones sociales y crean un acceso diferencial a ciertos ámbitos de conocimiento. Somos sujetos que venimos en cuerpo de hombre o en cuerpo de mujer. No podemos, como alguna vez se pretendió, despojarnos de nuestro bagaje personal y cultural. No podemos dejar de ser quienes somos. Nacemos, como señala Bourdieu, en un espacio social y en un campo de poder. Un aspecto importante es comprender la "generización" de nuestra mirada y la "generización" del conocimiento. Esto lleva a realizar un escrutinio constante de las relaciones de poder sumergidas en los discursos y las prácticas concretas de nuestra propia sociedad.

Comprender el esquema cultural de *género* lleva no a hablar de las mujeres, sino a desentrañar la red de interrelaciones e interacciones sociales del orden simbólico vigente. Esto es crucial porque la ley social refleja e incorpora los valores e ideas del orden simbólico de la sociedad, con todas sus contradicciones e incongruencias. Al analizar la realidad social, concebida en "clave de *género*", se reconstruye la manera en que se simboliza la oposición hombre/mujer a través de articulaciones metafóricas e institucionales, y se muestra la forma en que opera la distinción sexual en el orden representacional. Pero una buena lectura de lo simbólico va más allá del simple reconocimiento de la existencia de dos ámbitos, el femenino y el masculino, con sus espacios delimitados y los rituales que los acompañan; implica tomar en cuenta que la diferencia sexual está constituida por el inconsciente, lo cual nos ubica en el ámbito psíquico-relacional.

Al conocer la variedad de formas de simbolización, interpretación y organización del *género* se ha llegado a una postura antiesencialista: no existe el hombre "natural" o la mujer "natural"; tampoco hay conjuntos de características o de conductas exclusivas de un sexo, ni siquiera en la vida psíquica.

Al analizar el sentido subjetivo inherente a las acciones humanas, puesto en evidencia por modelos interpretativos que tratan de explicar weberianamente la acción como orientada con base en un sentido entendido y, en parte construido subjetivamente, se ha dado un acercamiento notable con el psicoanálisis. La teoría psicoanalítica ofrece el recuento más complejo y detallado, hasta el momento, de la constitución de la subjetividad y de la sexualidad, así como del proceso mediante el cual el sujeto resiste o se somete a la imposición de la cultura, o sea, del *género*.

La crítica cultural del feminismo tiene ciertas afinidades con el proyecto desconstructivista del posestructuralismo. Coinciden en un cambio de paradigmas cognitivos racionalistas y objetivistas, hacia una comprensión sobre la determinación situacional y relacional. A la luz de las múltiples fragmentaciones de la condición de la mujer, seguidas de continuos descentramientos teóricos de qué es ser mujer, se ha vuelto difícil teorizar dentro del feminismo. Un recuento crítico de la teoría política feminista, desde los cambios epistémicos de cuestiones de identidad a cuestiones de diferencia, pasando por una revisión de los constructos discursivos sostenidos por regímenes heteronormativos de conocimiento, señala que muchos estudios siguen conceptualizando a la mujer como con una esencia preexistente, sin tomar en cuenta cómo se construye social y relacionalmente.

Pero rebasar la pretensión racionalista sobre la objetividad y neutralidad del conocimiento y la razón, que tan bien llevaron a cabo las filósofas españolas que se dedicaron a desconstruir el pensamiento patriarcal de la Ilustración, consolida una crítica implacable a los procesos y productos del conocimiento y la representación.

Un logro evidente de esta desconstrucción ha sido la desnaturalización de lo público y lo privado. El reconocimiento de un sujeto determinado por el género desmitificó, en la teoría y la crítica cultural, la "neutralidad" de los ámbitos del conocimiento y de la representación. Ver cómo los sujetos aprehenden como subjetivas relaciones que, de hecho, son sociales e históricas, llevó a un abordaje más matizado de los problemas de la subjetividad y la praxis política.

## Sujetos, conocimiento y diferencia sexual

Con el *género* se aborda uno de los problemas intelectuales más vigentes: la construcción del *sujeto*. El cuerpo es la primera evidencia incontrovertible de la *diferencia* humana. Por eso la mujer ha sido, en todas las culturas, el *Otro* más cercano. Bourdieu señala que los principios *(schèmes)* clasificatorios a través de los cuales el cuerpo es prácticamente aprehendido y apreciado están siempre doblemente fundados en la división social y en la división sexual del trabajo.

Si pensamos que el género es el hilo del tejido de la cultura, y que socialmente mujeres y hombres se constituyen con prácticas y creencias distintas, surge una pregunta que toca un punto epistemológico: ¿cómo determina la pertenencia a un sexo el acercamiento al conocimiento?

La epistemología moderna occidental ha sido universalista y absolutista. Pero ¿qué ocurre cuando se introducen concepciones que subrayan la particularidad y lo concreto? La teoría literaria, la desconstrucción, la antropología cultural y la psicología relacional han colaborado al derrumbe de la idea de Hombre como el constituyente neutral, abstracto, racional del conocimiento. Cuando este Hombre se desmorona, se perfila un sujeto sexuado, inscrito en una tradición, posicionado en un contexto, constituido por el lenguaje, la cultura, el discurso y la historia. Según Susan J. Hekman, uno de los campos que se ha resistido a esta transición es la filosofía moral, que sostiene la necesidad de un sujeto racional y autónomo. En ese esquema racionalidad y moralidad aparecen como complementarias. El pensamiento racional, kantiano, tiene primacía sobre cualquier otro: se trata de la habilidad del sujeto para abstraerse de su particularidad, de su circunstancia, y formular los principios universales que definen la esfera moral.

El error epistemocéntrico, como lo llama Bourdieu, aparece ejemplarmente en un recio debate que cimbró las discusiones sobre la teoría moral y las teorías del sujeto. En 1982 Carol Gilligan, una psicóloga estadunidense, publicó una investigación que cuestionaba la postura de su maestro en Harvard, Lawrence Kohlberg. Este importante teórico sobre el desarrollo moral había concluido que las mujeres se quedaban en un estadio inferior del desarrollo moral. Como muy pocas mujeres alcanzaban lo que él definía como el rango más alto del razonamiento moral, para evitar la distorsión que le creaban los sujetos femeninos, Kohlberg había optado por hacer sus investigaciones sólo con sujetos masculinos.

Kohlberg estudió el desarrollo moral entre adolescentes, y en una muestra de varones trató de medir el razonamiento que éstos tenían sobre la justicia. Gilligan, al contrario, eligió mujeres adolescentes, y como quería estudiar un verdadero dilema moral buscó jóvenes embarazadas que estaban considerando abortar. Gilligan inició su investigación con dos interrogantes: la primera era la relación entre el juicio moral y la acción, para averiguar cómo la gente de carne y hueso piensa sobre problemas morales reales, en contraposición a problemas teóricos. La segunda cuestión fue la relación de la experiencia y el desarrollo moral: ¿cómo afecta la experiencia propia de conflicto y elección moral nuestro pensamiento sobre la moralidad y nuestra visión de nosotros mismos como agentes morales?

Al escuchar lo que le decían las jóvenes, constató que utilizaban un lenguaje moral en relación con el problema del aborto, sólo que el problema moral estaba definido de otra manera: como uno de responsabilidad. La interrogante era: ¿me es posible cuidar a esta criatura como ella lo necesitaría y merecería? Toda la perspectiva sobre la decisión era fundamentalmente distinta de la que tenían los adolescentes varones de Kohlberg; la toma de la decisión, en vez de ocurrir en un momento aislado, estaba inscrita en un *continumm* de eventos, en una relación. La decisión no estaba separada del contexto, de la historia, de la narrativa de vida. Para estas jóvenes, abortar no era la solución ideal, ni siquiera era la solución correcta, sino la menos dañina para todos los involucrados: era el menor de los males.

Por su estudio, Gilligan planteó que las mujeres articulan sus dilemas morales con "una voz diferente". Al definir una esfera moral distinta, Gilligan "reformaba" la teoría de Kohlberg y describía a las mujeres no como inferiores a los hombres. Lo novedoso del trabajo de Gilligan fue que modificó los instrumentos epistemológicos tradicionales: cambiar las preguntas que se plantean, las presuposiciones de lo que es un problema moral, de lo que es la identidad y de cuáles son las categorías por las que nos definimos. Los instrumentos que se usan en la psicología occidental, las escalas de desarrollo moral, las preguntas que llevan a ciertas respuestas y las escalas de identidad sostienen dos presuposiciones de valor centrales: primero, que la moralidad es básicamente justicia, y segundo, que la identidad es básicamente autonomía.

Jean Piaget, al estudiar el desarrollo moral del infante, dijo que la moralidad consiste en sistemas de reglas, y que lo que debe estudiarse es cómo llega la mente a respetar esas reglas. De ahí Piaget rastreó el desarrollo de las ideas de justicia. Claro que también Piaget resolvió el hecho de que las mujeres "no alcanzaran" los estándares existentes del "desarrollo moral" eligiendo estudiar sólo a sujetos masculinos, y así basó su teoría exclusivamente en experiencias de varones. Lo que sostuvo Gilligan es que esa *voz diferente* revelaba una forma distinta de pensar sobre el *yo* y el *otro*, sobre las causas del conflicto y las estrategias para lograr una solución mejor. Al identificar esta voz particular, Gilligan notó su ausencia de la literatura occidental sobre psicología del desarrollo y redefinió ese campo de conocimiento como uno que ha dejado sistemáticamente fuera a las mujeres, silenciando sus experiencias en la definición de la condición humana.

El trabajo de Gilligan causó gran revuelo en el mundo intelectual porque planteó que el género había definido la moralidad y la condición humana en la tradición intelectual occidental. Gilligan mostró la existencia de dos claras tendencias en la tradición moral occidental. Una, masculina, del interés propio y los derechos individuales; interés propio unido al contrato social en su formulación moderna. La otra, femenina, del altruismo, la abnegación, el renunciamiento. Estas dos líneas de moralidad que cruzan la tradición occidental, poniendo razón y compasión, justicia y piedad, en contraste entre las mujeres y los hombres, es una división de género. Comparar los dos lenguajes morales —autointerés y autosacrificio— muestra cómo la experiencia personal de desigualdad de género produce dos visiones morales.

Gilligan contribuyó a la crítica en curso sobre el sujeto moral y el sujeto constituido discursivamente, situado en cierto tiempo y lugar, inscrito en una cultura integral. Aunque no tiene una clara propuesta metodológica, su descripción de la evolución de un sujeto relacional en términos de género ha tenido repercusiones radicales, pues plantea una definición de la relación entre conocimiento y método con serias implicaciones epistemológicas.

Si algo logró Gilligan fue mostrar que las categorías del conocimiento son construcciones humanas, teñidas por la cultura. Al introducir el *género* en la reflexión científica establecida, hizo tambalear la definición del paradigma investigativo, desechó las unidades tradicionales de medición y el método de verificación, y cuestionó la supuesta neutralidad de la terminología teórica de Kohlberg, en especial su pretensión de universalidad. Parafraseando a Bourdieu, lo que hizo Gilligan fue mostrar la *universaliza-*

*ción inconsciente del caso particular* que realizó Kohlberg con sujetos masculinos; aunque era una *experiencia particular,* Kohlberg la convirtió en *norma universal,* con lo cual *legitimó tácitamente* a quienes tienen el privilegio de acceder a ella (o sea, los varones).

## El género en México: ausente y necesario

La reflexión de Gilligan tuvo gran impacto en el mundo intelectual anglosajón. Es interesante notar que, aunque su aportación consiste en mostrar que la existencia del *género* conduce a repensar la lógica de los razonamientos morales, Gilligan no utilizó esa categoría analítica y metodológica. En su reflexión, la identificación empírica de la diferencia de *género* precedió al uso explícito de la categoría. Aunque su mayor debilidad es que no hace un esfuerzo por distinguir que la diferencia sexual no es un hecho meramente anatómico, sino que la construcción e interpretación de la diferencia anatómica es, en sí, un proceso social e histórico, el cuestionamiento de Gilligan ha sido debatido por intelectuales de la talla de Habermas.

A pesar de ciertas deficiencias metodológicas y de la limitación teórica de no distinguir diferencia sexual y diferencia de sexos, la descripción que hace Gilligan de la evolución de un sujeto marcado por el *género* ha tenido repercusiones radicales, ya que plantea una crítica de la relación entre cultura, conocimiento y método con serias implicaciones epistemológicas. Al registrar la existencia de una perspectiva epistemológica y moral marcada por el *género,* Gilligan inició un debate que sigue en curso hoy día. Desde entonces, ella misma ha ampliado sus formulaciones a la luz de las críticas que ha recibido. Además de poner en evidencia el falso universalismo de Kohlberg, su mérito fue enseñar que cualquier pretensión de conocimiento de lo humano tiene que tomar en cuenta la estructuración del *género.*

En México este debate no se llevó a cabo: ni en el ámbito intelectual ni en el académico se ha manifestado interés por el debate teórico en torno a la problemática derivada del género. Por eso todavía son escasos los trabajos sobre la reflexión epistemológica sobre el género, el debate sobre la categoría género y el cuestionamiento teórico al paradigma del género. Sólo quienes trabajan con la desconstrucción y el posestructuralismo se han interesado en recuperar la crítica feminista sobre la construcción cultural del sujeto y en explorar las consecuencias de la simbolización de la diferencia sexual.

A pesar de la evidente desigualdad sexual (como hecho social, político y cultural), en nuestro país no hay un debate intelectual riguroso y una interlocución seria con el pensamiento feminista. Y mientras en el contexto intelectual hay poco interés, evidente en la ausencia de ensayos y reflexiones publicadas, en la academia mexicana ocurre que los estudios de género son básicamente estudios sobre mujeres.

El reduccionismo género = mujeres está entretejido con una gran confusión. El término *género* tiene distintos contenidos, pues entre culturas y lenguas ocurren complejas reformulaciones de significado. En castellano el término *género* se refiere a un conjunto de personas o cosas con características comunes (especie, tipo, clase); al modo o la manera de hacer algo, de ejecutar una acción; en el comercio, a cualquier mercancía, y también a cualquier clase de tela. Por eso, como conjunto de seres comunes, se habla de las mujeres y los hombres como *género* femenino y *género* masculino.

A diferencia del castellano, la significación clásica anglosajona de *gender* es unívoca: está referida al sexo. Así, *gender* es la clasificación gramatical por la cual se agrupan y se nombran a los seres vivos y las cosas inanimadas como masculinos, femeninos o neutros. En inglés el género gramatical es "natural", o sea, responde al sexo de los seres vivos mientras que los objetos son "neutros". En otras lenguas, como el castellano, el género "gramatical" está sexuado: a los objetos sin sexo se les adjudican artículos femeninos o masculinos. Esto introduce cuestiones que conllevan contradicciones simbólicas, como cuando se traducen poesías del alemán, donde la sol y el luna tienen atributos femeninos y masculinos correspondientemente, mientras que en castellano la atribución es la contraria.

Cuando en inglés se dice que ciertos estudios no registran el *gender,* significa que no discriminan la información por sexo, o que no se refieren a las mujeres; *gender gap* es la brecha que existe entre mujeres y hombres en distintos espacios; un *gender issue* es un asunto relativo a alguno de los sexos; un *gender bias* es un prejuicio debido a la pertenencia a uno de los sexos, y cuando se plantea la necesidad de tener una *gender perspective,* de lo que se está hablando es de que hay que mirar lo que se va a abordar reconociendo que hay hombres y mujeres.

El concepto *género,* tal como el feminismo lo perfiló dentro de las ciencias sociales, es lo contrario de sexo: es el conjunto de prácticas, ideas, discursos y representaciones que cada sociedad construye al simbolizar la diferencia sexual. El *género* es una construcción social que reglamenta y condiciona la conducta objetiva y subjetiva de las personas, atribuyendo características distintas a cada sexo.

Quienes generalizaron la definición de *género* como el proceso mediante el cual la sociedad fabrica las ideas de lo que deben ser los hombres y las mujeres, de lo que es "propio" de cada sexo, lo hicieron con la intencionalidad de distinguir entre lo biológico y lo social. Sin embargo, al traducir el *gender* anglosajón con el sentido de *mujeres* se produce una confusión notable.

Es imposible unificar el uso de esas tres grandes formas de utilización: *1) género* como clase, tipo, especie; *2) género* como sexo, y *3) género* como construcción social.

Como el significado de las palabras está sujeto a cambios debidos a los procesos culturales e históricos que impactan su uso, persisten varias acepciones. Además, por la presencia de ciertas palabras se suele conferir a un pensamiento cierta intención, como si estuviera utilizándose determinado razonamiento. En este caso, por la confusión reinante, hay que tener presente que usar el término *género* no implica comprender el sentido de construcción social de la diferencia sexual. No obstante estas dificultades, se empieza a notar en México una paulatina aceptación del paradigma de género, entendido como el conjunto de creencias y normas sociales sobre lo que es lo "propio" de las mujeres y lo "propio" de los hombres.

Hace más de 15 años que surgieron los primeros programas de investigación y estudio sobre mujeres. Hay un cambio sustantivo en el panorama de la investigación académica: entre los ochenta y los noventa la producción ha pasado de estar influida por la tradición sobre marginalidad y dependencia de los científicos sociales en América Latina a una influencia más posestructuralista. En los ochenta las preocupaciones principales fueron: pobreza, violencia, explotación y derechos humanos. Aunque esos intereses persisten, pues gran parte de las investigaciones se refieren a situaciones de vida y/o trabajo de las mujeres, en los noventa empezaron a tratarse el cuerpo y la sexualidad como temas de investigación; también despuntó una reflexión que abreva en fuentes filosóficas y psicoanalíticas. Pero, sintomáticamente, en la mayoría de estos trabajos *género* aparece como mujeres.

Otra cuestión característica es que son contados los varones que se han interesado en el debate sobre el género. Esto, sumado a la falta de un verdadero reconocimiento de la importancia del tema, convierte a los programas de estudio en especies de guetos: manejan una clientela básicamente femenina y funcionan también como lugares de formación de cuadros para la actividad política. Aunque este tipo de espacios se han ido ampliando a otras entidades de la República, no han crecido cualitativamente. Asimismo, la producción de sus académicas ha tenido poca influencia en el debate intelectual mexicano. Sus trabajos se encuentran en revistas especializadas, pero no publican en las revistas intelectuales consagradas. Además de estar ausentes del circuito intelectual, tampoco tienen presencia en el mercado editorial que, por cierto, no se interesa en publicar traducciones de debates de género exitosos.

Como el debate teórico brilla por su ausencia, pareciera que para compensar la falta de teorizaciones las académicas se han volcado a la presentación de datos de investigación o de archivo. Es indudable que las nuevas investigaciones han permitido un mejor mapeo de la situación de las mujeres en el país. De unos años para acá, en el conjunto de la producción académica empieza a manifestarse un marcado interés por investigaciones con datos para fundamentar demandas políticas: violencia intrafamiliar, aborto, etc. Hay mucho trabajo en la sociología, con excelentes investigadoras en fuerza de trabajo femenina y de relaciones familiares, en áreas urbana y rural. También se nota la voluntad de releer y revalorar fuentes históricas, ya que el silencio de las mujeres en los récords históricos es impresionante. Hay un fortalecimiento de la tendencia a los trabajos arqueológicos, o sea, a la recuperación de zonas olvidadas, de autoras silenciadas. La gran productividad de este tipo de trabajo se concentra en la historiografía literaria. Empiezan a verse investigadoras con una mirada sobre las prácticas, discursivas y de vida, de las mujeres como subalternas; se investiga la subjetividad femenina; se indaga en la representación literaria, en especial, en cómo los conflictos de género repercuten en la escritura. Sin embargo, esta incipiente crítica feminista todavía no ha logrado comprometer a un debate sobre el género, *no* sobre las mujeres, a los distintos *establishments* académicos e intelectuales. Aunque, para ser justa, debo recordar que debatir abierta y rigurosamente tampoco es parte de la cultura intelectual y académica en México.

Los debates teóricos sobre el género se han dado básicamente en el ámbito anglosajón de la teoría feminista: Estados Unidos, Inglaterra, Canadá, y Australia. En México las circunstancias geopolíticas pesan. Gran parte de las lecturas son fruto del pensamiento y la producción de investigadoras estadunidenses o residentes de los Estados Unidos. Estas académicas, que escriben en inglés sobre América Latina, aportan nuevos datos y nuevas lecturas a nuestra realidad. En especial el trabajo de las chicanas es muy interesante para analizar la reformulación del género en el proceso de mestizaje cultural. El trabajo de estas *scholars* y escritoras podría ser una base fecunda sobre la cual confrontar interpretaciones y desplegar análisis propios. Sin embargo, no hay tal.

Pero a pesar de valiosos esfuerzos en la investigación y del creciente interés por cuestiones de género, en México la ausencia de un debate teórico sobre el tema ha tenido varias nefastas consecuencias. Por un lado, al no incorporar lecturas críticas y teóricas sobre el género la discusión académica adolece de un heterosexismo que raya en la homofobia. Esta ceguera generalizada no detecta el sesgo heterosexista y homófobo presente en muchos contenidos de los programas de estudio (incluso de posgrado). La mayoría de las investigaciones parten de la premisa equivocada de una heterosexualidad "natural" de las personas investigadas. Tal vez la carencia más significativa es que, aunque el cuerpo y la sexualidad cobran relevancia como asuntos de reflexión e investigación, casi no hay trabajos sobre lesbianismo y homosexualidad. Tampoco hay teoría *queer*. Las dificultades para abordar estos temas son la manifestación más aguda de la ausencia de un debate sobre el género.

Por otro lado, no es posible abordar temas como la construcción del sujeto y el proceso de constitución de la identidad sin el cuestionamiento básico que significa comprender el género. Es fundamental comprender que la identidad de un sujeto no puede ser entendida a menos que se perciba al género como un componente en interrelación compleja con otros sistemas de identificación y jerarquía. El paradigma de que el sujeto no está dado sino que es construido en sistemas de significado y representaciones culturales requiere ver que, a su vez, éstos están inscritos en jerarquías de poder. De eso precisamente trata el "contrato sexual" que es la base del género, y que antecede al contrato social.

## Los estudios culturales

La cultura tiene un entretejido de conocimiento tácito, sin el cual no hay interacción social ordenada y rutinaria. Esto implica que las personas comparten significados no verbalizados. Para muchas personas este compartir sin palabras supone aceptar ciertos supuestos como verdades dadas. Lo que, en términos de Bourdieu, tienen las personas como "productores culturales" es un sistema de referencias comunes. Por eso las comunidades interpretativas se van construyendo a partir de compartir ciertos significados y procesos.

Podemos ver a la cultura, como hacen muchos antropólogos, como una "caja de herramientas" (Swidler), como un conjunto de estrategias vitales que nos permiten sobrevivir: nos ayuda a mantener a raya la carga pulsional, a encauzarla, a establecer un orden social menos amenazante que el desorden social. Darle significado a lo que nos rodea, a lo que nos ocurre, es simbolizar. De ahí que la cultura sea precisamente el resultado de procesos de simbolización.

Existen distintas concepciones o modos de comprensión de la cultura, sin embargo es fácil reconocer que la cultura está armada a partir de mil pequeñas cuestiones que aceptamos sin juzgar, que no comprendemos ni interrogamos, pues nos ayudan a enfrentar la vida cotidiana. Pero además de que existe un amplio número de cuestiones vitales sobre las que podríamos llegar al consenso de aceptar que desconocemos, o que el conocimiento que tenemos es insuficiente, existe otro rango de cuestiones que no queremos comprender. Existe una forma de ignorancia voluntaria, distinta del proceso de represión inconsciente, que hace que muchas personas no puedan comprender cuestiones de su vida cotidiana. Bourdieu plantea que todas las personas tenemos cierto interés en no comprender, o en desconocer los significados de la cultura en que vivimos. Esta forma de desconocimiento es una parte sistemática del proceso de mantenimiento y reproducción del actual orden social.

Los estudios culturales pretenden hacer una lectura interpretativa de los significados del discurso y de las manifestaciones culturales de los seres humanos. En México los estudios de género no constituyen todavía una tendencia teórica importante en el área de los estudios culturales, y tampoco éstos están cruzados por una perspectiva transversal de género. Esto ocurre en parte por la reducción de género a "mujer". Aunque los estudios culturales utilizan antropología, lingüística, crítica literaria y sociología al abordar el ámbito de lo simbólico, su "resistencia" o ceguera cultural parece ser el machismo. Quienes se interesan por un verdadero debate sobre el género saben que no se trata de añadir "mujeres" a la currícula o a la agenda de investigación, sino comprender los procesos sociales y culturales desde otra perspectiva: analizar significados y metáforas estereotipadas, cuestionar el canon y las ficciones regulativas, criticar la tradición y las resignificaciones paródicas relativas a la simbolización de la diferencia sexual. Preguntarse cómo han sido escritas, inscritas, representadas y normadas la feminidad y la masculinidad es más que estudiar la división de género: implica realizar un análisis de cómo las prácticas simbólicas y los mecanismos culturales reproducen el poder.

La cultura la elaboran los sujetos a partir de sus procesos psíquicos y en relación con una serie de fuerzas a las que están sometidos en función de su posicionamiento social. Si partimos de que las culturas son conjuntos de significados compartidos, significados implícitos y apenas conscientes, significados asociados a ciertas costumbres y tradiciones, entonces salta a la vista nuestra dificultad para aceptar la diferencia. Ahí está la raíz del sexismo, la homofobia, el racismo y demás prácticas discriminatorias. Históricamente, a los seres humanos nos ha costado mucho trabajo reconocerles a los "diferentes" la misma legitimidad en tanto seres humanos en busca de un sentido para sus vidas. El reconocimiento de la diferencia nos conduce ineluctablemente a reconocer nuestra relatividad, nuestra no naturalidad.

En la medida en que asumimos el efecto recontextualizador de nuevas prácticas se va eliminando paulatinamente la ignorancia; también ayudan en este proceso las migraciones, las urbanizaciones, los medios de información, las comunicaciones internacionales, la globalización. Todo ello impulsa a que se cobre conciencia de la cantidad de culturas, o sea, de formas distintas de estar en el mundo. Aunque se expresen las resistencias, ya no hay vuelta atrás en la conciencia: lo que antes no se cuestionaba, ahora es cuestionado, y no podrá ser aceptado como "natural". Los esfuerzos conservadores por restaurar la autoridad patriarcal (aunque sea en forma de omisiones o desconocimiento) deben ser ahora argumentados. El principio de autoridad parece dejar de tener su efecto epistemocéntrico.

Estudiar comparativamente las sociedades humanas ha llevado a reflexionar y debatir sobre la igualdad y la diferencia. Las investigaciones transculturales subrayan las diferencias y las variaciones en las actividades y conductas de hombres y mujeres. Igualdad y diferencia son los términos claves en el debate sobre el género y la diferencia sexual. ¿Cómo manejar analíticamente igualdad y diferencia? ¿Y cómo distinguir la calidad fundante y estructurante de la diferencia sexual de las demás diferencias?

Weber planteó que es necesario desentrañar los intereses tanto materiales como ideales de las personas en los ámbitos simbólicos. Ello requiere cuestionar la comprensión consciente del contrato sexual que subyace al contrato social. El proyecto desconstructivo debilita la hegemonía del lenguaje, sensibilizándonos a las formas en las que los conceptos, asumidos sin cuestionamiento, gobiernan nuestro pensamiento. Intentar comprender el peso de lo simbólico en la cultura nos lleva a ir contra la corriente, a revisar los lugares comunes y los mitos consagrados.

Los artefactos de la cultura —desde canastas y arcos hasta televisores y libros— son construcciones simbólicas, de la misma manera que lo son las costumbres y las tradiciones. A los hechos sociales les atribuimos significados que nos ayudan a convencernos de que nuestra vida tiene una dirección, una coherencia, que existe un orden. Por eso la cultura va generando un sentido de la vida y también por eso comparte cierta peligrosa cercanía con la religión. La naturaleza simbólica de la cultura es similar a la naturaleza simbólica de la religión. Tal vez por eso quienes atentan contra las interpretaciones culturales reciben el mismo tipo de reacciones que se dan contra los herejes o blasfemos.

Leer la cultura es descifrar lo simbólico en busca de los significados ocultos o no evidentes. Al preguntarse por qué esos significados y no otros, por qué expresados de esa forma y no de tal otra, y al buscar las relaciones con otras dimensiones de la estructura social, se revela la cultura de un pueblo.

Una epistemología feminista comparte varios de sus postulados con otras tendencias intelectuales que cuestionan el etnocentrismo occidental en la producción de conocimiento: filósofos, antropólogos y etnólogos, psicoanalistas y lingüistas interesados en desconstruir las mediaciones psíquicas y culturales vigentes y así profundizar en el análisis sobre la construcción del sujeto en la dimensión del género. De ahí la ineludible interdisciplinariedad que se requiere para abordar el estudio de lo cultural, en especial del género.

Hoy que la supuesta objetividad de una perspectiva occidental se ha desmoronado, reconocemos que no hay una metanarrativa, sino una variedad de narrativas e interpretaciones. Si un criterio para juzgar cualquier sistema discursivo está en función de las reglas internas de ese sistema, hay que hacer un esfuerzo para conocer las del nuestro.

## Construcción del sujeto y libertad

Los seres humanos vivimos un complejo proceso vital en donde se articulan elementos del orden biológico, simbólico y social. No podemos inscribir la amplia gama de nuestras desventuras y goces en el estrecho margen de lo que se supone es "propio" de las mujeres y de los hombres. Al retomar la interrogante básica del feminismo: ¿cuál es la verdadera diferencia entre los cuerpos sexuados y los seres socialmente construidos?, reconocemos la multiplicidad de posiciones de sujeto de mujeres y hombres. La complejidad de la condición humana y de las relaciones humanas requiere ampliar nuestra comprensión del destino infausto que compartimos ambos sexos como seres humanos incompletos y escindidos. Desconstruir el esquema complementarista supone aceptar, entre otras cosas, que no todas las mujeres desean ser la Madre ni todos los hombres el Guerrero, que no todas las mujeres son víctimas ni todos los hombres verdugos. Al sostenimiento del orden simbólico contribuyen hombres y mujeres, reproduciéndose y reproduciéndolo. Los papeles cambian según el lugar o el tiempo, pero mujeres y hombres por igual son los soportes de un sistema de reglamentaciones, prohibiciones y opresiones recíprocas.

Sabemos ya que el *género* produce un imaginario con una eficacia política contundente y que da lugar a las concepciones sociales y culturales sobre la masculinidad y la feminidad que son la base del sexismo, la homofobia y la doble moral. Sabemos también que el sujeto es producido por las prácticas y representaciones simbólicas dentro de formaciones sociales dadas. Pero aunque en las sociedades más desarrolladas empiezan a alcanzarse las condiciones para eliminar la desigualdad sexista, no es fácil enfrentar las resistencias irracionales, ni tomar distancia respecto de los siglos de ideología producida por instituciones de predominio patriarcal.

Un número cada vez mayor de personas tiene experiencias de vida que no se ajustan a la normatividad imperante. Estas mujeres y hombres son violentados por la normatividad del género en su identidad, su deseo y sus potencialidades. Modificar las prácticas sexistas vigentes requiere una labor de crítica cultural para transformar los códigos culturales y los estereotipos de *género* existentes.

Surge así una nueva lectura de las relaciones sociales, en especial las que se dan entre mujeres y hombres. La posibilidad de un diálogo aparece ante el descubrimiento de nuestra mutua vulnerabilidad, incompletitud, castración. También una diferenciación mayor de los papeles y actividades humanas anuncia un futuro desgenerizado y una sociedad de "diferencia proliferante".

Frente al objetivo del conocimiento de comprender la condición humana, la cultura en que vivimos y el orden social que hemos construido, el feminismo desarrolla una estrategia epistemológica que desnaturaliza los cuerpos y resignifica las categorías corporales introduciendo el concepto de género. Tal vez el logro epistemológico más importante del feminismo ha sido mostrar la conexión entre conocimiento y poder, no en el sentido obvio de que tener acceso al conocimiento favorece una potenciación *(empowerment)*, sino más concretamente en el sentido de que los reclamos y las afirmaciones del conocimiento están íntimamente vinculados a cuestiones de dominación y exclusión de género. Y aquí confluyen todos los debates mencionados. Por eso reconocer el vínculo poder-conocimiento ha movido a la epistemología del centro de la filosofía al centro de la cultura, de forma tal que quienes se preguntan por cuestiones epistemológicas ya no son sólo los filósofos sino los científicos sociales, los políticos y los críticos culturales.

La subjetividad crea cultura. ¿Quién teoriza hoy, además de los psicoanalistas, sobre la diferencia sexual, sobre la sexualidad, sobre el género? Quienes hacen estudios culturales. Justamente esos temas son los más complejos para los seres humanos. El psicoanálisis piensa al sujeto como un ser sexuado y hablante, que se constituye en relación a una falta, a algo que es una profunda diferencia. En función de eso se posiciona el deseo de manera inconsciente y se asumen las conductas sexuales. Por eso la sexualidad nunca puede ser normatizada y es absurdo hablar de sexualidad natural o normal. Subjetivamente todas las personas estamos marcadas de la misma manera con respecto al sexo y a la palabra.

La cultura articula el ámbito psíquico y el social. Hace ya un siglo que Freud formuló su tesis sobre la sexualidad humana, y es impresionante, a pesar de ajustes y reelaboraciones, cómo se sostiene y cómo se le rechaza. La hostilidad al psicoanálisis tiene mucho que ver con que postula un área totalmente fuera del control y la voluntad: el inconsciente. El inconsciente es el ámbito donde se estructura la orientación del deseo sexual; la sexualidad es una pulsión, pero que tiene que ver con algo desconocido. Los estudios de género en Inglaterra, Estados Unidos, Australia y Canadá investigan precisamente las consecuencias de la diferencia sexual, y de su simbolización en la práctica de la sexualidad.

Con el género ocurre lo que Bourdieu denomina el error epistemocéntrico: "Cuando aplicamos, más allá de sus condiciones de validez históricas (anacronismo) o sociales (etnocentrismo de clase) unos conceptos que, como dice Kant, parecen 'aspirar a la validez universal' porque están producidos en unas condiciones particulares cuya particularidad se nos pasa por alto". Bourdieu señala que la mayor parte de las obras humanas que solemos considerar como universales —derecho, ciencia, arte, moral, religión, etc.— son indisociables desde el punto de vista escolástico tanto de las condiciones económicas como de las condiciones sociales que las hacen posibles y que nada tienen de universal. Por eso para él el *datum* del que parte la reflexión sociológica no es, por ejemplo, la capacidad universal de aprehender la belleza, sino el sentimiento de incomprensión o de indiferencia que experimentan ante unos objetos consagrados como bellos quienes carecen de disposición y de competencia estética.

Este recordatorio de las condiciones sociales de posibilidad le sirve a Bourdieu para plantear una constatación simple, que conduce a un programa ético o político: "La única salida a la alternativa del populismo o del conservadurismo, dos formas de esencialismo que tienden a consagrar el *statu quo,* consiste en trabajar para universalizar las condiciones de acceso a lo universal".

Comparto totalmente el análisis y el objetivo político de Bourdieu. Para él, un "análisis realista del funcionamiento de los campos de producción cultural, lejos de abocar a un relativismo, invita a superar la alternativa del nihilismo antirracionalista y anticientífico, y del moralismo del diálogo racional para proponer una verdadera *Realpolitik de la razón*". ¿Qué quiere decir con esto? Que es necesaria una acción política "racionalmente orientada hacia la defensa de las condiciones sociales del ejercicio de la razón, de una movilización permanente de todos los productores culturales con el propósito de defender, mediante intervenciones continuadas y modestas, las bases institucionales de la actividad intelectual". De ahí la importancia radical de los estudios culturales.

Por su parte, Bennett Berger plantea que el gran desafío del estudio de la cultura radica en que implica nuestra comprensión de la libertad. Poner al día la reflexión sobre las condiciones de la libertad de las personas requiere analizar los procesos culturales mediante los cuales las personas nos convertimos en hombres y mujeres dentro de un esquema que postula la complementariedad de los sexos y la normatividad de la heterosexualidad. Que la determinación de género resulte en productos nefastos como el sexismo, la homofobia y la doble moral debería ser un aliciente para imprimirle más velocidad al proceso. Reflexionar sobre qué tan poco autónomas son nuestras elecciones, qué tan frecuentemente cedemos a los incentivos, las intimidaciones, las tentaciones y las presiones que la cultura pone frente a nuestra carne y espíritu me lleva a concluir recordando el planteamiento de Freud sobre la cultura como represión de la sexualidad. ¿No acaso los límites que la cultura impone a la libertad empiezan ahí, en la sexualidad?

## BIBLIOGRAFÍA

Alcoff, Linda, y Elizabeth Potter, "Introduction: When Feminisms Intersect Epistemology", en Linda Alcoff y Elizabeth Potter (eds.), *Feminist Epistemologies,* Routledge, Londres, 1993.

Amorós, Celia, *Hacia una crítica de la razón patriarcal,* Anthropos, Barcelona, 1985.

———, *Feminismo: igualdad y diferencia,* Coordinación de Humanidades, UNAM, México, 1994 (Col. Libros del PUEG).

Ardener, E., "Belief and the Problem of Women", en Shirley Ardener (ed.), *Perceiving Women,* Malaby Press, Londres, 1975.

Benhabib, Seyla, "The Debate over Women and Moral Theory Revisited", en Johanna Meehan (ed.), *Feminists Read Habermas. Gendering the Subject of Discourse,* Routledge, Nueva York, 1995.

———, J. Butler, D. Cornell, N. Fraser y L. Nicholson, *Feminist Contentions. A Philosophical Exchange,* Routledge, Nueva York, 1995.

Berger, Bennett M., *An Essay on Culture. Symbolic Structure and Social Structure,* University of California Press, Berkeley, 1995.

Bhabha, Homi, *The Location of Culture,* Routledge, Nueva York, 1994.

Bourdieu, Pierre, *El sentido práctico,* Taurus, Madrid, 1991.

———, *Razones prácticas. Sobre la teoría de la acción,* Anagrama, Barcelona, 1997.

———, y Löic J. D. Wacquant, *An Invitation to Reflexive Sociology,* The University of Chicago Press, Chicago, 1992.

Caplan, Pat, "Engendering Knowledge", *Anthropology Today,* núm. 4, 1988.

Gilligan, Carol, *In a Different Voice,* Harvard University Press, Cambridge, 1982. (En español: *La moral y la teoría,* FCE, México, 1985.)

Gunew, Sneja (ed.), *A Reader in Feminist Knowledge,* Routledge, Londres, 1991.

Habermas, Jürgen, *Moral Consciousness and Communicative Action,* MIT Press, Cambridge, 1990.

Hall, Stuart, "Cultural Studies: Two Paradigms", en N. Dirks, G. Eley y S. Ortner (eds.), *Culture, Power, History,* Princeton University Press, Nueva Jersey, 1994.

Harding, Sandra, *Whose Science? Whose Knowledge? Thinking from Women's Lives,* Open University Press, Londres, 1991.

Hekman, Susan J., *Moral Voices, Moral Selves,* The Pennsylvania State University Press, Pensilvania, 1995.

Jaggar, Alison M. (ed.), *Living with Contradictions. Controversies in Feminist Social Ethics,* Westview Press, Colorado, 1994.

Lamas, Marta, "La antropología feminista y la categoría género", en M. Lamas (comp.), *El género: la construcción cultural de la diferencia sexual,* PUEG/Miguel Ángel Porrúa, México, 1996 (Col. Las Ciencias Sociales. Estudios de Género).

Lennon, Kathleen, y Margaret Whitford, "Introduction", en *Knowing the Difference. Feminist Perspectives in Epistemology,* Routledge, Londres, 1994.

Pateman, Carole, *The Sexual Contract,* Polity Press, Cambridge, 1988.

Soper, Kate, "El postmodernismo y sus malestares", *Debate Feminista,* núm. 5, marzo de 1992.

Strathern, Marilyn, "Foreword", en M. Strathern (ed.), *Shifting Contexts. Transformations in Anthropological Knowledge,* Routledge, Londres, 1995.

———, "The Nice Thing about Culture is that Everyone Has it", en M. Strathern (ed.), *Shifting Contexts. Transformations in Anthropological Knowledge,* Routledge, Londres, 1995.

# *Jóvenes y estudios culturales. Notas para un balance reflexivo*

Rossana Reguillo

> Adoptar el punto de vista de los oprimidos o excluidos puede servir, en la etapa del descubrimiento, para generar hipótesis o contrahipótesis, para hacer visibles campos de lo real descuidados por el conocimiento hegemónico. Pero en el momento de la justificación epistemológica conviene desplazarse entre las intersecciones, en las zonas donde las narrativas se oponen y se cruzan [...] El objetivo final no es representar la voz de los silenciados sino entender y nombrar los lugares desde donde sus demandas o su vida cotidiana entran en conflicto con los otros.
>
> Néstor García Canclini (1997)

Los jóvenes han sido importantes protagonistas de la historia del siglo xx en diversos sentidos. Su irrupción en la escena pública contemporánea de América Latina puede ubicarse en la época de los movimientos estudiantiles de finales de la década de los sesenta. Aunque en ese entonces fueron más propiamente pensados como "estudiantes", empezaba a ser claro que un actor social que tendía a ser visto con temor o con romanticismo y que había sido "construido" por una pujante industria cinematográfica como un "rebelde sin causa",[1] afirmaba, a través de sus expresiones, una voluntad de participar como actor político.

[1] En 1955, James Dean protagonizó, dirigido por Nick Ray, la película que contribuyó a configurar el imaginario social de la juventud de los años cincuenta: *Rebelde sin causa.* La muerte del actor en un accidente automovilístico durante una carrera el mismo año en que se rodó la película, incrementó no solamente el culto al actor, sino convirtió al personaje por él representado en símbolo emblemático de toda una generación.

De manera enfática, los movimientos estudiantiles vinieron a señalar los conflictos no resueltos en las sociedades "modernas" y a prefigurar lo que sería el escenario político de los setenta.

Cuando muchos jóvenes se integraron a las guerrillas y a los movimientos de resistencia en distintas partes del continente, fueron pensados como "guerrilleros" o "subversivos". Al igual que en la década anterior, el discurso del poder aludió a la manipulación a que eran sometidos "los jóvenes" por causa de su "inocencia" y enorme "nobleza", como atributos "naturales" aprovechados por oscuros intereses internacionales.

La derrota política, pero especialmente simbólica, de esta etapa, aunada al profundo desencanto que generó el descrédito de las banderas de la utopía y el repliegue hacia lo privado, volvieron prácticamente invisibles, en el terreno político, a los jóvenes de la década de los ochenta.

Mientras se configuraba el "nuevo" poder económico y político que se conocería como neoliberalismo, los jóvenes del continente empezaron a ser pensados como los "responsables" de la violencia en las ciudades. Desmovilizados por el consumo y las drogas, aparentemente los únicos factores "aglutinantes" de las culturas juveniles, los jóvenes se volvieron visibles como problema social.

Los *chavos banda,* los *cholos* y los *punks* en México; las *maras* en Guatemala y El Salvador; los grupos de *sicarios, bandas* y *parches* en Colombia; los *landros* de los barrios en Venezuela; los *favelados* en Brasil, empezaron a ocupar espacios en la nota roja o policiaca en los medios de comunicación y a despertar el interés de las ciencias sociales.[2]

Para finalizar la década de los ochenta y en los tempranos noventa, una nueva operación semántica de bautizo estaba en marcha: se extendía un imaginario en el que los jóvenes eran construidos como "delincuentes" y "violentos". El agente mani-

[2] Este proceso no se dio sólo en América Latina. Las *clikas* o bandas en algunas ciudades de América del Norte, integradas en su mayoría por las llamadas minorías culturales como latinos y negros; la emergencia de los grupos de *skinheads* en Inglaterra, como un movimiento de "autodefensa" juvenil frente a la inmigración, que se extendió rápidamente hacia Alemania, Francia y España; los *blusoin noir* en la misma Francia; el movimiento *anarcopunk,* y de manera mucho más reciente los *okupas* en España, como movimiento de resistencia a los valores del "neoliberalismo", han sido algunos de los movimientos juveniles que han despertado el interés en los Estados Unidos y en Europa.

pulador de esta etapa sería la "droga". Así arrancó la última década del siglo xx.

"Rebeldes", "estudiantes revoltosos", "subversivos", "delincuentes" y "violentos" son algunos de los nombres con que la sociedad ha bautizado a los jóvenes a partir de la última mitad del siglo. Clasificaciones que se expandieron rápidamente y visibilizaron a cierto tipo de jóvenes en el espacio público, cuando sus conductas, manifestaciones y expresiones entraron en conflicto con el orden establecido y desbordaron el modelo de juventud que la modernidad occidental, en su "versión" latinoamericana, les tenía reservado.

Pero, sin alusión a la fuerte crisis de legitimidad de las instituciones de los sesenta, ni al inicio de la crisis de los Estados nacionales y al afianzamiento del modelo capitalista de los setenta, ni a la maquinaria desatada para reincorporar a los disidentes a las estructuras de poder en los ochenta[3] y, mucho menos, sin hacer referencia a la pobreza creciente, a la exclusión y al vaciamiento del lenguaje político de los noventa, resultó fácil convertir a los jóvenes tanto en "víctimas propiciatorias", en receptores de la violencia institucionalizada, como en las figuras del temible "enemigo interno" que transgrede a través de sus prácticas disruptivas los órdenes de lo legítimo social.

El siglo xxi arranca con evidentes muestras de una crisis político-social. De maneras diversas y desiguales, los jóvenes han seguido haciendo manifiestas las certezas y han continuado señalando, a través de los múltiples modos en que se hacen presentes, que el proyecto social privilegiado por la modernidad en América Latina ha sido, hasta hoy, incapaz de realizar las promesas de un futuro incluyente, justo y, sobre todo, posible.

En un continente mayoritariamente juvenil, en el que el país más "viejo" de la región es Uruguay, con un promedio de edad de 31 años, y el más joven es Nicaragua con un promedio de 16 años, un crecimiento poblacional que se ubica entre 2 y 3% para la

[3] En el continente abundan los ejemplos de la incorporación de cuadros disidentes, tanto del movimiento estudiantil como de los movimientos armados de los sesenta y setenta, a las estructuras gubernamentales. En el caso mexicano, muchos de estos "jóvenes" ocuparon importantes puestos políticos en el periodo de Carlos Salinas de Gortari (1989-1994), varios de ellos fueron responsables del diseño y la ejecución de la política social salinista, que se convirtió en un instrumento de control corporativo encubierto.

mayoría de los países de la región, la pregunta por los modos en que los jóvenes viven, experimentan e interpretan un mundo tensionado por múltiples conflictos y enfrentado a la paradoja de una globalización que parece acentuar fuertemente los valores locales, se hace urgente.

## Los contextos y la condición juvenil

La juventud como hoy la conocemos es propiamente una "invención" de la posguerra, en el sentido del surgimiento de un nuevo orden internacional que conformaba una geografía política en la que los vencedores accedían a inéditos estándares de vida e imponían sus estilos y valores. La sociedad reivindicó la existencia de los niños y los jóvenes como sujetos de derechos y, especialmente en el caso de los jóvenes, como sujetos de consumo.

En el periodo de la posguerra, las sociedades del "Primer Mundo" alcanzaban una insospechada esperanza de vida, lo que tuvo repercusiones directas en la llamada vida socialmente productiva. El envejecimiento tardío, operado por las conquistas científicas y tecnológicas, reorganizó los procesos de inserción de los segmentos más jóvenes de la sociedad. Para restablecer el equilibrio en la balanza de la población económicamente activa, la incorporación de las generaciones de relevo tenía que posponerse. Los jóvenes deberían ser retenidos durante un periodo más largo en las instituciones educativas. La ampliación de los rangos de edad para la instrucción no es nada más una forma "inocente" de repartir el conocimiento social, sino también y principalmente un mecanismo de control social y un dispositivo de autorregulación vinculado a otras variables.[4]

Es también en la posguerra cuando surge una poderosa industria cultural que ofertaba por primera vez bienes "exclusivos" para el consumo de los jóvenes. Aunque no el único, el ámbito de

[4] En la Europa judía de 1660, la instrucción llegaba hasta los 13 años en el caso de los varones pudientes y a los 10 años en los varones pobres, que debían entrar a servir a esta edad; éste es un ejemplo de cómo la instrucción escolar no es una variable independiente. Elliot Horowitz, "Los mundos de la juventud judía en Europa: 1300-1800", en Giovanni Levi y Jean-Claude Schmitt (dirs.), *Historia de los jóvenes* I. *De la Antigüedad a la Edad Moderna,* Taurus, Barcelona, 1996.

la industria musical fue el más espectacular. En el caso de los Estados Unidos, principal "difusor" de lo que sería "el nuevo continente social de la adolescencia", como ha llamando Yonnet[5] al mundo juvenil, las ventas de discos pasaron de 277 millones en 1955 a 600 millones en 1959 y a 2 000 millones en 1973.[6] El acceso a un mundo de bienes que fue posible por el poder adquisitivo de los jóvenes de los países desarrollados, abrió el reconocimiento de unas señales de identidad que se internacionalizarían rápidamente. Para el historiador Eric Hobsbawm, la cultura juvenil se convirtió en la matriz de la revolución cultural del siglo XX, visible en los comportamientos y las costumbres, pero sobre todo en el modo de disponer del ocio, que pasaron a configurar cada vez más el ambiente que respiraban hombres y mujeres urbanos.[7]

La visibilización creciente de los jóvenes y su enfrentamiento al *statu quo*, se daba paralelamente a la universalización acelerada de los derechos humanos en un clima político que trataba de olvidar los fascismos autoritarios de la época precedente. Los jóvenes "menores" se convertían en sujetos de derecho, y fueron separados en el plano de lo jurídico de los adultos. La profesionalización de los dispositivos institucionales para la vigilancia y el control de un importante segmento de la población va a crecer al amparo de un Estado benefactor que introduce elementos "científicos" y "técnicos" para la administración de la justicia en relación con los menores. Centros de internamiento, tribunales especializados, ya no castigo, sino rehabilitación y readaptación, van a transformar el aparato punitivo para los menores infractores.[8]

Lo que esto señala, entre otras cosas, es la necesidad de la sociedad de generar dispositivos especiales para un segmento de la población que va a irrumpir masivamente en la escena pública y la conciencia de que ha "aparecido" un nuevo tipo de sujeto para el que hay que generar un discurso jurídico que pueda ejercer una tutela acorde con el clima político y que al mismo tiempo opere como un aparato de contención y sanción.

[5] Paul Yonnet, *Juegos, modas y masa*, Gedisa, Barcelona, 1988.

[6] Eric Hobsbawm, *Historia del siglo* XX, Grijalbo Mondadori, Barcelona, 1995 (Crítica).

[7] *Ibid.*, p. 331.

[8] Para profundizar en el tema, véase el estudio de la investigadora Elena Azaola, *La institución correccional en México. Una mirada extraviada*, Siglo XXI/CIESAS, México, 1990.

Puede decirse entonces que son tres procesos los que "vuelven visibles" a los jóvenes en la última mitad del siglo XX: *a)* la reorganización económica por la vía del aceleramiento industrial, científico y técnico que implicó ajustes en la organización productiva de la sociedad; *b)* la oferta y el consumo cultural, y *c)* el discurso jurídico.

La "edad" adquiere, a través de estos procesos, una densidad que no se agota en el referente biológico y también adquiere valencias distintas no sólo entre diferentes sociedades, sino en el interior de una misma sociedad al establecer diferencias principalmente en función de los lugares sociales que los jóvenes ocupan en la sociedad. La edad, aunque referente importante, no es una categoría "cerrada" y transparente.[9]

Sin embargo, no se trata de sustituir un referente (el de la edad) por otro conjunto de referentes que tampoco son transparentes ni determinan la configuración de los mundos juveniles. Existen algunas "líneas de fuga" que exigen problematizar los contextos dinámicos en los que emerge la categoría "joven".

Resulta evidente que la realización tecnológica y los valores a ella asociada, lejos de achicar la brecha entre los que tienen y los que no, entre los poderosos y los débiles, entre los que están dentro y los que están fuera, la ha incrementado. La posibilidad de acceso a una calidad de vida digna es hoy un espejismo para más de 200 millones de latinoamericanos.[10] Si este dato se cruza con el perfil demográfico del continente mayoritariamente juvenil, no se requieren grandes planteamientos para inferir que uno de los sectores más golpeados por el empobrecimiento estructural es precisamente el de los jóvenes.

La incapacidad del sistema educativo del Estado para ofrecer y

[9] Un varón, por ejemplo de 18 años, perteneciente a los estratos socioeconómicos medios, experimenta la condición juvenil desde su adscripción a las instituciones escolares y una tutela negociada con los adultos responsables de su proceso de incorporación social; mientras que otra persona de la misma edad, pero inserta en un universo socioeconómico pauperizado que para sobrevivir se incorpora tempranamente a los circuitos de la economía informal, no suele ser definida como joven.

[10] América Latina comenzó la década de 1990 con 200 millones de pobres, es decir, con 70 millones más de los que tenía en 1970, principalmente como resultado de la pobreza urbana. Gustavo Roux, "Ciudad y violencia en América Latina", en Alberto Concha Eastman, Fernando Carrión y Germán Cobo (eds.), *Ciudad y violencias en América Latina*, PGU, Quito, 1994.

garantizar educación para todos, el crecimiento del desempleo y de la sobrevivencia a través de la economía informal, indica que el marco que sirvió como delimitación para el mundo juvenil, a través de la pertenencia a las instituciones educativas y a la incorporación tardía a la población económicamente activa, está en crisis.

No deja de resultar paradójico el deterioro en el ámbito económico y laboral y una crisis generalizada en los territorios políticos y jurídicos, mientras que se fortalecen los ámbitos de las industrias culturales para la construcción y reconfiguración constantes del sujeto juvenil. El vestuario, la música, el acceso a ciertos objetos emblemáticos constituyen hoy una de las más importantes mediaciones para la construcción identitaria de los jóvenes, que se ofertan no sólo como marcas visibles de ciertas adscripciones sino fundamentalmente como lo que los publicistas llaman, con gran sentido, "un concepto". Un modo de entender el mundo y un mundo para cada "estilo", en la tensión identificación-diferenciación. Efecto simbólico, y no por ello menos real, de identificarse con los iguales y diferenciarse de los otros, especialmente del mundo adulto.

Inexorablemente el mundo se achica y la juventud internacionalizada que se contempla a sí misma como espectáculo de los grandes medios de comunicación, encuentra paradójicamente en una globalización que tiende a la homogeneización, la posibilidad de diferenciarse y, sobre todo, alternativas de pertenencia y de identificación que trascienden los ámbitos locales, sin negarlos.

Ahí donde la economía y la política "formales" han fracasado en la incorporación de los jóvenes, se fortalecen los sentidos de pertenencia y se configura un actor "político" a través de un conjunto de prácticas culturales, cuyo sentido no se agota en una lógica de mercado.

Las constantes chapuzas, la inversión de las normas, la relación ambigua con el consumo, configuran el territorio tenso en el que los jóvenes repolitizan la política "desde fuera", sirviéndose para ello de los propios símbolos de la llamada "sociedad de consumo".

## Narrativas en conflicto

Con excepciones, el Estado, la familia, la escuela siguen pensando a la juventud como una categoría de tránsito, como una etapa de preparación para lo que sí vale; la juventud como futuro, valorada por lo que será o dejará de ser.

Mientras que para los jóvenes, el mundo está anclado en el presente, situación que ha sido finamente captada por el mercado.

La construcción cultural de la categoría "joven", al igual que otras "calificaciones" sociales (mujeres e indígenas, entre otros), se encuentra en fase aguda de recomposición, lo que de ninguna manera significa que ha permanecido, hasta hoy, inmutable. Lo que resulta indudable es que vivimos una época de aceleración de los procesos, lo que provoca una crisis en los sistemas para pensar y nombrar el mundo.

Si bien es cierto que "la juventud no es más que una palabra",[11] una categoría construida, no debe olvidarse que las categorías no son neutras, ni aluden a esencias; son productivas, hacen cosas, dan cuenta de la manera en que diversas sociedades perciben y valoran el mundo, y con ello a ciertos actores sociales. Las categorías como sistemas de clasificación social son también, y fundamentalmente, productos del acuerdo social y productoras del mundo.

Resulta entonces importante tratar de entender el conocimiento que se ha producido en relación con los jóvenes a través de una revisión de la literatura especializada, bajo el supuesto de que estas miradas "recogen" e interpretan los imaginarios presentes en la sociedad, en tanto estas narrativas aspiran a producir explicaciones sobre diferentes procesos sociales. Se trata de elaborar un análisis y una reflexión crítica sobre los conceptos, las categorías, los enfoques utilizados, para ayudarnos en esta búsqueda de luces sobre los modos en que los jóvenes son pensados.

[11] Pierre Bourdieu, "La juventud no es más que una palabra", en *Sociología y cultura*, CNCA/Grijalbo, México, 1990 (Col. Los Noventa).

## Desde dónde hablan los saberes

En un primer movimiento, intento analizar naturaleza, límites y condiciones del discurso especializado que se ha producido en Latinoamérica sobre las culturas juveniles, siempre desde una perspectiva sociocultural.

Conceptualizar al joven en términos socioculturales implica en primer lugar no conformarse con las delimitaciones biológicas, como la de edad, porque ya sabemos que distintas sociedades, en diferentes etapas históricas, han planteado las segmentaciones sociales por grupos de edad de muy distintas maneras y que, incluso, para algunas sociedades este tipo de recorte no ha existido. No se trata aquí de rastrear las formas en que las sociedades han construido la categoría "jóvenes",[12] sino de subrayar el error que puede representar pensar a este grupo social como un continuo temporal y ahistórico. Por el contrario, para entender las culturas juveniles es fundamental partir del reconocimiento de su carácter dinámico y discontinuo.

Los jóvenes no constituyen una categoría homogénea, no comparten los modos de inserción en la estructura social, lo que implica una cuestión de fondo: sus esquemas de representación configuran campos de acción diferenciados y desiguales.

Y pese a esta diferenciación, en términos generales, la gran mayoría de los estudios sobre culturas juveniles no ha logrado problematizar suficientemente la multiplicidad diacrónica y sincrónica en los "modos" de ser joven, y las más de las veces esta diferencia ha sido abordada (y reducida) al tipo de "inserción" socioeconómica de los jóvenes en la sociedad (populares, sectores medios o altos), descuidando las especificidades que tanto la subjetividad como los marcos objetivos desiguales de la acción generan.

En términos de la vinculación de los jóvenes con la estructura o el sistema, en los estudios pueden reconocerse básicamente dos tipos de actores juveniles:

[12] Para este fin, véase por ejemplo Giovanni Levi y Jean-Claude Schmitt, *op. cit.*, y el excelente trabajo de recuperación histórica desde la antropología de Carles Feixa, *La tribu juvenil, una aproximación transcultural a la juventud*, Edizione L'Occhiello, Turín, 1988.

*a)* Los que han sido pensados como "incorporados", cuyas prácticas han sido analizadas a través o desde su pertenencia al ámbito escolar, laboral o religioso; o bien, desde el consumo cultural.

*b)* Los "alternativos" o "disidentes", cuyas prácticas culturales han producido abundantes páginas y han sido analizados desde su no incorporación a los esquemas de la cultura dominante.

Desde luego este recorte es un tanto arbitrario pero, ¿qué recorte analítico no lo es?

El balance se inclina tanto en términos cuantitativos como en lo referente a la relativa consolidación de lo que podría considerarse una "perspectiva" de estudio, del lado de los "alternativos" o "disidentes"; mientras que sobre los "incorporados", la producción tiende a ser dispersa y escasa.

Estas tendencias señalan que el interés de los estudiosos se ha centrado de manera prioritaria en aquellas formas de agregación, adscripción y organización juvenil que transcurren al margen o en contradicción con las vías institucionales. Esto apunta a una cuestión que resulta vital y no es de ninguna manera "inocente" o "neutra": la pregunta por el sujeto.

La pregunta por los jóvenes en tanto sujetos de estudio ha estado orientada por una intelección que, con sus matices y diferencias, desde diversas perspectivas ha intentado reconocer cuáles son sus características y especificidades.

La casi imposibilidad de establecer unos márgenes fijos, "naturales" al sujeto de estudio, ha llevado a una buena parte de los estudiosos de esta vertiente a situarse en los territorios de los propios jóvenes,[13] lo que ha dado como resultado una abundante cantidad de libros, reportes, monografías, tesis, videos, que miran al joven como esencialmente contestario o marginal.[14]

Sin embargo, y pese a la relativa consolidación de este tipo de enfoques, es frecuente encontrar en estos estudios una tendencia fuerte a (con)fundir el escenario situacional (la marginación, la pobreza, la exclusión) con las representaciones profundas de

[13] El barrio, la calle, el rock, el graffiti, las publicaciones subterráneas, los movimientos de protesta.

[14] "Marginal" se utiliza aquí en un sentido metafórico, para hacer alusión a una forma de respuesta "activa" al choque de valores. Para una discusión más amplia, véase Anthony Giddens, *Beyond Left and Right*, Polity, Cambridge, 1995, y Michel Maffesolli, *El tiempo de las tribus*, Icaria, Barcelona, 1990.

estos jóvenes o, lo que es peor, a establecer una relación mecánica y transparente entre prácticas y representaciones. Por ejemplo, la calle en tanto escenario "natural" se ha pensado como "antagonista" en relación con los espacios escolares o familiares y no es problematizada como el espacio de extensión de los ámbitos institucionales en las prácticas juveniles. Así, los jóvenes en la calle parecerían no tener vínculos con ningún tipo de institucionalidad y ser ajenos a cualquier normatividad, además de ser necesariamente contestatarios con respecto al discurso legitimado u oficial.

En términos generales, esto ha ocultado al análisis la fuerte reproducción de algunos "valores" de la cultura tradicional, como el machismo o incluso la aceptación pasiva de una realidad opresora que se vive a través de una religiosidad popular profundamente arraigada en algunos colectivos juveniles.[15]

En ese mismo sentido, las prácticas como el lenguaje, los rituales de consumo cultural, las marcas de vestuario, al presentarse como diferentes y, en muchos casos, como atentadoras del orden establecido, han llevado a plantearlas como "evidencias" incuestionables del contenido liberador *a priori* de las culturas juveniles, sin ponerlas en contexto (deshistorizadas) o sin problematizarlas con la mediación de instrumentos de análisis que posibiliten trascender la dimensión descriptiva y empíricamente observable en los estudios sobre jóvenes.

En lo general, en el conocimiento producido en torno a las culturas juveniles, pueden reconocerse dos momentos o tipos de conocimiento: un momento descriptivo y un momento interpretativo.

Un primer momento que para efectos prácticos puede ubicarse en la primera mitad de la década de los ochenta, estaría caracterizado tanto por acercamientos de tipo *émic*[16] (específico, finalista, punto de vista interior), como por acercamientos de tipo *étic* (ge-

[15] Un contraejemplo de esto es el excelente trabajo de Alonso Salazar, *No nacimos pa' semilla*, CINEP, Bogotá, 1990, que en Colombia ha venido desmitificando los mundos populares de los jóvenes al mostrar la complicidad acrítica de muchos de éstos con una cultura opresora y opresiva.

[16] Según la propuesta de Pike para el estudio de la conducta (retomada a su vez de Sapir) en la que se distinguen: "phonetics" que se ocupa de los sonidos en el sentido físico y "phonemics" que trata los fonemas en sentido lingüístico. K. L. Pike, *Language in Relation to a Unifield Theory of the Structure of Human Behavior*, Summer Institute of Linguistic, Glendale, 1954.

nérico, predictivo y exterior). Pero ambos tipos tienen en común un tratamiento descriptivo.

Mientras que en el primer tipo *(émic)* es el punto de vista del "nativo" lo que prevalece, se asume por ende que todo lo "construido" y dicho al interior del sistema es necesariamente "la verdad"; en la segunda vertiente *(étic)* lo que organiza el conocimiento proviene de las imputaciones de un observador externo al sistema, que no sabe (no puede, no quiere) dialogar con los elementos *émic*, es decir, con las representaciones interiores o nativas.

Pese a las diferencias en la toma de posición del observador, estos acercamientos comparten un enfoque descriptivo, con una escasa o nula explicitación de categorías y conceptos que orientan la mirada del investigador. Ello vuelve prácticamente imposible un diálogo epistémico entre perspectivas, ya que las diferencias en la apreciación se convierten fácilmente en un forcejeo inútil entre posiciones. Donde unos ven "anomia" y "desviaciones", otros ven "cohesión" y "propuestas".

Ello ha derivado también en mutuas descalificaciones, que en términos metafóricos puede pensarse como una lucha entre "técnicos" y "rudos". En una imagen extrema, los primeros tienden a recurrir al lenguaje normativo de la ciencia, a partir del cual "descalifican" el conocimiento "militante" producido por los segundos; mientras que estos últimos recurren a su posición interna —de intelectuales orgánicos— para descalificar las proposiciones "técnicas y asépticas" de los primeros.

Pero en la medida en que muy pocos de estos discursos logran trascender lo descriptivo, el intercambio posible queda atrapado en el nivel de la anécdota, del dato sin problematización que resulta fácil adecuar al marco conceptual que se privilegia, lo que a su vez ha desembocado, desafortunadamente, en una sustancialización de los sujetos juveniles y de sus prácticas.

No se trata en ningún momento de descalificar la cantidad de estudios producidos en este periodo y lo que han aportado en términos de conocimiento en torno de las culturas juveniles, pero sí es importante apuntar que, en términos generales, la producción se caracterizó por una autocomplacencia a la que no parece preocuparle la construcción de un andamiaje teórico-metodológico que soporte los estudios realizados. Hay, en cambio, una tendencia en esta etapa a fijar una posición en torno al sujeto de estudio;

en otros términos, hay más preocupación por definir y calificar, que por entender.

Hacia finales de la década de los ochenta y a lo largo de los noventa puede reconocerse la emergencia paulatina de un nuevo tipo de discurso comprensivo en torno a los jóvenes. De carácter constructivista, relacional, que intenta problematizar no sólo al sujeto empírico de sus estudios, sino también a las "herramientas" que utiliza para conocerlo.

Se trata de perspectivas interpretativo-hermenéuticas, que van a intentar conciliar la oposición exterior-interior, como parte de una tensión indisociable en la producción de conocimiento científico.

Los jóvenes van a ser pensados como un *sujeto* con competencias para referirse en actitud objetivante a las entidades del mundo, es decir, como *sujetos de discurso* y con capacidad para apropiarse (y movilizar) los objetos tanto sociales y simbólicos como materiales, es decir, como *agentes sociales.*

En otras palabras, se reconoce el papel activo de los jóvenes en su capacidad de negociación con las instituciones y estructuras. En este tipo de acercamientos se opera una distancia entre un pensamiento que "toma" el mundo social y lo registra como *datum*, como dato empírico independiente del acto de conocimiento y de la ciencia que lo propicia,[17] y un pensamiento que es capaz de hacer la crítica de sus propios procedimientos.

La vertiente de estudios interpretativos sobre las culturas juveniles[18] ha incorporado de maneras diversas el reconocimiento del papel activo de los sujetos, el de su capacidad de negociación con sistemas e instituciones y el de su ambigüedad en los modos de relación con los esquemas dominantes. Ello ha ido posibilitando trascender las posiciones esencialistas: o todo pérdida, o todo afirmación. Y ha hecho posible encontrar otro nivel para la discusión que no se agota en la anécdota o en el dato empírico.

Las clasificaciones explícitas como las edades de vida, el momento de la mayoría de edad o, desde el discurso biologista, las

[17] Pierre Bourdieu, "La dominación masculina", *La Ventana*, núm. 3, Centro de Estudios de Género, Universidad de Guadalajara, Guadalajara, 1995.

[18] Representantes de esta corriente en América Latina son, por ejemplo, Jesús Martín-Barbero, Carlos Mario Perea en Colombia, Hermano Vianna y Micael Herschmann en Brasil, Sergio Balardini en Argentina, José Manuel Valenzuela, Maritza Urteaga y Rossana Reguillo en México, entre otros.

transformaciones corporales, "evidentemente no poseen sino un valor indicativo y resultarían insuficientes para definir y entender los contextos de una historia social y cultural de la juventud".[19]

En tal sentido, el segundo periodo o vertiente de estudios, y voy a referirme aquí al caso de México, puede considerarse abierto a partir de lo que podrían entenderse como los primeros trabajos claramente direccionados en la línea de una "historia cultural" de la juventud[20] y los que podrían ubicarse desde una perspectiva interdisciplinaria que buscan problematizar al sujeto juvenil en su complejidad.

Se trata de historizar a los sujetos y prácticas juveniles a la luz de los cambios culturales, rastreando orígenes, mutaciones y contextos político-sociales. Además, bajo la perspectiva hermenéutica se indaga en la configuración de las representaciones, de los sentidos que los propios actores juveniles atribuyen a sus prácticas, lo que permite trascender la mera descripción a través de las operaciones de construcción del objeto de estudio y con la mediación de herramientas analíticas.

En el modo constructivista y centralmente cultural que ha dado forma a los estudios de esta etapa, resulta fundamental señalar la importancia que ha tenido otra vertiente de trabajos que, abrevando en una larga tradición latinoamericana, se ubican en una perspectiva de crónica periodística. En el caso de México destaca el trabajo clave de Carlos Monsiváis, que simultáneamente ha sabido penetrar y rescatar con agudeza aquellos elementos significativos y pertinentes para la comprensión de las formas culturales de la juventud, al tiempo en que se ha constituido en un crítico implacable de la categoría "juventud", pero también en interlocutor generoso de los estudiosos en este campo.

Asimismo, en Colombia, Alonso Salazar,[21] que a partir de su incursión en los mundos del narcotráfico, del sicariato y de las comunas en Medellín, ha puesto al descubierto una situación descarnada y terriblemente compleja del mundo juvenil, sabiendo colocar simultáneamente la mirada del observador externo y la mirada del "nativo".

[19] Giovanni Levi y Jean-Claude Schmitt, *op. cit.*, p. 15.

[20] Aquí se ubica el trabajo pionero de José Manuel Valenzuela, *¡A la brava ése!*, El Colegio de la Frontera Norte, México, 1988.

[21] Alonso Salazar, *No nacimos pa' semilla, op. cit.*

En el caso de Venezuela, puede señalarse el trabajo de José Roberto Duque y Boris Muñoz,[22] que han logrado incorporar con gran sentido crítico las diferentes voces involucradas en la problemática juvenil de Caracas. Hablan los jóvenes desde su precaria situación social, pero se incorporan también las voces de autoridades gubernamentales, representantes de la Iglesia, promotores sociales y analistas.

Desde luego, estos autores no agotan el espectro de producciones que desde la crónica o el ensayo periodístico han posibilitado una mirada cualitativamente diferente sobre las culturas juveniles "alternativas" o "disidentes"; representan, en todo caso y de manera indicativa, un tipo de discurso comprensivo sobre la realidad de los mundos juveniles en sus complejos procesos de interacción con la sociedad.

## De lo tematizable a lo representado

La caída de tabiques entre disciplinas,[23] y el surgimiento y paulatina consolidación de los estudios llamados interdisciplinarios o "de frontera", ha sido una constante en los últimos años de investigación sobre juventud en América Latina.

Los contornos imprecisos del sujeto y sus prácticas han colocado la vida cotidiana de los mundos juveniles en el centro de los análisis no necesariamente como tema, sino como lugar metodológico desde el cual interrogar a la realidad.

Desde esta mirada, que se sitúa en los propios territorios de los jóvenes, las temáticas abordadas han sido diversas, pero en términos generales pueden ser reconocidos tres grandes ejes que, por supuesto, tienen relación con los debates y las preguntas que desde las ciencias sociales se plantean lo "real".

*a)* El grupo juvenil y las diferentes maneras de entender y nombrar su constitución, lo que hace referencia al peso otorgado por los analistas a la identidad como un factor clave para entender las culturas juveniles.

[22] José Roberto Duque y Boris Muñoz, *La ley de la calle. Testimonios de jóvenes protagonistas de la violencia en Caracas*, Fundarte, Caracas, 1995.

[23] García Canclini, 1993 [sin referencia].

*b)* Una segunda temática importante es la de la alteridad, los "otros" en relación con el proyecto identitario juvenil.

*c)* Lo que podría denominarse el proyecto y las diferentes prácticas juveniles o formas de acción, constituyen el tercer eje importante.

### *El grupo o los nombres de la identidad*

La problematización en torno a "los modos de estar juntos"[24] de los jóvenes ha sido elaborada de diversas maneras.

La diferenciación más clara está relacionada con la direccionalidad del enfoque. Es decir, un tipo de estudios va de la constitución grupal a lo societal; otro tipo va de los ámbitos sociales al grupo.

En el primer enfoque, la identidad grupal se convierte en el referente clave que permite "leer" la interacción de los sujetos con el mundo social. Hay por tanto un colectivo empírico al que se observa y desde el cual se analizan las vinculaciones con la sociedad. A este tipo, por ejemplo, corresponden las etnografías de bandas juveniles que centraron la atención durante la década de los ochenta.

Por razones del propio enfoque, para conceptualizar la agregación juvenil se ha recurrido a categorías como "identidades juveniles", "grupo de pares", "subculturas juveniles", y las más de las veces, sobre todo durante la primera mitad de la década de los ochenta, en el caso de México, se utilizó el término "banda" como "categoría" para nombrar el modo particular de estar juntos de los jóvenes populares urbanos. Esta mirada intragrupal, si bien ha aportado muy importantes elementos de comprensión, ha resultado insuficiente para captar las vinculaciones entre lo local y lo global y para pensar la interculturalidad.

Por otra parte, han ido cobrando fuerza los estudios que van de los ámbitos y de las prácticas sociales a la configuración de grupalidades juveniles. El rock, el uso de la radio y la televisión, la violencia, la política, el uso de la tecnología se convierten aquí en

[24] J. Martín-Barbero, *Pre-textos. Conversaciones sobre la comunicación y sus contextos,* Centro Editorial Universidad del Valle, Cali, 1995.

el referente para rastrear relaciones, usos, decodificaciones y recodificaciones de los significados sociales en los jóvenes. No necesariamente debe existir entonces un colectivo empírico, se habla de los "jóvenes de clase media", de los "jóvenes de los sectores populares", etc., que se constituyen en "sujetos empíricos" por la mediación de los instrumentos analíticos; se trata de "modos de estar juntos" a través de las prácticas, que no corresponden necesariamente a un territorio o a un colectivo particular.

Esta vertiente ha buscado romper con los imperativos territoriales y las identidades esenciales y para ello ha construido categorías como la de "culturas juveniles", "adscripción identitaria", "imaginarios juveniles" (pese a lo pantanosa que puede resultar esta última). Es una mirada que trata de no perder al sujeto juvenil pero que busca entenderlo en sus múltiples "papeles" e interacciones sociales.

### *Los otros*

Un tema recurrente en los estudios sobre juventud, no por obsesión de los analistas sino porque aparece de manera explícitamente formulada por los jóvenes, es el de lo otro o "el otro", para hacer referencia —casi siempre— al "antagonista", o a la "alteridad radical", que otorga más allá de las diferencias, por ejemplo, socioeconómicas y regionales, un sentimiento de pertenencia a un "nosotros". La identidad es centralmente una categoría de carácter relacional (identificación-diferenciación). Todos los grupos sociales tienden a instaurar su propia alteridad. La construcción simbólica "nosotros los jóvenes" instaura diferentes alteridades, principal aunque no exclusivamente, con respecto a la autoridad: la policía, el gobierno, los viejos, etcétera.

Diferentes estudios se han ocupado de construir *corpus* de representaciones en los que es posible analizar las separaciones, las fronteras, los muros que las culturas juveniles construyen para configurar sus mundos. Más allá de la dimensión antropomorfizada de esas alteridades (policía-gobierno, maestros-escuela), algunos trabajos —que trascienden lo puramente descriptivo— han señalado que estas figuras representan un orden social al que se califica como represor e injusto. Esto puede parecer una obviedad, pero en tanto en el campo de estudios sobre la juventud no se logre trascender la anécdota ni el dato empírico,[25] el acento analítico en los procesos de construcción de la alteridad queda atrapado en las propias figuras con que se la representa.

*Proyecto y acción colectiva*

Algunos de los enfoques clásicos en torno a la conceptualización de proyecto político y acción colectiva, han centrado prioritariamente su mirada en aquellas formas de participación formales, explícitas, orientadas y estables en el tiempo (por ejemplo, el primer Touraine, 1984), con la consecuente teorización que parece reconocer sólo como cultura política aquellas representaciones y formas de acción formales y explícitas. Este tipo de intelección ha provocado que las grupalidades juveniles, efímeras, cambiantes, implícitas en sus formulaciones, sean leídas como carentes de un proyecto político y que se reduzca su relación en este ámbito, por ejemplo, a la participación electoral.[26]

Paulatinamente y en relación con la literatura sobre nuevos movimientos sociales y las reconceptualizaciones sobre lo político,[27] aparece en la literatura sobre juventud una revaloración de lo político que deja de estar situado más allá del sujeto, constituyendo una esfera autónoma y especializada, y adquiere corporei-

[25] En algunos casos no se logra una separación entre la "militancia" en la lucha por los derechos humanos de los jóvenes y la tarea de producir conocimiento. En diversas y numerosas reuniones donde se abordan temas relacionados con la juventud, muchos asistentes demandan que se hable un lenguaje "común", que "se renuncie a la teoría", que se hable de las cosas que "verdaderamente afectan a los jóvenes", en una especie de populismo que confunde espacios y fines. Ello ha obstaculizado, no sólo en el caso de los jóvenes, sino también en el de las mujeres, los indígenas y algunas otras "minorías", la posibilidad de un debate riguroso que pueda ayudar a dinamizar los movimientos sociales.

[26] Un ejemplo de la reducción de lo político a sus dimensiones formales puede verse en el balance realizado en México por Ricardo Becerra Laguna, "Participación política y ciudadana", en José Antonio Pérez Islas y Elsa Maldonado (coords.), *Jóvenes: una evaluación del conocimiento. La investigación sobre juventud en México 1986-1996*, t. I, Causa Joven, México, 1996.

[27] El mismo Alain Touraine, *Crítica de la modernidad*, FCE, México, 1994; Alberto Melucci, *Nomads of Present. Social Movements and Individual Needs in Contemporary Society*, Temple University Press, Filadelfia, 1989; Klaus Offe, *Contradicciones del Estado de bienestar*, CNCA/Alianza Editorial, México, 1990 (Col. Los Noventa); Michel Maffesolli, *El tiempo de las tribus*, Icaria, Barcelona, 1990; Norbert Lechner, "Por qué la política ya no es lo que era", *Nexos*, México, 1995.

dad en las prácticas cotidianas de los actores, en los intersticios que los poderes no pueden vigilar.[28]

La política no es un sistema rígido de normas para los jóvenes, es más bien una red variable de creencias, un *bricolage* de formas y estilos de vida, estrechamente vinculada a la cultura, entendida ésta como "vehículo o medio por el que la relación entre los grupos es llevada a cabo".[29]

Sin embargo, es importante reconocer que las articulaciones entre culturas juveniles y política están lejos de haber sido finamente trabajadas y que, en términos generales, estas relaciones se han venido construyendo como una relación de negatividad, es decir, como negación o descalificación de los constitutivos políticos en las representaciones y acciones juveniles.[30]

## El punto de quiebre

Por otra parte, la línea de estudios en torno a los jóvenes que transitan por las rutas "predecibles" tiende a ser dispersa y escasa. Otra característica muy importante de esta literatura es que en varios casos el objeto principal de estudio no lo constituyen los jóvenes, sino que son enfoques centrados por ejemplo en el aparato escolar, en las comunidades eclesiales de base u otros grupos de carácter religioso, en las fábricas, en los sindicatos, cuyos autores están más interesados en los modos de funcionamiento de instituciones y espacios que en las culturas juveniles. Los jóvenes aparecen entonces en sus roles de estudiantes, de empleados, de creyentes, de obreros.

En este sentido, son la narrativa cinematográfica y la literatura

[28] Rossana Reguillo, "Entre la diversidad y el escepticismo: jóvenes y cultura política en México", en Jaime Castillo y Elsa Patiño (coords.), *Cultura política de las organizaciones y movimientos sociales*, La Jornada/Centro de Investigaciones Interdisciplinarias en Ciencias y Humanidades, UNAM, México, 1997.

[29] Fredric Jameson, "Conflictos interdisciplinarios en la investigación sobre cultura", *Alteridades*, núm. 5, UAM-Iztapalapa, México, 1993.

[30] Creo firmemente que los zapatistas y en concreto el *Sup Marcos* han sabido captar (y aprovechar) con precisión este sentido polifónico de lo político en los jóvenes. Por ejemplo, los programas especiales en MTV Latino, la muy reciente "Canción del Sup", en la que, a ritmo de rock, *el Sup* "rapea" las consignas zapatistas "para todos, todo" que le ha costado severas críticas, tanto de las derechas como de las izquierdas, incapaces —por distintos motivos— de entender la necesidad de nuevos mecanismos de interpelación con los jóvenes.

las que han logrado interesantes acercamientos analíticos y críticos en torno a los espacios tradicionales de socialización de los jóvenes, como la escuela, la familia, el trabajo, sin "perder" al sujeto juvenil.[31]

El desencuentro entre la producción de conocimiento de la vertiente que se ocupa de los "no institucionales" y la que se ocupa de los "incorporados", es profunda y da como resultado, para una y para otra, análisis parciales en los que hay, de un lado, insuficiente tratamiento de los aspectos estructurales e institucionales, no necesariamente antagónicos a las expresiones culturales juveniles y, de otro lado, una focalización en la institución en detrimento de la especificidad juvenil. De un lado sujetos sin estructura, de otro estructuras sin sujetos.

Un nuevo filón, que pudiera constituirse como punto de equilibrio entre estas perspectivas, lo constituyen los estudios que se ocupan del consumo cultural juvenil, es decir, la relación de los jóvenes con los bienes culturales como lugar de la negociación-tensión con los significados sociales. En este sentido, el estudio del consumo cultural como forma de identificación-diferenciación social[32] (Bordieu, 1988; García Canclini, 1991) coloca en el centro del debate la importancia que en términos de la dinámica social tiene hoy día la consolidación de una cultura-mundo que está repercutiendo en los modos de vida, los patrones socioculturales, el aprendizaje y fundamentalmente en la interacción social.

Aquí se muestra al joven como un actor posicionado socioculturalmente, lo que significa que hay una preocupación por comprender las interrelaciones entre los distintos ámbitos de pertenencia del joven, la familia, la escuela, el grupo de pares, al tiempo que se subraya el sentido otorgado por los jóvenes a la grupalización, en el sentido de "comunidades imaginarias"[33] a las cuales adscribirse.

El reconocimiento de la insuficiencia de perspectivas que han "parcializado" al joven, mostrándolo de manera excluyente como

[31] Por ejemplo *Reality Bites, La sociedad de los poetas muertos, Breakfeast Club, Santana, ¿americano yo?,* que al conjuntar la problemática de los inmigrantes con la juvenil, cuestiona severamente el orden institucional.

[32] Pierre Bourdieu, *La distinción,* Taurus, Madrid, 1988; Néstor García Canclini (coord.), *El consumo cultural en México,* CNCA, México, 1991.

[33] Benedict Anderson, *Imagined Communities: Reflection on the Origin and Spread of Nationalism,* Verso Editions, Londres, 1993.

alternativo o como integrado, ha representado un punto de quiebre en los discursos comprensivos sobre estos actores sociales y, al mismo tiempo, ha inaugurado un modo de acercamiento que intenta mostrar que sin "perder" la centralidad del género, de la etnia, del territorio, y manteniendo en tensión productiva las relaciones entre estructuras y sujetos, resulta posible articular a los análisis la presencia de lo social sistémico sin perder la especificidad del sujeto juvenil.[34]

Pensar a los jóvenes en contextos complejos demanda una mayor articulación entre las diferentes escalas geopolíticas, locales y globales, y un tejido más fino en la relación entre las dimensiones subjetivas y los contextos macrosociales.

## De mapas e itinerarios

Resulta urgente "desconstruir" el discurso que ha estigmatizado a los jóvenes, a los empobrecidos principalmente, como los responsables del deterioro y la violencia, ya que:

> [...] la preocupación de la sociedad no es tanto por las transformaciones y trastornos que la juventud está viviendo, sino más bien por su participación como agente de la inseguridad que vivimos y por el cuestionamiento que explosivamente hace la juventud de las mentiras que esta sociedad se mete a sí misma para seguir creyendo en una normalidad social que el descontento político, la desmoralización y la agresividad expresiva de los jóvenes están desenmascarando.[35]

Pensar a los jóvenes es una tarea que se inscribe en el necesario debate sobre el horizonte de futuro. Si como ha dicho García Canclini,[36] en la inevitabilidad globalizadora aparecen "interrupciones" que ponen en cuestión su relato homogéneo, tal vez la pregunta por los jóvenes ayude a visualizar caminos alternos.

[34] Este tipo de discusiones pueden verse en el libro *Viviendo a toda. Jóvenes, territorios culturales y nuevas sensibilidades*, que recoge una fructífera discusión entre estudiosos del campo, organizada y promovida por el Departamento de Investigaciones de la Universidad Central de Bogotá, 1998.

[35] Jesús Martín-Barbero, "Jóvenes: des-orden cultural y palimpsestos de identidad", en Humberto Cubides, María Cristina Laverde y Carlos Eduardo Valderrama (eds.), *Viviendo a toda. Jóvenes, territorios culturales y nuevas sensibilidades*, Universidad Central/Siglo del Hombre Editores, Bogotá, 1998, p. 23.

[36] Néstor García Canclini, *La globalización imaginada*, Paidós, México, 1999.

La discusión planteada tiene un doble objetivo: por un lado, reconocer las fortalezas y debilidades en el conocimiento producido en torno a los jóvenes, como condición reflexiva para comprender con creatividad y rigor los cambios que, en el siglo que arranca, están experimentando las culturas juveniles; por otro lado, se trata de problematizar para replantear un conjunto de conceptos, estrategias metodológicas, análisis empíricos e interpretaciones que en el contexto de las incertidumbres presentes se requieren para colocarse en situación de comprender mejor las transformaciones sociales y el papel que ahí están jugando las culturas juveniles.

Del conjunto de posibilidades de análisis, el estudio de las culturas juveniles en su intersección con los estudios culturales articula tres campos de preguntas fundamentales: *1)* la identidad como lugar de enunciación sociopolítica; *2)* las intersecciones entre prácticas y estructuras, y *3)* los escenarios del conflicto y la negociación por la inclusión, vinculados tanto a los discursos como a las prácticas y las coordenadas espacio-temporales como dimensiones constitutivas de lo social.

Las culturas juveniles en su interacción con *los otros*, con la sociedad, son vistas de maneras diversas. Para ciertas "lecturas", los jóvenes son no pertinentes como sujetos políticos, motivo de "apañón" y de sospecha, botín electorero en tiempos neoliberales, espejo vergonzoso de la sociedad, objetos de reglamentos y planes, y, lamentablemente, objetos de los discursos conmovedores de funcionarios en turno. Desde otras "lecturas", los jóvenes son vistos como personajes de novelas y películas, emblemas libertarios, potencia pura. Descalificación o exaltación.

Y mientras eso sucede, las culturas juveniles de la crisis, de la globalización y la tribalización (re)inventan mecanismos para confortarse colectivamente y sobrevivir a la violencia cotidiana y generalizada, al desencanto profundo que les ha abierto un hoyo negro en la esperanza.

Trazar una agenda de investigación por decreto no es ni factible ni recomendable. Así que la intención de esta última parte es apenas la de señalar algunos de los huecos en la investigación sobre juventud y apuntar algunos elementos de reconfiguración en los mundos juveniles.

Quizá la temática más ausente y extrañada sea la perspectiva de género. Pese a las novedades que comportan las culturas juveniles en lo que toca a las relaciones de género, éstas no han sido suficientemente abordadas. Si bien los jóvenes comparten universos simbólicos, lo hacen desde la diferencia cultural constituida por el género. La organicidad alcanzada por los colectivos juveniles de composición mayoritariamente masculina no es equivalente al caso de las jóvenes, que tienden a insertarse en las grupalidades juveniles "invisibilizando" su diferencia. Pero hay insuficiencia de material empírico que impide hacer planteamientos finos en lo que toca a la diferencia de género entre los jóvenes.

Tampoco se ha logrado avanzar sustancialmente en lo que toca a las dimensiones local-global y sus repercusiones en el ámbito de las culturas juveniles; cabe aquí preguntarse cómo reformulan desde lo local los elementos de la cultura-mundo y cómo actualizan en la vida cotidiana las relaciones entre tradición y modernidad.

Por un lado la victimización del joven y, por otro, su exaltación como agente de cambio polarizan, en términos generales, la investigación. El efecto que esto ha tenido es de una diversidad fáctica sin problematización. Es decir, el "otro construido", tanto para los jóvenes, como en relación con el discurso social que sobre ellos se elabora y circula, se asume como un dato que está ahí a la espera del observador. En tal sentido, hace falta investigación sobre los mapas cognitivos, sobre las experiencias mediatas e inmediatas de donde se nutren las representaciones colectivas que dan forma y contenido a las identidades-alteridades sociales. Especialmente en este momento en que los poderes, particularmente la institucionalidad mediática, se disfraza de espacio de conversación, haciendo aparecer "la diferencia" como un asunto retórico que oculta la desigualdad.

Esto apunta también a la necesidad urgente de investigaciones que, sin renunciar a la dimensión intragrupal, sean capaces de ver al joven más allá de los ámbitos restringidos de sus respectivos colectivos.

El balance señala una tendencia creciente a los acercamientos interdisciplinarios pero revela, por otro lado, una escasa problematización del sujeto juvenil desde las dimensiones psicosociales que no se reduzcan al establecimiento *a priori* de una serie de etapas y actitudes que caracterizarían el periodo de la juventud. El problema es mucho más complejo y exigiría un trabajo más fino en las interfases entre individuo, grupo y contexto sociocultural. En tal sentido, la perspectiva psicoanalítica ha sido una veta poco explorada en el campo de los estudios de la juventud.

La literatura, la música, el habla, entre otras expresiones culturales, adquieren centralidad en los nuevos acercamientos; pero será fundamental no perder la dimensión de la estructura y trabajar las mediaciones entre las expresiones juveniles, las políticas culturales y la industria cultural.

Por último, y con el espíritu de fomentar la discusión, resulta urgente la necesidad de producir estudios comparativos como una de las alternativas para propiciar el diálogo y un debate no virtual que pueda romper el aislamiento en la producción de conocimiento.

En esta dimensión cobra sentido el pensamiento de Jesús Ibáñez: "Pensar juntos el pensamiento con el que pensamos".

## BIBLIOGRAFÍA


Anderson, Benedict, *Imagined Communities: Reflection on the Origin and Spread of Nationalism,* Verso Editions, Londres, 1993.

Azaola, Elena, *La institución correccional en México. Una mirada extraviada,* Siglo XXI/CIESAS, México, 1990.

Balardini, Sergio, "Subcultura juvenil y rock argentino. En busca de los orígenes", en *Jóvene-es. Revista de Estudios sobre Juventud,* núm. 6, IMJ, México, enero-marzo de 1998, pp. 102-113.

Becerra Laguna, Ricardo, "Participación política y ciudadana", en José Antonio Pérez Islas y Elsa Maldonado (coords.), *Jóvenes: una evaluación del conocimiento. La investigación sobre juventud en México 1986-1996.* t. I, Causa Joven, México, 1996.

Bourdieu, Pierre, *La distinción,* Taurus, Madrid, 1988.

———, "La juventud no es más que una palabra", en *Sociología y cultura,* CNCA/Grijalbo, México, 1990 (Col. Los Noventa).

———, "La dominación masculina", *La Ventana,* núm. 3, Centro de Estudios de Género, Universidad de Guadalajara, Guadalajara, 1995.

Duque, José Roberto, y Boris Muñoz, *La ley de la calle. Testimonios de jóvenes protagonistas de la violencia en Caracas,* Fundarte, Caracas, 1995.

Feixa, Carles, *La tribu juvenil, una aproximación transcultural a la juventud,* Edizione L'Occhiello, Turín, 1988.

García Canclini, Néstor (coord.), *El consumo cultural en México*, CNCA, México, 1991.

———, "El malestar en los estudios culturales", *Fractal*, núm. 6, México, otoño de 1997, pp. 45-60.

———, *La globalización imaginada*, Paidós, México, 1999.

Giddens, Anthony, *Beyond Left and Right*, Polity, Cambridge, 1995.

Herschmann, Micael, *Abalando do os anos 90. Globalizaçao, violência e estilo cultural*, Rocco, Rio de Janeiro, 1997.

Hobsbawm, Eric, *Historia del siglo XX*, Grijalbo Mondadori, Barcelona, 1995 (Crítica).

Horowitz, Elliot, "Los mundos de la juventud judía en Europa: 1300-1800", en Giovanni Levi y Jean-Claude Schmitt (dirs.), *Historia de los jóvenes I. De la Antigüedad a la Edad Moderna*, Taurus, Barcelona, 1996.

Jameson, Frederic, "Conflictos interdisciplinarios en la investigación sobre cultura", *Alteridades*, núm. 5, UAM-Iztapalapa, México, 1993.

Lechner, Norbert, "Por qué la política ya no es lo que era", *Nexos*, México, 1995.

Levi, Giovanni, y Jean-Claude Schmitt (dirs.), *Historia de los jóvenes I. De la Antigüedad a la Edad Moderna*, Taurus, Barcelona, 1996.

Maffesolli, Michel, *El tiempo de las tribus*, Icaria, Barcelona, 1990.

Martín-Barbero, Jesús, *Pre-textos. Conversaciones sobre la comunicación y sus contextos*, Centro Editorial Universidad del Valle, Cali, 1995.

———, "Jóvenes: des-orden cultural y palimpsestos de identidad", en Humberto Cubides, María Cristina Laverde y Carlos Eduardo Valderrama (eds.), *Viviendo a toda. Jóvenes, territorios culturales y nuevas sensibilidades*, Universidad Central/Siglo del Hombre Editores, Bogotá, 1998.

Melucci, Alberto, *Nomads of Present. Social Movements and Individual Needs in Contemporary Society*, Temple University Press, Filadelfia, 1989.

Monsiváis, Carlos, *Amor perdido*, SEP/Era, México, 1988a (Lecturas Mexicanas).

———, *Escenas de pudor y liviandad*, Grijalbo, México, 1988b.

———, "Diálogo con Carlos Monsiváis. Entrevista realizada por Paloma de Vivanco", *Jóven-es. Revista de Estudios sobre Juventud*, núm. 1, IMJ, México, julio-septiembre de 1996, pp. 8-10.

Offe, Klaus, *Contradicciones del Estado de bienestar*, CNCA/Alianza Editorial, México, 1990 (Col. Los Noventa).

Perea, Carlos Mario, "Somos expresión, no subversión. Juventud, identidades y esfera pública en el suroriente bogotano", en Humberto Cubides, María Cristina Laverde y Carlos Eduardo Valderrama (eds.), *Viviendo a toda. Jóvenes, territorios culturales y nuevas sensibilidades*, Universidad Central/Siglo del Hombre Editores, Bogotá, 1998.

Pérez Islas, José Antonio, y Elsa Maldonado (coords.), *Jóvenes: una evalua-*

*ción del conocimiento. La investigación sobre juventud en México 1986-1996*, tomos I y II, Causa Joven, México, 1996.

Pike, K. L., *Language in Relation to a Unifield Theory of the Structure of Human Behavior*, Summer Institute of Linguistic, Glendale, 1954.

Reguillo, Rossana, *En la calle otra vez. Las bandas: identidad urbana y usos de la comunicación*, ITESO, Guadalajara, 1991.

———, "Acción comunicativa. Notas sobre la identidad/alteridad social", en José Carlos Lozano (ed.), *Anuario de investigación de la comunicación*, I, CONEICC, México, 1994.

———, "Discursos, rollos y camaleones. Las tonalidades claroscuras de la producción discursiva en las bandas juveniles", en Andrew Roth y José Lameiras (eds.), *El verbo popular*, El Colegio de Michoacán/ITESO, Zamora, 1995.

———, "Entre la diversidad y el escepticismo: jóvenes y cultura política en México", en Jaime Castillo y Elsa Patiño (coords.), *Cultura política de las organizaciones y movimientos sociales*, La Jornada/Centro de Investigaciones Interdisciplinarias en Ciencias y Humanidades, UNAM, México, 1997.

Roux, Gustavo, "Ciudad y violencia en América Latina", en Alberto Concha Eastman, Fernando Carrión y Germán Cobo (eds.), *Ciudad y violencia en América Latina*, PGU, Quito, 1994.

Salazar, Alonso, *No nacimos pa' semilla*, CINEP, Bogotá, 1990.

Touraine, Alain, *Crítica a la modernidad*, FCE, México, 1994.

———, *El regreso del actor*, Eudeba, Buenos Aires, 1984.

Urteaga-Pozo, Maritza, "Organización juvenil", en José Antonio Pérez Islas y Elsa Patricia Maldonado (coords.), *Jóvenes: una evaluación del conocimiento. La investigación sobre juventud en México 1986-1996*, Causa Joven, México, 1996.

Valenzuela Arce, José Manuel, *¡A la brava ése!*, El Colegio de la Frontera Norte, México, 1988.

———, *Vida de barro duro: cultura popular juvenil en Brasil*, El Colegio de la Frontera Norte/Universidad de Guadalajara, México, 1997.

———, *El color de las sombras*, El Colegio de la Frontera Norte/Plaza y Valdés/Universidad Iberoamericana, México, 1998.

Vianna, Hermano, *Galeras cariocas. Territórios de conflitos e encontros culturais*, UFRJ, Rio de Janeiro 1997.

Yonnet, Paul, *Juegos, modas y masa*, Gedisa, Barcelona, 1988.

# *El campo académico de la comunicación en México: fundamentos de la posdisciplinariedad*

RAÚL FUENTES NAVARRO

> Hoy la extensión y el significado de la comunicación se han vuelto virtualmente incontenibles. Estudiar comunicación, como se evidencia cada vez más ampliamente, no es sólo ocuparse de los aportes de un conjunto restringido de medios, sea a la socialización de los niños o los jóvenes, sea a las decisiones de compra o de votación. Ni es sólo involucrarse con las legitimaciones ideológicas del Estado moderno. Estudiar comunicación consiste, más bien, en elaborar argumentos sobre las formas y determinaciones del desarrollo sociocultural como tal. El potencial del estudio de la comunicación, en suma, converge directamente, y en muchos puntos, con los análisis y la crítica de la sociedad existente en todas sus modalidades.
>
> SCHILLER, 1996

EN ESTE TEXTO se expone una revisión crítica de las tendencias recientes de desarrollo del campo académico[1] de la comunicación en México, especialmente de sus determinaciones y manifestaciones institucionales, que reasume y actualiza las interpretaciones realizadas en un estudio publicado anteriormente.[2] Se trata de

[1] El concepto de "campo" se retoma, evidentemente, de la obra de Pierre Bourdieu, como "espacio" sociocultural de posiciones objetivas donde los agentes luchan por la apropiación del "capital" común. *Vid.* Pierre Bourdieu, *Esquisse d'une théorie de la practique*, Droz, Ginebra, 1972; "La specificité du champ scientifique et les conditions sociales du progrès de la raison", *Sociologie et Sociétés*, vol. VII, núm. 1, París, 1975, pp. 91-118; *Homo Academicus*, Stanford University Press, California, 1988.

[2] Raúl Fuentes Navarro, *La emergencia de un campo académico. Continuidad utópica y estructuración científica de la investigación de la comunicación en México*, ITESO/Universidad de Guadalajara, Guadalajara, 1998.

ampliar las propuestas de comprensión colectiva de las articulaciones posibles, no sólo de un campo particular, sino de las interrelaciones entre varios de ellos y de las condiciones que comparten *como sistemas de prácticas de producción social de conocimiento sobre la realidad sociocultural.*[3]

## La problematización de la estructura disciplinaria de las ciencias sociales

La década de los años noventa, enfática y repetidamente caracterizada en muy diversos ámbitos discursivos por la recomposición de casi todas las estructuras económicas, políticas y culturales del mundo contemporáneo, y por un insidioso "espíritu" de cambio de época, de transición histórica, instaló en muchos círculos intelectuales la urgencia ineludible del cuestionamiento de gran parte de las premisas sobre las que se han fundado el trabajo académico y las articulaciones de la producción y la circulación social del conocimiento científico con la toma de decisiones y la distribución del poder en y entre las sociedades. Bajo la imprecisa pero sugerente noción de "globalización" se ha congregado un enorme conjunto de debates, cada vez más implicados entre sí, y las certezas disminuyen, tanto en número como en distinción y alcance práctico. Una conclusión parece imponerse: la relativa "estabilidad" de los esquemas de pensamiento con respecto al mundo está lejos de restablecerse, suponiendo que se reconozca algún momento de equilibrio en el pasado reciente.[4]

A propósito del movimiento orientado a "repensar las ciencias sociales", el investigador brasileño Renato Ortiz ha advertido, con razón, que "deben evitarse dos actitudes [...] una de ellas, la más conservadora, consiste en tomar a los clásicos como funda-

[3] En este sentido, se asume una perspectiva que concibe a la ciencia como una práctica sociocultural y no como un sistema abstracto de formalizaciones del conocimiento. Por ello se privilegia la atención a los procesos de institucionalización por encima de la configuración de "paradigmas", y sobre los actores antes que las "estructuras". Andrew Pickering (ed.), *Science as Practice and Culture,* The University of Chicago Press, Chicago y Londres, 1992.

[4] La Comisión Gulbenkian ubica en 1945 el origen de las transformaciones históricas requeridas en la actualidad para "abrir las ciencias sociales" conforme a la restructuración del Sistema-Mundo resultante de la segunda Guerra Mundial. I. Wallerstein *et al.*, *Abrir las ciencias sociales,* Siglo XXI/CIIH-UNAM, México, 1996.

dores de un saber acabado, lo que nos conduciría por necesidad a una mineralización del pensamiento [...] La actitud inversa la representaría el creer que todo ha cambiado, que los tiempos actuales, flexibles, demandarían una ciencia social radicalmente distinta e incompatible con lo que hasta entonces se ha practicado".[5] En ese sentido, Ortiz se suma a las posturas críticas que abogan por una visión histórica amplia y una consideración renovada de los procesos de institucionalización, profesionalización y legitimación de las ciencias sociales, a partir de las cuales habría que emprender su restructuración.

En el núcleo de estos debates se ubica la cuestión de la *disciplinariedad,* es decir, de la especialización del trabajo de investigación y de enseñanza y de la erección consecuente de "fronteras" entre especialidades que, institucionalizadas, estructuran el desarrollo científico. Hace ya algunas décadas que la sociología de las ciencias adoptó como postulado central esta consideración:

> Las instituciones son procesos sociales que han alcanzado un grado considerable de permanencia y de legitimidad percibida. La ciencia se institucionaliza en las universidades en la forma de actividades de enseñanza e investigación. La estructura organizacional del sistema universitario adquiere su propio peso y dinámica, por ejemplo, mediante la separación entre disciplinas por motivos intelectuales, mediante la formalización de procedimientos para el reclutamiento o la asignación de recursos, mediante su dependencia de autoridades estatales o patronatos privados, entre otros aspectos. En consecuencia, aunque la estructura del mundo académico puede convertirse en un obstáculo para la innovación científica, a veces es posible que los científicos usen la dinámica social del sistema universitario para obtener apoyo y aceptación para nuevas aventuras intelectuales.[6]

En años más recientes, la Comisión Gulbenkian para la Restructuración de las Ciencias Sociales formuló precisamente, como el "dilema central" de las ciencias sociales, "la superación de la actual estructura de la disciplina"[7] y por ello analizó histórica-

[5] Renato Ortiz, "Ciencias sociales, globalización y paradigmas", en Rossana Reguillo y Raúl Fuentes (coords.), *Pensar las ciencias sociales hoy. Reflexiones desde la cultura,* ITESO, Guadalajara, 1999, pp. 20-21.

[6] Lemaine, McLeod, Mukay, Weingart (eds.), *Perspectives on the Emergence of Scientific Disciplines,* Mouton/Aldine, La Haya/París/Chicago, 1976, p. 17.

[7] I. Wallerstein, *op. cit.,* pp. 1-2.

mente los procesos de disciplinarización desde el siglo XVIII hasta la actualidad, argumentando que ese patrón de desarrollo resulta insostenible:

> Hemos tratado de indicar de qué modo la trayectoria histórica de la institucionalización de las ciencias sociales condujo a algunas grandes exclusiones de la realidad. La discusión sobre esas exclusiones significa que el nivel de consenso acerca de las disciplinas tradicionales ha disminuido [...] Lo que parece necesario no es tanto un intento de transformar las fronteras organizativas como una ampliación de la organización de la actividad intelectual sin atención a las actuales fronteras disciplinarias [...] En suma, no creemos que existan monopolios de la sabiduría ni zonas de conocimiento reservadas a las personas con determinado título universitario.[8]

Esta comisión incluyó los estudios de la comunicación, las ciencias administrativas y las ciencias del comportamiento entre los campos "interdisciplinarios" que, después de la segunda Guerra Mundial, manifestaron un "cuestionamiento interno considerable en torno a la coherencia de las disciplinas y la legitimidad de las premisas intelectuales que cada una de ellas había utilizado para defender su derecho a una existencia separada";[9] también incluyó los estudios culturales como uno de los principales impulsores de la restructuración tanto de las disciplinas "tradicionales" (la economía, la sociología y la ciencia política) como de la integración de los "supercampos" de las ciencias naturales, las ciencias sociales y las humanidades,[10] en un nuevo patrón *emergente*, que puede llamarse "posdisciplinarización"; es decir, un movimiento hacia la superación de los límites entre especialidades cerradas y jerarquizadas, y el establecimiento de un campo de discursos y prácticas sociales cuya legitimidad académica y social depende más de la profundidad, extensión, pertinencia y solidez de las explicaciones que produzca, que del prestigio institucional acumulado por un gremio encerrado en sí mismo.[11] Al bosquejar esta

[8] I. Wallerstein, *op. cit.*, pp. 102-103 y 105-106.
[9] *Ibid.*, p. 52.
[10] *Ibid.*, pp. 70-75.
[11] Raúl Fuentes Navarro, "Hacia una investigación postdisciplinaria de la comunicación", *Telos*, núm. 47, 1996a, pp. 9-11.

restructuración de las ciencias sociales, el Informe de la Comisión Gulbenkian centró su interés, autorreflexivo, en la *praxis*:

> ¿Cuáles son las implicaciones de los múltiples debates ocurridos desde 1945 dentro de las ciencias sociales para el tipo de ciencia social que debemos construir ahora?, e ¿implicaciones para qué, exactamente? Las implicaciones intelectuales de esos debates no son del todo consonantes con la estructura organizacional de las ciencias sociales que heredamos. Así, al tiempo que empezamos a resolver los debates intelectuales, debemos decidir qué hacer en el nivel organizacional. Es posible que lo primero sea más fácil que lo segundo.[12]

Y, no obstante la dificultad, la tarea de "abrir las ciencias sociales" en una escala mundial *desde* el espacio de los departamentos universitarios[13] es prioritaria e implica la discusión tanto como la acción:

> Nosotros no nos encontramos en un momento en que la estructura disciplinaria existente se haya derrumbado. Nos encontramos en un momento en que ha sido cuestionada y están tratando de surgir estructuras rivales. Creemos que la tarea más urgente es que haya una discusión completa de los problemas subyacentes.

Además, hay que impulsar las relaciones interinstitucionales, los programas integrados de investigación interdepartamental, la adscripción simultánea de los profesores y de los estudiantes de posgrado a dos departamentos y otros mecanismos que fomenten la autoorganización, la clarificación intelectual y "la eventual restructuración completa de las ciencias sociales".[14]

En México pueden identificarse algunas tendencias interpretables como movimientos hacia esa restructuración posdisciplinaria de las ciencias sociales que, con el tiempo, el apoyo y el consenso suficientes para fortalecerse y extenderse, lleguen a bosquejar una situación más promisoria que la actual. Uno de los signos del movimiento en tal sentido lo representa, precisamente, la proliferación de análisis y diagnósticos de las disciplinas dentro de las cuales se han generado proyectos y hasta programas completos

[12] I. Wallerstein, *op. cit.*, p. 76.
[13] *Ibid.*, p. 105.
[14] *Ibid.*, pp. 111-114.

de investigación que rompen sus fronteras tradicionales, tanto por el lado de los objetos como por el de los métodos, reforzando la especialización y la fragmentación, y al mismo tiempo socavando la identidad profesional de las disciplinas. A su vez, la necesidad de responder a los desafíos de los entornos socioculturales de cambios tan veloces en el país y en el mundo, ha obligado a muchos investigadores sociales a establecer diálogos y debates transdisciplinarios y a incorporar visiones antes ajenas a su trabajo. También, sin duda, han contribuido a ello los mecanismos oficiales de evaluación y de reconocimiento que interpelan y afectan intereses prácticos e inmediatos, que resultan comunes a todos los investigadores.

Pero el signo que pudiera ser más elocuente está en los programas de doctorado, a los que en los últimos años se han visto presionados a concurrir tanto los investigadores con experiencia, pero sin grado, como los aspirantes más jóvenes, a iniciar una carrera en la investigación. Nueve de los 45 programas de doctorado incluidos en el Padrón de Excelencia de Conacyt en el área de Ciencias Sociales y Humanidades (1996-1999), se denominan "en ciencias sociales" y no ya en alguna de las disciplinas (véase el cuadro 1).

Aunque todos los programas así caracterizados proponen especializaciones dentro del título general (particularmente en sociología), la mayoría de éstas se encuentra formulada en términos de objetos de estudio o de campos de investigación multidisciplinarios o transdisciplinarios. Si la formación de investigadores en el nivel académico más alto del sistema educativo reconoce en la práctica que especialización y disciplinarización no son sinónimos, sino que la segunda es una forma propia del siglo XIX para controlar a la primera, y que está abierta la puerta para la restructuración posdisciplinaria de las ciencias sociales en una forma adecuada al siglo XXI, esta hipótesis puede extenderse y profundizarse para la comprensión de las tendencias que convendría impulsar estratégicamente, pues como señala el ya citado Renato Ortiz, trascender las divisiones disciplinarias

> [...] significa otorgar al trabajo intelectual una dimensión donde las ciencias sociales se realicen de la mejor manera posible; lo que significaría un contrapeso necesario a los mecanismos de institucionaliza-

CUADRO 1. *Programas de doctorado registrados en el Padrón de Excelencia Conacyt, 1996-1999, Ciencias Sociales y Humanidades*

| *Denominación disciplinaria* | *Aceptados* | *Condicionados* | *Emergentes* | *Total* |
|---|---|---|---|---|
| Administración | – | 1 | 1 | 2 |
| Antropología | 1 | 3 | 3 | 7 |
| Ciencia política | 1 | – | – | 1 |
| *Ciencias sociales* | *3* | *3* | *3* | *9* |
| Demografía | 1 | – | – | 1 |
| Derecho | – | 1 | – | 1 |
| Desarrollo rural | – | 1 | 1 | 2 |
| Economía | – | – | 1 | 1 |
| Educación | – | 2 | 1 | 3 |
| Estudios mesoamericanos | 1 | – | – | 1 |
| Estudios regionales | – | – | 1 | 1 |
| Filosofía | – | 1 | 2 | 3 |
| Geografía | – | 1 | – | 1 |
| Historia | 1 | 1 | 1 | 3 |
| Historia del arte | – | 1 | – | 1 |
| Letras | 1 | – | – | 1 |
| Lingüística | 1 | 1 | – | 2 |
| Literatura | – | 1 | – | 1 |
| Multidisciplinaria | – | 1 | – | 1 |
| Psicología | – | 2 | – | 2 |
| Trabajo social | – | – | 1 | 1 |
| TOTALES | 10 | 20 | 15 | 45 |

FUENTE: Conacyt (http://www.main.conacyt.mx/daic/padron-excel/estadisticas)

ción y a los procesos rutinarios del saber, a la fragmentación del pensamiento y a la reproducción de las luchas por el poder al interior del campo intelectual.[15]

Visto desde los estudios de la comunicación, este "panorama" permite —y exige— una revisión crítica de las implicaciones que, para su desarrollo y legitimación académica y social, es necesario reconocer como fundamentos de su institucionalización, no sólo, pero particularmente en México.

[15] Ortiz, *op. cit.*, p. 35.

## La problematización del estatuto disciplinario de los estudios de comunicación

Cuando se trata de abordar el estudio del campo académico de la comunicación desde la perspectiva de la historia de su institucionalización y de las tensiones de su disciplinarización en un país o región determinados, como es el caso, es indispensable cuestionar tanto sus orígenes como sus articulaciones sociales e intelectuales, que van más allá de las fronteras (nacionales y disciplinarias). En este sentido, debe partirse del reconocimiento de que en ninguna parte del mundo el estudio de la comunicación se ha consolidado como una disciplina académica propiamente dicha. En los países donde se ha institucionalizado más firmemente,[16] el estatuto disciplinario del campo académico de la comunicación es objeto de constante tensión y pugna en el interior de los diversos sistemas universitarios.

El primer país donde se institucionalizó la comunicación como campo académico fue Estados Unidos, cuyo sistema universitario sufrió grandes transformaciones a partir de la última década del siglo XIX, al mismo tiempo que la organización social total del país.[17] El modelo europeo de la universidad de investigación *(research university)* se impuso sobre el preexistente del *community college*, centrado en la "formación de pregrado en artes liberales".[18] En este contexto, las primeras escuelas de periodismo, como la fundada a principios del siglo pasado por Joseph Pulitzer en Columbia, que no pretendían más que "la formación de profesionales íntegros, competentes y con un alto grado de instrucción",[19] debieron transformarse para sobrevivir en el entorno de las universidades de investigación: se hizo necesario "cientifi-

[16] Estados Unidos, Europa del Norte y Occidental, Corea, Egipto y, en América Latina, Brasil y México. Everett M. Rogers, *A History of Communication Study. A Biographical Approach*, The Free Press, Nueva York, 1994, pp. 489-490.

[17] R. Clark Burton, *El sistema de educación superior. Una visión comparativa de la organización académica*, Nueva Imagen/Universidad Futura/UAM-Azcapotzalco, México, 1992.

[18] Everett M. Rogers, "Looking Back, Looking Forward: A Century of Communication Study", en Gaunt (ed.), *Beyond Agendas: New Directions in Communication Research*, Greenwood Press, Westport, Connecticut, 1993, p. 20.

[19] Raymond B. Nixon, "La enseñanza del periodismo en América Latina", *Comunicación y Cultura*, núm. 2, Galerna, Buenos Aires, 1974, pp. 197-198.

zarlas", al introducir una fuerte dosis de "ciencias sociales" en los programas de formación de periodistas.[20]

En ese movimiento de "cientifización" se tomaron decisiones estratégicas, cuyas implicaciones serían seriamente analizadas apenas en los años más recientes. Según Everett M. Rogers, "el principal fundador de nuestro campo fue Wilbur Schramm, quien no sólo institucionalizó el estudio de la comunicación creando institutos en Iowa, Illinois y Stanford, sino que también escribió los libros de texto que definieron el campo en los años cincuenta y fue el maestro de docenas de los primeros doctores en comunicación".[21] Cabe subrayar que el proceso de institucionalización de la investigación de la comunicación impulsado por Schramm tiene el mérito de haber superado el conservadurismo del sistema universitario estadunidense, que resiste tradicionalmente la creación de departamentos en campos "nuevos". La estrategia predominante consistió en introducir las actividades de investigación a los departamentos de periodismo, ya existentes en las universidades, y más adelante de *speech*, e irlos transformando paulatinamente en departamentos de comunicación.

Este proceso de conversión, a más de medio siglo de iniciado, no está concluido y generó la más notable desarticulación estadunidense del campo académico de la comunicación: la escisión entre la investigación de la *mass communication* (comunicación masiva), principalmente desarrollada en los antiguos departamentos de periodismo, y la investigación de la *speech communication* (comunicación interpersonal), producto predominante de los antiguos departamentos de *speech*. Parte sustancial de los debates sobre el estatuto disciplinario de los estudios de la comunicación, incluyendo por supuesto los formulados en la dimensión "epistemológica", pasa por las diversas interpretaciones del origen histórico y las consecuencias de esa estrategia fundacional: el debate en este campo, como en otros, tiene entre sus principales "frentes de lucha" la escritura (o reescritura) de su propia historia.[22]

[20] Everett M. Rogers, *A History of Communication Study*, *op. cit.*, p. 467.

[21] Everett M. Rogers, "Looking Back, Looking Forward: A Century of Communication Study", en Gaunt (ed.), *Beyond Agendas: New Directions in Communication Research*, Greenwood Press, Westport, Connecticut, 1993, p. 22.

[22] Aunque Veikko Pietilä observa que tampoco deben exagerarse las diferencias entre las tres principales "versiones" (anglonorteamericanas) que él analiza: la de la *mass communication research*, la de la "nueva izquierda" y la "culturalista".

En un artículo titulado, significativamente, "Fuentes institucionales de la pobreza intelectual en la investigación de la comunicación", John Durham Peters observaba en 1986 que

> una de las cosas más sorprendentes del campo de la comunicación es la variedad y fervor de los debates desarrollados dentro de él [...] Argumentaré que la autorreflexión es clave en una ciencia social saludable, pero que las circunstancias en la formación del campo han generado obstáculos graves para hacerlo de una manera fructífera. Específicamente, exploraré el fracaso del campo en la definición de una manera coherente de su misión, su objeto y su relación con la sociedad.[23]

Durham Peters señalaba tres principales "fuentes de la pobreza intelectual" del campo: la primera es la *institucionalización,* impulsada por Wilbur Schramm, que por una parte privilegió el campo mismo sobre su productividad intelectual, y por otra la definición de políticas y aplicaciones sobre la reflexión y la teorización crítica. La síntesis de Durham Peters es despiadada: "El afán del campo por sobrevivir ha sido el encarnizado enemigo del desarrollo teórico. Lo que sobrevive es un fruto de la ambición más que del sentido".[24] La segunda fuente está en los *usos de la teoría de la información,* que otra vez Wilbur Schramm identificó con los estudios de comunicación, siendo una innovación de la ingeniería eléctrica que, desde su publicación en 1948, fue diseminada a prácticamente todas las ciencias (físicas, biológicas y sociales), las artes, las humanidades y la filosofía.

> La pandisciplinaria teoría de la información y la investigación de la comunicación institucionalizada tiraban en direcciones opuestas: la una, interesada en la teoría universal, la otra en el territorio particular. Sin embargo, el joven campo no pudo sino aprovecharse del interés en

"Lo que se debate más es el recuento de las incursiones pioneras que no constituyeron una estructura disciplinaria que estableciera límites consensuales a un 'campo'. Por otro lado, las versiones coinciden en mucho mayor medida en sus recuentos de los desarrollos más recientes, posteriores a la segunda Guerra Mundial. Quizá las versiones más tempranas, en ese aspecto, han ejercido influencia sobre las posteriores." Veikko Pietilä, "Perspectives on Our Past: Charting the Histories of Mass Communication Studies", *Critical Studies in Mass Communication,* vol. 11, núm. 4, 1994, pp. 346-361.

[23] John Durham Peters, "Institutional Sources of Intellectual Poverty in Communication Research", *Communication Research,* vol. 13, núm. 4, 1986, pp. 527-528.

[24] *Ibid.*, p. 538.

> la "comunicación" que despertó la teoría de la información. De pronto se encontró a sí mismo hablando en el mismo vocabulario informacional que todos los demás [...] Nadie cree más en *emisores* y *receptores, canales* y *mensajes, ruido* y *redundancia,* pero esos términos han llegado a ser parte de la estructura básica del campo, en libros de texto, programas de cursos y revisiones de literatura.[25]

La autorreflexión como *apologética institucional* es la tercera fuente de pobreza intelectual del campo de la comunicación señalada por Durham Peters, por la cual la conservación del campo para estudiar fenómenos que la sociología, la psicología social o la antropología habían ya adoptado como propios y los habían abordado con sus propios métodos, tomó el lugar de la teoría, imposible de construir en términos de "comunicación masiva". De manera que "el campo que Schramm construyó consistió en las sobras de la investigación previa, apareadas con campos desposeídos como el periodismo académico, el drama o el *speech* (dependiendo de la universidad específica)".[26] La inusitada crítica de Durham Peters a Wilbur Schramm y su "herencia" (el campo de la investigación de la comunicación) apuntaba, más allá de la virulencia contra el "padre fundador", fallecido en 1988, a un factor centralmente importante, la constitución teórica, que reafirma en una respuesta a un crítico de su artículo:

> El imperativo institucional de crear una disciplina particular en una época cuando los asuntos de comunicación eran prácticamente universales en la vida universitaria, significó que las ideas de la teoría de la información tuvieran que ser distinguidas del campo en sí, para establecer el engramado propio. En suma, la teoría se usó casi exclusivamente para propósitos de legitimación y sus "ideas interesantes" fueron ignoradas. El destino de la teoría de la información es una lección sobre los compromisos que se hallan en el periodo formativo del campo: negociar alcance teórico por territorio académico.[27]

Otro buen ejemplo de la profundidad que ha alcanzado el debate sobre la disciplinarización de los estudios de la comunica-

[25] John Durham Peters, cit., p. 540.
[26] *Ibid.*, p. 544.
[27] John Durham Peters, "The Need for Theoretical Foundations. Reply to Gonzalez", *Communication Research* , vol. 15, núm. 3, 1988, pp. 314-315.

ción en Estados Unidos es el trabajo de Timothy Glander sobre los *Orígenes de la investigación de la comunicación de masas durante la guerra fría norteamericana, sus efectos educativos e implicaciones contemporáneas* (2000), un estudio histórico realizado desde el campo de la educación. En medio de la gran cantidad de revisiones históricas del campo disponibles en Estados Unidos, este trabajo de Glander tiene la particularidad de cuestionar las bases de la divergencia inducida entre los estudios de comunicación y los de educación.

> La educación y la comunicación están fundamentalmente vinculadas, inescapablemente afiliadas en la teoría y en la práctica. Los filósofos de la educación, de Sócrates a Dewey y Freire, lo han reconocido así y han tratado de clarificar esta relación. La educación y la comunicación no pueden ser separadas, aunque nuestras disposiciones académicas presentes hagan creer que pueden ser segregadas. La organización contemporánea del conocimiento sugiere que educación y comunicación son fenómenos distintos, que pueden ser estudiados y practicados en aislamiento mutuo. Este libro cuenta parte de la historia de cómo y por qué ocurrió esta división, qué ocasionó el divorcio, y cómo afectó la emergencia y crecimiento del nuevo campo de la comunicación a los asuntos educativos en el siglo xx.[28]

A diferencia de muchas de las historias del campo de la comunicación escritas desde su "interior", la obra de Glander interpreta las decisiones que guiaron su institucionalización en el contexto de la segunda Guerra Mundial en un sentido estrictamente político, en relación con la disyuntiva entre educación y propaganda. Al resolverse la definición de los proyectos fundacionales en términos del avance de los mecanismos propagandísticos, y no de los educativos, y de conseguirse no sólo los apoyos políticos y financieros, sino también la legitimación académica de la investigación con este sesgo, la separación quedó establecida y el modelo consolidado, primero en Estados Unidos y luego en el resto del mundo.

La revisión de las trayectorias profesionales y las publicaciones de los fundadores del campo, especialmente Wilbur Schramm,

[28] Timothy Glander, *Origins of Mass Communications Research during the American Cold War. Educational Effects and Contemporary Implications*, Lawrence Erlbaum Associates, Nueva Jersey, 2000, p. x.

permite documentar la hipótesis de Glander y formular de nuevo preguntas cruciales, como por ejemplo las que tienen que ver con los efectos sociales de la televisión, que tienen una explicación obviamente muy distinta si se interpretan desde la consideración de la comunicación como propaganda o como educación. En términos no sólo de la práctica de la investigación, sino también de la formación de profesionales de la comunicación, estos cuestionamientos tienen una alta relevancia actual porque, en palabras de Glander, exigen revisar a fondo "el universo del discurso en el que crecimos" y que a pesar de los esfuerzos de muchos de los autores más críticos del campo, tiene una inercia ideológica terriblemente tenaz.

La larga historia de "inestabilidad" disciplinaria de la comunicación como especialidad académica en Estados Unidos, acumulada desde su origen y aún no resuelta, queda perfectamente ilustrada en los números especiales dedicados por el *Journal of Communication* en 1983 y 1993 al *Fermento en el campo* y *El futuro del campo*, respectivamente. De manera muy significativa, uno de los elementos del "nuevo reconocimiento" propuesto por los editores de la más reciente de estas revisiones, es que "al saber académico de la comunicación le falta *status* disciplinario porque carece de un núcleo de conocimiento, y por tanto la legitimidad institucional y académica sigue siendo una quimera".[29]

Y no obstante la recurrencia de los problemas, el debate ha cambiado continuamente de términos, en consonancia con la expansión tanto de las prácticas institucionalizadas como de los ámbitos socioculturales cubiertos por la investigación de la comunicación. Si en 1983 el editor de *Fermento en el campo*, George Gerbner, argumentaba que las oposiciones entre conocimiento básico y aplicado, entre ciencia y arte, entre análisis cuantitativo y cualitativo, no se sostienen ni lógica ni prácticamente, con independencia de las razones históricas que lo hicieron creer así,[30] 10 años después, en *El futuro del campo*, la "misión" del estudio de la comunicación no podía ya formularse en los mismos términos.

[29] Mark Levy y Michael Gurevitch, "Editor's note", *Journal of Communication. The Future of the Field I*, vol. 43, núm. 3, 1993, p. 4.

[30] George Gerbner, "The Importance of Being Critical in Our Own's Fashion. An Epilogue", *Journal of Communication. Ferment in the Field*, vol. 33, núm. 3, 1983, p. 362.

Sin duda, hay una gran distancia entre los planteamientos de uno y otro números especiales del *Journal of Communication*, que expresan la complejización del debate. Para explorar ese horizonte, basta con revisar algunos de los artículos de la primera sección del primer volumen de la publicación, aquellos agrupados editorialmente bajo el rubro "El *status* disciplinario de la investigación de la comunicación", que son los que corresponden mejor a los propósitos de este trabajo.

El artículo que abre la sección es el del sueco Karl Erik Rosengren, que en *Fermento en el campo* cuestionaba si había en "La investigación de la comunicación ¿un paradigma o cuatro?",[31] en *El futuro del campo*, desde su título, "Del campo a los charcos de ranas" (sin signos de interrogación), afirma que el eje de las discusiones se ha desplazado de la dimensión cambio radical/regulación social (es decir, un eje orientado por ideologías políticas) a la dimensión subjetivismo/objetivismo (a su vez definido más bien por ideologías científicas). Pero, al mismo tiempo y quizá por ello, el campo "se caracteriza hoy más por la fragmentación que por la fermentación".[32] Su diagnóstico no es finalmente muy optimista, aunque propone "combinaciones, comparaciones y confrontaciones":

> Después de un periodo de fermentación en el campo (si es que alguna vez hubo campo en el sentido estricto de la palabra) parecemos haber terminado en la fragmentación y un amenazante estancamiento. Aquellos que esperaban confrontación y cooperación positivas tienen motivos para estar decepcionados. En vez de eso, parece predominar una desganada aceptación o indiferencia hacia tradiciones de investigación que no sean las propias. Tendencias como ésta pueden muy bien ser las causas principales de ese incierto *status* disciplinario que aún flagela a nuestro campo.[33]

James R. Beniger, en "Comunicación: adoptar el objeto, no el campo", el segundo artículo de *El futuro del campo*, parte de un diagnóstico bibliométrico que encuentra la comunicación en

[31] Karl Erik Rosengren, "Communication Research: One Paradigm or Four?", *Journal of Communication. Ferment in the Field*, vol. 33, núm. 3, 1983.

[32] Karl Erik Rosengren, "From Field to Frog Ponds", *Journal of Communication. The Future of the Field* I, vol. 43, núm. 3, 1993, p. 9.

[33] *Ibid.*, p. 14.

todas las disciplinas de las humanidades, las ciencias sociales, cognitivas, del comportamiento, de la vida, de la computación y hasta de las matemáticas. Sin embargo, cuestiona la constitución teórica del campo:

> Aunque ninguna disciplina podría abarcar el rango completo de interés académico en la información y la comunicación, ciertamente cualquier campo organizado que se llame a sí mismo comunicación debería esperarse que ocupara un papel central. Lamentablemente el hecho ha sido el opuesto. El campo americano de la comunicación, al menos en su núcleo institucional de investigación y docencia, asociaciones y conferencias, libros de texto y revistas, no ha avanzado mucho hacia sus propósitos después de casi medio siglo.[34]

Mediante un modelo de "cuatro *ces*", Beniger propone una reconstrucción teórica centrada en el reconocimiento del objeto de estudio y no del campo institucionalizado. Las cuatro *ces* se refieren a la cognición, la cultura, el control y la comunicación:

> Como una de las cuatro *ces,* la comunicación no representa un *objeto [subject]* de estudio, o un fin en sí misma, sino un medio para otro fin: un *método* para integrar los conceptos, modelos y datos de muchas disciplinas. Todo comportamiento humano es instigado, configurado y constreñido por la información y la comunicación, después de todo, tanto desde su interior por la socialización, percepción y cognición como desde su exterior a través de la interacción humana, la estructura social y las tecnologías [...] Reconstituido en términos del modelo y método implicados por las cuatro *ces,* el campo no se concentraría tanto en las manifestaciones particulares de la comunicación. El campo se dedicaría en cambio a la comprensión más sistemática e integrativa de un conjunto mucho más amplio de fenómenos que son al mismo tiempo cognitivos, culturales, conductuales y sociales.[35]

Esta propuesta de unificación teórica, como muchas otras viejas y recientes, hace que la viabilidad de la reconstitución del campo dependa de decisiones subjetivas que resultan prácticamente imposibles por la organización misma del campo, como estructura social, sujeta a más factores que los puramente episte-

[34] James R. Beniger, "Communication: Embrace the Subject, not the Field", *Journal of Communication. The Future of the Field* I, vol. 43, núm. 3, 1993, p. 18.
[35] *Ibid.*, p. 21.

mológicos. Estos factores tampoco son ampliamente considerados por Robert T. Craig en el ensayo "¿Por qué hay tantas teorías de la comunicación?", cuestión que explica por el borramiento de las fronteras teóricas entre las ciencias sociales y las humanidades, pero sobre todo por la creciente falta de distinción entre teoría y práctica, que proviene del creciente predominio de una epistemología que privilegia "la función *constitutiva* sobre la *explicativa* en la teoría social".[36] Craig constata la dificultad de unificar teóricamente el campo y termina regresando a su punto de partida:

> El diálogo en la disciplina avanzará conforme reflexionemos sobre los varios modos de teoría y sus sesgos y limitaciones característicos. Situado dentro de tal diálogo, el trabajo en nuestro campo no podrá sino comprometerse con los asuntos de interés más amplio en las ciencias humanas.[37]

Klaus Krippendorff ofrece una reflexión de mucho mayor alcance sobre la misma línea en su artículo "El pasado del futuro esperado de la comunicación", donde parte de que casi toda la investigación de la comunicación ha estado orientada por el estudio de los mensajes, lo cual ha generado explicaciones "*objetivistas* e implícitamente *normativas*"[38] desde el origen del campo:

> estudios que correlacionan variables del mensaje y efectos, indagaciones sobre la efectividad de diferentes diseños de mensajes, uso de teorías matemáticas para predecir cambios de actitudes por la exposición a los medios, etc. Ninguno de éstos considera a los participantes humanos en el proceso como entes capaces de arreglar sus propios significados, de negociar sus relaciones entre ellos mismos y de reflexionar sobre sus propias realidades.[39]

La emergencia del *constructivismo*, en sus diversas modalidades, para teóricamente volver a incorporar el conocimiento en los sujetos, puede tener para Krippendorff verdaderas consecuencias

[36] Robert T. Craig, "Why are There so Many Communication Theories?", *Journal of Communication. The Future of the Field* I, vol. 43, núm. 3, 1993, p. 31.
[37] *Ibid.*, p. 32.
[38] Klaus Krippendorff, "The Past of Communication's Hoped for Future", *Journal of Communication. The Future of the Field* I, vol. 43, núm. 3, 1993, p. 34.
[39] *Ibid.*, p. 35.

revolucionarias (en el sentido kuhniano de la "revolución copernicana") al constituir un hito en la investigación de la comunicación que define una "nueva" oposición teórico-práctica:

> No estoy anticipando que la investigación de la comunicación centrada en el manejo de los mensajes vaya a desaparecer. La gente que ocupa posiciones de autoridad está muy ansiosa por adoptar construcciones deterministas de la realidad que le pueden ofrecer el prospecto de forzar la predictibilidad y la controlabilidad sobre otros. Lo atestigua el uso del vocabulario de esta orientación en los medios masivos, la política, la educación, la publicidad, las relaciones públicas y la administración. Los investigadores de la comunicación se pueden refugiar en este cómodo nicho donde son reforzadas las explicaciones del manejo de los mensajes y recompensados los operadores de los intereses manipulatorios.[40]

La alternativa que presenta la epistemología constructivista y que puede llevar a una "nueva y virtuosa síntesis", según Krippendorff, tiene tres componentes: primero, considerar a los seres humanos como entes cognitivamente autónomos; segundo, como practicantes reflexivos de la comunicación con otros, y tercero, "como interventores moralmente responsables, si no es que creadores, de las mismas realidades sociales en las cuales acaban viviendo".[41]

El último de los artículos de *El futuro del campo* que conviene comentar aquí es el escrito por Gregory J. Shepherd, "Construyendo una disciplina de la comunicación", que parte de la idea de que las disciplinas no se definen por sus núcleos de conocimiento (epistemologías), sino por sus "visiones del Ser" (ontologías). El *status* disciplinario de un campo depende entonces del *status* ontológico de la "idea fundacional" de ese campo, y el campo de la comunicación carece de ese *status* debido a la idea de comunicación construida en el siglo XVII.[42] Desde un planteamiento radicalmente posmoderno, Shepherd indica que la "insignificancia" de la comunicación tiene su origen en la derrota de los sofistas y en la generalización, hace 300 años, del postulado de la

[40] K. Krippendorff, *op. cit.*, p. 40.
[41] *Idem.*
[42] Gregory J. Shepherd, "Building a Discipline of Communication", *Journal of Communication. The Future of the Field I*, vol. 43, núm. 3, 1993, p. 85.

bifurcación materialista/idealista sobre la que se edificó la ciencia y la modernidad y que la *royal society* adoptó como su lema en 1622: *Nullius in Verba*, las palabras son nada; no hay nada en las palabras.

> Nuestro reto es responder a la visión modernista de un mundo bifurcado y la inesencialidad de la comunicación de manera que legitime nuestros intereses. Nuestras opciones son básicamente tres: *a)* podemos aceptar la bifurcación y la visión de la comunicación de la modernidad, pero tratar de obtener legitimidad a través de la asociación al servicio de otras disciplinas (la respuesta *indisciplinaria); b)* podemos rechazar la bifurcación y aceptar la inesencialidad de la comunicación, argumentando contra la legitimidad de toda idea esencialista (la respuesta *antidisciplinaria); c)* podemos negar la bifurcación afirmando que la comunicación es fundacional y tratando de impulsar una ontología única de la comunicación (la respuesta *disciplinaria).* Cada una de estas respuestas está asociada a un conjunto particular de desafíos que tendrán consecuencias para el desarrollo del campo.[43]

Aunque explícitamente no se inclina por ninguna respuesta de las tres posibles, el propio Shepherd está obviamente alineado con la tercera: la que niega la tradición heredada de la modernidad, y en la que el campo disciplinario

> no está enfocado sobre la efectividad ni organizado por el contexto. Más bien, el campo disciplinario investigaría el aterrizaje general del Ser en la comunicación y averiguaría los modos en que son "comunicacionalmente" construidas las manifestaciones particulares de la existencia (como individuos o sociedades).[44]

Si, como indica el propio Shepherd, "disciplina" viene del latín *disciplina:* instrucción de discípulos, y los discípulos son instruidos en una *doctrina,* en la que son "indoctrinados" por los "doctores", su propuesta posmoderna para la legitimación del campo de la comunicación sobre la base de la construcción de una ontología propia (de la cual se derivará más una fe que un conocimiento) sugiere que la reflexión del campo académico sobre sí mismo parece regresar, por otra vía, al modelo de "comunidad

[43] G. J. Shepherd, *op. cit.*, p. 88.
[44] *Ibid.*, p. 90.

científica" y de paradigma como "matriz disciplinaria" de Kuhn (1982), y que su "reconstrucción racional", a la de Lakatos (1981), es imposible.

Pero en unos u otros términos, el problema de la constitución de un campo disciplinario de la comunicación está vigente como tópico de debate en Estados Unidos, y también en otras partes del mundo, aunque con mayor acento en los procesos de institucionalización "social" que en los de institucionalización "cognoscitiva". Por ejemplo, algunos europeos se refieren a la investigación de la comunicación en su propia región en términos bastante críticos, como el italiano Paolo Manzini:

> Aunque hay diferencias sustanciales entre la investigación sobre medios masivos en Europa y Estados Unidos [...] también hay ciertos rasgos y problemas que son compartidos. Uno de éstos es el bajo nivel de legitimidad de los estudios sobre los medios en el mundo académico [...] Es un hecho que en los setentas y ochentas el campo de la investigación sobre comunicación masiva se caracterizó por una continuidad alarmante: durante este periodo el campo disciplinario se desarrolló enormemente, el número de publicaciones especializadas creció y en Europa fueron creadas nuevas facultades; pero la falta de legitimidad académica permaneció en gran medida. A este respecto hay alguna pequeña diferencia a ambos lados del Atlántico. Si acaso es que el desarrollo que tuvo lugar en Estados Unidos en los setentas ocurrió en Europa en la década de 1980-1990.[45]

Esta "falta de legitimidad académica" se debe, según Manzini, a diversas causas como el rápido crecimiento del campo, su juventud y carencia de tradición teórico-metodológica, el "mediacentrismo" y el carácter predominantemente normativo de la investigación europea (rasgo común con la latinoamericana, aunque no con la estadunidense).

Pero hay una diferencia entre las dos costas atlánticas. En Europa los estudios sobre la comunicación masiva tienen un soporte académico más débil. Mientras que en Estados Unidos la disciplina ha llegado a ser una parte viable de la universidad, autónoma, con sus propios departamentos, organización científi-

[45] Paolo Manzini, "The Legitimacy Gap: A Problem of Mass Media Research in Europe and the United States", *Journal of Communication. The Future of the Field* I, vol. 43, núm. 3, 1993, pp. 100-101.

ca y programas doctorales, en Europa no ha ocurrido lo mismo. En los países del viejo continente, con la posible excepción de España, los departamentos de comunicación masiva normalmente están ocupados por miembros de otras facultades, departamentos de sociología o lingüística o ciencia política. El extremo en este sentido lo representa Italia: sólo hasta 1992 fueron establecidos cursos para obtener un grado en ciencias de la comunicación, y eso bajo una fuerte influencia de los departamentos de lingüística o letras. Exceptuando el Departamento de Ciencias de la Comunicación de la Universidad de Bolonia, no existen departamentos de comunicación ni hay organizaciones científicas para los especialistas en comunicación masiva, que forman parte, principalmente, del campo académico de la sociología.[46]

En otra escala, y con matices muy diversos, la institucionalización del estudio de la comunicación en América Latina, y en México en particular, guarda algunas semejanzas y muchas diferencias con respecto a Estados Unidos y Europa, aunque la inconsistencia se comparte, y en algún sentido la "pugna" por la historia también. Probablemente, como sugiere Celeste Michelle Condit,

> [...] el problema contemporáneo para los estudios de comunicación no es primordialmente la cuestión de cambiar o generar una justificación epistemológica [...] Lo que obstaculiza más bien el desarrollo académico de la comunicación proviene de las prácticas políticas, institucionales y pragmáticas de la "producción de conocimiento" en la Academia occidental del siglo XX [...] El conocimiento se ve o como una cadena de *bits* de información o como el poder técnico para modificar el entorno [...] Estos *standards* académicos pueden basarse conceptualmente en una epistemología del siglo XVII, pero fueron reificados en la formación política del siglo XVIII que se mantiene hasta hoy.[47]

Aunque la "comprobación" o "refutación" de una hipótesis como esa está totalmente fuera de los alcances de este trabajo, sin duda es indispensable reconocer cómo la crisis estructural de los sistemas universitarios, especialmente de los países "dependien-

[46] P. Manzini, *op. cit.*, p. 105.

[47] Celeste Michelle Condit, "Replacing Oxymora: Instituting Communication Studies", en Dervin *et al.* (eds.), *Rethinking Communication*, vol. 1, Sage, Newbury Park, California, 1989, p. 154.

tes" o "periféricos", es un factor determinante de la "desarticulación múltiple" del campo académico de la comunicación. Desde esta perspectiva, puede afirmarse que la investigación de la comunicación aparece en el momento actual enfrentada en la práctica a una disyuntiva: o se refuerza a sí misma en cuanto "especialidad" institucionalizada, o se cuestiona a sí misma, reflexivamente (comunicativamente) en búsqueda de nuevos modelos teóricos y metodológicos, que le permitan dar cuenta de fenómenos socioculturales que "novedades históricas" como la globalización y la telemática[48] han venido a poner en evidencia.

Tal disyuntiva pasa centralmente por el debate metodológico, que a su vez exige una recuperación crítica de la propia historia del campo y, esta recuperación, a su vez, una reinterpretación reflexiva de los rasgos y las determinaciones que lo constituyen. Con esta clave puede procederse, con relativa claridad, a analizar el caso mexicano.

## La problematización del campo académico de la comunicación en México

Parece indiscutible que el campo académico de la comunicación en México y América Latina, a diferencia de otras especialidades de las ciencias sociales, se originó y se centra en la carrera profesional, que actualmente se imparte en más de 150 instituciones de educación superior en el país. Su institucionalización parte entonces de la licenciatura y casi se limita a ella, pues ni los posgrados ni los centros de investigación ocupan cuantitativamente un lugar significativo ni un papel central en el conjunto. Aunque más adelante subrayaremos el análisis de su desarrollo más reciente, sigue siendo cierto que la existencia misma y el carácter de estos programas de investigación y posgrado dependen todavía en buena medida de las orientaciones de la carrera, que tiene un triple origen fundacional, el cual es esencial revisar para analizar la dimensión disciplinaria de los estudios de comunicación, es decir, la articulación pedagógica de saberes y habilidades objetivados y prácticos de los que los sujetos deben apropiarse para constituirse en profesionales y que en el plano de la producción

[48] Convergencia de las *tele*comunicaciones y la infor*mática*, cuya manifestación más espectacular es la internet.

de conocimiento implica la articulación de objetos y métodos en la construcción y elaboración de los proyectos de investigación.

En este plano, con todas las variantes del caso, en México y América Latina han predominado sucesivamente tres "modelos fundacionales" para la formación de comunicadores universitarios, que de diversas maneras articulan en el currículum los saberes recortados como pertinentes en función de diversos perfiles y determinaciones socioprofesionales. Cada uno de estos modelos, a su vez, ha configurado de distintas maneras el núcleo operante de la comunicación como disciplina académica, sin que, no obstante, ninguno de ellos haya logrado la consistencia suficiente para legitimarse ni profesional ni universitariamente. De hecho, puede considerarse que en la actualidad los planes de estudio responden más a una yuxtaposición de elementos de cada uno de los tres modelos, con acentos diversos, sin una articulación claramente definida ni cognoscitiva ni socialmente.

El más antiguo de los tres modelos, el de la formación de periodistas, es también el de mayor arraigo en las escuelas, aun en aquellas que fueron fundadas ya como escuelas de comunicación y no como de periodismo, que las antecedieron. Puede decirse que, después de más de 50 años, en la mayor parte de las instituciones el objeto de estudio y su abordaje tanto en la enseñanza como en la investigación universitarias, están primariamente compuestos por representaciones —quizá cada vez más refinadas y por ello cada vez más exclusivas— de las prácticas periodísticas. Tres de los elementos constitutivos de este modelo son la prioridad de la habilitación técnico-profesional, el relativo ajuste a las demandas del mercado laboral y el propósito de la incidencia político-social a través de la "opinión pública". En este modelo la investigación se identifica con la indagación periodística y las ciencias sociales no son más que parte del "acervo de cultura general" que todo periodista requiere.

El segundo modelo, fundado en 1960 en la Universidad Iberoamericana, es el que concibe al comunicador como intelectual, desde una perspectiva humanística. El proyecto académico de ciencias de la comunicación (llamado por algún tiempo ciencias y técnicas de la información), trazado por el jesuita José Sánchez Villaseñor, buscaba la formación de "un hombre capaz de pensar por sí mismo, enraizado en su época, que gracias al dominio de las técnicas de difusión pone su saber y su mensaje al servicio de los más altos valores de la comunidad humana". La diferencia con las carreras de periodismo se planteó claramente desde el principio: el acento estaría puesto en la "solidez intelectual" proporcionada por las humanidades, ante la cual la habilitación técnica estaría subordinada, pero de tal manera que garantizara la capacidad para acceder, a través de los medios, a la transformación de la dinámica sociocultural conforme a marcos axiológicos bien definidos. Por ahí, al mismo tiempo, la carrera planteaba también la diferencia con otras, clasificadas bajo el rubro "ciencias sociales y humanidades", como filosofía y letras, historia, sociología o antropología, que aunque tuvieran equivalentes contenidos de formación intelectual, no ofrecían campo de desarrollo profesional más allá de la docencia y la investigación. Esta carrera prometía, en cambio, el amplísimo horizonte sociocultural que parecían abrir los medios electrónicos, aunque la investigación quedara en un lugar secundario.

Pero un tercer modelo de carrera se originó en los setenta, el del comunicólogo como científico social. Aunque no en todos los casos, sí en la mayoría de los diseños curriculares que adoptaron este modelo se sobrecargó la enseñanza de teoría crítica, es decir, de materialismo histórico, economía política y otros contenidos marxistas y se abandonó prácticamente la formación y la habilitación profesional. Más allá de algunos casos notables de desarrollo de este modelo, llevado a su extremo más radical en unas cuantas universidades durante una época relativamente corta, hay un conjunto de rasgos muy generalizados asociados a él. Uno es el "teoricismo" y su reacción inmediata: el "practicismo", es decir, la oposición maniquea entre la teoría —que llegó a ser reducida a unos cuantos dogmas religiosamente consagrados— y la práctica —que a su vez se llegó a reducir a la reproducción de algunos estereotipos de los medios masivos—. La formación universitaria del estudiante de comunicación se llegó a plantear a principios de los ochenta, si acaso, como una opción básica entre estas dos reducciones, obviamente irreconciliables.

Otra de las consecuencias asociadas a este modelo fue, paradójicamente, la desvinculación entre las prácticas universitarias y la "reproducción" de la comunidad de investigadores. Los productos de la investigación latinoamericana, concentrados entre la segunda mitad de los setenta y la primera de los ochenta en el imperialismo cultural, las políticas nacionales de comunicación, el nuevo orden mundial de la información y la comunicación, la comunicación alternativa y el impacto de las nuevas tecnologías, fueron, en algunos casos, incorporados a los contenidos "teóricos" y, por ende, desvinculados de la acción profesional y del desarrollo de las más elementales competencias metodológicas.

Más adelante, lo que se atestigua es sobre todo crecimiento (en el número de estudiantes y de instituciones donde se imparte la carrera), y no diversificación de la oferta o emergencia de nuevos "modelos fundacionales". Desde principios de los noventa, ciencias de la comunicación es una de las carreras con mayor población estudiantil en el país (véase el cuadro 2).

CUADRO 2. *Carreras de nivel licenciatura más pobladas*, ANUIES, *1998*

| *Carrera* | *Hombres* | *Mujeres* | *Total* |
|---|---|---|---|
| Derecho | 90 181 | 80 123 | 170 304 |
| Contaduría pública | 67 921 | 86 534 | 154 455 |
| Administración | 64 792 | 77 245 | 142 037 |
| Medicina | 31 484 | 30 579 | 62 063 |
| Ingeniería industrial | 42 120 | 15 014 | 57 134 |
| Informática | 28 926 | 26 520 | 55 446 |
| Arquitectura | 32 172 | 16 250 | 48 422 |
| Ingeniería electrónica | 35 777 | 4 117 | 39 894 |
| Ingeniería en sistemas computacionales | 24 295 | 10 968 | 35 263 |
| Ingeniería civil | 30 829 | 3 764 | 34 593 |
| Psicología | 7 932 | 26 374 | 34 306 |
| *Ciencias de la comunicación* | *10 132* | *17 158* | *27 290* |
| Cirujano dentista | 9 497 | 17 150 | 26 647 |
| Diseño | 10 720 | 13 215 | 23 935 |
| Ingeniería mecánica | 21 399 | 1 121 | 22 520 |
| SUBTOTAL | 508 177 | 426 132 | 934 309 |
| OTRAS CARRERAS | 241 035 | 216 704 | 457 739 |
| TOTAL NACIONAL | 749 212 | 642 836 | 1 392 048 |

FUENTE: ANUIES (www.anuies.mx/estadisnew/licen977.htm)

Los problemas de la formación de profesionales de la comunicación, múltiples y complejos, no pueden ser detallados aquí, pero cabe subrayar que la investigación, de cualquier manera, no ha sido eje, en ningún sentido, del desarrollo del campo educativo de la comunicación en México. A pesar de que los programas de licenciatura en comunicación comenzaron a establecerse desde finales de los años cuarenta, fue hasta los sesenta cuando empezaron a realizarse prácticas (muy aisladas) de investigación y en los setenta cuando se dieron los primeros intentos de institucionalización de esta actividad, tanto dentro como fuera de los establecimientos universitarios. En marzo de 1974, Joseph Rota presentaba el siguiente balance, que es el más antiguo que se puede documentar:

> Durante los últimos diez años, la mayor parte de la investigación ha sido comercial, realizada por agencias de publicidad o compañías de investigación de mercados. Desgraciadamente, los resultados de estos esfuerzos suelen ser confidenciales. Casi la totalidad de la investigación está constituida por las tesis de licenciatura de estudiantes universitarios, sobre todo del Departamento de Comunicación de la Universidad Iberoamericana. Se han escrito ahí 43 tesis entre 1967 y 1973. Otras se han realizado en la Universidad Nacional Autónoma de México. Pero aparte de las tesis, prácticamente no se ha hecho nada más.[49]

Un análisis bibliométrico del campo[50] confirmó el lacónico diagnóstico de Rota: sólo se incluyen en él 11 libros, 25 artículos y cuatro informes de investigación inéditos hasta 1973. Para 1980, José Rubén Jara pudo reunir con dificultades 100 estudios empíricos (la mayoría tesis) para realizar su *Análisis de la situación actual de la investigación empírica de la comunicación en México*, cuyas conclusiones asientan que "no existen actualmente en México las condiciones adecuadas para que se realice de manera apropiada

[49] Joseph Rota, "Remarks on Journalism Education and Research in the Americas", en *Mass Communication in Mexico*, memoria del seminario realizado en la ciudad de México del 11 al 15 de marzo, Universidad Iberoamericana/Association for Education in Journalism, México, 1974, p. 56.

[50] Raúl Fuentes Navarro, *La investigación de comunicación en México. Sistematización documental, 1956-1986*, Ediciones de Comunicación, México, 1988.

[51] José Rubén Jara Elías, "Información básica sobre la investigación de la comunicación en México: documentos, instituciones, publicaciones, investigadores y

una labor de investigación en comunicación".[51] Las conclusiones de Rota y Jara, en sus respectivas revisiones del estado de la cuestión (ambas realizadas desde el Departamento de Comunicación de la Universidad Iberoamericana), son antecedentes indispensables para cualquier análisis actualizado sobre la investigación de la comunicación en México. Ambos indican, antes que nada, la severa limitación de las infraestructuras necesarias para la práctica de la investigación en las universidades mexicanas.

Aunque la Asociación Mexicana de Investigadores de la Comunicación (AMIC) se propuso desde 1980 como una de sus prioridades "diagnosticar el estado actual" de la investigación, fue hasta su Cuarta Reunión Nacional (Guadalajara, febrero de 1987) cuando algunos de sus miembros abordaron la tarea. De ahí surgió un libro compilado por Enrique E. Sánchez Ruiz (1988), en que se discutieron las condiciones, tendencias y productos de la investigación mexicana en sus primeros 30 años. Un año después, Fuentes y Sánchez introdujeron la figura de la *triple marginalidad* para caracterizar a la investigación de la comunicación ("marginal" con respecto a las ciencias sociales, éstas en el conjunto de la actividad científica y ésta en relación con las prioridades del desarrollo nacional)[52] y continuaron actualizando el análisis del campo en algunas colaboraciones conjuntas. Una de ellas caracteriza al periodo 1985-1990 como "de transición" para la investigación mexicana de la comunicación, partiendo de su estructura institucional de base:

> Hasta 1985, prácticamente la totalidad de la investigación mexicana de comunicación se realizó en la ciudad de México, ya fuera en centros universitarios o de otro carácter. La investigación académica estuvo mayoritariamente concentrada en la Universidad Nacional Autónoma de México (UNAM), aunque con importantes complementos en la Universidad Autónoma Metropolitana-Xochimilco (UAM-X), la Universidad Iberoamericana (UIA) y, durante unos años, la Universidad Anáhuac. La investigación no universitaria ha incluido centros privados como Comunicología Aplicada de México (del grupo publicitario

un análisis del estado actual de la disciplina", en *Comunicación, algunos temas,* año 1, núms. 2-3-4, Cenapro/Armo, México, 1981, p. 214.

[52] Raúl Fuentes Navarro y Enrique E. Sánchez Ruiz, "Algunas condiciones para la investigación científica de la comunicación en México", *Huella,* núm. 17, ITESO, Guadalajara, 1989.

Ferrer) y el Instituto de Investigación de la Comunicación (filial de Televisa); otros internacionales, como el Instituto Latinoamericano de Estudios Transnacionales (ILET), el Instituto Latinoamericano para la Comunicación Educativa (ILCE) y el Centro de Estudios Económicos y Sociales del Tercer Mundo (Ceestem); se pueden incluir también algunos centros paraestatales como el Centro Nacional de Productividad (Cenapro) y el Centro de Medios y Procedimientos Avanzados de Educación (Cempae) y diversas dependencias del gobierno federal que, especialmente en los años setenta, contribuyeron de manera importante en diversas áreas del estudio de la comunicación. La crisis provocó que la mayor parte de estos centros, ubicados todos en la capital del país, disminuyeran considerablemente su producción, o cerraran.[53]

Debido a lo que comúnmente se conoció como "la crisis nacional" de los ochenta, hasta 1990, según esa figura de transición, la proporción de la investigación realizada en la UNAM se redujo drásticamente, mientras que la de la UAM-Xochimilco se incrementó un poco; la de la UIA se sostuvo, pero la aportación de la Universidad Anáhuac se retrajo mucho, así como las de Comunicología Aplicada y del ILET. Finalmente, el Ceestem, los centros paraestatales (Cenapro y Cempae) y los formados en varias secretarías de Estado y dependencias oficiales fueron víctimas, en diversos momentos, de los recortes presupuestales del gobierno federal y desaparecieron.

No obstante, en el mismo periodo se crearon nuevos centros de investigación de la comunicación en el país y se incrementaron los espacios de diálogo e interrelación tanto entre instituciones como entre investigadores, a través de reuniones de trabajo, proyectos específicos y publicaciones periódicas. Estos nuevos centros, que incorporaron a investigadores posgraduados tanto en el extranjero como en México, y que han impulsado la investigación de manera muy notable desde la segunda mitad de los ochenta, son el Programa Cultura, fundado en 1984 y adscrito al Centro Universitario de Investigaciones Sociales de la Universidad de

[53] Raúl Fuentes Navarro y Enrique E. Sánchez Ruiz, "Investigación sobre comunicación en México: los retos de la institucionalización", en Orozco (coord.), *La investigación de la comunicación en México: tendencias y perspectivas para los noventas*, Universidad Iberoamericana, México, 1992, p. 25 (Cuadernos de Comunicación y Prácticas Sociales, 3).

Colima; el Centro de Estudios de la Información y la Comunicación (CEIC) de la Universidad de Guadalajara, establecido en 1986 y transformado en Departamento de Estudios de la Comunicación Social (DECS) en 1994, y el Programa Institucional de Investigación en Comunicación y Prácticas Sociales (Proiicom), constituido en 1989 en la Dirección de Investigación y Posgrado de la Universidad Iberoamericana e incorporado al Departamento de Comunicación en 1995.

Junto a algunos de los programas de posgrado, que se revisan más adelante, estos tres centros de investigación se han constituido, en los últimos 15 años, en el núcleo de una práctica de investigación de la comunicación quizá por primera vez verdaderamente sistemática, colectiva y nacional, relativamente independiente de los programas de licenciatura y con proyección internacional, al menos iberoamericana. En algún sentido, la crisis económica de los ochenta, al mismo tiempo que desestructuró la configuración que el campo había adquirido en los setenta, propició una restructuración aparentemente más sólida institucionalmente y más productiva académicamente, aunque muy concentrada en sólo seis instituciones.[54]

A partir de la primera mitad de los noventa se detectó una tendencia clara hacia el distanciamiento entre la investigación aplicada o comercial y la académica. Los proyectos más directamente vinculados con la toma de decisiones en algunos ámbitos de las prácticas sociales de comunicación, que los estadunidenses llaman "investigación administrativa", se desplazaron decididamente hacia agencias especializadas, siguiendo el auge de los estudios de mercado y de opinión pública que trajo consigo la modernización económica y el adelgazamiento del Estado.

Por otra parte, la mayoría de los proyectos académicos se concentraron en la profundización "crítica" del conocimiento sobre diversas temáticas y desde distintos enfoques metodológicos (predominantemente cualitativos), aunque paradójicamente incrementaron su grado de desvinculación con la formación profe-

[54] La UNAM (FCPS e IIS), la UAM-Xochimilco, la Universidad Iberoamericana, la Universidad de Guadalajara, el ITESO y la Universidad de Colima. En ellas se produjo 70.8% de la investigación académica nacional sobre comunicación entre 1986 y 1994. Raúl Fuentes Navarro, *La investigación de la comunicación en México. Sistematización documental, 1986-1994*, ITESO/Universidad de Guadalajara, Guadalajara, 1996.

sional de los estudiantes de comunicación. Con la excepción del reforzamiento de algunos programas de posgrado, la investigación académica encontró nuevos espacios de desarrollo mediante relaciones más estrechas con centros, investigadores y enfoques de otras disciplinas de las ciencias sociales que con las licenciaturas en comunicación. Es muy elocuente en este sentido la orientación de los tres centros creados en los ochenta, totalmente desvinculados organizacionalmente de las carreras profesionales.

También es notable el proceso de descentralización que la investigación de la comunicación ha experimentado desde mediados de los años ochenta, no sólo por la desaparición de muchos de los núcleos institucionales que operaron antes en la zona metropolitana de la capital, sino por la instalación de nuevos centros fuera de la ciudad de México. Por ello puede afirmarse que aunque está lejos todavía un equilibrio entre las diversas regiones del país en términos de recursos y producción, las contribuciones provenientes de algunos estados (Jalisco, Colima, Nuevo León, Baja California, Puebla, Guanajuato) han aumentado considerablemente en cantidad y en calidad, desahogando un poco la presión que se había acumulado sobre los investigadores y los centros de investigación ubicados en la capital, para dar cuenta del panorama comunicacional *nacional*.

De hecho, el análisis bibliométrico de la producción del campo indica que puede hablarse ya del establecimiento de una *estructura bipolar* en la investigación académica de la comunicación en el país, pues la contribución de la región Centro-Occidente (o más específicamente, de Guadalajara y Colima) pasó de 1.5% de los productos publicados entre 1965 y 1974 a 12.2% entre 1975 y 1984, y a 29.5% entre 1985 y 1994. En esta región, igualmente, se ha llegado a editar 27% de las publicaciones nacionales en el campo de la última década y media.[55] No obstante, en esta "descentralización" hacia Guadalajara/Colima se descubren dos características importantes: primero, que han sido más determinantes para su surgimiento los factores de orden nacional e incluso internacional

[55] Raúl Fuentes Navarro, *La investigación de la comunicación en México. Sistematización documental, 1986-1994*, ITESO/Universidad de Guadalajara, Guadalajara, 1996, y *La emergencia de un campo académico. Continuidad utópica y estructuración científica de la investigación de la comunicación en México*, ITESO/Universidad de Guadalajara, Guadalajara, 1998.

que los propiamente regionales o locales. Y segundo, que la producción de investigación "descentralizada" apenas ha abordado en 25% aproximadamente cuestiones específicas de la comunicación y la cultura en la región en que se realiza: tres cuartas partes de esta producción siguen enfocando nacional e internacionalmente sus objetos de estudio.

A partir de estos rasgos estructurales, cabe concluir con la consideración de que, en general, entre los desafíos y las perspectivas de la investigación mexicana de la comunicación, se reconoce que la prioridad está puesta en las condiciones que definen la *profesionalidad* de los investigadores: por un lado, la consolidación y ampliación de los apoyos laborales e institucionales necesarios para concentrarse en tareas de desarrollo científico y académico; por otro lado, el incremento y reconocimiento de la calificación científica, especialmente en lo que corresponde a la solvencia metodológica de las investigaciones, aspecto que, hasta años muy recientes ha sido particularmente descuidado.[56] En ambos sentidos es de vital importancia el desarrollo de los programas de posgrado.

En junio de 1989 se realizó en Guadalajara (ITESO) la Primera Reunión Nacional de Posgrados y Centros de Investigación en Comunicación, bajo los auspicios del Consejo Nacional para la Enseñanza y la Investigación de las Ciencias de la Comunicación (Coneicc) y la Federación Latinoamericana de Asociaciones de Facultades de Comunicación Social (Felafacs).[57] Es significativo que más de 10 años después las evaluaciones críticas de los participantes conserven la pertinencia para el análisis estructural de este aspecto del campo académico. Algunas de las reflexiones de la reunión, recogidas en la relatoría final, mantienen su actualidad:

[56] Raúl Fuentes Navarro y Enrique E. Sánchez Ruiz, "Investigación sobre comunicación en México: los retos de la institucionalización", en Orozco (coord.), *La investigación de la comunicación en México: tendencias y perspectivas para los noventas,* Universidad Iberoamericana, México, 1992, p. 35 (Cuadernos de Comunicación y Prácticas Sociales, 3).

[57] Se presentaron y discutieron los siguientes programas de posgrado e investigación: Universidad Iberoamericana, UNAM-FCPyS, Universidad Regiomontana, Universidad Autónoma de Nuevo León, ITESO, CADEC, ENEP-Acatlán (proyecto), Universidad de las Américas-Puebla (proyecto), Programa Cultura, CEIC-Universidad de Guadalajara y Proiicom-UIA. De las instituciones convocadas, sólo faltaron representantes de la UAM-Xochimilco y del ITESO-Monterrey.

Se constató que los posgrados no son instancias de investigación que alimenten a programas de formación, sino que surgen de la demanda y la estructura escolar. Los programas de maestría son propuestas que, viniendo desde la docencia, tienen a la investigación más como un problema que como un insumo. De ahí que sea interesante observar cómo se articula la relación docencia-investigación en cada una de las instituciones. También se enfatizó la escasez de recursos humanos calificados para la investigación.

La lógica universitaria —o institucional— condiciona el planteamiento de cada uno de los programas. Sus objetivos entran en la lógica propia de cada institución. De ahí que haya que plantear cómo entiende cada programa las necesidades sociales. Las maestrías son en muchos casos "puntas de lanza" de las instituciones a las que pertenecen, y se constata la manera como la comunicación sigue afectando a cotos disciplinares muy cerrados haciendo que se abran a la interdisciplinariedad.

Preocupa que en poco tiempo ocurra el *boom* de las maestrías, tal y como ocurrió con las licenciaturas, en vista de que se sabe de por lo menos cinco instituciones más que piensan abrir posgrados próximamente. Se observa que se abren centros de estudios sin investigar las necesidades a las que sus propuestas darían satisfacción. Por ello se considera conveniente evaluar la experiencia de los que ya tienen tiempo funcionando para hacer algún tipo de pronunciamiento conjunto, que retome esa experiencia y proporcione un panorama del posgrado en el país.

Se observa también que el nivel académico de la licenciatura ha bajado, por lo que en ocasiones se pretende que la maestría subsane sus deficiencias. Por otro lado, en otros casos las exigencias con respecto a la maestría son tan altas que correspondería más a un doctorado satisfacerlas. Es conveniente señalar cuáles son los mínimos constitutivos de un programa de maestría: al hacerlo se obligará a redefinir tanto la licenciatura como el doctorado.

Se planteó el problema de la formación universitaria *versus* la capacitación profesional: respecto a los supuestos éticos y sociales ¿los programas de maestría deben pretender reproducir o incidir en la transformación social?; respecto a la temática de estudio ¿deben formar académicos, profesionales de la comunicación o ambos? Así mismo se tocó la cuestión de la especialización y su relación con la independencia-dependencia para trabajar en problemas que institucionalmen-

[58] Rosa Esther Juárez Mendias, "Relatoría final de la Primera Reunión Nacional de Posgrados y Centros de Investigación en Comunicación", ITESO, Guadalajara, 1989, pp. 7-8.

te no se consideran relevantes.[58]

A partir de estos elementos de diagnóstico y composición, la reunión se planteó en un segundo momento la meta de "establecer cuáles son los elementos que constituyen el campo del posgrado en comunicación en México", a través de la discusión alrededor de cuestiones como: ¿a qué tipo de necesidades y prácticas sociales se orienta la formación de posgraduados en comunicación en México?, ¿cómo caracterizar los modelos curriculares y pedagógicos del posgrado en comunicación en el país?, ¿cómo se articulan los elementos educativos y las finalidades sociales?, ¿cómo caracterizar los proyectos de conocimiento de los posgrados y centros de investigación, en su relación con lo social?, ¿hacia dónde apunta la generación de conocimiento, cómo se articula con el currículum? Aunque no pudieron elaborarse respuestas conclusivas a estas cuestiones, algunas formulaciones alcanzaron consenso entre los participantes y, como se señaló antes, son representativas del estado actual de la reflexión nacional al respecto:

> Es conveniente tomar en cuenta que la inserción en el espacio universitario del campo es aún emergente: su objeto de estudio no ha sido definido totalmente, junto a la devaluación de la profesión. Pero las maestrías no deben ser vistas como centros de capacitación, sino que deben ser algo más; han tendido a satisfacer las necesidades del medio pero también debieran "abrir brecha". En tanto que el campo busca su consolidación, se debe pasar a una posición más agresiva: valorar el capital ya existente, erigirse en órganos de consulta, es decir, monopolizar el saber para coordinarlo, pues no se reconoce socialmente a quien tiene el saber en comunicación. Por otra parte, para hacer una maestría se necesitan recursos, equipos de trabajo: docentes con posgrado, investigación, bancos de información, biblioteca especializada, equipo técnico y salidas hacia la sociedad.
>
> También cabe revisar la adecuación de los perfiles con la situación laboral en el campo. Debiera también darse un seguimiento a los aspirantes a maestros para detectar su origen intelectual y observar qué tipo de práctica profesional realizan, cuáles son sus expectativas y aspiraciones para contrastarlas con los perfiles que tiene cada programa.
>
> Desde el punto de vista del establecimiento de la oferta y la demanda de conocimiento en el campo, éste se caracteriza por la diversidad, la pobreza y los obstáculos y limitaciones —instrumentales y míticas— que padece. Se parte de que el conocimiento está inserto en un

> mercado que exige saber hacer y conocimiento de la realidad circundante. También de que las ofertas de conocimiento se empezaron a transferir de las licenciaturas a las maestrías. La "pobreza" del campo se refiere tanto a recursos materiales como culturales; los obstáculos y limitaciones instrumentales y "míticas" refieren a las distintas concepciones de conocimiento que operan en el campo, que tienden a sobrevalorar (y subvalorar) la producción de conocimientos.
>
> Por otro lado, hay que recordar que la infraestructura también se refiere a la cultura, lo que remite a un problema metodológico. En el trabajo se observan dos clases de vicios: lo que no se sabe hacer y lo que se sabe hacer mal. Establecer una cultura académica es clave: cómo hacer las cosas más eficientemente y bien hechas. A veces faltan recursos, pero a veces lo que falta es saber aprovecharlos.[59]

El coordinador de la reunión referida sintetizó los retos de los posgrados y centros de investigación en el campo académico de la comunicación en México, considerándolos como los impulsores de "una fuga hacia arriba":

> A pesar de que en este terreno se está todavía muy lejos de generar respuestas teóricas consistentes y de consolidar un trabajo a la altura de las necesidades de comprensión del objeto en cuestión, es indudable que el campo académico está experimentando un proceso importante de cambio caracterizado por la aparición de nuevos actores y proyectos, la incorporación al trabajo de otro tipo de preguntas y problemáticas y la extensión de las tareas educativas hacia niveles más altos de formación. La ampliación de fronteras del campo académico [...] genera la necesidad de un reacomodo general y una redefinición en la división social del trabajo académico, en circunstancias institucionales, científicas, sociales y laborales un tanto erráticles.[60]

La evaluación de ese "reacomodo general" del campo académico y esa "redefinición" en la división social del trabajo académico, exige el análisis de lo acontecido a partir de la referida reunión, en una escala más amplia que la de los programas. La realización de tres reuniones nacionales más, entre octubre de 1999 y septiembre de 2000 (México, Distrito Federal: UAM-Xochimilco; Guadalajara: Universidad de Guadalajara, y Monterrey:

[59] R. E. Juárez Mendías, cit., pp. 8-10.

[60] Carlos E. Luna Cortés, "El posgrado en comunicación: una fuga hacia arriba", *Renglones*, núm. 14, ITESO, Guadalajara, 1989, p. 61.

Universidad de Monterrey), convocadas por el Coneicc, permiten actualizar el diagnóstico y las perspectivas del posgrado en comunicación en México.

A 10 años de la celebración de la primera reunión, se hizo evidente que aumentó la necesidad de diálogo y colaboración entre los posgrados y centros universitarios de investigación, dado el relativo crecimiento del número y la calidad de los programas, la maduración del Coneicc como espacio de interlocución privilegiado del campo de la comunicación en el país, y los cambios suscitados en el sistema nacional de educación superior, los entornos mexicano y mundial del estudio académico de la comunicación, y sus prácticas sociales de referencia.

Por una parte, las políticas nacionales en el ámbito de la educación superior establecieron, desde 1991, una distinción entre los programas de posgrado, mediante el padrón de excelencia de Conacyt, que califica la "calidad académica" en función de diversos parámetros internacionales y canaliza los apoyos sobre esta base. Los nueve programas de posgrado en comunicación, con esa denominación u otra más general, donde se trabajan proyectos de comunicación, aceptados en dicho padrón en 1999, son los enlistados en el cuadro 3. Las mismas políticas nacionales, a partir de 1984, mediante el establecimiento del Sistema Nacional de Investigadores (SNI), han fijado los parámetros de reconocimiento y apoyo oficial a los académicos dedicados a la investigación y, por lo tanto, a las instituciones en que trabajan. Sin que exista todavía una categoría denominada "comunicación" entre las especialidades consideradas por el SNI, sino una de "información" con una subespecialidad en "medios masivos", el número de investigadores de la comunicación reconocidos por el SNI se triplicó entre 1993 y 2000, al pasar de nueve a 28, algunos de ellos adscritos como sociólogos, antropólogos o historiadores.

Otros programas de posgrado en comunicación operan sin el reconocimiento de Conacyt, sea porque sus propósitos son distintos de la formación de investigadores o porque sus recursos no cumplen las condiciones impuestas como parámetros. La mayor parte de ellos, sin embargo, sobre todo los adscritos a instituciones privadas, cuenta con el reconocimiento de validez oficial de estudios de la Secretaría de Educación Pública. En varios de ellos se desarrollan propuestas interesantes de "profesionalización

CUADRO 3. *Posgrados de excelencia en que se realiza investigación de la comunicación en México, 1999*

| *Institución* | *Programa* |
|---|---|
| Universidad Iberoamericana-Santa Fe, Departamento de Comunicación | Maestría en comunicación |
| Universidad Nacional Autónoma de México, Facultad de Ciencias Políticas y Sociales | Maestría en comunicación |
| Universidad Nacional Autónoma de México, Facultad de Ciencias Políticas y Sociales-Instituto de Investigaciones Sociales | Doctorado en ciencias políticas y sociales. Orientación en ciencias de la comunicación |
| Universidad Autónoma Metropolitana-Xochimilco, División de Ciencias Sociales y Humanidades | Maestría en comunicación y política |
| Universidad Autónoma Metropolitana-Xochimilco, División de Ciencias Sociales y Humanidades | Doctorado en ciencias sociales. Área de concentración en comunicación y política |
| Universidad de Guadalajara, Centro Universitario de Ciencias Sociales y Humanidades, Departamento de Estudios de la Comunicación Social | Maestría en ciencias sociales. Especialidad en comunicación social |
| Universidad de Guadalajara, Centro Universitario de Ciencias Sociales y Humanidades, Departamento de Estudios de la Comunicación Social | Doctorado en ciencias sociales. Línea de medios de difusión e industrias culturales |
| Universidad de Guadalajara, Centro Universitario de Ciencias Sociales y Humanidades, Departamento de Estudios de la Comunicación Social | Maestría en comunicación |
| Universidad de Guadalajara, Centro Universitario de Ciencias Sociales y Humanidades, Departamento de Estudios de la Comunicación Social | Doctorado en educación. Área de comunicación y educación |

avanzada" para comunicadores, en áreas específicas. Estos programas de posgrado, no reconocidos por Conacyt, muchos de los cuales son de creación muy reciente, se enlistan en el cuadro 4.

Como se había hecho notar, desde años atrás los recursos más calificados, los apoyos institucionales y los proyectos académicos más productivos se han seguido concentrando en muy pocas universidades, a pesar de que también ellas enfrentan condiciones

Cuadro 4. *Programas de posgrado en comunicación en México, no reconocidos en el Padrón de Excelencia de Conacyt, 1999*

| *Institución* | *Programa* |
|---|---|
| Universidad Autónoma de Nuevo León, Facultad de Ciencias de la Comunicación | Maestría en ciencias de la comunicación |
| Instituto Tecnológico y de Estudios Superiores de Occidente (ITESO), Departamento de Estudios Socioculturales | Maestría en comunicación con especialidad en difusión de la ciencia y la cultura |
| Instituto Latinoamericano de la Comunicación Educativa (ILCE) | Posgrado latinoamericano en comunicación y tecnología educativas |
| Centro Avanzado de Comunicación Eulalio Ferrer, A. C. | Maestría en comunicación institucional, maestría en publicidad, maestría en comunicación política |
| Universidad Intercontinental, Escuela de Ciencias de la Comunicación | Maestría en guionismo |
| Instituto Tecnológico y de Estudios Superiores de Monterrey (ITESM), *campus* Monterrey | Maestría en comunicación |
| Universidad Anáhuac, Escuela de Ciencias de la Comunicación | Maestría en comunicaciones corporativas, maestría en mercadotecnia y publicidad, maestría en planeación estratégica de medios |
| Universidad de Occidente, *campus* Los Mochis | Maestría en tecnologías y estrategia de la comunicación |
| Universidad Veracruzana, Facultad de Ciencias de la Comunicación | Maestría en comunicación |
| Universidad Regiomontana, Facultad de Humanidades y Ciencias Sociales | Maestría en comunicación |
| Universidad Iberoamericana, plantel Laguna | Maestría en comunicación |
| Instituto Campechano | Maestría en comunicación |
| Universidad de La Salle Bajío | Maestría en publicidad y comportamiento de mercado |
| Universidad del Valle de Atemajac (Univa) | Maestría en comunicación social e institucional |
| Universidad Autónoma de Coahuila, Escuela de Ciencias de la Comunicación | Maestría en comunicación |
| Universidad de Colima, Centro Universitario de Investigaciones Sociales | Doctorado en ciencias sociales, líneas de cultura y comunicación |
| Universidad Autónoma de Yucatán | Doctorado en ciencias de la información (Coordinación Universidad de La Laguna, España) |

poco favorables, especialmente en términos disciplinarios aislados. Al mismo tiempo, la demanda por estudios de especialización y actualización profesional, atendida con diversos criterios "de mercado" por cada vez más universidades e instituciones no universitarias, ha confundido el carácter educativo de los posgrados, incluyendo el doctorado, de manera coincidente con la tendencia opuesta, de restricción de la calificación de la "excelencia académica".

Persisten como problemas centrales, tanto para los programas calificados por Conacyt como por los demás, el bajo índice de titulación, la escasez de profesores y la insuficiente articulación con líneas institucionales de investigación. En términos generales, el diagnóstico realizado en 1989, ante un conjunto notablemente mayor de programas, conserva su validez.

Pero en un plano más amplio, puede afirmarse que en la última década, como causa y efecto de múltiples factores, la identidad disciplinaria de los estudios de comunicación, especialmente en lo que respecta a la investigación y el posgrado, se ha vuelto mucho más compleja de sostener y es objeto de debate no sólo teórico e intelectual, sino también estratégico en los planos institucional, político y profesional. Los posgrados y la investigación de la comunicación, al mismo tiempo que se han consolidado y fortalecido, se han desvinculado de la formación de profesionales y de los enfoques disciplinarios en comunicación que siguen sosteniéndose en las licenciaturas, para avanzar en la integración multidisciplinaria entre las ciencias sociales y las humanidades.

En este plano, igual que en otros países latinoamericanos y, de alguna manera, en Estados Unidos y en Europa, la disyuntiva entre la disciplinarización y la disolución disciplinaria de los estudios de comunicación en México es el desafío fundamental que el campo habrá de seguir enfrentando en la primera década del siglo XXI. Los avances "posdisciplinarios" en la investigación podrán desembocar en una u otra de las alternativas, dependiendo de las estrategias adoptadas por sus propios agentes, por los practicantes de otras disciplinas y, sobre todo, por la orientación de las políticas nacionales en el sector universitario y científico.

# BIBLIOGRAFÍA

Beniger, James R., "Communication: Embrace the Subject, not the Field", *Journal of Communication. The Future of the Field I*, vol. 43, núm. 3, 1993.

Bourdieu, Pierre, *Esquisse d'une théorie de la practique*, Droz, Ginebra, 1972.

———, *Homo Academicus*, Stanford University Press, California, 1988.

———, "La specificité du champ scientifique et les conditions sociales du progrès de la raison", *Sociologie et Sociétés*, vol. VII, núm. 1, París, 1975.

Clark Burton, R., *El sistema de educación superior. Una visión comparativa de la organización académica*, Nueva Imagen/Universidad Futura/UAM-Azcapotzalco, México, 1992.

Condit, Celeste Michelle, "Replacing Oxymora: Instituting Communication Studies", en Dervin *et al.* (eds.), *Rethinking Communication*, vol. 1, Sage, Newbury Park, California, 1989.

Craig, Robert T., "Why are There so Many Communication Theories?", *Journal of Communication. The Future of the Field I*, vol. 43, núm. 3, 1993.

Durham Peters, John, "Institutional Sources of Intellectual Poverty in Communication Research", *Communication Research*, vol. 13, núm. 4, 1986.

———, "The Need for Theoretical Foundations. Reply to Gonzalez", *Communication Research*, vol. 15, núm. 3, 1988.

Fuentes Navarro, Raúl, *La investigación de comunicación en México. Sistematización documental, 1956-1986*, Ediciones de Comunicación, México, 1988.

———, "Investigación sobre comunicación en México: los retos de la institucionalización", en Orozco (coord.), *La investigación de la comunicación en México: tendencias y perspectivas para los noventas*, Universidad Iberoamericana, México, 1992, pp. 11-38 (Cuadernos de Comunicación y Prácticas Sociales, 3).

———, "Hacia una investigación postdisciplinaria de la comunicación", *Telos*, núm. 47, 1996a, pp. 9-11.

———, *La investigación de la comunicación en México. Sistematización documental, 1986-1994*, ITESO/Universidad de Guadalajara, Guadalajara, 1996.

———, *La emergencia de un campo académico. Continuidad utópica y estructuración científica de la investigación de la comunicación en México*, ITESO/Universidad de Guadalajara, Guadalajara, 1998.

———, y Enrique E. Sánchez Ruiz, "Algunas condiciones para la investigación científica de la comunicación en México", *Huella*, núm. 17, ITESO, Guadalajara, 1989.

Gerbner, George, "The Importance of Being Critical in Our own's Fashion. An Epilogue", *Journal of Communication. Ferment in the Field,* vol. 33, núm. 3, 1983.

Glander, Timothy, *Origins of Mass Communications Research during the American Cold War. Educational Effects and Contemporary Implications,* Lawrence Erlbaum Associates, Nueva Jersey, 2000.

Jara Elías, José Rubén, "Información básica sobre la investigación de la comunicación en México: documentos, instituciones, publicaciones, investigadores y un análisis del estado actual de la disciplina", en *Comunicación, algunos temas,* año 1, núms. 2-3-4, Cenapro/Armo, México, 1981.

Juárez Mendias, Rosa Esther, "Relatoría final de la Primera Reunión Nacional de Posgrados y Centros de Investigación en Comunicación", ITESO, Guadalajara, 1989.

Krippendorff, Klaus, "The Past of Communication's Hoped for Future", *Journal of Communication. The Future of the Field,* vol. 43, núm. 3, 1993.

Kuhn, Thomas S., *La tensión esencial. Estudios selectos sobre la tradición y el cambio en el ámbito de la ciencia,* FCE/Conacyt, México, 1982.

Lakatos, Imre, "History of Science and its Rational Reconstructions", en Hacking (ed.), *Scientific Revolutions,* Oxford University Press, Nueva York, 1981, pp. 107-127.

Lemaine, McLeod, Mukay, Weingart (eds.), *Perspectives on the Emergence of Scientific Disciplines,* Mouton/Aldine, La Haya-París/Chicago, 1976.

Levy, Mark, y Michael Gurevitch, "Editor's Note", *Journal of Communication. The Future of the Field I,* vol. 43, núm. 3, 1993.

Luna Cortés, Carlos E., "El posgrado en comunicación: una fuga hacia arriba", *Renglones,* núm. 14, ITESO, Guadalajara, 1989.

Manzini, Paolo, "The Legitimacy Gap: A Problem of Mass Media Research in Europe and the United States", *Journal of Communication The Future of the Field I,* vol. 43, núm. 3, 1993.

Nixon, Raymond B., "La enseñanza del periodismo en América Latina", *Comunicación y Cultura,* núm. 2, Galerna, Buenos Aires, 1974.

Ortiz, Renato, "Ciencias sociales, globalización y paradigmas", en Rossana Reguillo y Raúl Fuentes Navarro (coords.), *Pensar las ciencias sociales hoy. Reflexiones desde la cultura,* ITESO, Guadalajara, 1999.

Pickering, Andrew (ed.), *Science as Practice and Culture,* The University of Chicago Press, Chicago y Londres, 1992.

Pietilä, Veikko, "Perspectives on Our Past: Charting the Histories of Mass Communication Studies", *Critical Studies in Mass Communication,* vol. 11, núm. 4, 1994, pp. 346-361.

Rogers, Everett M., "Looking Back, Looking Forward: A Century of Communication Study", en Gaunt (ed.), *Beyond Agendas: New Direc-*

*tions in Communication Research*, Greenwood Press, Westport, Connecticut, 1993, pp. 19-39.

———, *A History of Communication Study. A Biographical Approach*, The Free Press, Nueva York, 1994.

Rosengren, Karl Erik, "Communication Research: One Paradigm or Four?", *Journal of Communication. Ferment in the Field*, vol. 33, núm. 3, 1983.

———, "From Field to Frog Ponds", *Journal of Communication. The Future of the Field I*, vol. 43, núm. 3, 1993.

Rota, Joseph, "Remarks on Journalism Education and Research in the Americas", en *Mass Communication in Mexico*, memoria del seminario realizado en la ciudad de México del 11 al 15 de abril, Universidad Iberoamericana/Association for Education in Journalism, México, 1974.

Sánchez Ruiz, Enrique E. (comp.), *La investigación de la comunicación en México. Logros, retos y perspectivas*, Ediciones de Comunicación/Universidad de Guadalajara, México, 1988.

Schiller, Dan, *Theorizing Communication: A History*, Oxford University Press, Nueva York, 1996.

Shepherd, Gregory J., "Building a Discipline of Communication", *Journal of Communication. The Future of the Field I*, vol. 43, núm. 3, 1993.

Wallerstein, Immanuel, *et al.*, *Abrir las ciencias sociales*, Siglo XXI/CIIH-UNAM, México, 1996.

# *De la pila hasta el océano. Comunicación y estudios de la cultura en México* *

A Daniel Anand,
por dejarme estar cerquita
de su dicha

JORGE A. GONZÁLEZ[1]

## UNA PAREJA DISPAREJA: LOS ESTUDIOS SOBRE COMUNICACIÓN Y CULTURA

Paradójico y contrastante. Dos conceptos hechos para pensar realidades de tiempos diferentes, una del colonialismo del siglo XIX y la otra del surgimiento de los modernos medios de difusión en el siglo XX, enfrentan serios problemas para pensar el siglo XXI.

La cultura le pone cercas al sentido por un territorio; la comunicación las excede y pone precisamente en entredicho. Ambas, cultura y comunicación, son (y mediante ellas somos) en el lenguaje, en el universo de los símbolos. Una de las más importantes transformaciones sociales de este fin de siglo se deriva de la aparición en el mundo de estructuras sociohistóricas especializadas en la *edición* organizacional y tecnológicamente mediada de la dimensión simbólica de la realidad.

*Metacampo* que nombra, narra, muestra y atraviesa todos los campos de producción cultural, se vuelve la parte más activa y poderosa de esa transición. La comunicación tecnológicamente mediada se convirtió en el correr del siglo en el *vector más impor-*

* Este texto pudo ser terminado gracias a las condiciones de tiempo e infraestructura que me brindó generosamente el Department of Film and Media Studies, de la Universidad de Copenhague, en el otoño de 1997. Versiones preliminares fueron comentadas por Raúl Fuentes Navarro, Laura M. Sánchez y Thomas Tufte, a quienes agradezco su valiosa colaboración.

[1] Programa Cultura, Universidad de Colima, otoño de 1997.

*tante* del terreno simbólico, precisamente por su capacidad de *editar*, de *pegar y despegar, unir y desunir* complejos sistemas de signos y por su presencia y trabajo transversal. El trabajo de los medios crea profesiones inéditas en prestigio, en poder y en habilidades, remodela puestos profesionales que confeccionan las formas simbólicas con eficacia productiva, pero a costa de una *reflexividad empobrecida.*

Una gran parte de la modernidad desigual y chimuela de estos tiempos ha sido potenciada por los medios de difusión y por ello se convirtieron en los objetos privilegiados de deseo para trabajar, para estudiar y reflexionar. Con los medios vive el poder y el poder seduce nomás de mirarlo.

Con algunos años de retraso, desde la universidad —espacio de la reflexividad entrenada— se pretende generar un tipo de intelectual expansivo, que comprenda para mejor manejar esa fuerza, pero desde unas estructuras verticales de generación de conocimientos. Manipuladores profesionales del sentido, los "periodistas", han estudiado la comunicación con la propia deformación de su oficio: dotar discrecionalmente de visibilidad mediada a los actores sociales o a los eventos, los conceptos y las agendas de investigación. Con ello se han ido formando versiones simplistas, mutiladas y unidimensionales de una realidad cada vez más compleja y móvil.

Pero sabemos que todo pensamiento mutilante genera acciones igualmente mutilantes, y éste es un fin de siglo de un sistema que se bifurca, cruje, se parte y difícilmente aguantará más perturbaciones.

Este trabajo pretende ubicar el surgimiento y algunos desarrollos de los estudios sobre comunicación en México y en ese trayecto tratará de mostrar algunas de las múltiples y plurales dimensiones (entre ellas, la cultura) que hacen tan compleja una realidad terca que se ha negado a ser domesticada con simples herramientas; una realidad que no quiere ni puede ser editada en versiones *light* y recortadas en el tiempo para su *mejor* difusión.

Se tratará de mostrar cómo esta relación es un *frente estratégico* que requiere un acercamiento, cuando menos igual de complejo, menos mutilante que nos permita pensar con más densidad e imaginación para actuar de manera más creativa y menos mutilante en la salida del siglo.

## NACE UNA ESTRELLA: LA COMUNICACIÓN COMO OBJETO Y PROFESIÓN

Los estudios sobre lo que ahora suele llamarse genéricamente *comunicación* tienen su origen en México dentro de la carrera profesional de ciencias de la comunicación que se abre por primera vez como proyecto en la Universidad Iberoamericana (UIA) en 1960.[2] Esta iniciativa se realiza a casi 40 años de la aparición de la primera radiodifusora y una década después del surgimiento formal de la industria de la televisión en el país.

Como es bien conocido, en México, como en otras partes del mundo, las primeras empresas fuertes relacionadas con los medios electrónicos se fundaron sobre experiencias y capitales familiares ligados previamente al *negocio* de la radiodifusión y la prensa, entre otras actividades económicas.[3]

De este modo, con el concurso de una clara voluntad política del Estado y los intereses de diferentes grupos de empresarios, la sociedad mexicana tuvo que comenzar a convivir con una nueva realidad: la modulación electrónica, redundante, cotidiana y tenaz de sus valores, sus imágenes, sus ideas, sus proyectos.[4] Tuvo que aprender a convivir con un espejo electrónico muy sofisticado que introducía modalidades hasta entonces inéditas en el uso social del tiempo, del espacio y en la gestión y goce de los múltiples flujos de las formas simbólicas.[5]

El halo de importancia *mágica,* de curiosidad y atractivo público que ya rodeaba al cine, a la radio y al mundo del disco, fue potenciado con la aparición de la televisión por medio de una liga inmediata y "natural" (naturalmente construida por diferentes fuerzas sociohistóricas) con el creciente y competitivo mer-

[2] Claudia Benassini, *Entre la rutina y la innovación: los egresados de nuestra carrera,* Universidad Iberoamericana, México, 1994.

[3] Raúl Cremoux, *¿Televisión o prisión electrónica?,* Fondo de Cultura Económica, México, 1974. Véase también el documentado estudio de Arredondo y Sánchez Ruiz, *Comunicación social, poder y democracia en México,* Universidad de Guadalajara, Guadalajara, 1986.

[4] Dale Story, *Industria, Estado y política en México. Los empresarios y el poder,* Grijalbo/CNCA, México, 1990.

[5] John B. Thompson, *Ideology and Modern Culture,* Polity Press, Cambridge, 1990, pp. 58-60.

cado nacional de mitad del siglo. Un mercado en proceso de ampliación que era el único respiro de una sociedad heterorganizada desde arriba en el terreno de lo político y sin ninguna participación posible que no viniera codificada desde "arriba".[6]

Los así llamados *medios,* fundan su negocio en complacer y agradar a vastos sectores sociales con poder adquisitivo, o en vías de acceder a él, y por ello mismo se construyen como empresas en busca de ganancias. Estas empresas, para poder "complacer" mejor, debían invertir cuantiosos recursos en sus producciones. No se puede —jamás se ha podido—, dentro de las condiciones dominantes del desarrollo del sistema mundial, entrar en el negocio de la radio y la televisión a jugar como amateur. Su desenvolvimiento genera y requiere organizaciones profesionales verdaderamente complejas.[7]

Las alianzas y pugnas entre grupos, la monopolización de los talentos, las agrupaciones sindicales, las cámaras empresariales y otros variados agentes especializados dentro de ese poblado escenario en plena explosión demográfica, desataron una feroz competencia por la creación y el control de las estructuras de relevo y de los flujos de retroacción dentro de ese mundo —*mundo* siempre industrial— del cine, las revistas, los discos, la televisión, el comic, la prensa, el teatro, el deporte, la radio, en fin, diversas y desiguales luchas por el manejo y la gestión del universo en expansión que se formaba del *espectáculo y el ocio* —precisamente— como *negocio.*[8] Estas empresas comenzaron a potenciar exponencialmente un rasgo que caracteriza a todas las modernas industrias culturales, cuya operación simbólica más relevante consiste en otorgar discrecionalmente *visibilidad* a ciertos agentes sociales (los políticos, las estrellas, los notables y los bonitos). Al hacer esta *edición,* envían a la sombra a otros grandes sectores de la

[6] Carlos Monsiváis y Carlos Bonfil, *A través del espejo. El cine mexicano y su público,* Ediciones El Milagro/Imcine, México, 1994, p. 88.

[7] Barbara Czarniawska-Joerges, *Exploring Complex Organizations,* Sage, Londres, 1992, pp. 8-39.

[8] Aquí se ubica la lucha y posterior asimilación (por fusión) de XHGC Canal 5 y de XHTV Canal 4 en Telesistema Mexicano, bajo el dominio de los capitales de la familia Azcárraga, Alemán y O'Farrill en el inicio de la televisión mexicana. Todavía no se ha escrito un trabajo crítico que trate sobre los procesos de sindicalización interna y las redes que se tejieron y tejen con los otros sindicatos del espectáculo, principalmente músicos, actores y técnicos.

sociedad.[9] Precisamente aquellos a los que la Revolución mexicana había dotado de cierta existencia social a través de medios menos abarcadores y tecnológicamente menos sofisticados como la novela, la crónica, los museos, pero sobre todo con el proyecto ideológico y plástico del muralismo, más apto para una sociedad en su mayoría analfabeta que salía de la etapa revolucionaria.[10] Ese proceso de *visibilidad* tecnológicamente construida se comenzó a ejercer montado sobre sistemas jerárquicos de clasificación y

[9] Resulta un caso interesante y no analizado en detalle, la forma en que los actuales medios electrónicos audiovisuales construyen la *visibilidad social* de los "pobres" culturales y sociales. En el mensaje mediático y publicitario contemporáneo, no se representa la diversidad pluriétnica de México. Los negros, los indios y los que se ven como ellos (los "feos"), los mestizos, que tienen piel morena, baja estatura, vientre, caderas y busto abultados, pelo hirsuto negro, labios gruesos, ojos rasgados, cutis grasoso, gestualidad "sin clase", maneras poco refinadas y una larga fila de etcéteras, sólo aparecen en la televisión para fines de burla o escarnio de su *condición cómica*, o bien como objetos de campañas de salud o de altruismo hechas *para* ellos. La inmensa mayoría de aquellos personajes a los que los medios electrónicos y la publicidad dotan de visibilidad pública son "bonitos": rubios, ojos claros, esbeltos, limpios, elegantes, elocuentes y modernos. Sin embargo, recientemente han aparecido programas tipo *reality shows* mezclados con la nota roja donde los personajes consentidos de la desgracia pública y la comisión de delitos son precisamente los olvidados de la publicidad. Para una discusión sobre la visibilidad y las nuevas forma de vida pública, véase John B. Thompson, *The Media and Modernity*, Polity Press, Cambridge, 1995, pp. 147 y 148.

[10] Guillermo Bonfil, *México profundo. Una civilización negada*, Grijalbo/CNCA, México, 1990, p. 90. Sin embargo, de manera sutil —nos indica el autor— los indios que hoy valen, son precisamente los de antes. No hay lugar para el indio actual. Por ello resulta de mucho interés la forma en que el movimiento guerrillero del Ejército Zapatista de Liberación Nacional, que en 1994 se levantó contra el gobierno mexicano, se construyó una imagen virtual, precisamente usando los mismos medios que les negaban la existencia. Las palabras del subcomandante insurgente Marcos lo señalaban así en su informe del 23 de febrero de 1994 frente a la prensa internacional y nacional: "[...] venimos a buscar a la patria. La patria que nos había olvidado en el último rincón del país; el rincón más solitario, el más pobre, el más sucio, el peor. Venimos a preguntrarle a la patria ¿por qué nos dejó ahí tantos y tantos años? ¿Por qué nos dejó ahí con tantas muertes? Y queremos preguntarle otra vez, a través de ustedes, ¿por qué es necesario matar y morir para que ustedes, y a través de ustedes, todo el mundo, escuchen a Ramona —que está aquí— decir cosas tan terribles como que las mujeres indígenas quieren vivir, quieren estudiar, quieren hospitales, quieren medicinas, quieren escuelas, quieren alimento, quieren respeto, quieren justicia, quieren dignidad? ¿Por qué es necesario matar y morir para que pueda venir Ramona y puedan ustedes poner atención a lo que ella dice?... (EZLN, *Documentos y comunicados*, t. I, Era, México, 1994, p. 164). La cuidadosa edición de los indios dentro de la ideología del Estado mexicano se comenzó a realizar por los liberales mexicanos desde el siglo XIX. Los únicos indios de los que se pudiera estar orgulloso y sobre los que se pudiera basar la "nueva raza", eran los del pasado. Los indios presentes, marginados, existentes

marcación —no mediáticos sino intersticialmente sociales— de *status* y de *situs* disponibles o deseables en esa sociedad mexicana.[11] La modulación de los valores, las necesidades y las identidades —transclasistas— que podría unir o amalgamar simbólicamente a la gran diversidad de componentes del espacio social de México, adquiría con este hecho un acelerado proceso de mutaciones significativas.[12]

Así, casi tres décadas después de que concluyera la Revolución mexicana, las *estructuras organizacionales y tecnológicas del ocio*[13] dentro de la potente y milagrosa economía mexicana de los cincuenta, "decidieron" confeccionarnos una "autoimagen" (heteroconstruida de modo vertical y sin prácticamente ninguna forma de oposición o réplica directa) menos ranchera, menos india, más adaptada al *mundo moderno*, dentro del cual, después de siglos de alejamiento y por obra del *milagro* de la tecnología electrónica, nuestra sociedad reclamaba su propio sitio. Tanto en la rentabilidad económica, como en el diseño de esa imagen simbólica, las empresas de publicidad tuvieron (y tienen) un papel decisivo.[14]

deberían desaparecer, por ser representantes de una alteridad atrasada por superar, ni integrables ni racionales. *Cf.* Jesús Reyes Heroles, *El liberalismo mexicano (III): la integración de las ideas*, Fondo de Cultura Económica, México, 1982, pp. 579-581.

[11] Por *status* entendemos la posición clasificada relativa en términos de reconocimiento del prestigio de un agente dentro de una estructura social determinada y jerarquizada (director, gerente, técnico, secretaria, empleado...). Llamamos *situs* a una estructura de posiciones, otorgadora de *status* y delimitada según el tipo de actividad social específica que desempeña (industria pesada, gobierno, magisterio, comercio, agricultura, alimentación,). *Cf.* James Littlejohn, *La estratificación social*, Alianza, Madrid, 1975, p. 62.

[12] Esta definición "mediática" de construcciones simbólicas transclasistas genera diferentes espacios de tensiones y luchas históricas permanentes y a la vez intermitentes que he llamado en otro texto "frentes culturales", *Cf.* Jorge A. González, *Más(+) cultura(s). Ensayos sobre realidades plurales*, CNCA, México, 1994, pp. 21-87.

[13] Para un acercamiento metodológico y empírico al estudio de esta actividad social en México, *cf.* Jorge A. González, "Coordenadas del imaginario. Protocolo para el uso de cartografías culturales", en *Estudios sobre las culturas contemporáneas*, época 2, vol. I, núm. 2, diciembre de 1995, pp. 148-149.

[14] Víctor M. Bernal Sahagún, *Anatomía de la publicidad en México. Monopolios, enajenación y desperdicio*, Tiempo Contemporáneo, México, 1974.

## Complejidad creciente y complicidad crujiente: poderes de aquí, de allá y de mucho más allá

Esta moderna, selectiva y editada versión de los agentes sociales en México no pudo haber sido lograda, y ni siquiera imaginada, sin una relación estrecha con las estructuras legítimas del *poder*. Las ligas entre la industria televisiva y los poderes del Estado mexicano a través de diferentes estructuras, y en especial las del partido de la revolución institucionalizada, tanto en los ámbitos nacional como local y regional, contribuyen a agregar más líneas a la configuración de fuerzas de esta realidad.[15]

En la esfera de la vida diaria, en las familias, en las redes sociales y grupos básicos, se mira también la eficacia de estos medios en la constitución de nuevos cuerpos, de nuevos sujetos.[16] Ambos poderes, micro y macro, que actúan en la enorme variedad de formas nacientes de la vida urbana, se potencian para convertir a la televisión y el campo de fuerzas simbólicas que genera, en el punto imaginario, en el centro virtual de convergencia de los procesos culturales en general, y del campo del espectáculo en especial.[17]

En una sociedad en muchos sentidos premoderna, la construcción sociohistórica de esa centralidad implicó ciertamente estrategias económicas y de imposición política; pero fueron (y siguen siendo) por igual importantes las tensiones y las estrategias situa-

[15] El desarrollo de la Época de Oro del cine mexicano y la radiodifusión comercial coinciden con el afianzamiento del Estado en su fase corporativista. Sobre el Poder (con mayúsculas) y los medios, se ha escrito mucho pero con grandes carencias analíticas, por lo común ancladas en meras descripciones anecdóticas incapaces de dotarnos de una red significativa de relaciones complejas dentro de la que podamos comprender más densamente este importante proceso. Véase por ejemplo los trabajos reunidos en el número monográfico "El Estado y la televisión", en la revista *Nueva Política*, vol. 1, núm. 3, julio-septiembre de 1976.

[16] Michel Foucault, *Microfisica del potere*, Einaudi, Turín, 1977, pp. 137-146. Para una introducción a la obra de este autor, véase Óscar Martiarena, *Michel Foucault: historiador de la subjetividad*, ITESM-CEM/El Equilibrista, México, 1995, pp. 331 y ss.

[17] Para una rica reflexión de la relación entre televisión y poder (con minúsculas) véase Raymundo Mier y Mabel Piccini, *El desierto de los espejos. Juventud y televisión en México*, Plaza y Valdés/UAM-Xochimilco, México, 1987, pp. 236-344. *Cf.* la telenovela como *columna vertebral* dentro del campo del espectáculo en Jorge A. González, "Navegar, naufragar, rescatar entre dos continentes perdidos", en Galindo y González (coords.), *Metodología y cultura*, CNCA, México, 1994.

cionales de los *enfrentamientos culturales* que se producen en México no sólo dentro de los campos de la edición y del ocio, sino mucho más ampliamente dentro de un *espacio público restringido* —en lo político y en lo simbólico— donde se modelan y modulan día con día formaciones discursivas, definiciones y visibilidades diversas sobre el amor y el odio, el éxito y el fracaso, el bien y el mal, los esposos y los amantes, lo digno y lo indigno y así diciendo. Todos ellos forman parte de una compleja configuración de repertorios de elementos culturales transclasistas sobre los que se ha luchado y se lucha en múltiples fronteras interconectadas y arenas conflictivas por definir la orientación y el sentido de ese vector determinante de la amplitud o estrechez de la vida en su dimensión simbólica.

## Un paso al más allá: espirales complejas

Pero ahí no terminaba el panorama, porque esta entrada a una modernidad selectiva y desbalanceada, agregó otra trenza más de hilos a esta ya de por sí abigarrada madeja. Una dimensión que excedía las fronteras territoriales de la nación, formada por todos los vínculos crecientes de empresarios y empresas *locales* con otro tipo de entidades, a saber, las empresas *meta, hiper, trans, multi, extra, ultra*nacionales, gestoras y controladoras de un mercado mundial del ocio y de la ficción. Una dimensión ulterior compuesta por una verdadera urdimbre tejida y destejida por los flujos mundiales de la restructuración del capitalismo que orienta de forma *extraterritorial* los intereses y las negociaciones políticas y económicas que están detrás, adentro y enfrente de la diversión hecha pantalla y al alcance de cualquier bolsillo, en cualquier hogar territorialmente localizado. Todos estos procesos se dejan mirar mejor si los colocamos dentro de una *compleja matriz histórica de transformaciones a escala planetaria* que en este último tramo del siglo de manera simultánea afectan al capitalismo en tanto que sistema social, a un modo de desarrollo crecientemente "informacional" y a las tecnologías de información como potentes instrumentos de trabajo.[18]

[18] *Cf.* Manuel Castells, *The Informational City. Information Technology, Economic Restructuring and the Urban-Regional Process*, Blackwell, Oxford, 1994. Esta "nue-

En resumen, la creación de la primera carrera de comunicación coincide con el desarrollo y la constatación de una *realidad* plural, móvil, mutante, multidimensional de la cultura tecnológicamente mediada, que resultaba ser lo suficientemente compleja como para dejar con pocas e insuficientes respuestas y alternativas al único sustrato de formación que existía previamente: las tradicionales escuelas para la formación de periodistas.

### Lucha libre en los andadores del libre mercado: los "rudos" se nos volvieron "técnicos" y la técnica sometió al espíritu

Frente al auge casi obsceno de las tecnologías de comunicación y sus ligas con el poder y la economía, la Universidad Iberoamericana apuesta por "la técnica sometida al espíritu", mediante una formación humanista que produzca un "nuevo tipo de intelectual" capaz de dirigir y orientar el uso reflexivo y atento de "la técnica", no sólo hacia fines mercantiles o de poder. Algo de la enorme complejidad de la tarea intelectual que merecía esta realidad quizás se percibía en el diseño de aquellos primeros planes de estudio, en los que al son de la frase: "si es materia, la llevamos", los nuevos intelectuales (que someterían la técnica al espíritu) solían decir al enfrentarse a decenas de materias de filosofía, economía, psicología, historia, ética, sociología, literatura, expresión corporal, locución, fotografía, radio, televisión, cine, publicidad y algunas teorías (bastante incipientes) sobre el proceso de comunicación.

El modelo inicial fue rápidamente adoptado y adaptado por unas cuantas universidades. Sin embargo, por varios factores, después de 1974 se desató una avalancha de opciones para estu-

va" dimensión es la que se recorta en el nivel de la *economía-mundo*, *Cf.* I. Wallerstein, *El moderno sistema mundial (1)*, Siglo XXI, México, 1979. Dentro de las perspectivas excesivamente descriptivas, *cf.* Armand Mattelart, *La cultura como empresa multinacional*, Era, México, 1974. La importancia creciente de la información como área estratégica de la economía mundial, así como sus procesos de desregulación, acarrean, según Schiller, una "apropiación corporativa de la expresión pública" que, sin embargo, está muy lejos de operar en la forma como él lo plantea en el nivel de la vida cotidiana de los "expropiados". *Cf.* H. Schiller, *Cultura, $. A.*, CEIC, Universidad de Guadalajara, Guadalajara, 1993, pp. 151 y ss. Una crítica de Schiller está en Aníbal Ford, *Navegaciones*, Amorrortu, Buenos Aires, 1994.

diar "la carrera del futuro". Así se fueron creando muchas otras carreras más hasta conformar actualmente una plétora imprecisa e impresionante que ya rebasa la centena por todas las regiones del país.[19]

En un abrir y cerrar de ojos, del proyecto reflexivo se pasó, sin más, al proyecto adaptativo y las carreras universitarias —con algunas excepciones— se volvieron una suerte de centros de capacitación profesional (y por supuesto ideológica) para el trabajo —especialmente irreflexivo— *en los medios*. La *técnica* comenzaba a someter, sutil pero decididamente, al *espíritu* (es decir, la reflexividad entrenada) y al parecer éste comenzó a su vez a acomodarse dócil e irreflexivamente a los requerimientos y caprichos de aquélla.

Este desplazamiento se daba por la demanda creciente de una profesión "nueva" muy estrechamente ligada con los medios tecnológicos (sobre todo la televisión) y su glamorosa circunstancia. Urgía hacer guiones, comerciales, programas, noticiarios, películas, promocionales, audiovisuales y boletines adaptados al *momentum* de expansión del mercado. Los "creadores" y repartidores de la tecnovisibilidad se producían en serie. Igual que sus prejuicios acorazados del poder de "hacer visibles a los invisibles".[20]

[19] Me parece que es en este año de 1974 cuando esta profesión adquiere una "visibilidad" creciente por efecto del Encuentro Mundial de Comunicación, organizado por Televisa en Acapulco. Ahí desfiló todo tipo de *supernovas* del mundo académico (Eco, Schramm, McLuhan) y del mundo del espectáculo (*Cantinflas, Pelé*, Zabludowsky), aunado a una exposición de los más recientes avances en tecnologías de información. Ese evento tuvo una asistencia muy nutrida que incluyó a cientos de estudiantes y periodistas. Televisa "cubrió" profusamente el evento en todos los medios. Así, "la comunicación" se puso definitivamente *de moda*. Año en que se abre la carrera en la Universidad Autónoma Metropolitana-Xochimilco, con un perfil para crear "estrategas de la comunicación", con énfasis en la investigación, el análisis y la crítica de las dimensiones políticas, económicas y semiológicas del proceso. Igualmente importante es la labor de asociación en ese año de las 10 escuelas de comunicación más importantes que derivó en la creación del Consejo Nacional para la Enseñanza y la Investigación de las Ciencias de la Comunicación (Coneicc) en junio de 1976. Destaco la importancia del Centro de Documentación que el mismo consejo inicia y que constituye la más completa base documental sobre la disciplina. La creación de la Asociación Mexicana de Investigadores de la Comunicación en 1979 marca también este paso en el campo de lo emergente a lo instituyente.

[20] *Cf.* el interesante debate que inicia Pierre Bourdieu sobre "la imposibilidad de tener en la televisión un discurso coherente y crítico sobre la televisión", en *Le Monde Diplomatique*, abril de 1996, p. 25. Y la respuesta del productor Daniel Schneidermann en *Le Monde Diplomatique*, mayo de 1996, p. 21.

La reflexividad prometida, esperada, necesaria, había perdido, antes del primer *round*, todo el futuro.

## La comunicación "justifica" los medios (o el sueño de Nicolás Maquiavelo)

Con el escenario esbozado, me parece que al menos dos fuerzas enmarcan el arranque y despegue de los estudios sobre comunicación en México.

Por un lado, la concentración (casi exclusiva) en el fenómeno —absolutamente simplificado— de *los medios electrónicos* como el espacio privilegiado, "natural", de trabajo y operación de ese nuevo profesionista, frente a la muy "poco práctica" actividad reflexiva o especulativa, en un mercado que se robustecía día con día y por ello demandaba *menos* filosofía y *más* técnica.

La sociedad —reducida a un sector dinámico del mercado— demandaba más *acción efectiva* aunada con las *inmediatas* ganancias simbólicas —ese *no se qué*— que otorga el reconocimiento público y social a la visibilidad mediática, que redoblaba a otras ventajas concretas a la vez políticas y económicas. Había demasiado *qué hacer* y no mucho tiempo para *conocer*. Eso no es negocio.

No por nada son académicos anglosajones los primeros que hacen estudios empíricos sobre el campo de la comunicación (ya para entonces perfectamente reducido a *los* medios) en México.

Por ese mismo efecto, cuando se enseñaba o hacía *investigación de la comunicación,* el interés estaba poco diferenciado del mercado: ¿cómo afecta (mejor) este mundo de la información (los contenidos, los colores, las secuencias, las narraciones) a los receptores-clientes? ¿Cómo saber si mi producto está siendo aceptable por mi público?

Por el otro lado, esa primera operación de reducción, condujo a la *institución progresiva de un pensamiento simplista,* es decir, generalmente unidimensional, secuencial, con horizontes muy estrechos y con preguntas poco plausibles para el tipo de complejidad que se enfrentaba.

Algunos intentos de trabajo son tan puntuales que pierden una perspectiva holística, menos episódica. Otros —más audaces— se esforzaron en *interpretar* velozmente *la comunicación* (ahora reducida a una semiosis circular), pero sin los rieles de la compleja construcción metodológica que el fenómeno requería. Una evaluación reflexiva reciente, fruto de más de 10 años de trabajo etnográfico en todo México, nos plantea que hoy en día en nuestro país

> el comportamiento de los públicos y las audiencias se funde con el de los electores y los creyentes, así como consumidores y espectadores. Todo pasa por la información, la política y la economía dependen de ella, la religión y el espectáculo también. La nueva sociedad está informatizada y México forma parte, voluntaria e involuntariamente de esa nueva sociedad. [Sin embargo] esta complejidad del mundo social no fue objeto del campo académico más que en forma selectiva.[21]

## ¡Aquí no pasa nada! (A no ser que pase cuando está pasando)

Pero tampoco la comunicación corrió con suerte dentro del campo académico.

Filósofos, historiadores, sociólogos, antropólogos, psicólogos, politólogos y toda suerte de *etceterólogos,* encerrados en consagrados lenguajes planos, decimonónicos y en problemáticas "verdaderamente importantes", contemplaban desde lejos, con desdén, cuando no con burla o temor, los torpes esfuerzos de los que estudiaban la comunicación para confrontar una realidad cotidiana completamente diferente por la presencia de nuevos vectores simbólicos: una cultura inundada de comics, radionovelas, telenovelas, cine de mucho llorar, noticieros, chistes y demás "excrecencias", que sin embargo construyeron como público fiel a millones de mexicanos. No sólo los dejaron solos (tanto a los estudiosos como a los mexicanos), sino que además los descalificaron por diferencia. Escasa o nula atención tuvieron (y tienen) estos fenómenos emergentes de la complejidad ligada a la información, a un objeto que no siempre es objeto y a veces parece flujo, pero siempre está en permanente movimiento. Demasiado desafío para el pensamiento lleno de rigor *(mortis)* de las discipli-

[21] Jesús Galindo y Carlos Luna (coords.), *Campo académico de la comunicación: hacia una reconstrucción reflexiva,* CNCA, México, 1995, pp. 13-44 y ss.

nas de los investigadores y encargados de financiar la creación de conocimientos "urgentes" en el país. Siguieron estudiando a México *como si no hubiera pasado nada* con las enormes transformaciones del mundo *de* la información y del mundo *por* la información. Sólo algunos tránsfugas de la academia con profunda sensibilidad e inteligencia advertían el maremoto y comenzaron a caracterizarlo, incluso con humor.[22]

## ¡Vámonos a las carreras! "De lo perdido, lo que aparezca" (aunque es mejor que "parezca")

A contrapelo de las opiniones de los académicos "externos" (o sea, los científicos únicos y verdaderos) sobre la insignificancia de esta realidad y a pesar de los tumbos con poco rumbo que los estudiosos de la comunicación daban, el número de estudiantes y escuelas de comunicación en México pronto dejó de corresponder al número de trabajos reflexivos que nos aportaran configuraciones más densas (es decir, ricas en relaciones) y menos mensas (monolíticas y reduccionistas). Este crecimiento se puede ubicar como parte de la expansión del Sistema Educativo Nacional que pasó de atender a 78 000 alumnos en 1960, a más de 1 100 000 en 1992. En 32 años el número total de estudiantes de licenciatura se multiplicó 14 veces y las instituciones de educación superior pasaron en el mismo periodo de 50 a 372.

Otro rasgo de este incremento es la creciente "feminización" de algunas carreras; entre ellas destaca particularmente la de comunicación.[23] En ese mismo periodo, tan sólo las instituciones que

[22] De entre ellos destaca Carlos Monsiváis con todo y su respetable y pública abominación por los "comunicólogos" y rollos que los acompañan. Su situación es peculiar en más de un sentido, porque su reflexión sobre los medios y el mundo de la comunicación siempre ha estado ligada con una práctica militante muy crítica y al mismo tiempo con su participación activa en los medios, en diálogo y trabajo productivo junto con los profesionales (caricaturistas, cantantes, bailarinas y una larga fila de etcéteras). Otros intelectuales que reconvirtieron más tardíamente sus intereses y capitales disciplinares ahora están en la cima del *hit parade* de los estudios sobre comunicación en América Latina. Poco a poco el diálogo negado se ha vuelto precisamente la agenda a discutir.

[23] Esta feminización, en términos duros del propio sistema masculinamente orientado, significa una "devaluación" de las carreras y todo lo que les rodea. Para las cifras del crecimiento véase varios autores, *Los rasgos de la diversidad. Un estudio sobre los académicos mexicanos*, UAM-Azcapotzalco, México, 1994, p. 24.

ofrecen carreras de comunicación *se multiplicaron por 100* y los estudiantes pasaron de unas decenas a decenas de miles, mientras que en ese mismo periodo las carreras de sociología comenzaron a extinguirse por exceso de politización y por una excesiva falta de imaginación e inteligencia.

Las de antropología, más ligadas a la demanda fija de ciertos nichos estatales (INAHE, INI) entraron en un periodo de letargo.

Con todo esto, el naciente campo tarda 30 años en alcanzar una producción más o menos constante de documentos que analizan de alguna manera la compleja situación.

La gráfica 1 nos muestra la trayectoria de la producción de escritos sobre comunicación agrupada por lustros a lo largo de los primeros 40 años.

GRÁFICA 1. *Comunicación: producción académica, 1956-1996*

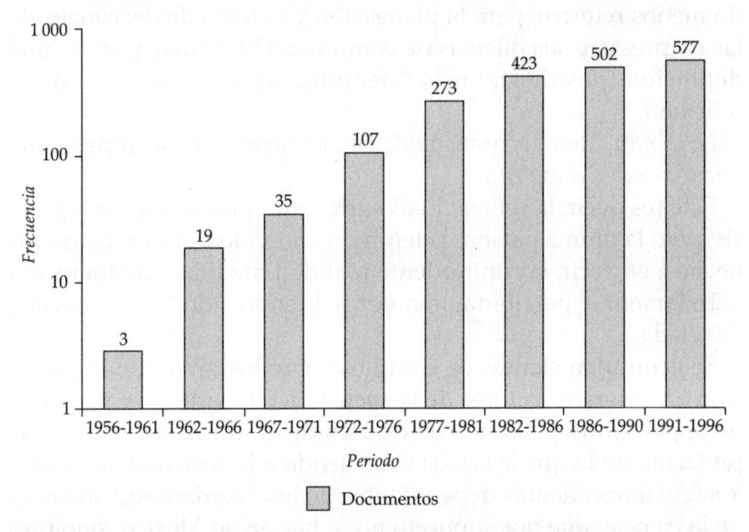


FUENTE: elaboración del autor con base en datos de Raúl Fuentes Navarro[24]

[24] Raúl Fuentes Navarro, *La investigación de la comunicación en México. Sistematización documental, 1956-1986*, Edicom, México, 1988, y *La investigación de la comunicación en México. Sistematización documental, 1986-1994*, Universidad de Guadalajara/Instituto Tecnológico y de Estudios Superiores de Occidente, Guadalajara, 1996. Agradezco a Raúl Fuentes Navarro su ayuda a través de una comunicación personal para completar con sus estimaciones fundadas los datos de esta gráfica para los años 1995 y 1996.

La composición interna por temas o tópicos de las barras de esta gráfica nos da una abrumadora presencia (seis de cada 10) de los escritos sobre los "medios", y de entre ellos la mayor parte son sobre prensa y televisión.[25]

El arranque de la producción de conocimientos en esta área, comenzó siendo elaborado por periodistas, filósofos, sacerdotes, abogados. Tiempo después, frente a este trabajo más bien especulativo y basado en fuentes secundarias, se le opuso una tradición empírica de investigación cuantitativa, muy ligada a las preocupaciones por la medición de la conducta de las "audiencias" de los medios. Los análisis de *contenido* de los mensajes y los análisis de los *efectos* de los medios en los receptores, marcaron un importante hito. Por primera vez se abrían especialidades de investigación de la comunicación en algunas carreras, pues también la investigación mercadotécnica se volvió un recurso, cuando menos retórico, para la planeación y la toma de decisiones de las empresas y sus oficinas de comunicación. Había, por fin, una definición (positivista) más "científica" que especulativa de la reflexión.

*La técnica,* ahora acorazada de rigor "científico", se impuso una vez más *sobre el espíritu.*

Éste (es decir, la reflexividad entrenada) podría *sugerir* hipótesis, pero la última palabra la tendrían las evidencias, los datos, los hechos, es decir, la contundente realidad medida y de todos tan "obviamente" percibida, una vez habiendo sido "descubierta", develada.

Se acumulan cientos de estudios sobre los *efectos* de la televisión en diversos sectores de la sociedad. Gran alarde y rigor técnico, pero muy poco trabajo de atribución de sentido, de interpretación de lo que le estaba sucediendo a la sociedad mexicana. Y seguíamos además dependientes de los "verdaderos" avances de la ciencia, que por supuesto no se hacían en México, sino predominantemente en algunas universidades extranjeras: Stanford, Michigan, Columbia, Chicago y otras.

[25] Raúl Fuentes Navarro, *op. cit.*, 1988, p. 21 y ss. Un análisis más completo y detallado de esta característica lo encontramos en el texto del mismo autor: *La comunidad desapercibida. Investigación e investigadores de la comunicación en México,* Coneicc/ITESO, 1991, Guadalajara, p. 35 y ss.

## Encontronazo con "lo otro": grillos vemos, corazones y saberes no sabemos

Sin embargo, no por el efecto de reducción de esta perspectiva, la situación dejaba de ser compleja en grado creciente. La certeza de que los avances y modos de preguntarse de la *communication research* no alcanzaban para describir, explicar e interpretar nuestra realidad, formó el caldo de cultivo para que algunos académicos comenzaran a preguntar por "lo otro", es decir, el *otro inmenso universo* dentro del cual el trabajo simbólico de los medios (o sea, "la comunicación") se desarrollaba. Eso que a veces llamaban "variables intervinientes" y que se refería —nada más— a las estructuras de poder, las ideologías, la economía, el lenguaje, las clases sociales. Con esto se ensancha un poco más el horizonte y se desarrollan a mi juicio *dos vertientes.* Una más relacionada con una *crítica política,* cuya misión primera era desenmascarar o denunciar la *no inocencia* de la así reconocida *ciencia de la comunicación* —y sus objetos consentidos, los "medios"— en la perpetuación de las relaciones de dominación. Posición crítica que desea participar en el debate por un nuevo orden informativo mundial y en la garantía del derecho a la información. Aquí, los estudios sobre las —así llamadas— estructuras de poder, igual que las lecturas de los contenidos ideológicos y latentes de los mensajes de las transnacionales, desplazaron poco a poco a los tradicionales y pulcros estudios cuantificadores, en su mayoría por medio de encuestas. Nuevos autores con nuevas perspectivas y marcos analíticos, grupos de intelectuales que llegaron de Sudamérica y que estaban formados más cerca de una tradición europea (en especial francesa) tomaron en México una especie de vanguardia militante contra el "funcionalismo" estadunidense y todo lo que oliera a ello.

De repente —así nomás, casi porque sí— en algunas escuelas se cambiaron las escalas de medición de actitudes por toda suerte de *lecturas ideológicas*, generalmente carentes de método y de rigor, muy emocionantes y al menos en aquel momento políticamente *correctas:* ¿Merton? ¡Está *superado!*[26]

[26] Desde la UAM-Xochimilco la revista *Comunicación y Cultura* jugó un notable papel hasta su cierre en 1986, en la publicación de dimensiones olvidadas por la investigación "clásica" de la comunicación. También la UNAM destacó como otro

## El hacer sometido al saber y el saber pegadito con la vida común, de gente igualmente común

Entre los intersticios de este espacio bidimensional y maniqueo dominado por una u otra perspectiva, según la institución, crecía poco a poco otra vertiente que estaba más interesada en hacer una *crítica reflexiva* formulando el tipo de preguntas que formaban el marco epistémico de los estudios positivistas/cuantitativistas y denuncistas/semiológicos de la comunicación.

Esta posición alterna se daba más orientada a revisar las herramientas que utilizamos para ver y "no ver" selectivamente ciertas actitudes, hechos, agentes y procesos, que habían sufrido (y a veces lo siguen haciendo) una especie de efecto de *escotoma* científico. Este término designa el proceso por el cual ciertos autores, ideas, procesos, teorías, trabajos, se precipitan de manera inconsciente dentro de una densa *zona ciega* donde ya no llega la visión del campo.[27] Muy ocupados en el rigor *(mortis)* de la ciencia de la comunicación y en la "indigenización" (o de plano adopción dogmática) de problemáticas extranjeras por ese tiempo de moda, esos dos polos de los estudios de comunicación habían obnubilado —¿escotomizado?— nada más y nada menos que a la mismísima sociedad mexicana "realmente existente" y sus comunes y corrientes procesos culturales cotidianos. Por esta razón la reflexión se hallaba siempre retrasada de los movimientos, los ritmos y reacomodos que eran significativos en la vida de la gente, y se persistía ciega y tercamente en confeccionarles bonitas interpretaciones *ex-post-facto,* o sea, "a toro pasado".

Los procesos de religiosidad popular, de la música, de las fiestas, de la cultura urbana, de los movimientos sociales y su relación con algunos productos mediáticos comenzaron a aparecer en el escenario desde la óptica del análisis de la contraposición entre las llamadas culturas populares (o sea, "por el pueblo") y la cultura hegemónica (¿o sea, de los que no eran pueblo?).[28]

polo de esta vanguardia crítica. Tiempos en que a algunos avergonzaba decir que estudiaron en la Ibero. Fundamentalismo y culpa se acompañan.

[27] Oliver Sacks, "Scotoma: Forgetting and Neglect in Science", en R. Silvers (ed.), *Hidden Histories of Science,* NYREV, Nueva York, 1995, pp. 150-155.

[28] El melodrama televisivo mexicano, vivo en diferentes formatos desde 1950, por efectos de esa sobreideologiazación, hasta 1985 no había merecido un solo

Aparecía finalmente de manera explícita esa dimensión *"otra"*, que *indudablemente* era muy, pero muy *"nuestra"*.[29] La influencia de los trabajos de Gramsci y los posgramscianos, en especial de Alberto M. Cirese, se hizo sentir y se inició una forma diferente de estudiar la comunicación desde sus relaciones con el universo de la cultura, con una actitud de conocimiento menos concentrada sobre los *medios* aislados y más atenta a la sociedad y su tejido tensional en cuanto universo de *significación* en el que los medios operan y hacen sentido.[30]

## Punto de flotación: duros que se hunden en el mar y blandos que estallan en el aire[31]

Una buena parte de la investigación de comunicación realizada en estos 37 años, por un lado rezuma empirismo y "descriptivismo", y por el otro destila especulación y "melatismo", con fines ya sean *humanistas, mercantiles,* o bien *revolucionarios*. Al moverse en estos dos ejes extremos, en mi opinión se desarrolla dentro de

estudio académico. Durante tres décadas de hacerse "pueblo", las telenovelas no existieron ni para tirios ni troyanos. *Cf.* Jorge A. González, "La cofradía de las emociones interminables (I). Construir las telenovelas mexicanas", en *Más(+) cultura(s), op. cit.*, pp. 226-285.

[29] En 1980 se forma el área de investigación "Comunicación, hegemonía y culturas subalternas" en el Departamento de Educación y Comunicación de la UAM-Xochimilco Esta universidad para entonces —con la migración forzada de decenas de valiosos académicos sudamericanos que tuvieron la oportunidad de colaborar en este proyecto académico, unida al otro numeroso contingente, en su mayoría compuesto por jóvenes egresados de comunicación de la UIA, quienes fundaron la carrera de comunicación en la UAM-Xochimilco— se había convertido en un importante centro de difusión del pensamiento crítico sobre la comunicación y su relación con la cultura no sólo en México, sino probablemente en toda América Latina.

[30] Alberto M. Cirese, *Cultura egemonica e culture subalterne,* Palumbo, Palermo, 1976. Un uso de estas ideas está en Jorge A. González y Laura Sánchez, *El teatro popular campesino como instrumento de comunicación. Una experiencia de autogestión artística,* tesis de licenciatura en comunicación, UIA, México, marzo de 1978. Publicada como *Dominación cultural. Expresión artística y promoción popular,* EILA/CEE, México, 1980. *Cf.* J. A. González, *Sociología de las culturas subalternas,* TICOM/UAM-Xochimilco, México, 1981 (y por la UABC en 1990).

[31] Valga la metáfora para referirnos a problemas de *flotación*. Unos se hunden (es decir, no flotan lo suficiente) por rígidos, duros y pesados (como el *Titanic),* mientras que otros, para poder flotar mucho en el aire, se rellenaron de un gas que finalmente los hizo explotar y dejaron de flotar dramáticamente (como el *Hindenburg).*

ese campo una aguda *caquexia metodológica* acompañada de una acusada *escualidez técnica.* A veces se dan mezclas y cruzamientos entre ambas.

*Contar (magnitudes medibles): por los mares de la tranquilidad*

Esta última se verifica con el uso y la aplicación, por lo general estereotipados y empobrecedores, que las ciencias sociales —y todavía peor cuando se estudia la comunicación— hacen de los dispositivos para formalizar información y para construir observables diferenciados que llamamos *técnicas.* Cuando se opta por aproximaciones cuantitativas, el uso que se hace de una potente herramienta analítica y de formalización como la estadística descriptiva suele ser excesivamente descriptivo y nulamente analítico. Frente a tales estudios tenemos que *soplarnos* un verdadero desfile de porcentajes y de cuadros con frecuencias generales y a veces con cruces de variables que, de repente, sin más, disparan al autor hacia una interpretación que al no haber efectuado un análisis mínimamente riguroso, no puede aprovechar las bondades efectivas de la técnica y del tratamiento de la información que su uso comporta. Es común asistir al naufragio de estos intentos que deciden ser *científicos,* por medio de la "objetiva" apariencia de los cuadros y de series indigestas de datos —pretendidamente— *duros.* No lo son, pero *parecen* científicos.

*Contar (cuentos verosímiles): por los cielos de la elegancia*

Pero no todo es contar y presentar números "contundentes". Con la moda de las visiones "cualitativas", la investigación en comunicación cruzada con la cultura tampoco ha ganado mucho, pues desde este extremo se lanzan verdaderos saltos mortales de interpretaciones basadas, a su vez, en otras interpretaciones, igualmente carentes de análisis y de rigor en la construcción del propio observable mediante el que se quiere fundar la investigación. En estos intentos, algunos de los naufragios celestes residen en que son "demasiado" interpretativos y a veces *semi-ológicos* en su pirotecnia, pero desafortunadamente demasiado *semi-lógicos* en su armazón; volitivamente etnográficos, pero sin la necesaria vigilancia del ojo que observa al ojo del etnógrafo que observa.[32] Sin embargo, todos buscan ser "políticamente correctos", para ser aceptados en un *campo* que ha vivido durante mucho tiempo —a imagen y semejanza de los medios— de autofabricarse *tótems* o *supernovas* para su adoración. Con ello posponen, indefinidamente, el crecimiento crítico de su propio oficio.[33]

La carencia endémica de marcos metodológicos en la mayor parte de las investigaciones sociales, sobre todo las que se refieren a la comunicación, me parece que nos ha llevado a un callejón sin salida: vivimos en el subdesarrollo importador que, al cancelarnos la reflexión epistemológica que esa construcción de marcos estratégicos requiere, nos impide un verdadero desarrollo teórico aterrizado en las propias particularidades de nuestra sociedad.

## De miradas sobre miradas y algunos amoríos imposibles

Éstas y otras limitaciones están siendo reconocidas poco a poco por los mismos investigadores, y de esa actitud reflexiva se han generado los trabajos ya mencionados de Raúl Fuentes, que en mi opinión colocan —como en ningún otro campo de conocimiento— los fundamentos de una urgente y más precisa *historia de los estudios del área*. Con mucha dificultad podremos encontrar el nivel de sistematización de la casi totalidad de la producción académica de una disciplina.[34] A ello debemos agregar los esfuer-

[32] *Cf.* Alberto M. Cirese, "De algunas semi-lógicas operaciones semiológicas", en *Estudios sobre las culturas contemporáneas*, vol. IV, núm. 12, Universidad de Colima, 1992, pp. 205-232. Para una crítica en la propia tradición anglosajona a los *cultural studies* y su afán de ser "políticamente correctos", *cf.* James Lull, "La veracidad de los estudios culturales", *Comunicación y Sociedad*, núm. 29, Universidad de Guadalajara, enero-abril de 1997, pp. 55-71.

[33] Sin ningún interés en generar una *masa crítica* de nuevos investigadores, los autores de moda escriben para colegas e interlocutores nacionales o extranjeros y así se aferran a la estructura vertical y autoritaria que les permite decir *cualquier cosa* con la seguridad de que será aplaudida y glosada en foros y publicaciones. *Cf.* Jorge A. González, "La voluntad de tejer: análisis cultural, *frentes culturales* y redes de futuro", en *Estudios sobre las culturas contemporáneas*, segunda época, vol. III, núm. 5, Universidad de Colima, junio de 1997.

[34] En un sentido crítico, creo que habría que revisar varias de las categorías que este autor propone para organizar su material. Algunos rasgos que omite su aná-

zos de Jesús Galindo de la Universidad de Colima con José Lameiras de El Colegio de Michoacán, por confrontar la antropología con la comunicación en uno de los más significativos acercamientos y diálogos transdisciplinares entre ambas perspectivas que comienzan a percibirse como necesariamente ligadas: "En los últimos tiempos el diálogo se ha iniciado, lo empezaron los comunicólogos en su afán de búsqueda, ahora los no tan soberbios especialistas en ciencias sociales les reconocen en parte su trabajo".[35] Bajo el auspicio del Coneicc, de nuevo Jesús Galindo, ahora con Carlos Luna, hacen un balance de la formación del campo de estudios con las voces de algunos de los fundadores en diálogo con nuevas generaciones. La forma en que Galindo sintetiza la discusión en 30 ideas fuerza, también me parece un avance inédito de reflexividad sobre los pasos andados y las ideas para poder mirar el trayecto y la perspectiva.[36] Otros textos que plantean una revisión del estado de la cuestión son los de varios autores coordinados por Guillermo Orozco,[37] y más recientemente, como muestra de lo que se trabaja, están los *Anuarios del Coneicc* coordinados por José Carlos Lozano.[38] Estas revisiones ya están plenamente marcadas por el deslizamiento hacia la cultura que se da en la última década. Este proceso de "culturización" del campo se fue moviendo poco a poco de aquella ansiedad (plenamente insatisfecha) por estudiar simplistamente los medios hacia los procesos de comunicación como parte de procesos culturales más amplios, con duraciones más extensas y por lo mismo con densi-

lisis son muy significativos, como el *género.* Otros aspectos aparecen sobrestimados, como el número de publicaciones, que él compara sin considerar los desniveles de cada publicación: formato, profundidad, extensión, influencia en la bibliografía del campo y en las agendas de los temas de investigación. Sin embargo, aunque no lo presenta en su texto, la base de información que construyó permitiría su ajuste sin grandes problemas.

[35] José Lameiras y Jesús Galindo (eds.), *Medios y mediaciones*, Colmich/ITESO, Zamora, 1994, p. 37.

[36] *Cf.* "La comunidad percibida. El campo académico de la comunicación", en Galindo y Luna, *op. cit.*, pp. 97 y ss.

[37] Guillermo Orozco (coord.), *La investigación de la comunicación en México. Tendencias y perspectivas para los noventas*, UIA, México, 1992. Destacan sus trabajos en relación con las mediaciones en la recepción.

[38] José Carlos Lozano, *Anuario de investigación de la comunicación Coneicc* (I), Consejo Nacional para la Enseñanza e Investigación de las Ciencias de la Comunicación, México, 1994. Esta iniciativa finalmente ha funcionado y ya se han publicado tres anuarios más (1995, 1996 y 1997).

dades completamente diferentes. De esta manera, las modas fueron cambiando y de glosa en glosa, con una profunda ausencia de crítica, se pasó de los *medios* a las *mediaciones*, luego de éstas a los procesos de *hibridación*, de ahí al *consumo cultural* y más tarde de ahí a la *globalización* de las industrias y las prácticas culturales. Dentro de todo este movimiento también se pasó de la tibia aparición de una carrera profesional al inicio de la primera mitad del siglo a la constitución de un campo *promisorio* para el próximo milenio.

Ello implicaba varios retos metodológicos, pues había que salir de las recetas facilistas (cuantitativas o cualitativas) de un objeto de estudio unidimensional y obvio, congelado y precocinado, para poder acceder a la constitución de nuevos objetos de estudio, *menos mensos*, delimitados a través de relaciones causales simplistas, ahistóricas, empiristas o deductivistas incapaces de distinguir las particularidades e interrelaciones de cada situación dentro de una perspectiva más *holística* —nunca asumida—, y *más densos*, es decir, más plenos de relaciones plausibles, movimientos y temporalidades, más sensibles a las configuraciones móviles que exigen por su propia indeterminación un acercamiento heurístico y abductivo, conjetural y abierto. Una visión más centrada en la *ecología* en la que se han producido, operan y afectan *los medios*, que en los clásicos objetos ya domesticados simplistamente de antemano.[39] De igual modo habría que superar el *falso problema* de una investigación que tendría que optar por estudiar con métodos "cualitativos", o "cuantitativos", lo "micro o lo macro". La *corrección política* de cada intento dependería de quienes iban "ganando" en la punta de la pirámide, en el *hit-parade* o *top-ten* académico, pero no del desarrollo efectivo de conocimiento sobre la realidad que se quería estudiar.

## La insoportable complejidad del ser y del no poder ser

La constatación de las grandes limitaciones de acercamientos simplistas a una problemática que ya estallaba en niveles de com-

[39] Aníbal Ford, *Navegaciones*, Amorrortu, Buenos Aires, 1994.

plejidad está moviendo los estudios de la comunicación desde los "medios" hacia aquellas zonas que estudiaban privilegiadamente la sociedad y la cultura. Por otra parte, la misma complejidad de los procesos de informatización creciente de las sociedades y de la omnipresencia de los dispositivos tecnológicos en la vida social, ha comenzado a mover a filósofos, sociólogos, historiadores y antropólogos a hacerse preguntas más y más cercanas a la comunicación, al universo de la significación tecnológicamente mediada y construida social e históricamente.

Es, pues, la complejización de la sociedad (local, nacional, mundial) y sus propios procesos, lo que a mi juicio obliga a ambas perspectivas a establecer un diálogo cuyo reto está primeramente en romper las propias prenociones que lo llevaron a ni siquiera considerar el diálogo mismo y de ahí, una vez establecido, poder pasar a la creación de una perspectiva menos centrada en las habilidades y carencias de cada disciplina y más en las generación de *otra mirada* y otro oficio que no puede ser más que, en efecto, *transdisciplinario* y profundamente reflexivo.[40]

¿Esto implica el germen de un *nuevo intelectual* tan atento a sí mismo y a su modo de mirar, como al objeto que mira y que al mirarlo reconoce que lo ordena, lo nombra, lo estructura y así *deforma* el anteriormente nítido objeto perturbado por su mirada? Me parece que sí.

## Del "exterior" al movimiento: el Programa Cultura en el México del "interior"

En buena medida durante 1985 en la Universidad de Colima esta inquietud por el acercamiento entre los estudios de la comunicación y de la cultura marca el surgimiento del Programa de Estudios sobre las Culturas Contemporáneas (el Programa Cultura). En este programa convergen varias experiencias de los talleres de antropología urbana de la Escuela Nacional de Antropología e Historia, de los talleres de investigación en sociología de la cultura de la UIA y de las experiencias pioneras de relación entre comunicación y cultura de la Universidad Metropolitana-Xochi-

[40] Véase Edgar Morin, *Introduction a la pensée complexe*, ESF, París, 1990. (Hay traducción española en Gedisa.)

milco, todas de la ciudad de México. En este programa de investigación, los estudios sobre comunicación no están centrados en los tradicionales medios, sino más bien se enfocan a comprender la sociedad mexicana contemporánea explícitamente *desde el punto de vista de la cultura,* y dentro de ella, la operación de los medios.

Un año más tarde, en 1986, aparece en Colima la revista *Estudios sobre las Culturas Contemporáneas,* órgano de difusión de los trabajos del Programa Cultura, en el que se plantea de manera explícita y programática el complejo vínculo entre la sociedad, la comunicación, la tecnología, las organizaciones, la cultura y los movimientos sociales. Trabajos sobre memoria colectiva, identidades plurales, etnicidad, ciencia cognitiva, telenovelas, antropología cultural, políticas culturales, fiestas, ferias y otros temas que no aparecían unidos anteriormente, vieron la luz junto con una sección permanente y especial para discutir cuestiones metodológicas de construcción de los objetos de estudio. Tanto Jesús Galindo como Jorge A. González, ambos egresados de la UIA y con una formación académica transdisciplinaria (comunicación, antropología, sociología, epistemología, lingüística, filosofía, cibernética), manifiestan en su trabajo una explícita inquietud por la construcción teórica y metodológica de los emergentes objetos de estudio que se recortan en esta relación entre *cultura* y *comunicación.*[41] Los desarrollos de ambos autores apuntan hoy hacia otros derroteros en curso de exploración y toda una nueva generación afina sus miradas en el México de hoy.[42]

[41] Sobre la formación del Programa Cultura, *cf.* Jorge A. González, "Culture and Communication Research (Programa Cultura)", *Mexican Journal of Communication,* vol. III, 1997. Un ejercicio reflexivo poco común puede verse en Jesús Galindo, "El fuego y la espada: movimientos sociales y cultura política", *Estudios sobre las Culturas Contemporáneas,* vol. V, núm. 15, Universidad de Colima, 1993, pp. 11-34. En Jesús Galindo, *Cultura mexicana en los ochenta. Apuntes de metodología y análisis,* Universidad de Colima, Colima, 1994, se muestra de manera sintética parte de los resultados del trabajo de campo de más de 10 años en decenas de ciudades de México y en esta obra el autor coloca en un destacado lugar estratégico el campo de la información (p. 114). Una propuesta de estudio para las industrias culturales y en especial para las telenovelas mexicanas como objeto complejo puede consultarse en Jorge A. González, "Navegar, naufragar, rescatar… entre dos continentes perdidos", *op. cit.* Menciono también a Gabriel González Molina, cofundador del programa y el primero en investigar etnográficamente la producción de noticias ligada a la cultura de los profesionales de la prensa televisiva en México. *Cf.* sus trabajos en Raúl Fuentes Navarro, *op. cit.*

[42] Es el caso en Colima de Lupita Chávez, Ana Uribe, Karla Covarrubias, Gely Bautista, Anajose Cuevas, Irma Alcaraz, Irma Rodríguez y Ángel Carrillo.

Desde la creación del Programa Cultura el acento en la necesidad de crear y participar en la promoción de *redes de investigadores* en que se relacionen de manera horizontal, marca igualmente el compromiso de la concepción ya mencionada: para transformar el conocimiento hay que tocar las estructuras verticales que lo organizan y lo generan, que lo acumulan en élites de iniciados y lo restringen a centros urbanos obesos por su altísima concentración de casi todo: bibliotecas, intelectuales, publicaciones, equipamientos y ofertas culturales, organismos de decisión, poder político y económico. También concentra problemas derivados de la misma hipertrofia de energía (basura, violencia, polución, corrupción...). Más recientemente, ahí se da una alta concentración de *servidores,* nodos de la red de redes, mientras que la "hermosa provincia", "el interior del país" (lugar común muy socorrido que convierte por ese hecho a la ciudad de México en el "exterior"), también acumula brutal y diferencialmente un abundante muestrario de carencias.[43]

## Contactos extra-"exteriorinos" del tercer tipo

Una experiencia cercana por localizarse igualmente fuera del *exterior* (la ciudad de México), pero concentrada desde una perspectiva documentada y crítica a la vez en la problemática de los *medios,* fue generada en 1987 en el CEIC de la Universidad de Guadalajara por un grupo de investigadores que coordinaron Enrique Sánchez Ruiz y Pablo Arredondo. En esa ciudad, es de resaltar el trabajo de los colegas del ITESO, especialmente Carlos Corrales, Raúl Fuentes, Carlos Luna, Rossana Reguillo, Cristina Romo y otros.[44] Nuevos trabajos se realizan ahora en varias de las

[43] Para documentar los niveles de concentración, véase Jorge A. González y Guadalupe Chávez, *La cultura en México (I): cifras clave,* Universidad de Colima/CNCA, México, 1996, y una configuración visual en el módulo *cartografías* del programa informático FOCYP, Universidad de Colima/SEC/SNIC/CNCA, 1995.

[44] La revista de este centro de investigaciones, *Comunicación y Sociedad,* se define como especializada en el área de la comunicación social, aunque recientemente se nota en ella un deslizamiento hacia una problematización más amplia —más cercana a los estudios de la *cultura*— de su mismo campo de especialización. Debe destacarse a Sánchez Ruiz como uno de los pocos investigadores que con formación empírica han intentado diferentes aproximaciones a la complejidad reconocida de la realidad por estudiar. Este autor mantiene una posición "dura" frente al

unidades del Instituto Tecnológico y de Estudios Superiores de Monterrey (ITESM), especialmente por el grupo de trabajo de José Carlos Lozano.

Fuera del "interior", en la Facultad de Ciencias Políticas y Sociales (UNAM), en opinión de Raúl Fuentes, es quizás donde la carrera de comunicación (inicialmente era sólo de *periodismo)* ha experimentado casi todas sus transformaciones, pero dentro de un ambiente más ligado a una tradición sociopolítica y más sensible a problemáticas comunes a Latinoamérica, en vez de estar centrada sólo en la comunicación.[45] El Departamento de Educación y Comunicación de la UAM-Xochimilco ha sido también desde su inicio un semillero permanente de estudios y estudiosos de la relación entre comunicación y cultura.[46]

Quizás por la relativa poca consistencia del campo, el trabajo conjunto entre estas instituciones no es precisamente la norma, más bien se tiende a la inconexión y al trabajo por separado.

Otra experiencia que resulta importante mencionar es la gestión de la relación *comunicación-cultura* del Seminario de Estudios de la Cultura (SEC), fundado en 1990 por Guillermo Bonfil, como un espacio reflexivo y de promoción del conocimiento sobre este particular dentro de la compleja estructura institucional del Consejo Nacional para la Cultura y las Artes. En especial destaco la colección Pensar la Cultura.[47] La creación del Sistema Nacional de Información Cultural en 1991 fue uno de los proyectos sustan-

objeto de estudio que centra en los medios: "Para comprender los medios de difusión: una propuesta teórico metodológica", Universidad de Guadalajara, 1991. El ITESO produce la revista *Renglones. Cf.* bibliografía en Raúl Fuentes Navarro, *op. cit.*

[45] Comunicación personal de Raúl Fuentes. Destaco los trabajos de Raúl Trejo, Fátima Fernández, Sol Robina, Delia Crovi y Cecilia Rodríguez y otros colegas. *Cf.* bibliografía en Raúl Fuentes Navarro, *op. cit.*

[46] En particular los trabajos de Javier Esteinou (pionero en la formación de un Centro de Documentación que además publicaba los Cuadernos del TICOM), Mabel Piccini, Margarita Zires, Carmen de la Peza, Sarah Corona, Eduardo Andión, Rafael Castro, Raymundo Mier y otros colegas. *Cf.* bibliografía en Raúl Fuentes Navarro, *op. cit.*

[47] Desde 1990 el SEC ha apoyado directamente la formación de nuevos investigadores en estas áreas cuyas ideas comienzan a cobrar difusión e importancia. De entre ellos destaco a Raúl Fuentes, Reneé de la Torre y Rossana Reguillo (Guadalajara), Héctor Gómez (León), Carmen de la Peza (D. F.), Ricardo Morales (Tijuana) y Ana Uribe (Colima) que trabajan las relaciones entre movimientos sociales, formas de comunicación y cultura urbana, biografías radiofónicas, el bolero, la formación de ofertas culturales en la frontera, la historia cultural de los medios en el Occidente, la dimensión simbólica de las religiones no católicas en México y la

tivos del SEC y mostró una sensibilidad estatal atenta a los procesos de generación, sistematización y consulta pública de información sobre procesos culturales.[48]

### DE CARENCIAS, PROSPECTIVAS, AGENDAS Y VARIOS RETOS PENDIENTES

Por todo este desarrollo profundamente desigual, los retos para comprender la complejidad que la propia historia ha generado se perfilan, efectivamente, monumentales. Me parece que, a pesar de avances e intentos varios, seguimos encerrados en una incapacidad para entender la compleja trama de vectores (tecnológicos, simbólicos, cognitivos, sociales) que se entretejen en las relaciones entre comunicación y cultura. En más de un sentido, si bien en estos años se puede perfectamente notar la importancia creciente que la *comunicación* (como práctica, como profesión y como objeto de estudio) ha tenido en la segunda mitad del siglo XX, todo indica que en los propios procesos de *globalización* económica y de *mundialización* o internacionalización de las formas culturales dentro de los que asistimos al parto del siguiente milenio, tales procesos son decididamente estratégicos.[49] Aunque también debemos notar de inmediato las fáciles caricaturas de la supuesta "macdonalización" o "cocacolización" del mundo, tesis —en mucho superficiales e irrelevantes— que implican una creciente e infundada creencia en una suerte de "occidentalización" forzada por la globalización de los mercados en el mundo, que no considera seriamente las especificidades y los diversos procesos de adopción y adaptación que se realizan en los códigos propios de las culturas de cada región y nación, marcadas por una estructura de reparto y de posiciones desiguales en la escala mundial.[50]

reflexión sobre el campo académico de la comunicación. La colección Pensar la Cultura está diseñada sobre este entrecruzamiento de los campos.

[48] Jorge A. González, "La formación de las ofertas culturales y sus públicos en México", *Estudios sobre las Culturas Contemporáneas*, vol. VI, núm. 18, Universidad de Colima.

[49] Y no sólo por cuestiones económicas o de flujos culturales, sino que son *estratégicos* —como adecuadamente lo plantea Jesús Galindo— precisamente por las posibilidades que abren para la construcción de formas sociales hasta entonces inéditas, como las *comunidades virtuales de comunicación*.

[50] Samuel Huntington, *The Clash of Civilizations and the Remaking of World Order*,

A tales procesos de comunicación, la relevancia no les viene sólo porque se hallen envueltos en un poderoso sector económico hijo de la "globalidad", sino, sobre todo, por ser componentes claves del terreno de la *lucha* por la modulación simbólica de la realidad, por ser escenarios estratégicos y tensionales para la construcción de mundos posibles, por ser factores decisivos en disputa en los procesos de "visibilidad" (o invisibilidad) social de las diferentes clases, grupos y estilos de vida de una sociedad, de las diferentes etnias y países del mundo, de las diferentes actividades y prácticas sociales existentes.[51]

## "Born to be wired": World Wide, "Web" para unos y "Wait!" para muchos

La configuración contemporánea de esta función simbólica es tan inseparable de las tecnologías de comunicación contemporáneas, como la relación entre *software* y *hardware*. Del mismo modo, las propias urdimbres y redes neuronales, así como las habilidades ligadas a la cognición humana, se han ajustado y se reajustan de maneras inéditas, respecto tanto de las tecnologías —especialmente las de información "inteligentes"— como de los nuevos procesos sociales y su vida efectiva observable "panópticamente" desde lo local, lo regional y lo global.[52]

Esos nuevos o, mejor dicho, *emergentes* procesos *sociohistóricos* no se pueden reducir solamente a los medios tecnológicos, pero tampoco se pueden entender sin ellos.

No sólo participamos —de manera *desigual* por la propia colocación dentro de un espacio social multidimensional en cualquiera de las escalas de observación que se elijan— de un mundo de *flujos de información plenos de sensaciones* a través de canales cada vez más veloces y más anchos en ciertas partes y más lentos y

Simon & Schuster, Nueva York, 1996. Para un debate profundo sobre este tema véase Mike Featherstone (ed.), *Global Culture. Nationalism, Globalization and Modernity*, Sage, Londres, 1990, y Ulf Hannerz, *Transnational Connections. Culture, People, Places*, Routledge, Londres, 1996.

[51] J. B. Thompson, *The Media and Modernity*, *op. cit.*, pp. 119-148, y David Chaney, *Lifestyles*, Routledge, Londres, 1996.

[52] Liev Vigotsky, *Pensamiento y lenguaje*, Paidós, Buenos Aires, 1995, y Edith Litwin (comp.), *Tecnología educativa. Política, historias, propuestas*, Paidós, Buenos Aires, 1995.

estrechos en otras. Estamos envueltos en nuestro tiempo/espacio en una transición múltiple, espiral, a veces ascendente, otras regresiva, en ocasiones críptica, no secuencial ni unilineal de flujos de información/sensaciones que delinean una *sensosemiosfera* oscilante entre al menos tres esferas intrincadamente tejidas y superpuestas por todas partes, pero especial y abigarradamente en las zonas explotadas del sistema-mundo. Una *logosfera* emanada del desarrollo y la difusión decantada, desde la aparición y difusión de *la escritura,* en la sociedad como soporte material del pensamiento; una *grafosfera* ligada a la consolidación y el uso generalizado, a partir del siglo XVI, de la *imprenta* y la prensa escrita que otorgan una dimensión industrial a la esfera anterior y la modulan en una dirección institucional y mercantil inédita, y una *videosfera* potenciada muy en particular por el surgimiento y la consolidación de la tecnología de mediación *audiovisual.*

Dicha *sensosemiosfera* es lugar cotidiano y efectivo de la *lucha por la visibilidad* que los medios electrónicos primero, y los actuales desarrollos multimedia después, crean y recrean de manera continua, posindustrial, creciente dentro de las diferentes e interpenetradas esferas de vida pública de las sociedades. Por supuesto, la dirección de esta estructura de fuerzas movilizantes puede tender —como sus dos antecesoras copresentes— a reforzar los procesos de *exclusión* de los agentes sociales que la división social del trabajo ya antes había tenido a bien excluir, si no media la *acción social organizada* en movimiento expansivo e incluyente que tuerza ese rumbo.[53] Éste es un escenario característico de lo que Galindo llama con acierto *sociedades de información,* que son configuradas por estructuras más bien rígidas de organización y relación entre sus actores, a quienes verticalmente se les imponen guías de comportamiento y se les inhibe la iniciativa y la creatividad. "[En ellas] sólo una parte del mundo social tiene libertad e iniciativa de actividad creativa, el resto del mundo se somete, se subordina a lo que la parte privilegiada propone y controla. La información para la creación social sólo fluye en un sentido."[54]

[53] Regis Debray, *Cours de médiologie générale,* Gallimard, París, 1991, citado en Carlos E. Cortés, "La prensa en la videosfera: identidad o renuncia", *Signo y Pensamiento,* vol. XVI, núm. 30, Universidad Javeriana, Bogotá, 1997, p. 32.

[54] Jesús Galindo, "Cultura de información, política y mundos posibles", *Estudios sobre las Culturas Contemporáneas,* segunda época, vol. II, núm. 3, Universidad

## MUNDOS "UN-PLUGGED", REDES "UN-WIRED"

Por todo ello los actuales y crecientes desarrollos de las tecnologías de comunicación que convergen, se anudan y se gatillan de modo casi infinito en la red de redes o *internet* son también un terreno crucial de lucha, en parte por el *acceso* y en parte por la *conectividad*. No basta tener una computadora disponible: se requiere *estar conectado* para poder aprovechar esta impredecible y en muchos casos incontrolable tecnología. Muchos desarrollos han hecho falta para que la red mundial de comunicaciones *(www)* pueda ser posible y esté en un proceso de expansión geométrica (selectiva en el tiempo, el espacio y en el acceso a la misma tecnología) por todo el mundo.

Los optimistas como Negroponte o Bill Gates piensan que "en este punto de la historia es difícil imaginar que nuestro mundo altamente estructurado y centralista se conformará como un planeta lleno de móviles comunidades conectadas física y digitalmente".[55]

Las sorprendentes máquinas de información conectadas para la comunicación virtual y toda su tecnología de inmediatez y miniaturización, permiten imaginar nuevos escenarios, nuevos mundos posibles, pero la sociedad no puede dar el salto requerido hacia una *cibercultura,* sino a través de una serie de transiciones.[56]

## TEXTOS CERRADOS, GRAMÁTICAS PRIVADAS, ¿HIPERTEXTOS PÚBLICOS Y ABIERTOS?

El universo inmediato y mediado de la cultura se construye *a dominancia textual,* basada en configuraciones de sentido del mundo más bien rígidas y prefijadas que dotan a todos de las "correctas

de Colima, junio de 1996, pp. 9-23. Y del mismo autor "Cibercultura, ciberciudad, cibersociedad. Hacia la reconstrucción de mundos posibles en nuevas metáforas conceptuales", *Estudios sobre las Culturas Contemporáneas,* vol. IV, núm. 7, Universidad de Colima, 1998.

[55] Nicholas Negroponte, "On Digital Growth and Form", *Wired,* 5.10, 1997, p. 208. Véase también Bill Gates, *Microsoft @-COMDEX-97, Remarks,* Las Vegas, 16 de noviembre de 1997.

[56] Alejandro Piscitelli, *Cibercultura,* Paidós, Buenos Aires, 1996.

interpretaciones" del mundo y de la vida. Después de múltiples progresos y luchas, la sociedad desarrolla sobre esa base "textual" una especie de zona restringida de *cultura a dominancia gramatical,* que permite a algunos generar metatextos creativos y originales, opuestos a la unidimensionalidad de la cultura textual, pero reducto exclusivo (y excluyente) para algunos pocos iniciados (¡los vértices de las pirámides!) que conocen las reglas y los códigos para *crear* más allá de lo que "debe ser". El escenario ideal para la sociedad del control: muchos que saben *leer la sociedad* "correctamente" (y corregir ellos mismos a los que no lo hacen así) y muy pocos que *saben escribir en ella,* es decir, regular, narrar, codificar, reescribir, e incluso crear e inventar mundos posibles. En el espacio social de los especialistas del sentido se generan los artistas y los científicos, pero también los tecnócratas y los manipuladores profesionales.

Es hasta el desarrollo tecnológico del *hipertexto* que se rompen (semántica, semiótica y pragmáticamente) las cadenas discursivas y cognitivas que impedían al lector volverse autor, porque por primera vez (en su "lectura" multipolar, multilineal, no secuencial, abierta e iterativa) *es el lector quien decide,* en tiempo real, *cómo se va a desplazar* en el sistema, y quien elige el método y los principios de *cómo buscar* la información necesaria para *hacer sentido*.[57]

Así se ha garantizado el paso de la rígida y unidimensional cárcel de la única posible y evidente "realidad-real" que *la ciencia* desde el siglo XVII al XIX se abocó a descubrir de manera exclusiva y excluyente de otras formas de conocer, hacia otros modos de entender la(s) realidad(es) que las ciencias cognitivas en todas las "ramas" del conocimiento, la cibernética reflexiva de segundo orden, y el llamado *paradigma de la complejidad,* nos ayudan a generar una visión que tiende a ser holística, más interconectada y crecientemente *ecológica* —no reducida a "lo verde"— del mundo.

La posibilidad (todavía muy desigual) de visitar, confeccionar y habitar *mundos virtuales,* a través de la tecnología es ahora *tan real* como la mismísima *realidad*.[58] Para el cerebro fisiológicamente

[57] George P. Landow, *Hipertexto. La convergencia de la teoría crítica contemporánea y la tecnología,* Paidós, Buenos Aires, 1995, p. 222. Véase también Philip Seyer, *Understanding Hypertext. Concepts and Applications,* Windcrest Books, Pensilvania, 1991.

[58] Ken Pimentel y Kevin Teixeira, *Virtual Reality. Through the New Looking Glass,* Intel/Windcrest, Nueva York, 1993.

no hay diferencia alguna entre la ficción y la realidad, entre el ensueño y la vigilia. Sus operaciones estructurales son gatilladas por una u otra fuente, pero no están *determinadas* por ninguna de ellas. Estos recientes desarrollos de la biología del conocimiento y los sistemas autopoiéticos siguen retando todo nuestro aprendizaje anterior sobre el conocer, y sobre cómo conocer el conocer.[59] Los efectos de esta potencialidad de la tecnología de fines del siglo y del milenio, han tenido a bien volver descaradamente *inoperantes* muchas de las categorías con las que pensábamos el mundo. Y de pasada descubren la fragilidad de las estructuras verticales y lineales para la construcción del conocimiento.

Necesitamos, por tanto, no sólo otras categorías nuevas, sino *mejores preguntas* que generen otras configuraciones de sentido e información para construir el saber que requerimos para dar ese salto, ahora que por fin *es posible*. ¿Pero qué tan *probable?*

Los tiempos no están para festejar, pero resulta muy interesante la convergencia del desarrollo de la tecnología de hipertexto (o multimedia) y las estimaciones del comportamiento estructural del sistema mundial. Wallerstein sostiene que debido a una serie de fluctuaciones que aportan desequilibrios sin precedente a la organización misma del sistema-mundo, "estamos una vez más viendo la decadencia de un sistema histórico, comparable a la decadencia del sistema feudal en Europa hace 500 o 600 años. ¿Qué va a suceder? La respuesta es que no podemos saber con seguridad. Estamos en una *bifurcación sistémica,* lo que significa que muy pequeñas acciones de grupos, aquí y allá, pueden cambiar los vectores y las formas institucionales en direcciones radicalmente diferentes".[60]

Es precisamente un tiempo/espacio en el que las turbulencias por todas partes están sobrepasando los límites de tolerancia de este sistema histórico. Nunca más cierto: la acción social hace la historia y el aleteo de una mariposa puede desatar procesos que generan un huracán.

Necesitamos —nos urge— más y mejores *comunidades (verdade-*

[59] Humberto Maturana, *La realidad: ¿objetiva o construida?*, I. *Fundamentos biológicos de la realidad*, y II. *Fundamentos biológicos del conocimiento*, UIA/ITESO/Anthropos, México, 1995 y 1996.

[60] Immanuel Wallerstein, "Social Change? Change is Eternal. Nothing Ever Changes", Tercer Congreso Portugués de Sociología, Lisboa, 1996.

*ramente horizontales) de producción y comunicación simbólica* conectadas por vínculos físicos, materiales y digitales de afecto, solidaridad, juego y trabajo, que sean capaces de aprovechar en sus propios términos esta insolencia de mundos posibles (para unos más remotos que para otros) de las tecnologías inteligentes. Recordemos: nunca podrá cambiar el conocimiento que producimos, si no cambiamos las formas en que nos arreglamos para hacerlo y distribuirlo, para discutirlo y compartirlo.[61]

## Cortos en circuitos, circuitos muy cortos y cortos circuitos: entre "pirámides" y "redes"

No resulta nada original decir que estamos ante un reto muy grande. De una magnitud y complejidad crecientes y que ya desde el origen mismo de los estudios se vislumbraba este escenario, si bien no idéntico, sí por lo que toca a su importancia social.

Así, ya lo mencioné antes, no podemos separar los conocimientos que se han hecho sobre la relación entre comunicación y cultura, de las estructuras sociales en las que se producen. Demasiadas pirámides verticales (chiquitas y grandotas) y muy pocas redes efectivamente horizontales tienden a producir racimos de castas de iniciados carentes de un contacto crítico y emergente con los relevos generacionales de su propio campo y mucho menos con la gente común, con la sociedad. Sin mejores y más horizontales estructuras de generación y organización de los conocimientos, difícilmente veremos avances significativos en la compleja relación que nos ocupa. Sin ellas, sólo queda esperar que los iniciados se inspiren y volteen hacia abajo para difundir a cuentagotas sus "verdades" que serán citadas con fruición y deleite a la primera provocación, incluso inmotivada.

Ante este escenario, es patético corroborar el *enorme atraso de las escuelas de comunicación* en su capacidad de dotar de las herramientas reflexivas básicas a sus estudiantes para enfrentar la realidad profesional, laboral, social y tecnológica que esta revolución

[61] Para un análisis detallado del papel de las redes sociales en el uso de la red *(The Net)* véase Harry Cleaver, "The Zapatistas and the Electronic Fabric of Struggle" (versión html, 1995), en John Holloway (ed.), *The Chiapas Uprising and the Future if the Revolution in the Twenty-First Century* (en prensa).

cognitiva, tecnológica, profesional y social implica. Seguimos usando rígidas herramientas conceptuales aptas para el *mundo* mecánico del siglo XIX, con las que se piensa (¡se promete!) que se dejarán domesticar realidades cuánticas, *fractales*, móviles, llenas de sutiles y caóticas turbulencias que tensan la situación para entrar al siglo XXI.

## Bastimento para un largo viaje. Viaje para un largo bastimento

De cualquier manera, me parece que al plantear la red de relaciones que vinculan comunicación y cultura, deberíamos primeramente ubicar la *producción cultural* dentro de la producción global de la sociedad. El lenguaje teórico y las habilidades heurísticas para comprender la sociedad han sido estereotipadas y deficientes para captarlo de modo más ecológico y menos puntual, más holístico y menos disciplinariamente rebanado. La producción "cultural" no es sino un modo de lectura al que se puede someter la totalidad de la producción social de la sociedad misma. Ese modo de lectura privilegia o filtra la producción y la organización social de las formas simbólicas en un tiempo/espacio social determinado y determinable. No hay un tercer piso o *penthouse* del sentido.

Muchas cuestiones quedan pendientes y aquí sólo quiero señalar algunas que me parecen importantes.

*1)* Se han generado muy escasos estudios concretos sobre *la formación histórica de los sistemas de soportes materiales* (institucionales, organizacionales, tecnológicos y simbólicos) que dan sustento y perspectiva a los procesos de comunicación y cultura en cada espacio social particular.

Sin esa información básica, descriptiva, elemental, de cómo se fueron formando las coordenadas del imaginario en nuestros pueblos, ciudades, regiones, países, continentes y mundo, corremos el riesgo de seguir haciendo monografía tras monografía, reporte tras reporte, tesis tras tesis, sin el espesor de una mirada suficientemente histórica y estructural que nos muestre los *procesos de estructuración* de nuestras globalocalizadas instituciones (instituidas e instituyentes) que generan y "reparten" el sentido.

Esto implica, en parte, recuperar la memoria de cómo hemos cambiado en la vida social y cultural y cuál sentido han tomado esos cambios, cómo fueron orientados, quiénes pagaron el costo, cómo fueron derrotados, por dónde comenzaron a perder la batalla y cómo se ganaron esas batallas en diferentes frentes culturales.

El diálogo y la fusión creativa del estudio de la comunicación con la geografía histórica, con la historiografía moderna, con los estudios sobre el fenómeno urbano, con la historia oral y con la ecología de las poblaciones es un camino absolutamente necesario por explorar.

*2)* Carecemos de estudios sobre la especificidad *tecnológica* y *semiótica* a la escala de estos procesos. Generalmente se les descuida, o bien se toman por obvias. Al hacerlo, nos condenamos a una interpretación contextualista o sociologista del evento, que nos impide conocer el curso, la organización y la composición del proceso. O bien se nos proporcionan descripciones llenas de tecnicismos modernos y rimbombantes, pero sin conexión posible con el sentido, la creación de conocimientos y de los procesos de cómo se *hacen cuerpo* las formaciones simbólicas con las que nos enfrentamos, con las que creamos nuevas configuraciones y con las que nos defendemos hábilmente para no cambiar.

Descuidamos así el estudio concreto del lenguaje y de los metalenguajes que intervienen y pautan el espacio simbólico de la relación entre comunicación y cultura. En este otro grupo de preocupaciones, las relaciones entre la telemática reflexiva, la semiótica de los mundos posibles, la propia biología del conocer, la epistemología y la teoría de los sistemas autopoiéticos están entre algunos de los invitados obligados al diálogo con versiones de la construcción de la subjetividad más heurísticas que deductivas, más aptas para elaborar tejidos de conjeturas plausibles que para etiquetar.

*3)* Escasa atención se le ha dedicado a las *particularidades cognitivas* y *afectivas* de los procesos de recepción, apropiación, uso, consumo, lectura e interpretación de la comunicación mediada por la tecnología. No tenemos estudios sobre las formas de relación del pensamiento, la acción y la emoción, de las prácticas y de la cognición/emoción específicas que se generan constantemente y se han generado desde que aparecemos en el mundo, con toda la trayectoria de enseres, entornos, artefactos, máquinas, instructivos y recetas de comunicación con las que hemos interactuado durante toda nuestra vida, desde el telefonito con dos latas y un hilo hasta los más sofisticados juegos de video en realidad virtual.[62] De nuevo el diálogo, urgente, obligado, emergente entre los psicólogos, los artistas, los sociólogos, los antropólogos, los historiadores, los biólogos, los ingenieros en sistemas y, por supuesto, en medio, los estudiosos de la comunicación y la cultura, con la gente común y no tan común.

*Salida de emergencia: no grito, no corro, no empujo...*
*¿Santificarse en maremotos?*

Pareja dispareja que confronta conceptos adecuados a realidades y dimensiones diferentes.

Por un lado, la *cultura* fue pensada siempre en una relación tiempo-espacio determinado, localizada y fijada en códigos transmisibles, *textual* para todos, *gramatical* para algunos. El desarrollo de las tecnologías de información y de los canales de transmisión, han dado al capitalismo una real dimensión mundial, porque hoy, y no antes, gracias a las tecnologías de información el capitalismo puede interactuar en *tiempo real*.[63]

Las mismas facilidades para desplazarse en el tiempo y en el espacio, y la migración y el consecuente desplazamiento espacial de enormes contingentes de seres humanos, forzados por la supervivencia elemental, han vuelto prácticamente inoperante el término "cultura" y su pariente cercana, la *identidad*. El centro de Comala es móvil. A veces está en su plaza, pero a veces *también* está en Pomona y luego en Chicago camino a Tijuana y Nueva York, esquina con Pihuamo.[64]

[62] Torben Kragh Grodal, *Cognition, Emotion and Visual Fiction*, University of Copenhaguen, 1994.

[63] Nunca antes se vivió una crisis *globalocalizada* financiera y bursátil como las llamadas por la prensa como "efecto tequila" y la más reciente, "efecto dragón". Las informaciones de los movimientos del capital, los flujos mismos de esa energía social viajan hoy a la velocidad de la luz, a lomo de *bits*.

[64] Jorge A. González, "Un (complejo) trompo a l'uña. Frentes culturales y sistemas autopoiéticos (incursión reflexiva a la frontera)", conferencia para el Seminario de Teoría de la Frontera, *Nomus*, Universidad Autónoma de Ciudad Juárez, 1997.

Por el otro, el estudio de la *comunicación*, que comenzó en nuestro país como un suspiro nostálgico y reactivo ante un mundo que se secularizaba y se hacía cada vez más complejo ante la avalancha de las prácticas "culturales" tecnológicamente mediadas. Con una permanente crisis para encontrar su "verdadero" objeto de estudio, el estudio de la comunicación es, como nos cantaba Joaquín Pardavé, "como pila de agua bendita" a la que todos le meten la mano, pero nomás tantito. A todos tiene locos con su *vacilón*.[65]

Su propia especificidad y su papel en la composición de este mundo con los sentidos desgastados y cascados, con tantas y a la vez tan enormes *diferencias* transmutadas cotidianamente en *desigualdades*, con tanta desmemoria que vuelve chiste la infamia, hace inoperante cualquier aproximación superficial, de coqueteo referencial, de glosa elegante, de lugar cómodo para mirar desde ahí el panorama, para mojarse la puntita de los dedos y conjurar a todos los demonios.

Y de repente la pila sólida, clara y delimitada a la entrada (o a la salida del templo, según el trayecto), se nos volvió océano que se nos mete por todas partes (con todo y albur), nos rodea, nos abarca, nos ahoga y hace rato que ya aprendimos a medio sobrevivir en él, a pesar de él, pero sin él, es decir, sin comprender ni generar una reflexión a la medida de su magnitud y complejidad.

Para entender ese proceso de mutación estructural —de cómo una parte de los pulmones se nos volvieron branquias—, hace falta reconocer que no vamos a poder solos ni aferrados a nuestro mástil de conocimientos inamovibles o confiados en nuestra brillantez innata.

En México, además, tenemos que enfrentar el reto de estar de hecho atravesados por una verdadera cultura de la *verticalidad* (no sabemos mirar más que para arriba o para abajo), de la *fijación* textualizada (las cosas son como son y porque *así son*, nada se puede hacer contra lo escrito), de la percepción "interiorina" *limitada*, cerrada (¿que no habrá sopes gordos en Copenhague?), para darnos la oportunidad de pensar, sentir y mirar para los lados, de pensar y crear *con otros*.

[65] Joaquín Pardavé, "La Panchita", en *Cancionero popular mexicano*, t. I, SEP, México, 1987, p. 53.

Desafío de hacernos el mundo más ancho y más humano, donde quepan *muchos mundos diferentes* y muchos *humanos-mundo* diferentes también. Un mundo donde la diversidad no sea una amenaza, sino una oportunidad para crecer en conjunto.

Creo que necesitamos una complejidad reticular en la organización (cognitiva, teórica, metodológica, técnica y social) para poder producir una comprensión y una interpretación a la altura (¿o a la profundidad?) de esa *otra* complejidad que se nos desplazó de los bordes de una pilita en la parroquia del pueblo a los movimientos acoplados entre la luna y el mar con todo y sus maremotos y una vez que —de plano— ya se nos derritieron todos los polos: el Norte, el Sur y hasta el magnético.

Quizás por la vía de las redes horizontales, transdisciplinares, rizomáticas, afectivas y efectivas, a lo mejor, como dice el dicho, "¡se nos hace chiquito el mar para echarnos un buche!"

Suficientes carencias, retos, pilitas, océanos y buches como para no hacer nada al respecto. Para no volver a seguir tejiendo, terca y amorosamente, las memorias bifurcadas del futuro.

Entre Comala, Imecatitlán del Exterior, Tokio,
Mérida, Copenhague y anexas, otoño de 1997.

# *Índice*

Este libro se terminó de imprimir y encuadernar en septiembre de 2003 en los talleres de Impresora y Encuadernadora Progreso, S. A. de C. V. (IEPSA), Calz. San Lorenzo, 244; 09830 México, D. F. En su tipografía, parada en el Departamento de Integración Digital del FCE por *Juliana Avendaño López,* se emplearon tipos Palatino de 10:12, 9:11 y 8:9 puntos. La edición, que consta de 2 000 ejemplares, estuvo al cuidado de *Julio Gallardo Sánchez.*